嵌入式系统基础

——ARM与Realview MDK(Keil for ARM)

任　哲　张永忠　编著

北京航空航天大学出版社

内 容 简 介

本书在介绍微型计算机一般原理的基础上，重点介绍目前在应用中流行的 ARM RISC 体系结构及其嵌入式处理器，同时介绍当前流行的 ARM 工程开发工具 Realview MDK，并以该开发工具为基础介绍 ARM 汇编语言程序设计、工程开发及 RTX 操作系统的简单应用。

为了拓展学生的知识和培养学生的自学能力，本书还在附录中简要地介绍另一个常用的基于 ARM 体系结构的嵌入式处理器 S3C44B0X 的构成及其主要接口以及 ARM 体系结构的高级存储管理部分，以便为读者学习高档 ARM 处理器核建立必要的基础。

本书适合高等院校电气自动化、仪器仪表、电子技术等专业微机原理课程使用，也可作为其他以计算机嵌入式应用为教学目标的专业教学用书，当然也可供对 ARM 体系结构及其嵌入式处理器感兴趣的专业人士阅读、参考。

图书在版编目(CIP)数据

嵌入式系统基础 ：ARM 与 Realview MDK(Keil for ARM) / 任哲，张永忠编著. -- 北京 ：北京航空航天大学出版社，2012.2

ISBN 978-7-5124-0692-6

Ⅰ.①嵌… Ⅱ.①任… ②张… Ⅲ.①实时操作系统 Ⅳ.①TP316.2

中国版本图书馆 CIP 数据核字(2011)第 278300 号

嵌入式系统基础

——ARM 与 Realview MDK(Keil for ARM)

任 哲 张永忠 编著

责任编辑 王慕冰 龚荣桂 王平豪

*

北京航空航天大学出版社出版发行

北京市海淀区学院路 37 号(邮编 100191) http://www.buaapress.com.cn

发行部电话：(010)82317024 传真：(010)82328026

读者信箱：bhpress@263.net 邮购电话：(010)82316936

北京时代华都印刷有限公司印装 各地书店经销

*

开本：787×960 1/16 印张：27.75 字数：622 千字

2012 年 2 月第 1 版 2012 年 2 月第 1 次印刷 印数：4 000 册

ISBN 978-7-5124-0692-6 定价：56.00 元

前　言

近年来，由于计算机技术的发展，嵌入式系统已在汽车、航空、航天、造船、仪器仪表、家用电器等领域得到了极其广泛的应用，进而也激发了社会对嵌入式系统人才的巨大需求。所以，近几年来我国各高等院校相继开设了嵌入式系统的相关课程。本书就是一本专为高等院校教学使用的、专门介绍 ARM 体系结构及其嵌入式处理器的教科书。

本书可以说是作者原作《ARM 体系结构及其嵌入式处理器》(北京航空航天大学出版社 2008 年出版)一书的改写版。本书除了保留原作起点低、通俗易懂、信息量大的特点之外，还借助书中指令系统及编程例题介绍了 ARM 工程开发方法和开发工具 Realview MDK(Keil for ARM)的使用；更具特色的是，本书借助开发工具的介绍以通俗的语言详细地介绍了 ARM 程序结构、映像文件、分散加载等一些其他书籍涉及较少，但又需要嵌入式系统开发者了解并掌握的计算机基本理论和知识。

全书共分 11 章。第 1、2 章为基础部分，重点介绍微型计算机系统的基本构成及基本工作原理；第 3～5 章介绍 ARM 体系结构、指令系统及汇编语言程序设计的基本知识；第 6 章介绍 ARM 工程及其开发工具；第 7 章在介绍微型机中断技术的基本概念基础上介绍了 ARM 的中断系统及其特点；第 8、9 章介绍基于 ARM 体系结构的嵌入式处理器 LPC2000 的构成、特点及其外围接口；第 10 章在简要介绍计算机固件的基础上介绍了 LPC2000 的固件；第 11 章介绍嵌入式操作系统基础及 MDK 提供的嵌入式操作系统 RTX 的简单应用。

为了拓展学生的知识和培养学生的自学能力，本书还在附录 C 中简要地介绍了另一个常用的基于 ARM 体系结构的嵌入式处理器 S3C44B0X 的构成及其主要接口，以使读者对 ARM 体系结构嵌入式处理器有一个更全面的认识；为保证 ARM 知识体系的完整性，在附录 D 中介绍 ARM 体系结构的高级存储管理，从而为读者进一步学习高档 ARM 处理器核建立了必要的基础。

本书编者为任哲、张永忠、章小卫和房红征，其中任哲和张永忠为主编。

本书在编写过程中参考和借鉴了大量的相关资料(见参考文献)及网络资源，并引用了其中一些文字和代码，在此谨对这些作者表示衷心的感谢。

由于作者水平有限，书中难免出现错误，希望广大读者能给予批评指正。作者的电子邮箱为 renzhe71@sina.com。

任　哲

2011 年 7 月

目 录

第 1 章 微型计算机基础知识 …… 1
1.1 微型计算机的发展历程 …… 1
1.2 数字电路与计算机 …… 2
1.2.1 数据在计算机中的表示——二进制 …… 2
1.2.2 运算器及二进制数运算 …… 2
1.2.3 数据的存储 …… 8
1.2.4 指令及指令译码 …… 10
1.2.5 程序及程序计数器 PC …… 11
1.2.6 计算机执行程序的过程 …… 12
1.3 微型计算机系统的基本组成 …… 13
1.3.1 冯·诺依曼计算机结构 …… 14
1.3.2 计算机的硬件系统 …… 14
1.3.3 计算机的软件系统 …… 17
1.4 计算机体系结构的发展 …… 17
1.4.1 RISC …… 18
1.4.2 指令流水线 …… 20
1.4.3 高速缓存 …… 21
1.4.4 协处理器 …… 21
1.4.5 片上系统 …… 21
1.5 微型计算机的两种主要应用方向 …… 21
1.5.1 桌面系统 …… 21
1.5.2 嵌入式系统 …… 22
1.6 计算机程序设计语言 …… 22
1.6.1 低级语言 …… 22
1.6.2 高级语言 …… 23
1.7 计算机常用标准编码 …… 23
1.7.1 ASCII 码 …… 23
1.7.2 BCD 码 …… 24
习 题 …… 24
第 2 章 总线、存储器和接口 …… 26
2.1 总 线 …… 26
2.1.1 总线的基本概念 …… 26
2.1.2 系统总线 …… 27
2.1.3 系统总线结构 …… 28
2.1.4 片内总线 …… 30
2.2 存储器 …… 30
2.2.1 半导体存储器的一般结构 …… 31
2.2.2 随机读/写存储器 …… 33
2.2.3 只读存储器 …… 35
2.2.4 存储器的逻辑表示 …… 36
2.3 外部设备及接口 …… 37
2.3.1 外部设备及其特点 …… 37
2.3.2 I/O 接口电路的功能 …… 38
2.3.3 I/O 设备接口电路的基本结构 …… 42
2.3.4 外部设备与处理器的联络和数据传输 …… 43
2.4 常用接口电路 …… 45
2.4.1 并行接口电路 …… 45
2.4.2 串行接口电路 …… 47
2.4.3 定时器/计数器 …… 51
习 题 …… 53
第 3 章 ARM 体系结构 …… 55
3.1 ARM 及其嵌入式处理器的研发与生产方式 …… 55
3.1.1 SoC 与嵌入式处理器 …… 55
3.1.2 嵌入式处理器的研发和生产方式 …… 56
3.2 ARM 处理器核的结构 …… 59
3.3 冯·诺依曼结构及哈佛结构在 ARM 中的应用 …… 60
3.4 ARM 处理器的运行模式 …… 61
3.5 ARM 的两种工作状态 …… 62
3.6 ARM 处理器的寄存器 …… 62

3.6.1 ARM状态下寄存器的组织方式 … 62
3.6.2 Thumb状态下寄存器的组织方式 …… 66
3.7 存储器的组织 …… 67
3.8 ARM体系结构的其他特点 …… 69
3.8.1 灵活方便的协处理器接口 …… 69
3.8.2 嵌入式的在线仿真调试 …… 69
3.8.3 低电压低功耗的设计 …… 69
3.9 ARM体系结构的版本及处理器系列 … 69
3.9.1 ARM体系结构的版本 …… 70
3.9.2 ARM处理器系列 …… 71
习 题 …… 72
第4章 ARM指令系统 …… 73
4.1 ARM指令集的常用指令 …… 73
4.1.1 数据传送指令 …… 74
4.1.2 ARM指令的附加操作 …… 80
4.1.3 跳转(转移)指令 …… 81
4.1.4 指令的条件码及条件指令 …… 85
4.1.5 算术运算指令 …… 88
4.1.6 逻辑运算指令 …… 93
4.1.7 程序状态寄存器访问指令 …… 96
4.1.8 加载/存储指令 …… 97
4.1.9 批量数据加载/存储指令 …… 100
4.1.10 数据交换指令 …… 104
4.1.11 协处理器指令 …… 106
4.1.12 异常产生指令 …… 108
4.2 Thumb指令简介 …… 108
4.2.1 Thumb寄存器的使用 …… 109
4.2.2 ARM-Thumb的交互 …… 109
习 题 …… 110
第5章 ARM汇编语言基础 …… 111
5.1 汇编器与汇编语言 …… 111
5.2 ARM常用伪指令 …… 112
5.2.1 段定义伪指令 …… 112
5.2.2 符号定义伪指令 …… 114
5.2.3 程序中的标号 …… 117
5.2.4 数据区定义伪指令 …… 119
5.3 宏与宏指令 …… 122
5.3.1 宏 …… 122
5.3.2 宏指令 …… 126
5.4 其他伪指令 …… 131
5.4.1 有关程序结构的一些伪指令 …… 131
5.4.2 有关数据空间定义的一些伪指令 …… 135
5.4.3 汇编控制伪指令 …… 137
5.4.4 其他常用伪指令 …… 138
5.5 汇编语言规范 …… 139
5.5.1 汇编语句格式 …… 139
5.5.2 汇编语言的表达式和运算符 … 139
5.6 ARM汇编语言程序设计 …… 143
5.6.1 段 …… 143
5.6.2 分支程序设计 …… 143
5.6.3 循环程序设计 …… 149
5.6.4 子程序及其调用 …… 150
习 题 …… 151
第6章 ARM工程开发及MDK …… 153
6.1 ARM工程及其开发工具 …… 153
6.2 映像文件及程序 …… 158
6.2.1 程序的内存布局 …… 158
6.2.2 程序的加载域和执行域 …… 160
6.2.3 映像文件的结构 …… 166
6.3 程序的分散加载 …… 170
6.3.1 基本概念 …… 170
6.3.2 分散加载文件 …… 171
6.3.3 MDK生成的分散加载文件 …… 177
6.4 ARM工程框架 …… 185
6.4.1 初始化程序部分 …… 185
6.4.2 初始化部分与主应用程序部分的衔接 …… 186
6.5 C程序与汇编程序之间的函数调用 …… 189
6.5.1 ATPCS简介 …… 190
6.5.2 汇编程序调用C函数实例 …… 197

6.5.3 汇编程序访问全局 C 变量 …… 199
6.6 C/C++语言和汇编语言的混合编程 …… 200
6.6.1 内联汇编 …… 200
6.6.2 嵌入式汇编 …… 201
6.6.3 内联汇编代码与嵌入式汇编代码之间的差异 …… 202
习 题 …… 203
第7章 中断和异常 …… 205
7.1 中断和异常的基本概念 …… 205
7.1.1 中断和异常 …… 205
7.1.2 中断请求信号的屏蔽 …… 206
7.1.3 中断优先级及中断嵌套 …… 207
7.1.4 中断服务程序 …… 208
7.1.5 中断向量和中断向量表 …… 209
7.1.6 中断的处理过程 …… 211
7.2 ARM 的中断(异常) …… 211
7.2.1 ARM 中断(异常)的种类 …… 211
7.2.2 ARM 中断(异常)的优先级 …… 213
7.2.3 ARM 的中断(异常)向量表 …… 214
7.2.4 中断(异常)的响应过程及返回 …… 217
7.3 软中断 SWI 的应用 …… 222
7.3.1 软中断 SWI 的一般应用 …… 222
7.3.2 SWI 函数(系统调用) …… 228
习 题 …… 231
第8章 LPC2000 系列嵌入式处理器 …… 232
8.1 LPC2000 嵌入式处理器概貌 …… 232
8.2 引脚连接模块 …… 233
8.3 通用可编程并行数据接口 GPIO …… 234
8.4 LPC2000 的存储器 …… 239
8.5 外部存储器的连接 …… 242
8.5.1 EMC 的结构 …… 242
8.5.2 外部存储器的连接 …… 244
8.6 LPC2000 的时钟 …… 246
8.6.1 LPC2000 时钟模块 …… 246
8.6.2 锁相环及处理器时钟 cclk 参数的设置 …… 247
8.6.3 pclk 时钟参数的设置 …… 250
8.7 定时器 …… 250
8.7.1 定时器的原理和功能 …… 251
8.7.2 定时器的寄存器 …… 252
8.7.3 定时器的初始化 …… 254
8.8 LPC2000 的脉宽调制器 PWM …… 256
8.8.1 LPC2000 脉宽调制器原理 …… 256
8.8.2 脉宽调制器的寄存器 …… 257
8.8.3 LPC2000 脉宽调制器的使用示例 …… 259
8.9 看门狗 …… 260
8.9.1 看门狗的结构及原理 …… 260
8.9.2 看门狗寄存器 …… 261
8.9.3 看门狗的使用 …… 261
8.10 功率控制模块 …… 261
8.11 LPC2000 的 UART 接口 …… 263
8.11.1 UART 接口的结构 …… 263
8.11.2 UART 接口的寄存器 …… 264
8.11.3 UART1 接口与 Modem …… 267
8.11.4 UART 接口的初始化及其应用 …… 268
8.12 LPC2000 的 SPI 接口 …… 270
8.12.1 SPI 简介及 LPC2000 的 SPI 接口逻辑 …… 270
8.12.2 LPC2000 SPI 接口的寄存器 …… 271
8.12.3 LPC2000 SPI 接口应用实例 …… 273
8.13 LPC2000 的 I^2C 接口 …… 276
8.13.1 I^2C 总线简介 …… 276
8.13.2 LPC2000 的 I^2C 总线接口 …… 278
8.13.3 I^2C 接口的工作过程 …… 280
8.14 A/D 转换器 …… 282
8.15 LPC2000 的中断管理 …… 286
8.15.1 外部中断通道 …… 287
8.15.2 中断控制器 VIC …… 289

习　题 …………………………… 296
第9章　LPC2000外部电路 …………………… 298
9.1　复位电路 …………………… 298
9.2　人机交互设备 …………………… 299
9.2.1　键盘与触摸屏 …………………… 299
9.2.2　显示器 …………………… 303
习　题 …………………………… 308
第10章　LPC2000的固件 …………………… 309
10.1　LPC2000的重映射存储区 ………… 309
10.2　LPC2000的固件及其作用 ………… 310
10.3　LPC2000引导块 ………………… 313
10.3.1　LPC2000引导块的地址映射 …… 313
10.3.2　向量表的重映射 ………………… 314
10.3.3　LPC2114/2124的Boot Block的工作流程 ………………… 314
10.3.4　有效用户程序的识别 …………… 316
10.4　RAM空间的重映射 ……………… 317
习　题 …………………………… 317
第11章　嵌入式操作系统基础 ……………… 319
11.1　基本概念 ………………………… 319
11.1.1　什么是操作系统 ………………… 319
11.1.2　嵌入式操作系统 ………………… 324
11.2　RTX构成及其应用基础 ………… 325
11.2.1　RTX中的任务 ………………… 325
11.2.2　时间片、优先级及调度 ………… 329
11.2.3　任务的状态 ……………………… 336
11.2.4　RTX的任务间通信 ……………… 339
11.2.5　RTX的数据类型 ………………… 350
习　题 …………………………… 351
附录A　LPC2148引脚说明 ………………… 352
附录B　MDK中的文件 …………………… 356
附录C　S3C44B0X处理器简介 …………… 358
C.1　S3C44B0X的结构 ………………… 358
C.2　S3C44B0X的存储器 ……………… 359
C.2.1　S3C44B0X存储映射 …………… 359
C.2.2　S3C44B0X用于存储管理的寄存器 …………………… 360
C.3　时钟和功耗管理 …………………… 363
C.3.1　时钟设置 ………………………… 363
C.3.2　功耗管理控制 …………………… 364
C.3.3　功耗管理控制寄存器 …………… 365
C.4　中断管理 …………………………… 366
C.4.1　中断源与中断系统结构 ………… 366
C.4.2　中断控制寄存器 ………………… 366
C.4.3　中断源优先排队模块 …………… 368
C.5　DMA控制器 ……………………… 370
C.5.1　ZDMA和BDMA ………………… 370
C.5.2　与ZDMA相关的寄存器 ………… 372
C.5.3　与BDMA相关的寄存器 ………… 373
C.6　LCD控制器 ……………………… 375
C.6.1　概　述 …………………………… 375
C.6.2　LCD控制器的控制寄存器 ……… 378
C.6.3　帧缓冲区起始地址寄存器 ……… 379
C.7　IIS总线接口 ……………………… 381
C.7.1　IIS总线接口框图 ……………… 381
C.7.2　IIS接口工作模式 ……………… 383
C.7.3　IIS接口的特殊功能寄存器 ……… 383
C.8　S3C44B0X的引脚与I/O端口 …… 386
C.8.1　端口配置寄存器PCON ………… 386
C.8.2　端口数据寄存器PDATA～PDATG …………………… 387
C.8.3　上拉寄存器PUPC～PUPG ……… 387
习　题 …………………………… 387
附录D　ARM高级存储管理 ……………… 389
D.1　高速缓冲存储器 …………………… 389
D.1.1　Cache的基本概念和工作原理 …… 389
D.1.2　Cache与主存之间的关系 ……… 392
D.1.3　Cache的写缓冲器 ……………… 393
D.2　协处理器 ………………………… 394
D.2.1　ARM的协处理器 ……………… 394
D.2.2　协处理器操作指令 ……………… 395
D.3　ARM存储器保护单元MPU ……… 396

D.3.1　ARM 的 MPU …………………… 397
D.3.2　协处理器 CP15 及保护区域的定义 ………………………………… 397
D.3.3　保护区域的重叠应用 ………… 403
D.3.4　MPU 应用示例 ………………… 404
D.4　虚拟存储与 MMU ………………… 411
D.4.1　虚拟存储空间与物理内存空间 … 411
D.4.2　地址映射机构 ………………… 412
D.4.3　页表的缓存——快表 ………… 416
D.4.4　页表的存储及二级页表 ……… 417
D.4.5　采用虚拟存储技术的优点 …… 419
D.5　ARM 的虚拟存储管理 ………… 420
D.5.1　ARM 的页表结构 ………… 420
D.5.2　访问控制 ……………………… 424
D.5.3　MMU 的配置 ……………… 426
D.5.4　页 Cache 和写缓冲器的设置 … 426
D.5.5　快　表 ……………………… 427
D.5.6　MMU 异常 ………………… 428
习　题 ……………………………………… 429
参考文献 ……………………………………… 431

第1章 微型计算机基础知识

自1946年世界上出现第一台数字电子计算机ENIAC之后，它就以强大的运算能力使世界感到震惊。其后，经过半个多世纪的飞速发展，计算机技术应用已经深入到人们生产和生活的各个方面，以至于不管你是否情愿，都要与之打交道。

本章的主要内容有：

- 数字电子电路是计算机硬件的基础；
- 二进制数制及机器数；
- 有符号数的表示及溢出的概念；
- 存储器的基本电路及其作用，存储器存储单元的地址；
- 运算器、控制器的基本概念；
- 指令及指令系统，计算机程序的执行过程；
- 计算机的硬件组成；
- SISC和RISC架构；
- 微型计算机的桌面系统应用与嵌入式应用。

1.1 微型计算机的发展历程

根据计算机所使用的电子器件，计算机的发展经历了电子管、晶体管、集成电路、大规模集成电路和超大规模集成电路等几个阶段。同时，计算机在体系结构、组成方式及其体积、性能、价格、应用领域等方面也发生了重大变化。目前，计算机可分为巨型机、大型机、中型机、小型机和微型机这5类。其中，人们接触最多的是叫做"微机"的微型计算机。

微型计算机出现在20世纪70年代。1971年，以Intel公司设计的世界上第一个微处理器芯片Intel 4004为标志，电子数字计算机的发展便进入了微型计算机时代。微型计算机一出现，就表现出了强大的生命力，在短短的几十年间就经过了从第一代到第五代的发展历程：第一代是以4004、4040和8008微处理器为代表的字长为4位和8位的微型计算机；第二代是以微处理器Z80、I8085、M6800和Apple－II等为代表的中高档8位机；第三代是以8086、8088、80286微处理器为代表的16位机；第四代是以80386、80486、Pentium、Pentium II、

Pentium III、Pentium IV 等微处理器为代表的 32 位机；第五代则是以 Itanium、MIPS 为代表的具有精简指令架构(RISC)的 64 位机。

1.2 数字电路与计算机

电子数字计算机，是一种用电子装置构成，能够按照机器操作者输入的命令进行数字信息处理的机器。从功能上看，它具有两个基本功能：一是表示和存储数字数据的功能；二是对数字数据进行运算的功能。从物理构成的角度来看，它是一种由数字电子器件和电路构成的运算装置。

1.2.1 数据在计算机中的表示——二进制

作为计算机的硬件基础——数字电路，只能用电路信号端子的电信号(电平)来表示数字信息，即规定，低电平代表数码 0(低电平也叫做电路的“0”状态)，高电平代表数码 1(高电平也叫做电路的“1”状态)，所以它的一个信号端也就只能表示两个数码——0 和 1。但是，如果电路有两个信号端子，那么这两个端子就可以有 4 个状态——00、01、10 和 11，如果用 00 表示十进制数 0，用 01 表示十进制数 1，用 10 表示十进制数 2，用 11 表示十进制数 3，那么这个电路就能表达 4 个十进制数了。这就是说，一个数字电路的信号端子越多，其状态就越多，所能表达的数也就越多。稍微分析一下就会知道，一个具有 n 个信号端子的数字电路所具有的状态数为 2^n，那么它所能表达的数的个数就为 2^n 个。

例如，有 8 个信号端子的数字电路就可以有如下的 256 个状态，并可像下面那样表示 256 个十进制数 0～255：

0000 0000 表示十进制数 0；
0000 0001 表示十进制数 1；
0000 0010 表示十进制数 2；
0000 0011 表示十进制数 3；
0000 0100 表示十进制数 4；
⋮
1111 1111 表示十进制数 255。

从上面左边的表示中可以看到，电路端子的表示是以“逢 2 进 1”为加法运算规则，以“借 1 当 2”为减法运算规则的二进制数制。

1.2.2 运算器及二进制数运算

计算机的核心任务是进行数的运算，该功能是由一个叫做算术逻辑运算单元(ALU)的电路来实现的。

1. 算术逻辑运算单元 ALU 的概念

最基本的算术运算是加法运算，其他各种运算都可以通过加法运算来完成，因此二进制数的加法运算就是计算机的核心运算功能。当然，这个二进制运算要由数字电路来完成。按照逢 2 进 1 的二进制加法运算规则，两个 1 位二进制数 A 和 B 相加时，其加法运算电路的真值表如表 1 - 1 所列。

这种加法运算产生了两个信息，即两数和 S 及进位 C。

显然，作为能进行完整加法运算的加法器，应该能进行被加数、加数、低位进位三个数的相加运算，即一个能进行完整加法运算的加法器的真值表应该如表 1 - 2 所列。

表 1 - 1　一位二进制加法的真值表

输入		输出	
A	B	S	C
0	0	0	0
0	1	1	0
1	0	1	0
1	1	0	1

表 1 - 2　带有进位值的一位二进制数加法真值表

输入			输出		输入			输出	
A_i	B_i	C_{i-1}	S_i	C_i	A_i	B_i	C_{i-1}	S_i	C_i
0	0	0	0	0	0	0	1	0	1
0	1	0	1	0	0	1	1	0	1
1	0	0	1	0	1	0	1	0	1
1	1	0	0	1	1	1	1	1	1

为了区别，把具有表 1 - 1 运算功能的加法器叫做半加器，而具有表 1 - 2 运算功能的加法器叫做全加器。

根据表 1 - 2 的真值表，可以用数字电路构成一个如图 1 - 1(a)所示的全加器。而用多个全加器就可以构成如图 1 - 1(b)所示的多位二进制数加法器。

图 1 - 1(b)所示的多位二进制数加法器就是计算机的核心部件，如果在此基础上配置一些其他辅助电路就构成计算机 CPU 中的算术逻辑运算单元 ALU。

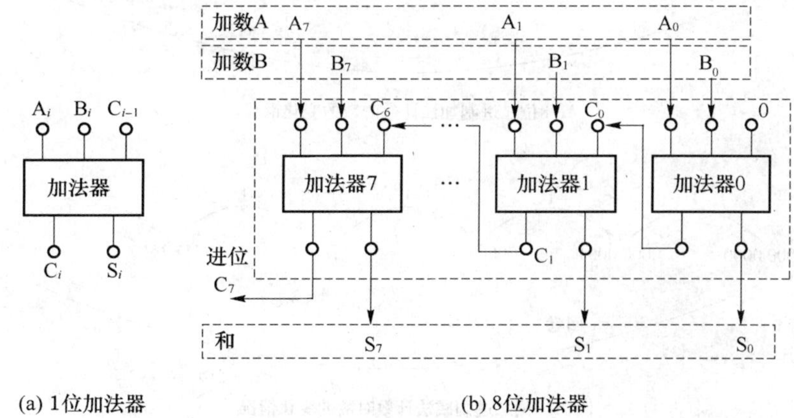

(a) 1位加法器　　(b) 8位加法器

图 1 - 1　数字加法器示意图

由于进行数的运算时，还会产生一些与运算过程和结果相关的其他信息，例如运算中是否发生了进位、运算结果是否为零，等等。为了记录这些信息，ALU 中还设有一个专门保存上述信息的存储装置，这个存储装置叫做程序状态寄存器。

ALU 和程序状态寄存器的示意图如图 1－2 所示。

2. 机器数

显然，是由于计算机硬件电路的物理限制，才使得计算机不得不用这种人们既不熟悉也不方便的二进制数，所以这种二进制数也常常叫做机器数。

凡使用机器来计数的装置都有一个共同的特点：它们的字长是有限的，或者说它们的计数范围是有限的，即当计数计到最大值再进行加法计数时，其和会返回(回卷)到 0 重新计数。

例如图 1－3 所示的钟表的表盘，当顺时钟计数(加法计数)计到最大值 11 后，如果再加 1，则从表盘得到的值是 0 而不是 12(当然，真实的表盘写的还是 12，而不是人们不喜欢的 0，但实质是 0)。计算机的计数器和运算器也有同样的特点，例如，8 位二进制计数装置在进行加法和减法计数时的变化情况如图 1－4 所示。

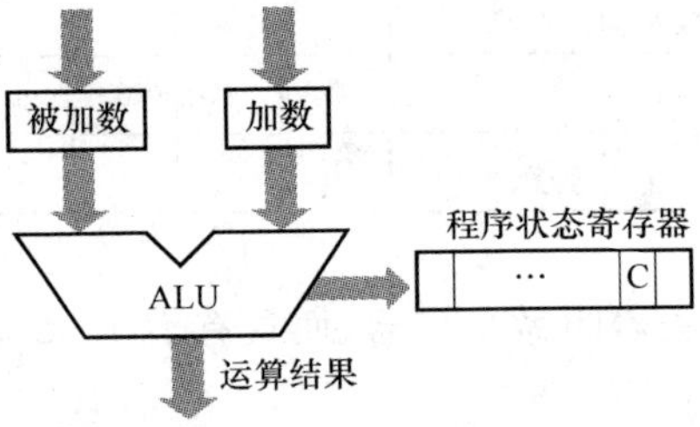

图 1－2　ALU 及程序状态寄存器的示意图

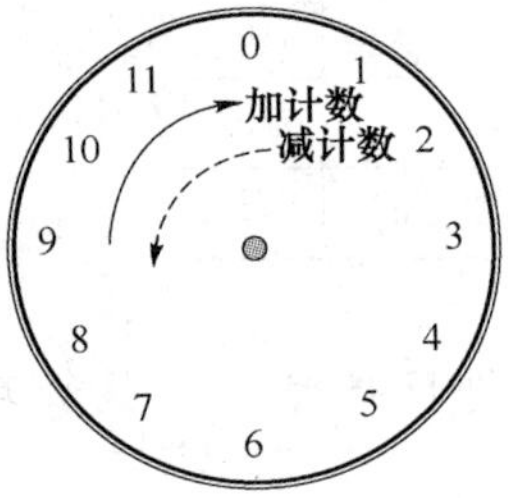

图 1－3　表　盘

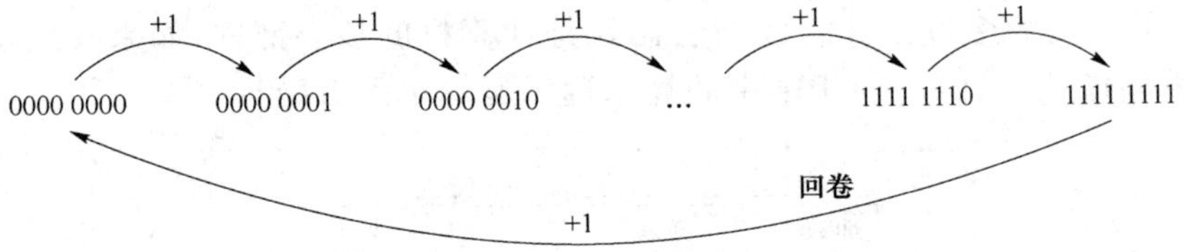

(a) 8位二进制加法计数时数的变化情况

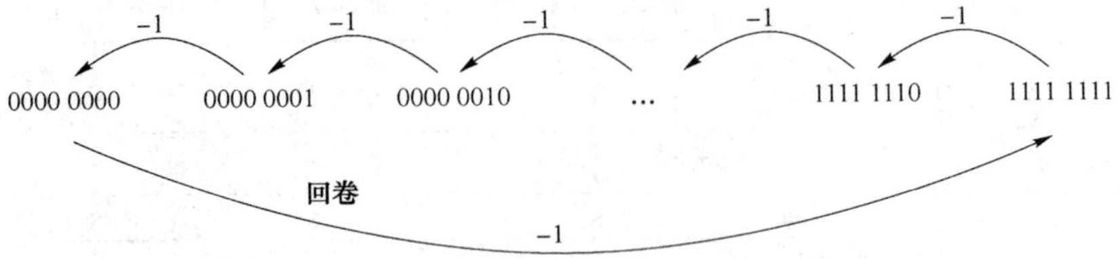

(b) 8位二进制减法计数时数的变化情况

图 1－4　8 位二进制计数时数的变化情况

3. 有符号数的机器数表示及其运算

前面谈到的都是无符号数的二进制形式，那么机器数的有符号数又如何表示呢？下面以8位二进制为例来进行说明。前面已经知道，8位二进制无符号数为：

0000 0000 表示十进制数 0；

0000 0001 表示十进制数 1；

0000 0010 表示十进制数 2；

0000 0011 表示十进制数 3；

0000 0100 表示十进制数 4；

⋮

1111 1111 表示十进制数 255。

众所周知，在十进制数制中，0 减去某个正数得到的就是与这个正数对应的负数，例如 0 减去 1 就是与 1 对应的负数－1，0 减去 2 就是与 2 对应的负数－2。那么，从图 1-4 中可知，8 位二进制的 0000 0000 减 0000 0001 的结果 1111 1111 就应该是对应十进制的－1，如果从 1111 1111 再减 0000 0001，即减 0000 0010 得到的 1111 1110 就应该是十进制的－2。以此类推，可以一直减到 1000 0000（对应十进制的－128）。这就是说，0000 0000～1111 1111 这 256 个数既可以看成正数也可以看成负数；也就是说，0000 0000～1111 1111 只是一种表示而已，至于它们究竟是正数还是负数，则是由使用数的人来解释的。但是，作为一种通用运算装置，对于计算机中的有符号数最好还是有一个通用的规则。由于通常希望在一个计数规则中的正数和负数的数目最好基本相等，于是在表达有符号数时，人们就把 0000 0000～1111 1111 这 256 个数里那些最高位为 1 的二进制数看成负数，而把最高位为 0 的那些二进制数看成正数（0000 0000 除外），这样这 256 个数就可以 0000 0000 为界分为如下两部分：

0111 1111 表示十进制数 127
⋮
0000 0011 表示十进制数 3
0000 0010 表示十进制数 2
0000 0001 表示十进制数 1
0000 0000 表示十进制数 0
}正数

1111 1111 表示十进制数－1
1111 1110 表示十进制数－2
1111 1101 表示十进制数－3
⋮
1000 0000 表示十进制数－128
}负数

由于所有正数的最高位都为0,所有负数的最高位都为1,因此可以用数的最高位来判别有符号数的正负,于是就可以把有符号数的最高位叫做符号位,而把剩下的所有位叫做数值位。同时,为了讨论问题方便,把有符号数所对应的十进制值叫做机器数的真值。

仔细观察就会发现,在8位有符号数中,所有负数与其对应的正数相加,其结果都为10000 0000(对应十进制的256),于是就把这个值叫做8位二进制数的模。这也意味着8位有符号数的负数与其对应的正数是以10000 0000为模互补的,所以上述这种有符号数的表示形式叫做有符号数的补码形式。

虽然上面有符号数是用8位二进制数来介绍的,但其规律同样可以推广到其他字长的计数规则中。

在十进制计数中,人们熟悉的只是用真值来表示负数的方法,而不熟悉上述这种补码表示方式,为了方便从真值求取负数的补码,又引入了反码的概念。所谓反码,就是把一个二进制数按位取反所得到的数码。例如,0001 0101的反码为1110 1010。有了这个反码的概念后,再求取负数的补码形式就方便得多。具体方法为:先把一个负数的真值的绝对值用二进制形式表示出来,然后把这个二进制数按位取反,最后再加1,得到的就是该负数的补码形式。例如,一个有符号数的真值为-33,为了求得它的8位二进制补码,就先写出其绝对值33的二进制形式0011 0011,然后按位取反得1100 1100,最后再加1,得到的就是-33的二进制补码形式1100 1101。

采用上述补码的最大优点是,计算机的运算器在做二进制的加法运算时,无须对两个加数是否为有符号数进行区分,只要简单地把这两个数相加就可以了,至于是有符号数运算还是无符号数运算则由用户来解释。所以,要注意,有符号数的最高位(符号位)也是参与运算的。

计算机之所以采用二进制的补码形式,就是为了把有符号数与无符号数的运算规则统一起来。因为减法运算就是一个加负数的运算,这样,运算器只要具有加法运算功能就可以了,而没有必要再另外设计减法器。

例如,1001 0011(如果看成无符号数,则该数为147;如果看成有符号数,则该数为-109)和0011 1111(如果看成无符号数,则该数为63;如果看成有符号数,则该数仍为63)相加的结果为1101 0010(如果看成无符号数,则该数为210;如果看成有符号数,则该数为-46)。可以看到,所有结果都是正确的。

从上面的介绍中已经知道,在有符号数中,二进制形式中的最高位为符号位,也就是说,有符号数的数值位比数据的整个位数少了1位。例如在8位有符号数中,它们的数值位只有7位,这样就使得8位有符号正数的数值范围为0~127,负数的数值范围为-128~-1,因此,在8位有符号数的运算过程中,其运算结果的数值不得超过上述范围,否则得到的是一个错误结果,这种现象叫做溢出。为了在出现溢出时能为用户提供相应的提示信息,运算器应该具有判断溢出的能力。图1-5给出了计算机运算器用双进位法来判断溢出的示意图。图中C_2是运算结果最高位D_{n-1}向进位位产生的进位信号,C_1是运算结果数值位的最高位D_{n-2}向D_{n-1}

产生的进位信号，如果这两个信号相同，则无溢出，否则有溢出。即：

$$OF = C_1 \oplus C_2$$

运算器用上述方法来判断运算是否有溢出，其溢出信息被存入程序状态寄存器。

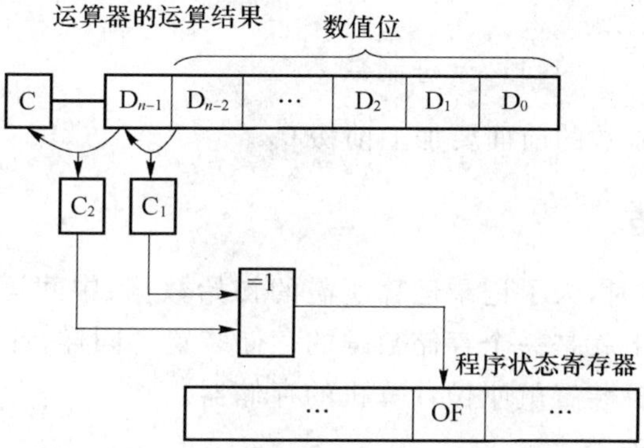

图 1-5　双进位位法判断溢出的示意图

4. 二进制数据的十六进制表示

显然，数的二进制表示方式有一个缺点：一个很小的数的二进制表示不仅很长，而且不便于阅读、书写和记忆。为此，常常把一个较长的二进制数分成若干组，每组 4 位二进制数码，然后把每组所表示的数用一位数码来表示。由于 4 位二进制数 0000～1111 对应的十进制数为 0～15，是两位数，所以又引入了 6 个大写英文字符 A、B、C、D、E、F 作为数码来分别表示 10、11、12、13、14 和 15，从而形成了二进制数的十六进制表示方式。4 位二进制数对应的十六进制数码见表 1-3。

表 1-3　4 位二进制数对应的十六进制数和十进制数

二进制	十六进制	十进制	二进制	十六进制	十进制
0000	0	0	1000	8	8
0001	1	1	1001	9	9
0010	2	2	1010	A	10
0011	3	3	1011	B	11
0100	4	4	1100	C	12
0101	5	5	1101	D	13
0110	6	6	1110	E	14
0111	7	7	1111	F	15

例如，上面 8 位二进制的 256 个数，用十六进制方式表达出来就是：

0x00 表示二进制数 0000 0000,十进制数 0;

0x01 表示二进制数 0000 0001,十进制数 1;

0x02 表示二进制数 0000 0010,十进制数 2;

0x03 表示二进制数 0000 0011,十进制数 3;

⋮

0xFF 表示二进制数 1111 1111,十进制数 255。

为了区别,在十六进制数的前面要加上前缀 0x。

1.2.3 数据的存储

人们在进行数的运算时,为了记录运算所需的初始数据、中间运算结果和最终结果,一般需要一张纸,这张纸实质上就是一个存储数据的存储装置。同样,计算机在进行运算时也需要相应的数据存储装置,这种装置就叫做计算机的存储器。

1. 存储器的基本电路

原则上说,任何能接收并且能保存数字信号的装置都可以作为计算机的存储装置。而数字电路中的双稳态电路就是这样一种可以存储二进制信息的装置。

例如图 1-6 所示的一个双稳态电路,在选择信号使开关 K1 和 K2 接通时,就会使 D 端的输入传送到 A 端。即当 D 端输入信号为高电平“1”(或低电平“0”),则会使双稳态电路的 A 端为“1”(或“0”),B 端为“0”(或“1”)。通过数字电子电路中所学的知识知道,由于 Q1 和 Q2 的交叉耦合作用,即使以后开关 K1 和 K2 断开,电路 A 端和 B 端的电平也不会发生变化。也就是说,电路可以把输入的信息保存下来,并且在其后的某个时刻如果再度接通开关 K1 和 K2,则会在 D 端测得 A 端的“1”(或“0”)信号。这就是说,这种电路可以输入(写)和保存(存储)电平信号,而且在需要时还可以输出(读)该信号。因此,图 1-6 所示的电路就是用来存储一位二进制数字的基本存储电路。

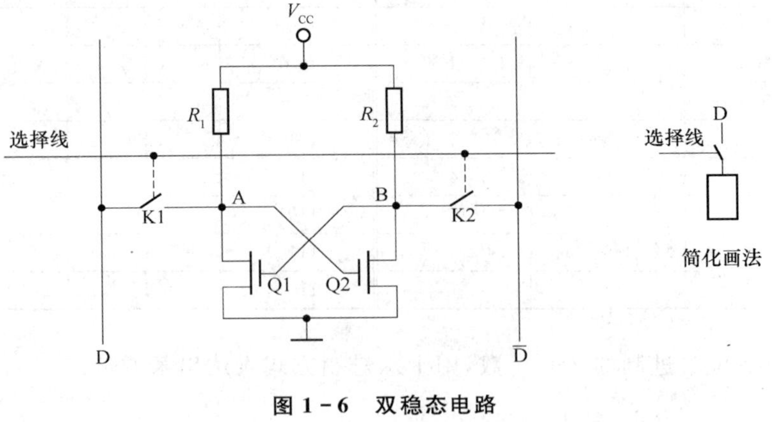

图 1-6 双稳态电路

显然，使用多个图 1－6 所示的电路能存储多位二进制数字。一个用 8 个双稳态电路构成的能存储一个 8 位二进制数字存储电路示意图见图 1－7。在微型计算机技术中，这样的电路叫做一个存储单元。由于在计算机技术中，一个 8 位的二进制数据也叫做一字节（Byte），所以一个 8 位的存储单元也叫做一字节。

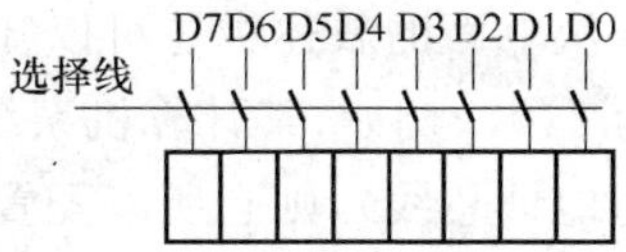

图 1－7　能存放一个 8 位二进制数字的存储单元

2. 存储器及存储单元的地址

由多个图 1－7 所示存储单元组成的存储装置就叫做存储器。

图 1－8 表示的是一个由 8 个存储单元组成的存储器。存储器每个存储单元的数据信号线都连接在 D7～D0 这 8 根线上，由于这 8 根线是 8 个存储单元共用的数据信号线，所以叫做计算机的数据总线（Data Bus，DB），又由于数据的输出和输入都使用这个数据总线，所以也叫做双向总线。

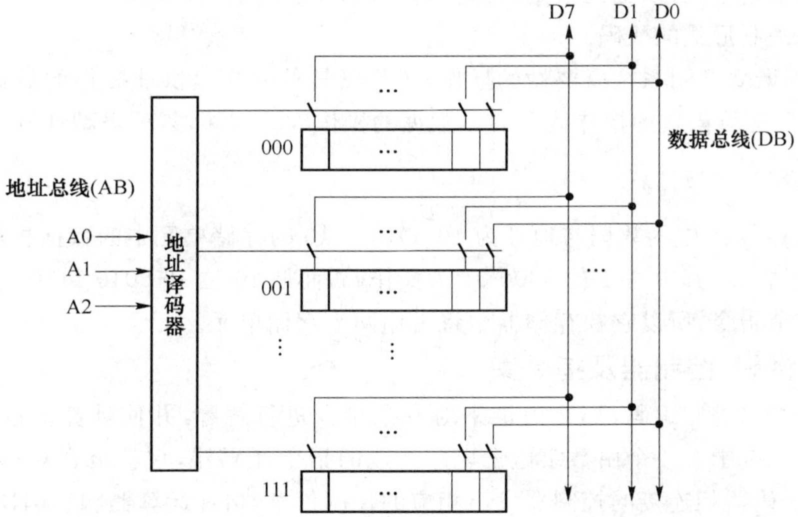

图 1－8　存储器及存储单元地址的基本概念

为了防止同时有多个存储单元连接到总线上形成信号冲突，所以每个存储单元的选择线都受一个地址译码器的控制，以保证任何时候，最多只有一个存储单元与数据总线连接。

译码器实现了存储单元的编码，这个编码就叫做存储单元的地址，图 1－8 中的 8 个存储单元的地址分别是 000、001、010、011、100、101、110 和 111。这也就是说，译码器使每个存储单元都有了一个数字形式的地址，即实现了存储单元向一个数字空间的映射，从而使计算机系统的其他部分可以用地址来识别存储单元。

从上面的叙述中还可以知道，译码器输入线的根数越多，所能编的地址也越多(地址的总数为 2^N)。例如，某计算机系统的地址总线根数为 20 根(或者说，这个计算机系统具有一条 20 位的地址总线)，则它所能配置的存储器的最大容量就为 2^{20} 个单元，即 2^{20} 字节(1 MB)。

在计算机技术中，把 $2^{10}=1\,024$ 这个数字叫做 1 K，因此 1 024 字节就叫做 1 KB，而 $2^{20}=1\,024\times1\,024$ 为 1 M，所以前面的 2^{20} 字节也记做 1 MB。也就是说，上面所说的具有 20 位地址总线的计算机系统所能配置存储器的最大容量为 1 MB。

1.2.4 指令及指令译码

有了存储数据的存储器，也有了运算数据的运算器，这样就具备了对数据进行运算的基本物质条件，下面就是如何向系统发出命令来进行运算的问题了。

1. 指　令

所谓指令，就是向系统发出的指示系统做某种操作的命令。由于计算机只能用二进制形式的编码来表示指令，所以也把指令叫做代码。即计算机的一条指令就是由一个或多个字节组成的一串二进制形式的代码。

作为指令，既要指明系统需要做的操作，还要以某种方式提供被操作的数据，所以它由两部分组成：表示运算操作的操作码和表示数据的操作数。例如，某种类型计算机的一条指令：

0000 0110 0010 1110

其功能是把寄存器 A 中的数据与地址为 10 0010 1110 的存储单元中的数据相加，并要求将其结果存入寄存器 A。其中高 6 位 0000 01 为操作码，而低 10 位 10 0010 1110 为操作数。由于这是一个双字节指令，所以它在存储器中将占用两个存储单元。

2. 指令译码、控制器及指令集

指令是一个二进制编码，那么由谁来对一条指令进行解释，并使计算机进行正确的操作呢？在计算机系统中有一个由数字电子电路构成的指令译码器，它就负责对指令进行解释和翻译，并由与译码器相连接的控制器发出相应的控制信息，指挥运算器和存储器协同完成指令所要求的操作。

一个计算机系统的指令译码器所能解释的指令是系统设计者在设计时规定的。凡是该计算机系统的指令译码器所能解释的指令，就是该系统所能够使用的合法指令，这些合法指令的集合叫做这个计算机系统的指令集。

3. 指令的助记符

上述这种二进制代码形式的指令，既不便于记忆也不便于使用，尽管可以把指令写成稍微好记忆一些的十六进制形式，但仍然很不方便。为此，常常用一些有一定语义的英文缩写来表示一条指令的操作码，并把指令按一定的格式进行书写。例如，上面的加法指令 0000 0110

0010 1110 的十六进制表示形式为：

0x06 2E

其助记符形式为：

ADD A ，[0x22E]

其中，ADD 代表操作码，而后面的 A 和[0x22E]为操作数。显然，指令的助记符形式要比二进制和十六进制的形式方便得多。

1.2.5 程序及程序计数器 PC

1. 程序及程序的首地址

为完成一个完整的运算任务，按执行步骤用计算机指令编写的指令集合就叫做计算机程序。

目前，人们都把程序事先存储到计算机的存储器，然后由计算机读一条指令执行一项该指令所指示的操作，当所有指令都执行完毕，那么运算任务也就完成了。这也就是说，程序要占用存储器一段空间，那么人们就把程序第一条指令所在的存储单元地址叫做程序的起始地址或首地址。

2. 程序计数器 PC

显然，计算机在执行一个程序之前必须先要获得程序的起始地址，换句话说，计算机必须有一个存放程序首地址的存储装置，这个存储装置就叫做程序计数器或 PC。当用户需要执行某个程序时，首先要把该程序的首地址放入程序计数器 PC。这样，当启动程序时，计算机控制器的取指令装置就会按 PC 的指向到存储器中读取程序的第一条指令。同时，为了使计算机能够在执行了当前指令之后可以正确读取下一条指令，PC 还具有在取指装置读取了一字节之后自动进行加 1，从而使它指向下一字节的功能。

3. 指令的执行过程

微型计算机执行一条指令的动作被分成三个阶段：取指令、指令译码（分析指令）和执行指令。

取指令阶段的任务是：按 PC 的指向从存储器取指令的第一字节，然后自动将 PC 的值加 1 指向下一个存储单元；如果指令是一条多字节指令，则取指令装置再取指令的第二字节，并把 PC 再加 1；按此做法直至取到一条完整指令并存入指令寄存器，此时 PC 中的地址值为下一条指令的首地址。

指令译码阶段的任务是：对指令寄存器中的指令进行分析，如指令要求操作数，则自指令提取操作数地址。

执行指令阶段的任务是：按操作数的地址获得操作数，执行指令规定的操作，并根据指令的要求保存操作结果。

接下来就是周而复始地完成上述三个阶段操作，直至遇到停止指令。

程序的执行过程及程序计数器PC的作用如图1-9所示。

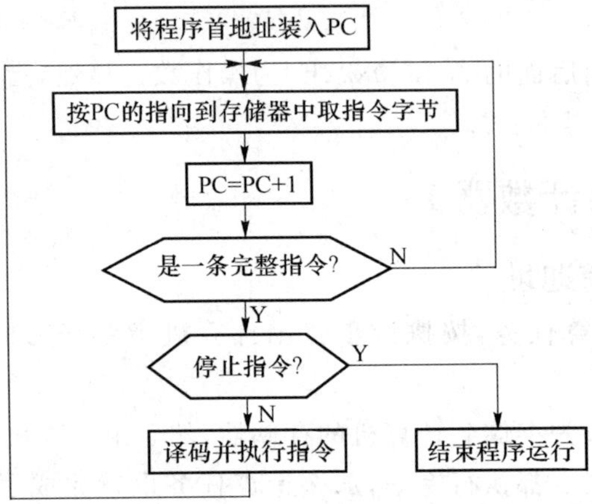

图1-9　程序计数器PC在程序执行过程中的作用

从上面的叙述中可以看到，计算机的取指装置是按PC中的地址来读取指令的，因此程序的执行路线是由PC来决定的，更改了PC的值就会改变程序的流程，所以有人说："PC是计算机执行程序的指路人，也叫程序指针。"

1.2.6　计算机执行程序的过程

为对指令、程序、PC这些概念有一个更清楚的了解和认识，下面以图1-10所示的模型机为例看一看计算机执行程序的过程。

现有一个简单程序，其程序清单如表1-4所列。

表1-4　程序清单

助记符程序	机器码程序	说　明
MOV　A，0x5C	0xB0 5C	数据0x5C存入A
ADD　A，0x2E	0x04 2E	将数据0x2E与A中数据相加，结果存入A
JO　0x100A	0x70 0A 10	判断，转移
MOV　[0x200]，A	0xA2 00 02	将A中的数据写入存储器地址为0x200的单元
HLT	0xF4	程序停止

把表 1－4 程序的机器码存入到存储器后的情况如图 1－10 所示。

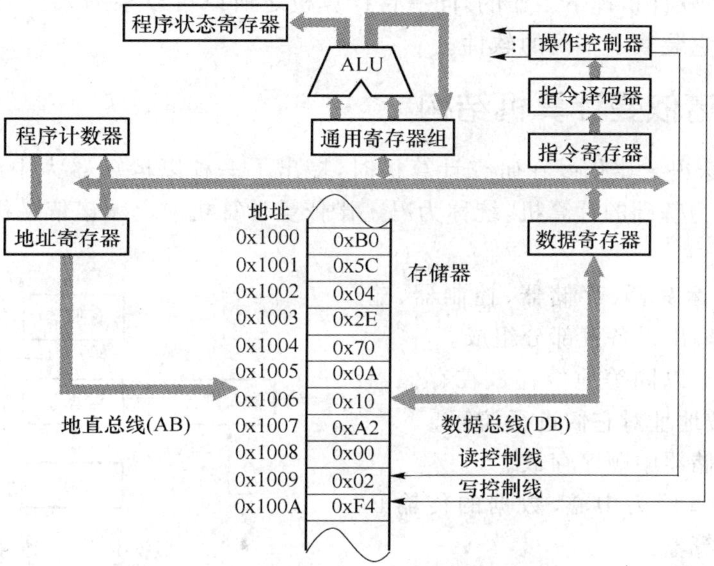

图 1－10 模型计算机与程序执行过程示意图

由于程序的首地址为 0x1000，所以在执行这个程序之前必须将首地址 0x1000 存入 PC，接下来就可以启动程序了。本程序的执行过程如下：

① 将 PC 中的地址值送到地址寄存器，PC 自动加 1，即 PC 中的地址变为 0x1001。

② 地址寄存器中的地址经地址总线送到存储器，经译码选通 0x1000 单元。

③ 系统控制器发出读信号，将 0x1000 单元中的数据 0xB0 经数据总线传送到数据寄存器。由于该数据是指令中的操作码，因此由数据寄存器再传送至指令寄存器。

④ 指令译码器对指令寄存器中的指令进行分析，由控制器发出指令所规定的控制信号。

⑤ 根据控制信号的指示，得知指令不完整（本指令需要操作数），因此系统把 PC 中的地址值 0x1001 送到地址寄存器，并且 PC 自动加 1，变为 0x1002。

⑥ 地址寄存器中的地址 0x1001 通过地址总线选通存储器的 0x1001 单元，并发出读信号，将该存储单元中的数据 0x5C 读入数据寄存器。

⑦ 因为 0x5C 为操作数，所以按照指令的规定，该数据被送入通用寄存器 A。

至此，程序的第一条指令执行结束，其余指令的执行与上面的过程类似。

1.3 微型计算机系统的基本组成

计算机系统由物理设备构成的硬件和由各种程序构成的软件两部分组成。其硬件部分叫做计算机的硬件系统,软件部分叫做计算机的软件系统。硬件系统构成了计算机的物理实体,这个物理实体是在软件指挥下工作的,同一台计算机之所以可以根据人们的需要来完成不同的任务,就是因为它装载了不同的软件。

1.3.1 冯·诺依曼计算机结构

1945 年数学家冯·诺依曼在研究计算机时,提出了一种以运算器为中心的计算机概念。以后,凡以此概念为基础的计算机,统称为冯·诺依曼计算机或冯·诺依曼机。这种计算机有如下主要特点:

- 计算机由运算器、存储器、控制器、输入设备和输出设备五部分组成。
- 指令与数据以同等地位存放在存储器中,并可按地址对它们进行访问。
- 指令在存储器中顺序存放。
- 机器以运算器为中心,数据的传输必须通过运算器。

冯·诺依曼机的结构框图如图 1-11 所示。

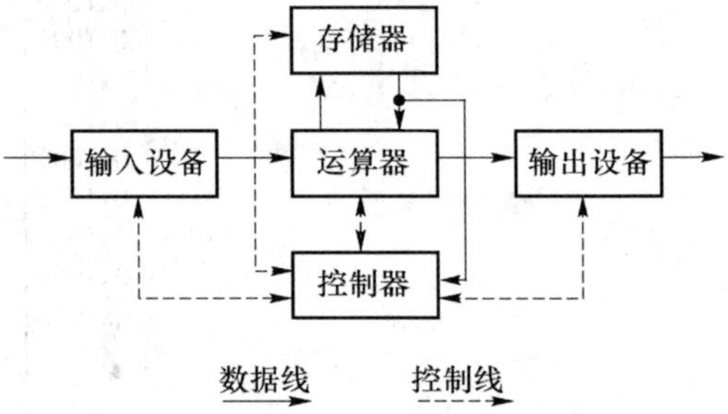

图 1-11　计算机结构框图

计算机的五大部件在控制器的统一指挥下,实现有条不紊的自动工作。

1.3.2 计算机的硬件系统

由于运算器和控制器在逻辑和电路上结合非常紧密,在大规模集成电路制作工艺出现之后,这两个部件通常被制作在同一个芯片上,这个芯片叫做中央处理器(Central Processing Unit),简称 CPU 或处理器。输入/输出设备叫做 I/O 设备(Input/Output equipment)。这样,可认为计算机是由 CPU、存储器和 I/O 设备三部分组成的,其中 CPU 和存储器合起来又叫做主机。计算机硬件系统的框图如图 1-12 所示。

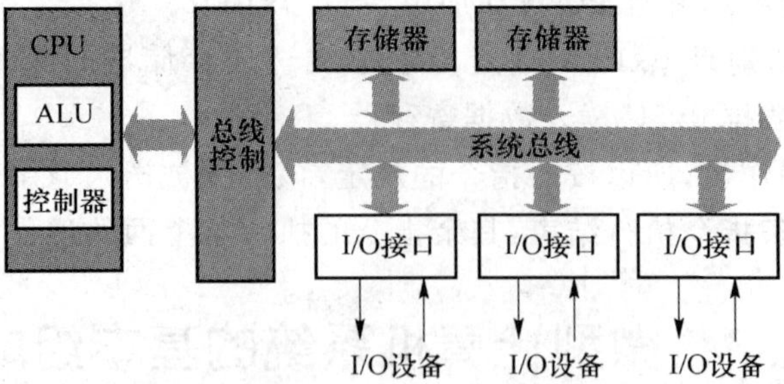

图 1-12　微型计算机硬件系统的基本组成框图

1. 中央处理器 CPU

在图 1 - 10 中,除存储器之外的所有功能模块被集中制作成了一个复杂的数字电子部件,它是计算机系统的核心部分,所以把它叫做“中央处理器”,简称 CPU。目前,由于集成电路技术的发展,CPU 也可以成为更大的、集成度更高的集成电路芯片中的一个组成部分。

为了能快速地对当前操作的数据和指令进行操作以及保存一些特殊数据(例如上面介绍过的程序状态、程序指针等),在 CPU 中通常还设置一定数量的存储装置,由于这种存储装置与运算器和控制器结合紧密,因此它们与运算器和控制器之间的数据传输速度极快,为了把它们与一般的存储器区别开来,称这些存储装置为寄存器。由于寄存器的数目不是很多,所以通常不使用地址而是使用一些英文缩写名称来对寄存器进行命名,例如程序计数器 PC、堆栈指针 SP 和通用寄存器 A、B、C,等等。当然,不同类型处理器中的通用寄存器的命名也不相同。

寄存器大体上分为两类:一类是处理器自己使用的寄存器,例如地址寄存器、数据寄存器、指令寄存器等,这些都是程序设计人员看不到(透明)的寄存器;另一类是程序设计人员看得到并使用的寄存器,例如程序计数器 PC、通用寄存器等。

对于程序设计人员看得到的寄存器还可以分为两类:一类是存放专门数据的专用寄存器,例如程序计数器 PC 和堆栈指针 SP 等;另一类是可以由程序设计人员自行指定用途的通用寄存器。

由于寄存器具有诸多优点,因而随着半导体集成电路制作工艺的进步,目前有在处理器中尽可能多地配置通用寄存器的趋势。

2. 内　存

能存储大量数据,并且通过总线可由 CPU 直接进行读/写操作的存储器叫做计算机的内部存储器,简称内存或主存。CPU 访问这种存储器的速度要比读/写 CPU 内部寄存器慢得多。

从计算机程序设计者的角度来看,微型计算机的内存可以抽象成由许多格子组成的一个实体。每一个格子是一个存储单元,每个单元都有一个地址,每个单元可以存储一个 8 位长度的数据,其示意图如图 1 - 13 所示。

3. 系统总线

总线是在计算机内部各部件之间或计算机与外界之间用来进行信息传输的标准化公共通道,即计算机的各个组成部件是通过一组具有逻辑控制功能的公共信号线连接起来的,这组信号线就叫做总线。

在计算机系统中,需要传递的信息分为 3 种:用来表示数据存储位置的地址信息,用来表示状态、操作的控制信息和用来传送数据的数据信息。

数据总线 DB(Data Bus)用来在计算机各个部件之间传输数据及指令代码。总线中信号线的根数叫做数据总线的宽度,目前微型计算机数据总线的宽度有 8、16、32、64 等;数据总线

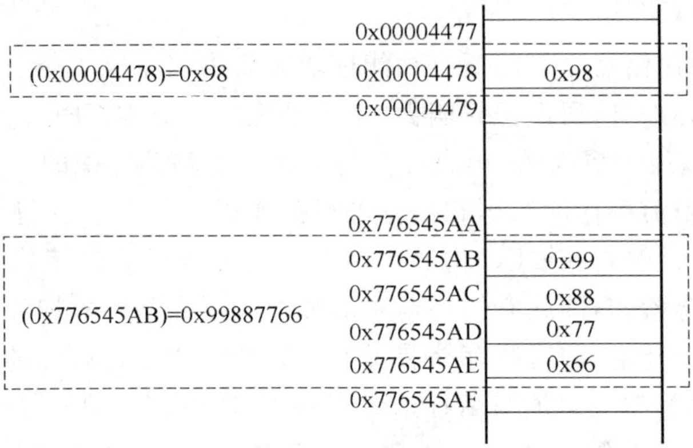

图 1-13 存储单元与其中数据的表示方法

的宽度决定了计算机所能传输的数据位数，数据总线的宽度越大，说明计算机处理数据的能力越强。

地址总线 AB(Address Bus)用于传输 CPU 要访问的存储单元或接口的地址信号。目前微型计算机地址总线的宽度一般为 8、16、20、32、64 等。地址总线的宽度越大，意味着它所能配备的内存容量越大。

控制总线 CB(Control Bus)是在计算机各个部件之间传输“读”、“写”之类的控制信号的。即计算机在工作时除了要在各个部件之间传输地址与数据信号之外，还要传输一些表达计算机各个部件的工作状态及操作要求的信息，这些信息统一地被称做控制信号，传输这些控制信号的信号线就叫做控制总线。

4. 外部设备与接口

众所周知，微型计算机广泛地应用于人们生产和生活的各个领域，它需要从外部获取和输出各种各样的信息，所以计算机系统必须用到一些能完成上述工作的设备，例如键盘、鼠标、显示器、打印机、绘图仪、传感器等。由于这些设备不是计算机主机的组成部分，所以通常把这些设备叫做外部设备，简称外设。

由于与计算机所连接的外部设备多种多样，所以它们在与计算机进行数据传输时所使用的信号也多种多样，它们不仅在电平、电流、速率上区别很大，而且信号的形式也有很大的区别，它们可能是数字量，也可能是模拟量，还可能是脉冲量，同时在传输信号时还需要一些辅助的联系信号。因此在把它们与微型计算机连接起来时，常常需要在这些设备和计算机之间配备一些中间电路进行缓冲和信号变换。这些中间电路就叫做接口电路，简称接口。

5. 外部存储器(辅存)

一个计算机系统的内存容量总是有限的，并且计算机内存常常采用的是随机动态存储器，这种存储器在计算机掉电时，其中所存储的数据会随着断电而丢失。因此，内存只是用来存放计算机当前正在运行的程序和正在使用的数据,为了能够在计算机失电状态下保存大量的数据和程序,一个完善的计算机系统还应该配置一定容量的外部存储器。目前,外部存储器主要有硬盘、软盘、光盘和U盘等。

计算机的各种软件、数据等平时都是存储在外部存储器中,只有在运行时才被调入内存。如果把内存看做我们阅读书籍的书桌,那么外存就相当于存储大量书籍的书橱。书桌是放置当前需要阅读的书籍的地方,而书橱则是永久存放书籍的地方。书籍需要从书橱上拿到书桌上才能阅读。

尽管硬盘是安装在计算机机箱中,但由于它不能由CPU直接通过总线进行访问,因此硬盘也是一种外设。

1.3.3 计算机的软件系统

计算机系统的硬件是在计算机程序的指挥下工作的,因此一个完整的计算机系统必须配置相应的软件,即应该有一个计算机程序集,这个计算机程序集就叫做计算机的软件系统。用来保证计算机正常工作和提供用户工作基本条件的软件集合叫做计算机的系统软件,而用来完成用户特定工作的软件系统叫做应用软件。

1. 系统软件

由于计算机系统硬件的复杂性,让普通计算机用户在计算机硬件基础上来工作是不现实的,因此由计算机专家编制了一些用来屏蔽计算机硬件的工作细节,并为用户提供通用服务的程序。它们替用户对计算机的CPU、内存、各种外设等进行管理和协调,从而使它们有条不紊、高效率地进行工作,例如计算机配置的操作系统、实用程序等。由于这些软件是一个完整的计算机系统必须配备的,已经构成了计算机系统的一部分,所以叫做系统软件。

系统软件中最重要的是操作系统,例如在微型计算机中常用的Dos、Windows、Linux等,它们可以为应用程序提供一个良好的运行平台。

2. 应用软件

为满足人们的实际应用需要,在系统软件的基础之上,针对具体应用,还要由用户专门开发和设计一些用来解决具体问题的各类程序,例如人们常用的专门处理文档的Word、WPS,处理图片的Photoshop,各企事业用来进行管理工作的MIS程序、生产过程控制中的监测控制程序,等等。

由于这些程序是针对某个具体应用的,并且是由用户根据实际应用的具体要求而安装到计算机中的,因此为了把它们与提供公共运行平台的系统软件相区别,把这种软件叫做应用软件。

1.4 计算机体系结构的发展

随着半导体制作工艺的发展以及计算机应用领域的逐渐拓展,人们对计算机功能的要求也越来越多,计算机的体系结构也在不断发展。目前,计算机系统的硬件结构大体上如图 1-14 所示。

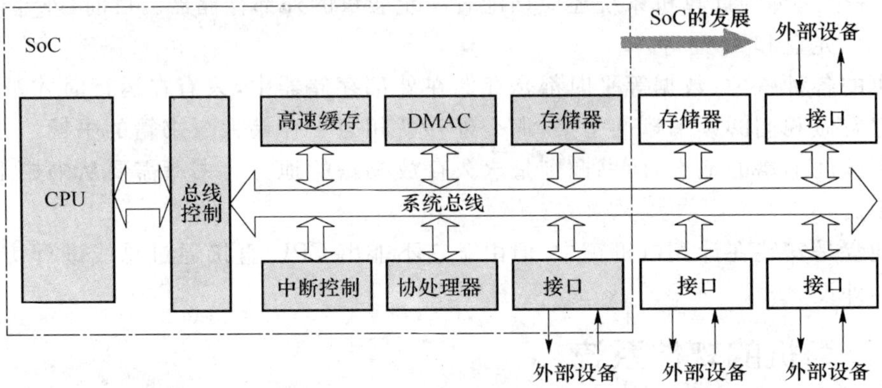

图 1-14 现代微型计算机硬件系统的基本组成框图

1.4.1 RISC

精简指令系统计算机(Reduced Instruction Set Computer , RISC)是 20 世纪 70 年代中期由 IBM 公司提出来的一种计算机系统架构,与其对应的是复杂指令系统计算机(Complex Instruction Set Computer , CISC)架构。自 RISC 技术提出以来,基于这种架构的计算机系统取得了长足的进步与发展,已经成了现代计算机发展的一个重要方向。

1. RISC 的产生

设计机器的目的是减轻人的负担,因此在 20 世纪 70 年代以前,为了尽量减轻程序设计人员的负担,人们在设计计算机系统时就力图在指令中含有尽可能多的操作信息,以使一条指令可以指示计算机做更多的工作。在这种思想指导下,不但导致了指令越来越复杂,同时也导致计算机的硬件系统越来越复杂,于是随着计算机硬件系统复杂程度的提高,新型计算机的开发周期变得极其漫长且成本高昂。据介绍,当时的 Intel 80386 的设计就耗时达 3 年之久,耗资达 1.5 亿美元之巨。这些问题就迫使人们不得不对计算机指令系统的这种发展方向进行重新审视。

经过大量的研究,人们发现程序中常用的指令有 80%左右是简单指令,而复杂指令的使用率只不过为 20%左右,这就意味着为执行复杂指令而准备的那些成本高的硬件系统基本处于被搁置状态,并没有给人们带来多大好处。因此,人们开始研制精简指令系统计算机(RISC),相应地,那些使用复杂指令系统的计算机就叫做复杂指令系统计算机(CISC)。

2. 实现 RISC 的主要方法

实现 RISC 思想的主要方法如下:

① 减少指令种类。RISC 的指令系统只提供能完成简单操作的指令,复杂的操作则由编

译器或者程序员通过多条简单指令的组合来完成。

② Load/Store 结构。处理器访问存储器的操作是一个较为费时的工作，为了提高速度，在 RISC 中设置了独立于处理器的寄存器和存储器之间的直接数据传输通道。为了执行这种操作，在 RISC 指令系统中设置了专门的 Load/Store 指令。这样，存储器中的数据可以用 Load/Store 指令不经处理器直接读入寄存器，之后处理器再对寄存器的数据的操作则是访问寄存器而不是存储器了。通过这种数据处理与访存操作分开的方式，避免了处理器的访存操作，提高了系统的工作速度。

③ 采用指令流水线技术。流水线技术是一种旨在提高计算机运行速度的技术。这种技术把一条指令的执行过程分解为多个步骤，并在处理器中为每个步骤都配置一个专门完成对应步骤的硬件装置来同时工作，从而实现多条指令的并行处理。

④ 在处理器中配置更多的通用寄存器。由于寄存器是处理器访问速度最快的存储装置，大量地配置处理器中的寄存器有利于提高计算机系统的工作速度。

3. RISC 与 CISC 的比较

其实，RISC 系统是把一些原来由计算机硬件系统应该完成的复杂工作转交给编译器来完成，从而一方面降低了计算机运算器和控制器硬件的复杂度以提高其工作速度，另一方面也减少了它们占用的芯片面积，以腾出更多的空间来集成其他装置。RISC 系统与 CISC 系统的比较见图 1－15。

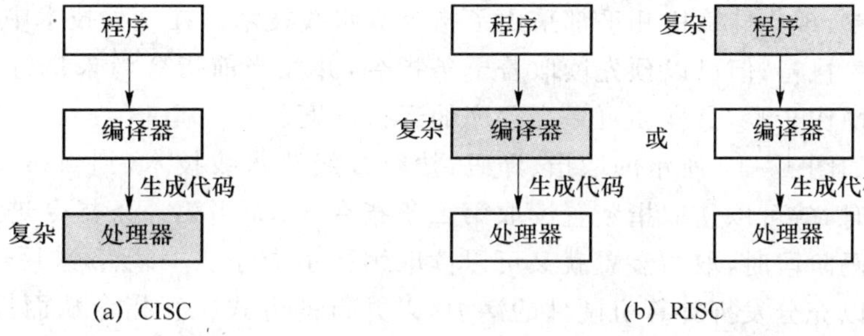

图 1－15　CISC 系统与 RISC 系统的比较

除此之外，还设置了寄存器与存储器可以直接传输数据的通道，并配置了对应的 Load/Store 指令，使得处理器可以不再承担费时的访存操作了。

不过，从指令的兼容性来看，CISC 大多数都能实现软件兼容，即高档机包含了低档机的全部指令并可以扩充，而 RISC 机由于简化了指令系统，从而使机器指令数目少而且格式也不同于老机器，因此 RISC 机一般不能与老机器相兼容。所以，目前商品化的 RISC 架构的计算机通常并不会是纯 RISC 机，它们常常会根据实际需要在 RISC 架构上做一些比较实用的变化。

1.4.2 指令流水线

前面讲过，计算机系统执行一条指令工作的过程分为取指、译码、执行三个步骤，如图 1-16 所示。

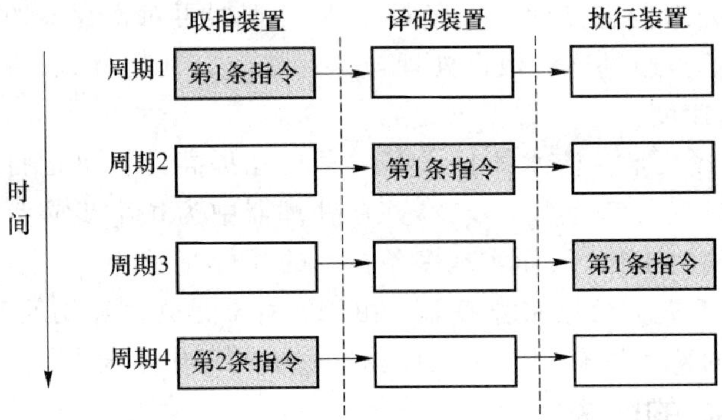

图 1-16 计算机系统执行指令的过程

可以看出，系统执行一条指令，要经过取指、译码和执行 3 个阶段，在每一个阶段中只有用来完成这个阶段任务的装置在工作，而其余用来完成另外两项任务的装置处在空闲状态，所以不利于充分发挥系统硬件的功能和提高系统的工作速度。

为了提高效率，现代计算机几乎都采用了指令流水线技术。在这种技术中，程序的指令虽然仍是一条条顺序执行，但可以预先读取若干条指令，并在当前指令尚未执行完时，提前启动后续指令的一些操作步骤，这样便可提高程序的运行速度。

如果采用了如图 1-17 所示的取指、译码、执行 3 级流水线技术，则当第一条指令取指之后进入译码阶段时，就可以使取指装置读取第二条指令了；而当第一条指令进入执行阶段，第二条指令进入译码阶段时，取指装置就又可以读取第三条指令了。显然，采用这种流水线技术的计算机系统可以充分发挥计算机硬件的潜力，以并行的方式执行指令从而提高系统的工作速度。

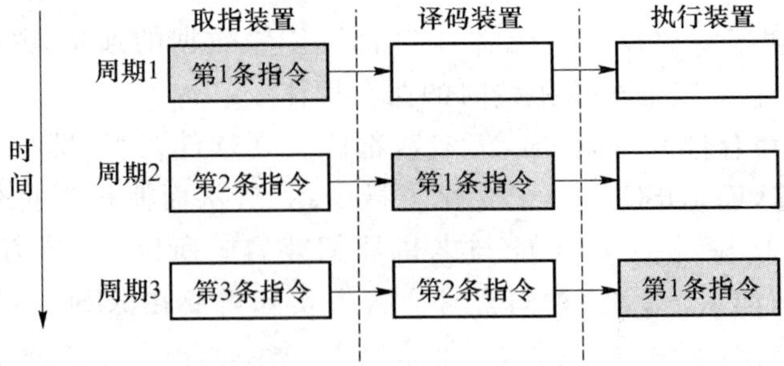

图 1-17 采用了 3 级流水线的计算机系统执行指令过程的示意图

1.4.3 高速缓存

高速缓冲存储器，是位于 CPU 与主内存间的一种容量较小但速度很高的存储器。

由于 CPU 的速度远高于主内存，CPU 直接从内存中存取数据要等待一定的时间周期，Cache 中保存着 CPU 刚用过或循环使用的一部分数据，当 CPU 再次使用该部分数据时可从 Cache 中直接调用，这样就减少了 CPU 的等待时间，提高了系统的效率。

1.4.4 协处理器

协处理器或者叫数学协处理器，协处理器主要的功能就是负责浮点运算。目前，协处理器的功能也不再局限于增强浮点运算，现在 CPU 的浮点单元(协处理器)往往对多媒体指令进行了优化。

1.4.5 片上系统

以前，一个集成电路芯片只具有某个单一的功能，因此要完成一项较复杂的工作，必须在电路板上用多个芯片来组成一个完整的系统。但是，在实践中人们发现，在某一类的应用中，这些芯片的组合相对来说是比较固定的，这就使人们产生了把这些固定的芯片组合集成在一个芯片上而形成一种功能更为强大的芯片的想法，按照这种思想制作的芯片就叫做片上系统(System on Chip，SoC)。

目前，典型的嵌入式处理器都是上述这种片上系统。它以微处理器为核心，在同一个芯片上集成了支持微处理器工作的外围电路及各类通信接口模块而形成一个叫做嵌入式处理器的片上系统。这样，用户在应用时只需在这种片上系统的基础上再配置一些应用所需要的特殊外围电路就可以了。这种做法可以大幅度地缩小整个系统所占的面积，在大量生产的情况下，生产成本远低于原来需要几个芯片来组成的系统，并带来了降低功耗、简化制造过程、加快处理器工作速度、降低噪声等一系列好处。

1.5 微型计算机的两种主要应用方向

1.5.1 桌面系统

前面谈到，超大规模集成电路在电子计算机上的应用使得制造体积小、性能高、价格低廉的微型处理器成为了可能，于是就出现了以个人使用为主要目的微型计算机，这种个人使用的微型计算机就叫做 PC 机。目前在学校、办公室包括一些开发部门见到的就是这样的个人计算机。可以说，20 世纪跨越了三个“电”的时代，即电气时代、电子时代和现已进入的电脑时代。不过，这种电脑通常是指个人计算机，简称 PC 机。它由主机、键盘、显示器等组成。PC

(Personal Computer)是一种为个人使用而设计的计算机。个人计算机一般不需要共享其他计算机的处理、磁盘和打印机等资源。这类经常放在办公桌上的计算机系统称为桌面系统。

1.5.2 嵌入式系统

在以微处理器为核心的微型计算机的发展过程中,其小型、价廉、高可靠性及具有高速数值解算能力的特点,引起了自动控制领域专业人员的极大兴趣和注意。他们把微型机嵌入到一个对象体系(汽车、火箭等)中,实现对对象体系的控制。显而易见,这种用途的计算机系统在一定程度上改变了通用计算机系统的形态与通用计算机系统的功能。为了区别于原有的通用计算机系统,人们把嵌入到对象体系中,为实现对象体系智能化控制的计算机系统,称做嵌入式计算机系统,简称嵌入式系统。

嵌入式计算机系统与通用型计算机系统相比,具有以下特点:

① 专用性强。嵌入式系统通常是面向某个特定应用的,所以嵌入式系统的硬件是为特定用户群来设计的,它通常都具有某种专用性的特点。

② 可裁剪性好。嵌入式系统的硬件和操作系统都必须设计成可裁剪的,以便用户可以根据实际应用需要量体裁衣、去除冗余,从而使系统在满足应用要求的前提下达到最精简的配置。

③ 实时性与可靠性好。嵌入式系统中的软件一般不是存储于磁盘等载体中,而都固化在存储器芯片或单片系统的存储器里,再加上精心设计的嵌入式操作系统,从而可以快速地响应外部事件,同时也大大提高了系统的可靠性。

④ 功耗低。由于嵌入式系统中的软件一般不是存储于磁盘等载体中,而都固化在存储器芯片或单片系统的存储器之中,所以它具有功耗低的特点,从而便于把它应用在飞机、舰船、数码相机等移动设备中。

1.6 计算机程序设计语言

程序设计语言通常简称为编程语言,它是一套包含语法、词汇和含义的正式规范,是计算机程序设计者用来向计算机表达解决问题步骤的工具。它大体上被分为两类:低级语言和高级语言。

1.6.1 低级语言

二进制代码与其助记符形式的语言是低级语言,它们都是直接对硬件进行操作。其中,二进制代码语言不经任何翻译就可直接为计算机硬件所接收和执行,所以它也被称做机器语言。助记符语言只不过是为了更容易识别和记忆而采用英文缩写的标识符来表示难以记忆的二进制代码的一种简单方法,本质上它还是机器语言,所以它也是低级语言。

尽管助记符语言仍然属于低级语言，但毕竟不是计算机硬件直接能接受的语言了，因此在计算机执行这种语言编写的程序之前，必须用手工或计算机翻译成真正的机器语言程序。这种把助记符语言程序翻译成机器语言程序的工作叫做汇编，所以为了能让计算机进行这个汇编工作，人们设计了一种专门对助记符语言进行汇编工作的软件，叫做汇编程序或者汇编器。而助记符语言也就被叫做汇编语言。

1.6.2 高级语言

不管是机器语言还是使用助记符的汇编语言，它们都是面向机器的，即不同的机器有各自不同的语言。使用低级语言编写程序的程序设计人员不但要对计算机的硬件有较深刻的认识和理解，而且还要熟悉其与人们所熟悉的方法相距甚大的独特解决问题方法。

为了摆脱对具体机器的依赖，在汇编语言之后又出现了与人类语言规则极其相近的高级程序设计语言（也称高级语言）。

高级语言的种类很多，常见的有：用于科学计算方面的 ALGOL、FORTRAN、BASIC、PASCAL、C 语言等；用于数据处理方面的 COBOL 语言等；用于人工智能和专家系统的 LISP、PROLOG 语言以及用于实现机器人控制的 VAL、AL 语言等。

1.7 计算机常用标准编码

1.7.1 ASCII 码

在计算机中，所有信息都必须用二进制数形式的编码来表示。其实，上面所介绍的二进制数就是一种对数字的编码。对于一些通用的信息，世界标准化组织规定了标准的编码。下面介绍常用的两种编码：字符的 ASCII 码和表示十进制数的 BCD 码。

ASCII 码是美国（国家）信息交换标准（代）码，一种使用 7 个或 8 个二进制位进行编码的方案，最多可以给 256 个字符（包括字母、数字、标点符号、控制字符及其他符号）分配（或指定）数值。ASCII 码于 1968 年提出，用于在不同计算机硬件和软件系统中实现数据传输标准化，在大多数的小型机和全部的个人计算机都使用此码。ASCII 码划分为两个集合：128 个字符的标准 ASCII 码和附加的 128 个字符的扩充和 ASCII 码。

ASCII 是 American Standard Code for Information Interchange 的缩写，用来制订计算机中每个符号对应的代码，这也叫做计算机的内码（Code）。每个 ASCII 码以 1 字节（Byte）存储，数字 0～127 代表不同的常用符号，例如大写 A 的 ASCII 码是 65，小写 a 则是 97。由于 ASCII 编码只使用了一个字节中的低 7 位，所能代表的信息较少，所以后来又把最高位也用了起来，增加了许多外文和表格符号等编码。增补后的 ASCII 叫做扩展 ASCII（Extended ASCII）码。

1.7.2 BCD码

十进制数码在计算机中也要用二进制编码来表示。十进制数的二进制编码种类很多,其中最常用的是BCD码。十进制数码的二进制编码的对应关系见表1-5。

表1-5 十进制数码的二进制编码的对应关系

十进制	BCD码	十六进制	十进制	BCD码	十六进制
0	0000	0	5	0101	5
1	0001	1	6	0110	6
2	0010	2	7	0111	7
3	0011	3	8	1000	8
4	0100	4	9	1001	9

习 题

1. 什么是计算机系统、计算机硬件和计算机软件?
2. 什么是二进制数制?它有什么特点?
3. 把1001 0111与0011 1001两个二进制数相加,体会二进制加法运算的规则。
4. 把1001 0111与0011 1001两个二进制数相减,体会二进制减法运算的规则。
5. 在表1-6中填写出对应十进制数的8位二进制原码、反码和补码。

表1-6 十进制数的8位二进制原码、反码和补码

十进制数	原 码	反 码	补 码	十进制数	原 码	反 码	补 码
0				−4			
15				−17			
67				−127			
127				−128			

6. 请将表1-7中的8位补码扩展为16位补码,并从中总结出补码位扩展的规律。

表1-7 8位补码扩展为16位补码

8位补码	16位补码	8位补码	16位补码
1000 1001		0100 1000	
1000 0000		1111 1000	
0011 0110		0000 0111	

7. 求真值为 32、110 这 2 个有符号数的 8 位二进制补码，然后对它们进行相加和相减运算，并判断运算中是否有溢出。

8. 求真值为 111、−101 这 2 个有符号数的 8 位二进制补码，然后对它们进行相加和相减运算，并判断运算中是否有溢出。

9. 求真值为 −103、−56 这 2 个有符号数的 8 位二进制补码，然后对它们进行相加和相减运算，并判断运算中是否有溢出。

10. 为什么要使用十六进制数制？试把 1001 0111 与 0011 1001 两个二进制数表示为十六进制形式。

11. 什么叫指令？什么叫指令代码？什么叫操作码？什么叫操作数？

12. 什么叫程序？

13. 冯·诺依曼机有什么特点？

14. 英文缩写 RISC 是什么意思？

15. 说明什么是机器语言、汇编语言和高级语言。

第2章 总线、存储器和接口

存储器是计算机系统存储信息的装置，外设及其接口电路是计算机系统与外部世界联系的通道。它们都通过叫做总线的信息传输线与处理器进行联系，从而形成完整的计算机硬件系统，为程序的运行提供了物质基础。

本章的主要内容有：

- 计算机的总线、数据总线、地址总线和控制总线的基本概念；
- 基本存储电路、存储单元、存储器和地址的概念；
- 存储器的种类；
- 外部设备及其特点；
- 外部设备与主机之间接口电路的功能；
- 接口电路的基本构成；
- 外设与处理器之间信息传输的控制方式：查询、中断与DMA。

2.1 总 线

2.1.1 总线的基本概念

总线是遵照标准制作的用于连接计算机系统多个部件的信息传输线，在总线上可以根据需要随时添加或裁撤设备。由于它是多个部件共享的传输介质，所以为了防止信号冲突，在某一时刻，只允许总线上的一个部件向总线发送信息，而接收信息的部件数目不限。

按二进制信息位的传输方式，总线分为并行总线和串行总线两种。

1. 并行总线

并行总线由多条传输线组成，其数目与被传输数据的位数相同，每条线负责传输一位二进制代码，它可以一次同时传输一个多位二进制代码，因此被称为并行总线。总线中传输线的数目叫做总线宽度。例如一条宽度为32的总线，那么该总线就可以一次传输一个32位的二进制代码。

总线上可以挂接多个部件，图2-1所示的就是一条挂接了三个设备的并行总线的示意图,其中设备 1 的选通开关由端子 C 控制在接通状态,并且由 R/W 控制的输出三态门也处在开通状态,因此该设备数据缓冲器中的数据可以被输出到总线上,即设备 1 为当前的输出设备。而设备 3 的选通开关虽然也处在接通状态,但因其输入三态门处在开通状态,所以设备 3 为当前输入设备。至于设备 2 则因其选通开关处在断开状态,所以设备 2 与总线之间处于高阻状态,不能接收总线上的数据。

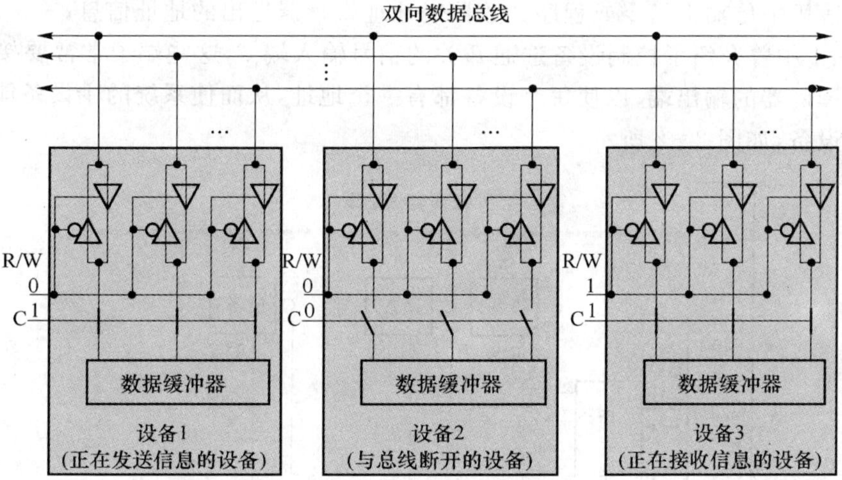

图 2-1 并行总线与总线上设备的示意图

由于这种总线上的设备均有用 R/W 信号控制的双向三态门,总线可以双向传输数据,所以这种总线也叫做双向总线。

从图 2-1 中可以看到,设备可以输出或输入数据的前提条件是设备由端子 C 控制的选通开关必须处于开通状态。控制设备选通开关的信号端 C 叫做选通控制端。而决定是输出还是输入的控制端叫做 R/$\overline{\text{W}}$(读/写)控制端。

2. 串行总线

在实际系统中,也可以使用一根线来传输多位二进制信息,这个多位二进制代码在这根线上一位跟着一位地进行传输,这样的总线叫做串行总线。

显然,并行总线传输多位信息的速度快,但使用的传输线数目多,而串行总线传输多位信息的速度慢,但使用的传输线数目少。因此,并行总线一般用来进行短距离的信息传输,而串行总线则用来进行远距离的信息传输。

2.1.2 系统总线

系统总线通常指计算机系统芯片之间的连接总线。根据总线所传输的信息种类,系统总线有数据总线(Data Bus,DB)、地址总线(Adress Bus,AB)和控制总线(Control Bus,CB)三种。

1. 数据总线

数据总线是在计算机的各个部件之间传输数据的通路，一般为双向并行总线。它的传输线的根数(位数)与机器字长、存储字长有关，一般为 8 位、16 位、32 位或 64 位。数据总线传输线的根数叫做总线宽度，它是衡量系统性能的一个重要参数。

2. 地址总线

地址总线用来传输由指令或程序计数器经地址寄存器送出的地址信息。

在图 2-1 中曾介绍了控制设备选通开关的信号输入端 C，这些端子常常要接在能对编码进行译码的译码器的输出端，以使每个设备都有一个地址，从而使系统的主设备能用地址来选通所需要的设备，如图 2-2 所示。

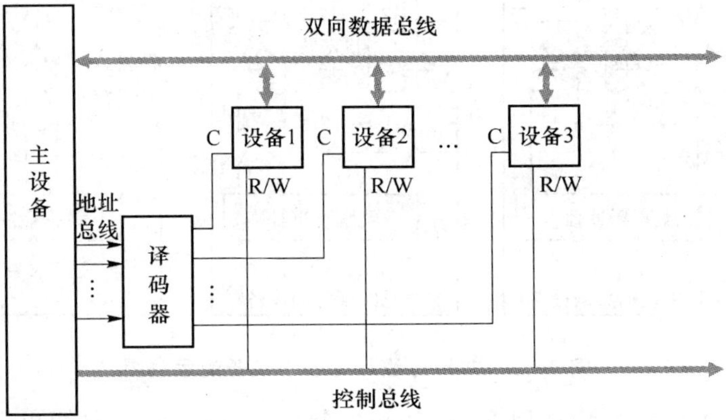

图 2-2　数据总线、地址总线和控制总线

计算机的地址总线一般为单向并行总线。地址总线的位数决定了系统可配置内存的最大容量。

3. 控制总线

信息传输时，地址总线上的信息决定了访问的对象，数据总线提供了访问对象与处理器之间的数据传输通路，除此之外，还需要一些传递读/写信号、同步信号、复位信号之类的控制信号的信号线，这些用来传递控制信息的信号线放在一起叫做控制总线，如图 2-2 所示。

2.1.3　系统总线结构

前面谈到，总线是连接计算机系统各个部件的信号线，是信息传输的公共通道，应该允许随时向总线上挂接新设备，也允许随时裁撤不再使用的设备。显然，无论是总线还是需要挂接的设备，它们必须符合某一标准，这个标准就是总线标准。总线标准就是系统与各模块、模块与模块之间的一个互连的标准界面。

目前，流行的总线标准有以下几种：

① ISA(Industry Standard Architecture,工业标准体系结构)标准。这个标准在 IBM PC/AT(80286)机上首先使用,故又称为 AT 总线,后来又被国际标准化组织确定为国际标准 ISA。ISA 总线的结构如图 2－3 所示。

从图 2－3 中可以看到,ISA 总线是把慢速的 I/O 总线与高速的存储器总线分开的一种双总线结构。

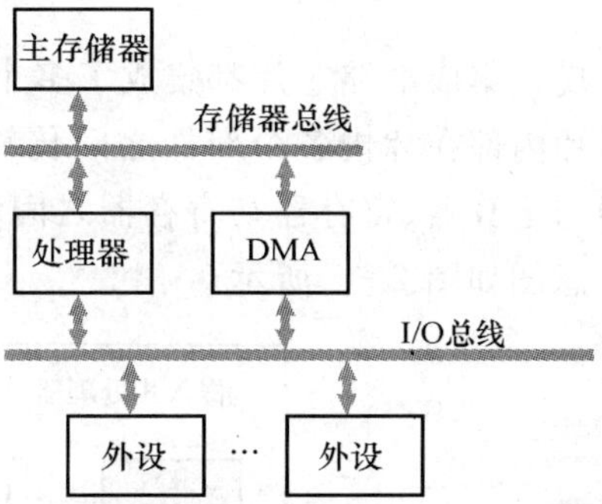

图 2－3　ISA 总线结构

② PCI(Peripheral Component Interconnect)总线。它是目前个人计算机使用最为广泛的接口,几乎所有的主板产品上都带有这种插槽。

20 世纪 90 年代,随着图形处理技术和多媒体技术的广泛应用,在以 Windows 为代表的图形用户接口(GUI)进入 PC 机之后,要求有高速的图形描绘能力和 I/O 处理能力。这不仅要求图形适配卡要改善其性能,也对总线的速度提出了较高的要求。加之当时外设的速度也已有了很大的提高,因此原有的 ISA 已远远不能适应需要,而成为整个系统的主要瓶颈。

1991 年下半年,Intel 公司首先提出了 PCI 的概念,并联合 IBM、Compaq、AST、HP、DEC 等 100 多家公司成立了 PCI 集团。PCI 是一种先进的局部总线,已成为局部总线的新标准。这是 Pentium 系列微机普遍使用的总线,其结构特点是通过 PCI 桥把存储器总线与 PCI 总线桥接起来,由 ISA 总线控制器再与 ISA 总线连接。PCI 总线则处在中间用于挂接磁盘控制器、图形控制器和网卡之类的高速设备。PCI 总线结构如图 2－4 所示。

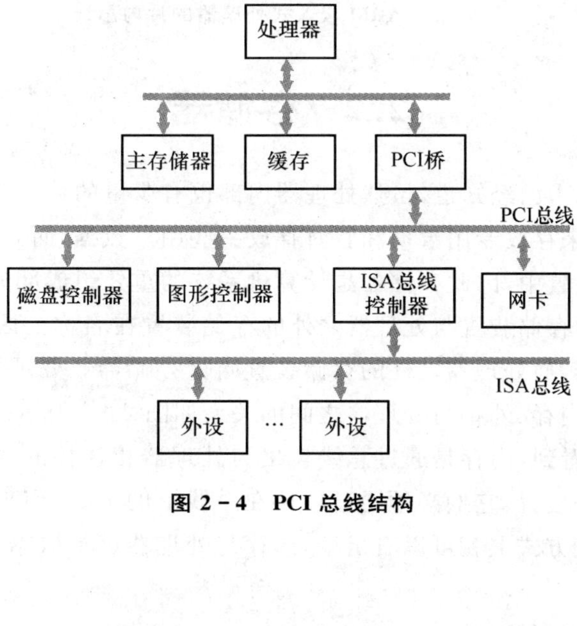

图 2－4　PCI 总线结构

③ USB(Universal Serial Bus)通用串行总线接口。这种总线标准适用于低速外围设备，如鼠标、操纵杆、电话机、扬声器和音响以及打印机、扫描器、数字照相机等。

2.1.4 片内总线

现代集成电路芯片都集成了多个电子部件，在片内也需要使用总线把它们连接起来。这种芯片内部在片内各个部件之间传输信息的总线叫做片内总线。例如在CPU芯片内部，寄存器与运算器、寄存器与寄存器之间都有总线连接。一个ARM嵌入式处理器芯片内部总线的示意图如图2-5所示。

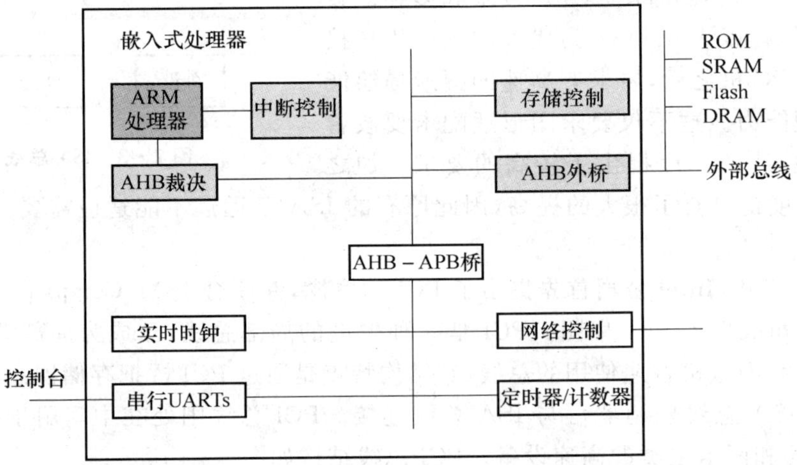

图2-5 ARM嵌入式处理器的片内总线

2.2 存储器

从前面所讲的知识中已经知道，虽然处理器内部也有少量的数据存储装置——寄存器，但由于其数量少，只能用来存放专用数据和暂时存放一些用户数据，而大量的用户数据还要存放在处理器之外的存储装置中，因此存储器是计算机系统的重要组成部分。

为了将存储器内的存储装置与处理器之外的存储装置在名称上区分开来，把处理器之内的存储装置叫做寄存器，而处理器之外的存储装置叫做存储器。处理器之外的存储器又分为内存与外存。寄存器、内存、外存与处理器之间的关系如图2-6所示。

从图2-6中可以看到，内存是通过总线直接与处理器相连接的存储装置，外存则是与某种外部设备相关的存储装置，它们必须通过连接在总线上的I/O接口与处理器相连接。从存储装置与处理器的连接方式上就可以看出来，内存与处理器进行数据传输的速度一定会比外存与处理器的传输速度要高。即从速度上来看,处理器内部寄存器最高,内存次之,而外存最低。因此,计算机运行时所需要的数据主要应该存储在内存。

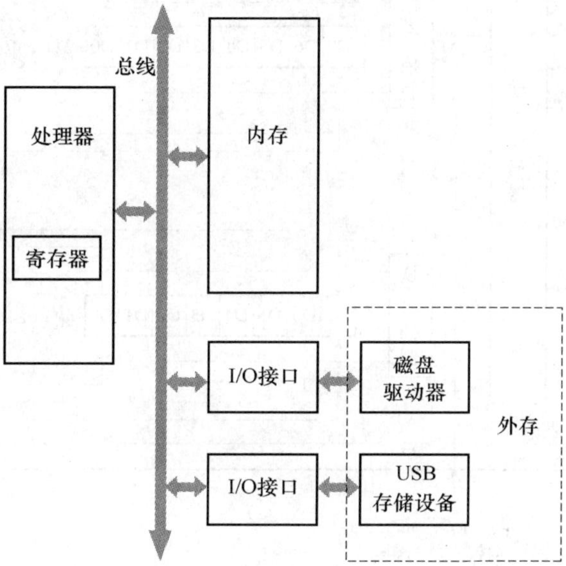

图 2-6 内存、外存的概念

2.2.1 半导体存储器的一般结构

因为 ASCII 码是按照 8 位来制定的,所以微型计算机中就用 8 个能够存储 1 位二进制信息的数字电路装置来构成存储器一个存储单元,这样的一个存储单元也叫做一字节(Byte),一个存储装置就由多个这样的单元所组成。下面为了讨论问题方便,把一个存储装置所具有的单元数,或者一个存储区域所具有的单元数叫做这个存储装置或存储区域的存储空间。

在微型计算机中,通常用具有一定规格的多个半导体存储器芯片来组成一个存储器。图 2-7 所示就是一个规格为 1K×8 的存储器芯片的物理结构概念图。

这个存储器芯片一共有 1 024(1K)个存储单元,每个单元存储一字节(8 个 bit),整个存储容量为 1 KB。每个单元的每个位都有输出和输入线与数据总线连接,是一个可读可写的读/写存储器,其读/写操作由与控制总线相连接的读/写($R/\overline{W}$)信号来控制。至于是对哪个单元进行操作,则由与地址总线相连接的地址线 A0～A9 的信号经芯片内的译码器的输出来指定。整个芯片是否处于有效状态,则由与系统地址总线相连接(一般使用系统地址总线的高位经译码器连接)芯片的片选($\overline{CE}$)信号来决定。

经适当的接线,用多片芯片可以组成更大规模的存储器。例如,用 8 片规格为 1K×8 的存储器芯片组成的容量为 8 KB 的存储器,其接线图如图 2-8 所示。

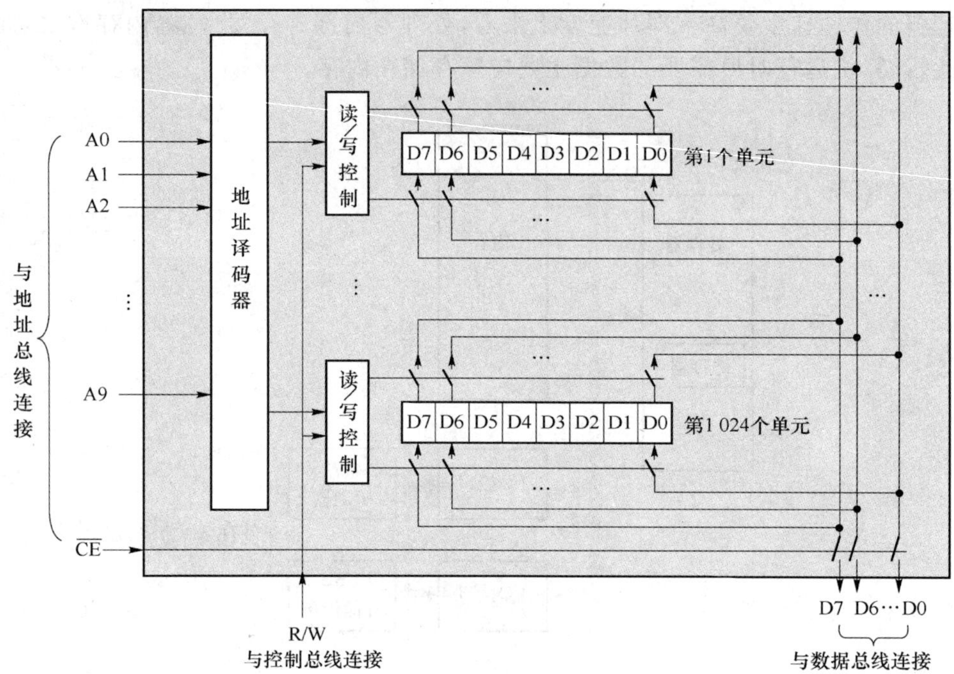

图 2-7 规格为 1K×8 的存储器芯片的物理结构概念图

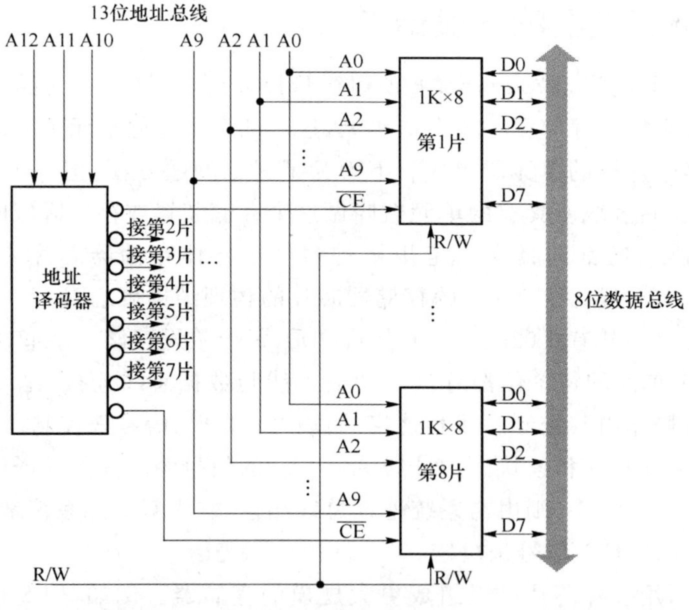

图 2-8 用 8 片规格为 1K×8 的存储器芯片组成 8 KB 容量存储器的接线示意图

目前，也有些不是以一字节为一个单元的存储芯片，图 2-9 所示就是一个规格为 1K×1 的存储器芯片的结构图。显然，用这样的存储器芯片要构成一个 1 KB 的存储器就要使用 8 片同样的芯片。即把 8 片芯片的地址线、片选线和读/写控制线分别并联起来，而每片的数据线与数据总线对应连接起来。

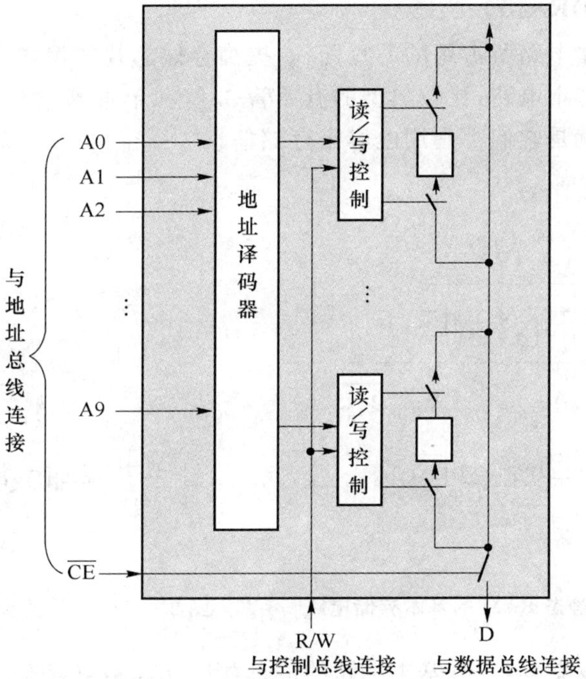

图 2-9 规格为 1K×1 的存储器芯片的物理结构概念图

2.2.2 随机读/写存储器

随机读/写存储器（Random Access Memory，RAM）是处理器可随时对其进行读操作或写操作的存储器，这种存储器叫做 RAM。根据其工作特点，RAM 又分为静态 RAM 和动态 RAM 两种。

1. 静态 RAM(SRAM)

静态 RAM 的基本存储电路如图 2-10 所示。

由图 2-10 可以看到，RAM 的基本存储电路是一个由 Q1 和 Q2 组成的双稳态触发器，该触发器的特点就是可以保存一位二进制数。为使该电路被选中时能与计算机的数据线连接，又设置了 Q5 和 Q6 作为触发器与数据线之间的开关。

由于这种存储电路在不断电的情况下，通过数据线写入的数据在下一次写入之前不会丢失,所以叫做静态存储器。又由于这种存储电路随时可以写入和读出,所以由它构成的存储器叫做静态随机读/写存储器。

这种电路的缺点是,使用半导体管的数目较多,占用芯片面积较大,而且由于总有一个管子处于导通状态,从而导致功耗较大。

2. 动态 RAM(DRAM)

为了减小基本存储电路所占用的芯片面积,提高存储芯片的集成密度,人们又设计了一些管子数目较少的存储基本电路,比较典型的有 4 管、3 管和单管基本存储电路。这种基本存储电路的一个共同特点就是它们都利用电容来存储信息。一个单管动态 RAM 基本存储电路如图 2-11 所示。

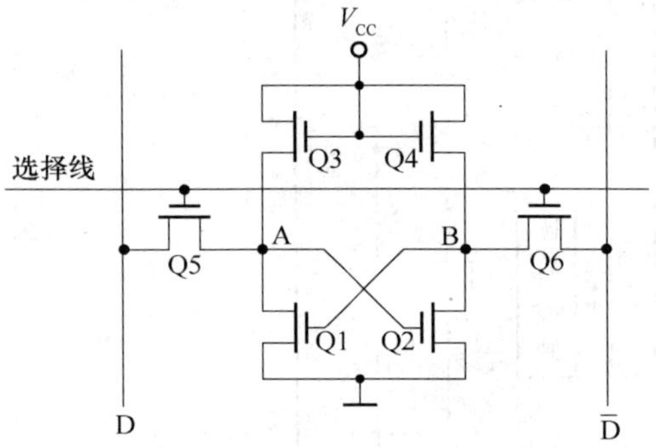

图 2-10　6 管静态 RAM 的基本存储电路

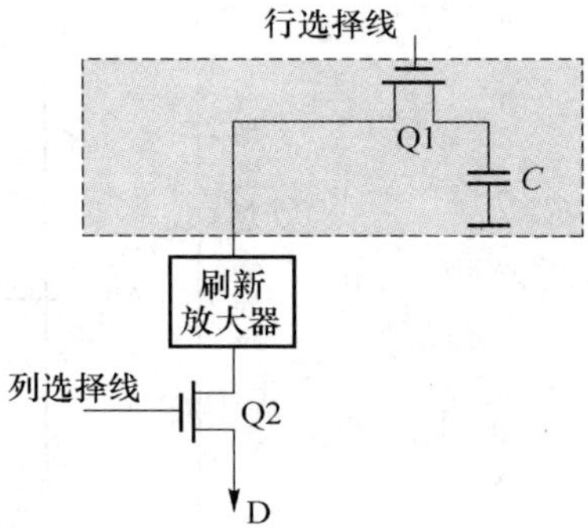

图 2-11　单管动态 RAM 的基本存储电路

从图 2-11 中可以看到,这种基本电路的信息存储元件是电容 C,如果电容 C 中有电荷存在,则认为保存的信息为“1”,否则为“0”。

在这里,用 Q1 和 Q2 形成了控制电容充放电的两个开关。

写操作时,地址总线上的低位地址使管子 Q1 导通,地址总线的高位地址又使 Q2 处于导通状态,则由 D 端送来的信号经刷新放大器对电容 C 进行充电或者放电。

读操作时,地址总线上的低位地址使管子 Q1 导通,于是电容 C 的信号被送入刷新放大器放大,如果这时地址总线的高位地址又使 Q2 处于导通状态,则被放大的信号就可以自 D 端输出到数据线上。

用这种基本电路构成的存储器的优点是价格低廉、功耗低。

但是由于其开关作用的 Q1、Q2 在断路时阻抗不是无穷大,所以会导致电容的放电,从而引起信息的丢失。为维持所保存的信息,故在 Q2 导通输出信息的同时,刷新放大器要负责对电容因放电而损失电荷进行补充,即对负责保存信息的电容按原值进行重写。所以这类以电容为存储装置的存储器都有一个共同的缺点:必须配置刷新电路定时对存储电路进行重写,因此这种存储器叫做动态 RAM。

3. 两种 RAM 的简单比较

从读/写速度上来看，静态 RAM 比动态 RAM 要高得多，所以在以速度为主要指标的存储器中应该使用静态 RAM。

从价格方面来看，动态 RAM 比静态 RAM 要便宜得多，尤其在存储器的容量较大时，动态 RAM 的这个优势更为明显。因此，在存储容量较大且对速度没有严格要求的应用场合，选用动态 RAM 更为适宜。

4. 备份电源

由于系统掉电时 RAM 存储器会失去其所保存的信息，所以在一些重要的应用中需要为 RAM 配置备份电源，这样在系统掉电时因有备份电源的维持而不会导致信息丢失。

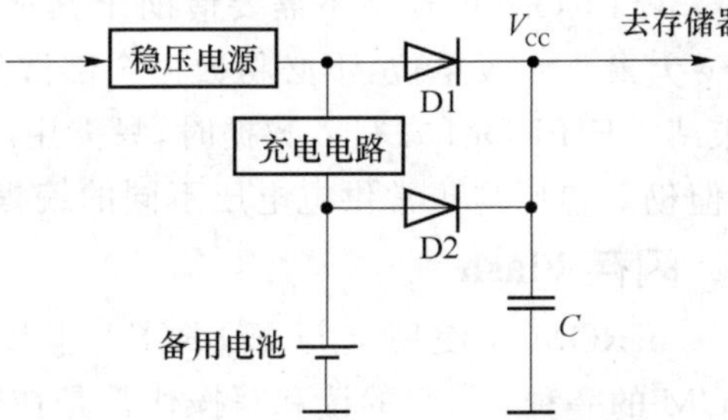

图 2-12 一种备份电源的原理图

2.2.3 只读存储器

作为一个计算机系统，它总会有一些信息是需要永久保留的，因此人们就设计和制造一些可以永久保存信息的只读存储器(Read Only Memory，ROM)。

1. 只读存储器 ROM

在微机的发展初期，需要永久保留的信息都存放在 ROM 中。这种芯片在制造过程中，就用特殊的方法把需要保存的数据烧录到了存储器的各个单元，所以其内容只能读不能写，因此叫做只读存储器。这种存储器只适用于大批量需求的场合。

2. 可编程的 PROM

由于 ROM 制造和升级的不便，后来人们发明了 PROM(Programmable ROM)。最初从工厂中制作完成的 PROM 内部并没有数据，用户可以使用专用的编程器将自己的数据写入，但是这种机会只有一次，一旦写入后也无法修改，若是出了错误，则已写入的芯片只能报废。PROM 的特性和 ROM 相同，但是其成本比 ROM 还高，一般只适用于少量需求的场合或产品研发阶段。

3. 可擦除可编程的 EPROM

EPROM(Erasable Programmable ROM)芯片可重复擦除和写入，解决了 PROM 芯片只能写入一次的弊端。EPROM 芯片有一个很明显的特征，即在其正面的陶瓷封装上，开有一个玻璃窗口，透过该窗口，可以看到其内部的集成电路，紫外线透过该孔照射内部芯片就可以擦除其内的数据，完成芯片擦除的操作要用到 EPROM 擦除器。EPROM 内数据的写入要用专用的编程器，并且往芯片中写内容时必须加一定的编程电压(V_{PP}=12～24 V，随不同的芯片型号而定)。EPROM 芯片在写入数据后，还要以不透光的贴纸或胶布把窗口封住，以免受到周围的紫外线照射而使数据受损。

4. 电擦除可编程的 E^2PROM

鉴于 EPROM 操作的不便,后来出现了 E^2PROM(Electrically Erasable Programmable ROM)。E^2PROM 的擦除不需要借助于其他设备,它是以电子信号来修改其内容的,而且是以 Byte 为最小修改单位,不必将数据全部洗掉就能写入,彻底摆脱了 EPROM Eraser 和编程器的束缚。E^2PROM 在写入数据时,只需用厂商提供的专用刷新程序就可以轻而易举地改写内容,但仍要使用与正常供电电压不同的编程电压,所以它属于双电压芯片。

5. 闪存 Flash

Flash ROM 在使用上与 E^2PROM 非常类似,因此,有些书籍上便把 Flash ROM 作为 E^2PROM 的一种,但它的读和写操作都是在同一个电压下进行的,属于真正的单电压芯片。

Flash ROM 在擦除时,也要执行专用的刷新程序,但是在删除数据时,并非以 Byte 为基本单位,而是以 Sector(又称 Block)为最小单位,Sector 的大小随厂商的不同而有所不同,只有在写入时,才以 Byte 为最小单位写入。Flash ROM 的存储容量普遍大于 EPROM,且其价格适中,适合用来存放程序代码,近年来已逐渐取代了 E^2PROM。

2.2.4 存储器的逻辑表示

在计算机应用程序设计的讨论中,使用类似于图 2-8 的示意来表示内存是极不方便的,所以人们经常忽略存储器的物理实现细节,只是使用适合编程的内存逻辑结构图。这就像人们对待一幢已经盖好的楼房一样,在分配房间时没有必要再使用这幢楼房的设计图,而只要新画一个简单的适用于房间分配的逻辑图即可。

如果存储器已经通过译码器与处理器进行了连接,那么该存储器的各个单元就有了确定的地址,于是存储器的逻辑结构图就是图 2-13 所示的样子。由于这种图表达了内存单元与地址之间的关系,也就是说,该图把所有的存储单元映射到了一个编码空间,所以就把它叫做内存映射图,简称内存映射。

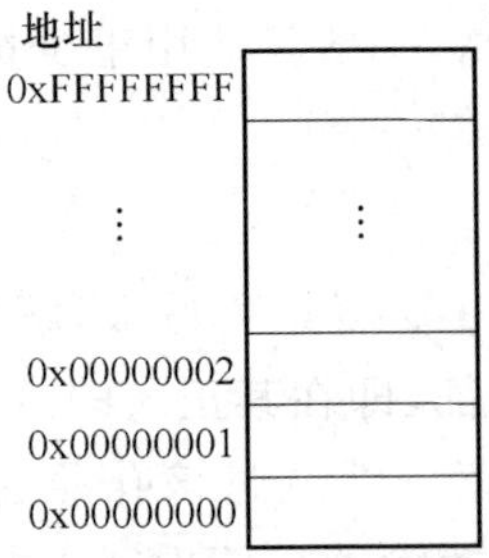

(a) 单字节对齐的内存映射图

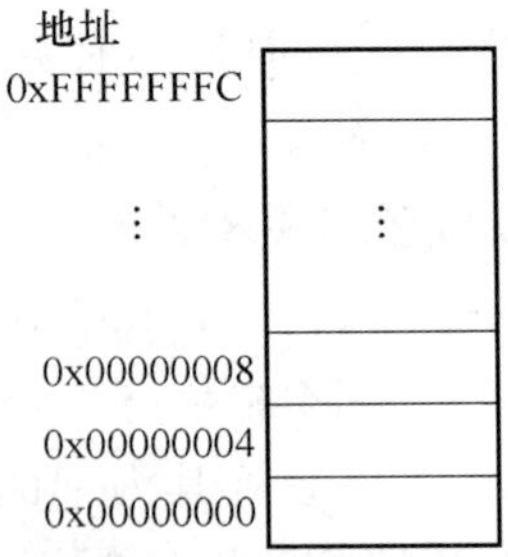

(b) 4字节对齐的内存映射图

图 2-13 内存映射图

2.3 外部设备及接口

为了使主机可以与外界环境进行信息传递，一个完整的计算机系统必须配有键盘、显示器、打印机等外部设备，这些外部设备叫做外设或I/O设备。

由于信号制度、工作速度等原因，这些外设不能像存储器那样通过总线与处理器直接连接，所以必须采用一些特定的电路作为它们之间的中间媒介，把外设封装成存储器的样子，这样处理器就可以把外设按照管理存储器的方式来处理了。这些中介电路就叫做外设与处理器的接口电路，或I/O接口。接口电路的作用如图2-14所示。

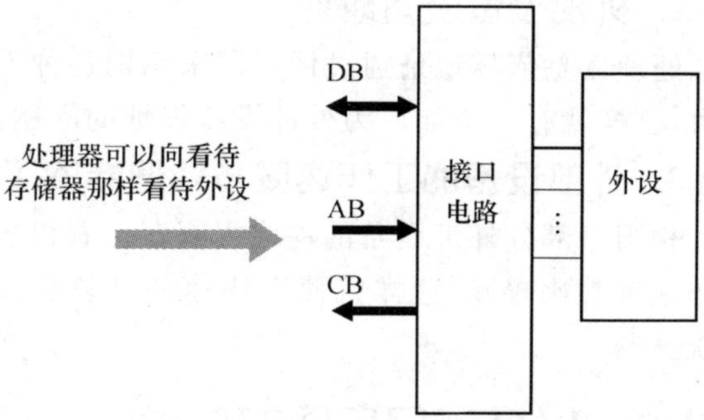

图2-14　接口电路的作用

2.3.1 外部设备及其特点

如果把具有存储、运算数据能力的主机比做人的大脑，则计算机的外部设备就相当于人的眼睛、耳朵、鼻子、躯干、四肢等能输入数据和输出数据的部件。没有外部设备的计算机主机是没有什么用途的。因此，通用计算机必须配有键盘、鼠标、光笔等输入设备，以使计算机可以接收外部信息，同时还要配有显示器、打印机、绘图仪等可以输出信息的输出设备。如果把计算机用于数据采集、参数检测和实时控制等工业应用领域，则还需要在系统之外连接各种各样的传感器，以采集外部的温度、压力、流量等输入，同时还要配置电动机、阀门等执行设备来接收主机的输出。

显然，在结构、工作方式、工作速度和信号制度等方面，外部设备具有与计算机截然不同的特点。

1. 外部设备的信号种类繁多

外部设备的多样性，使得它们的信号形式也具有多样性。目前，外部设备主要有以下4种类型信号：

- 数字量。二进制形式的数据。
- 模拟量。用电压的高低或电流的大小来表示物理量大小的信号。
- 开关量。可以表示为“0”、“1”两种状态的信号，例如开关的断开、接通，事件的有、无，等等。

● 脉冲量。以脉冲形式来表示的信号。

可以看到，上面所列举的所有信号中，只有数字量是计算机可以直接接收和处理的信号，而其他信号都是不能为计算机直接接收和处理的。其实，尽管是数字量信号，也常常会因为其规格不满足计算机系统的要求而不能直接被计算机接收和处理。

2. 外部设备没有地址

处理器是依靠地址通过译码器来识别各种不同设备的，但外部设备通常没有提供地址的能力，这样就有一个如何为外部设备编址的问题。

3. 外部设备的工作速度与处理器的工作速度不匹配

相当一部分外部设备的构成中都存在着机械部件，因此与电子计算机相比较，外部设备的工作速度都比较慢，这样就使得快速的计算机主机很难与慢速的外部设备协调工作而产生错误。

2.3.2 I/O 接口电路的功能

为了在不改变各自的结构条件下，在各方面差异极大的计算机主机与外部设备之间实现信息的传输，那么就只能在这两者之间添加一个电路来解决上述各种问题。这个添加在主机与外部设备之间的电路就叫做 I/O 接口电路，简称 I/O 接口。

显然，作为主机与外设之间的中间电路的 I/O 接口，应该具有信号转换、缓冲以及为外设编址和通信联络等功能。

1. 信号转换

作为 I/O 接口，首先要解决的是主机与外设的信号不匹配的问题。

对于输出和输入都是并行数字信号的外部设备来说，这个问题解决起来最简单。因为外部设备的数字信号与主机要求的数字信号之间的区别主要是表示“0”或“1”的电平不同。因此，只要如图 2-15 所示在外部设备与主机之间添加适当的电平转换电路，就可以实现这种信号的转换了。

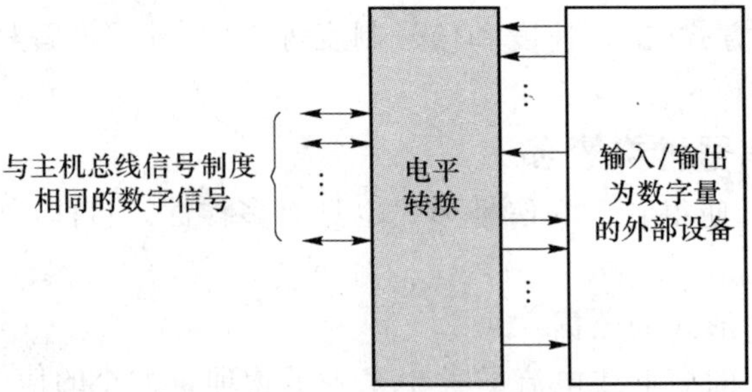

图 2-15 电平转换电路示意图

对于输出和输入是开关信号的外部设备来说，这个问题解决起来也比较简单，因为开关信号可以看做是一个一位的二进制数字，所以可以用数据总线的一根线来传送一个开关信号。

在实际应用中，还有些外部设备使用的是一种不能为系统数据总线所直接接收的数字信号，这种信号就是串行数字信号。这种信号不像并行数据那样数据的每一位都占用一条数据线，而只有一根数据传输线，所以不管数据长度是多少，数据只能在这一根数据线上一位一位地来传输，每一位数据都占据一个固定的时间长度。对于这种外部设备来说，可以在处理器和外设之间设置串/并转换电路来解决。即当处理器接收外设发送来的串行数字信号时，用一个移位寄存器把串行数字信号转换成处理器可以接收的并行数字信号；而处理器向外设发送信号时，用另外一个移位寄存器处理器把并行数字信号转换成外设能接收的串行数字信号。串/并信号转换电路的示意图如图 2-16 所示。

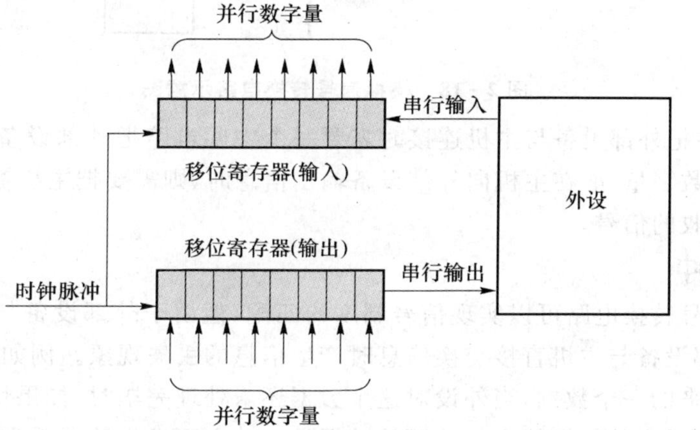

图 2-16 串/并信号转换电路示意图

如果外部设备的输入信号是脉冲量，则可以用计数器对外设脉冲信号进行计数把它转换成数字量。一个使用计数器把脉冲信号转换为数字量的电路原理如图 2-17 所示。

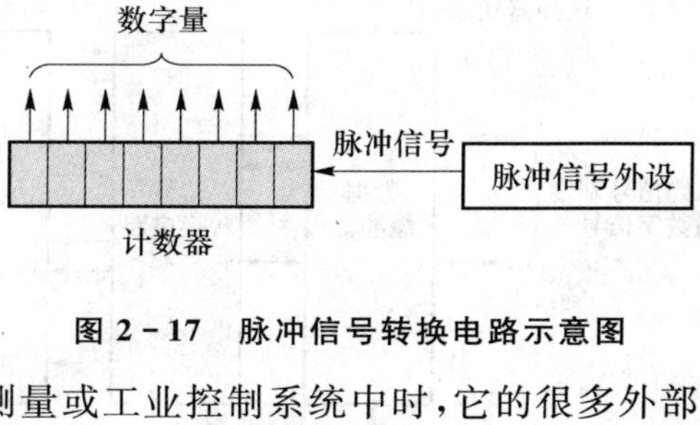

图 2-17 脉冲信号转换电路示意图

当计算机系统应用在测量或工业控制系统中时，它的很多外部设备的输入/输出信号是电流或电压形式的模拟量。对于这样的模拟量，可以用在数字电子技术课程中所学的 A/D 转换电路把它转换成处理器可接收的数字量，或用 D/A 转换电路把处理器输出的数字量转换成外设所能接收的模拟量。使用 A/D、D/A 的转换电路示意图如图 2－18 所示。

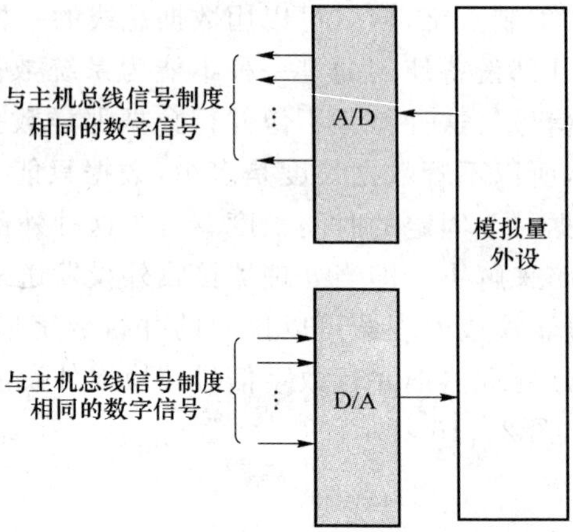

图 2－18　模拟信号转换电路示意图

总而言之，在把外部设备与主机连接时需要一个中间电路把外部设备的信号转换成计算机主机能接收的数字量，而在主机向外部设备输出信息时，则需要把主机输出的数字信号转换成外部设备能接收的信号。

2. 数据缓冲

尽管通过信号转换电路可以实现信号制度的匹配，但由于外部设备与主机的工作速度的不匹配，会使外部设备与主机直接交换信息时产生信息的丢失现象。例如，慢速的外设已经接收了处理器发送来的一个数据，当外设对这个数据还未处理完毕时，如果快速的主机又发来一个数据，那么这个后来的数据就会与前面的数据发生冲突而发生数据丢失现象。

解决上述问题的办法是，在主机与信号转换电路之间添加一个数据暂存装置，这种装置也叫做数据缓冲器。

带有数据缓冲器的转换电路示意图如图 2－19 所示。

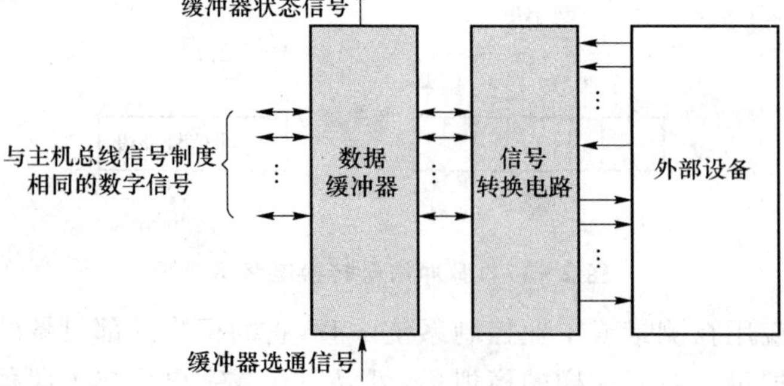

图 2－19　缓冲器作用示意图

3. 端口的概念

从图 2-19 缓冲器作用示意图中可以看到，缓冲器实质上就是寄存器，如果再为这个寄存器配置一个选通控制信号，并用地址译码器的输出来控制这个选通控制信号端，那么对应的寄存器就可以由处理器使用地址来访问了。换句话说，这个寄存器就可以看成是一个存储单元了。在计算机技术中，人们把接口中每一个具有地址的寄存器叫做端口，如图 2-20 所示。

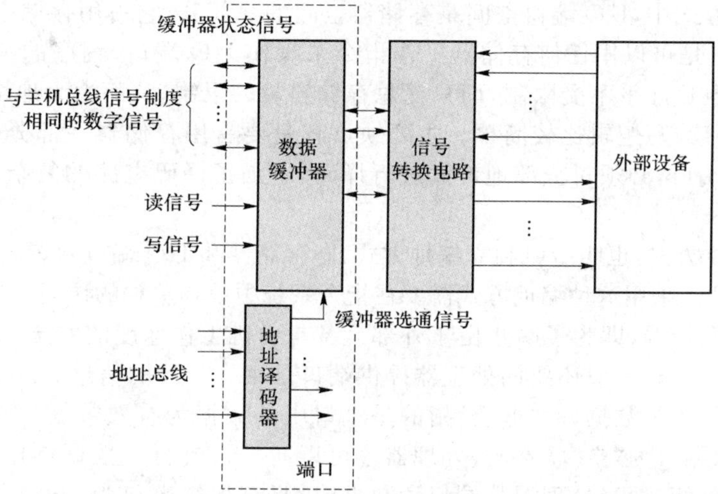

图 2-20 端口的概念

显然，对于一个实际外部设备来说，它与主机之间的中间电路常常需要多个类似于图 2-20 中缓冲器那样的寄存器来存储各种各样的信息。所以一个外设可能有多个端口，当然也就有多个地址。例如，一个具有两个端口的转换电路如图 2-21 所示。在图 2-21 的电路中，一个端口是为数据缓冲而设置的数据缓冲器，另一个端口作为输出与输入方式控制的方式控制字寄存器。

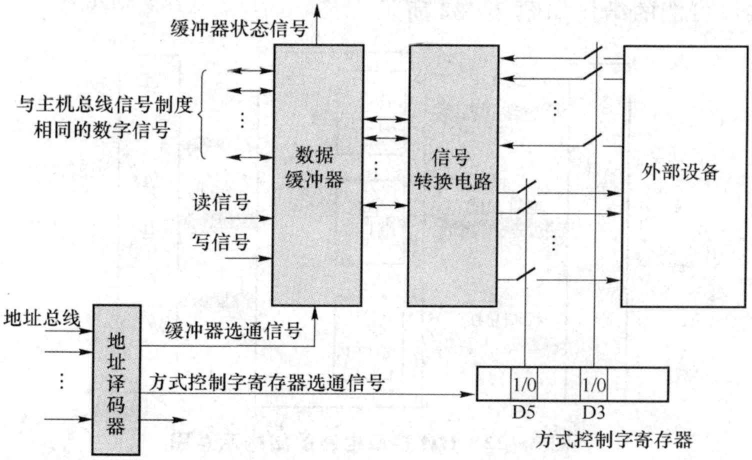

图 2-21 有两个端口的转换电路的示意图

从上面的介绍中可以看到，一个外部设备经一个接口电路转换后，从处理器的角度看到的外设就是一个个可以用地址访问的端口了。这样，下面的问题就是采取何种方式来为外设的端口进行编址的问题了。

目前，有两种 I/O 端口的编址方式：存储器映像方式和隔离 I/O 方式。

如果把 I/O 端口与存储器的存储单元同等看待并一起编址的方式就叫做存储器映像方式。在这种编址方式中，I/O 端口空间是存储器空间的一部分，它占用存储空间。这种编址方式的主要优点：一是可以用任何存储器操作指令来操作 I/O 端口，程序的编写方便、灵活；二是可以使外设的数目几乎不受限制，而只受总存储容量的限制，从而大大地增强了系统的吞吐率；三是使系统的读/写逻辑比较简单。主要缺点就是要占用存储器一部分存储空间，并且为了识别一个 I/O 端口，必须对全部地址线进行译码，增加了译码电路的复杂性，而且执行外设寻址操作时间较长。

所谓隔离 I/O 方式，也叫 I/O 独立编址方式，即存储器和 I/O 端口两者的地址空间互相“隔离”，各自进行编址。采用这种编址方式需要在指令系统中设置单独的访问 I/O 端口的指令。

为了防止信息错误，即为了防止由于外部设备与主机工作速度的差异，而传递了无效信息或产生信息丢失。端口一般还要向处理器提供端口是否为“空”的信息。这里所说的“空”指的是端口中的数据是无效数据，而“非空”指的是端口中的数据为有效数据。当处理器向端口写数据时，只有得知端口为“空”状态时，处理器才可以向端口进行写数据操作，否则将会把端口中的有效数据给破坏；而当处理器从端口读数据时，只有得知端口为“非空”状态时，处理器才可以进行读操作，而不会读取错误的无效数据。这也就是说，处理器在对端口进行读/写操作时要检测一下端口的状态信号端，以防止出现错误。反过来说，端口必须提供这样一个能表示端口状态的信号端子，该端子上的信号就叫做状态信号。

2.3.3 I/O 设备接口电路的基本结构

一个 I/O 接口可能的结构如图 2-22 所示。

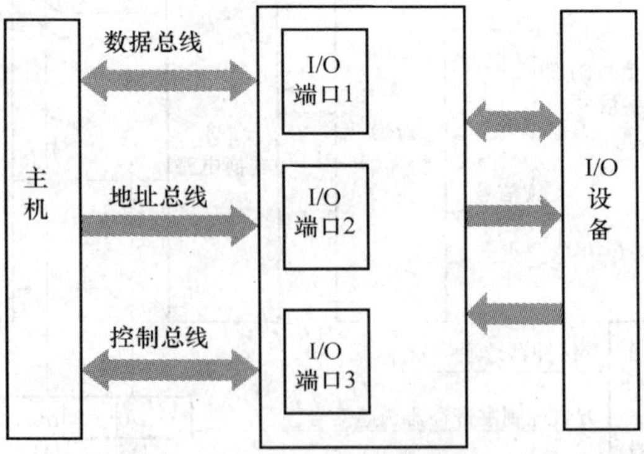

图 2-22 I/O 接口电路的结构示意图

从图 2 - 22 中可以看到，接口电路的作用就是把外部设备的各种信号转换成与计算机总线标准一致的信号，从而使主机直接面对的就不再是形态与信号各异的外部设备，而是经过 I/O 接口封装的类似于存储器的装置。于是，主机就可以像访问存储器一样来访问外部设备。

如果要把接口电路中的端口进行分类，那么它们是：用于数据缓冲的数据端口、用于保存控制信息的控制字端口和用于交换状态信息的状态端口。

必须说明的是，在应用中，一台外部设备可能要使用多个接口芯片，也可能多个外部设备使用一个接口芯片，具体情况需要根据实际应用需要而定。因此，在实际工程应用中，为外部设备选配接口电路是系统工程师的一项重要工作。

2.3.4 外部设备与处理器的联络和数据传输

前面一再谈到，外部设备的工作速度比处理器要慢许多，所以为了防止由于速度不匹配而引起的信息丢失在接口中配置了数据缓冲器，也就是说，处理器实质上是在与数据缓冲器交换信息。因此，处理器在访问数据缓冲器之前要先与数据缓冲器进行联络。这就像人与人之间进行通信要先打招呼一样，只有在打了招呼、确认通信双方都准备好了的情况下才能进行正式的通信，否则就可能出现信息丢失的情况。

计算机主机与外部设备主要有三种联络和数据传输方式：一种是处理器主动进行联络的查询方式；另一种是外部设备主动进行联络的中断方式；还有一种就是所谓的 DMA 方式，即数据不经处理器而直接在内存和接口之间进行交换。

1. 查询方式

查询方式也叫程序查询方式，它是一种处理器主动与外部设备进行沟通的联络方式。

当处理器需要与外设交换信息时，处理器主动读取对应设备接口的状态信息，如果设备准备就绪就进行数据通信，否则就重复读取设备接口的状态信息，直到设备状态信息为就绪状态。

处理器需要通过执行一段程序来完成上述工作，所以这种方式也叫做程序查询方式。这段程序的流程图如图 2 - 23 所示。

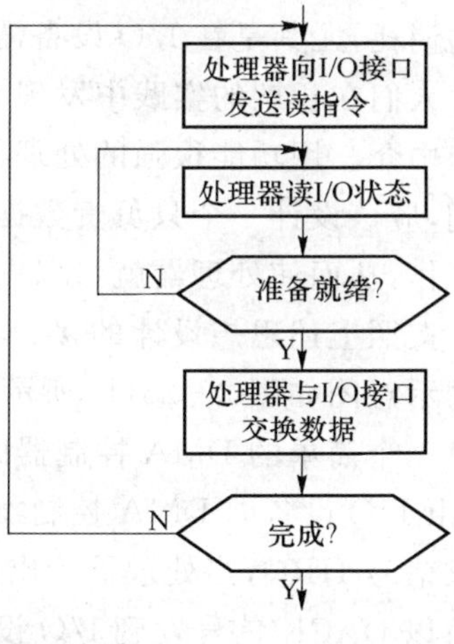

图 2 - 23 查询方式程序流程图

显然，查询方式是处理器等待外设的一种方式，当外设处于非就绪状态时，处理器只能原地“踏步”，无谓地消耗时间，从而导致处理器的工作效率不高。

2. 中断方式

中断方式是外部设备进行主动联络的方式。

使用中断方式的前提条件是处理器必须具有一个中

断请求信号输入端。当外部设备准备就绪时，使用状态信号端通过处理器的中断请求输入端向处理器发出一个通知信号，告知处理器本外设已经具备通信的条件，而处理器可在条件允许时中断现行程序的执行，而转向执行另一个与外设进行数据交换的程序。

由外设向处理器发送的通知信号叫做外设向处理器的中断请求，而当处理器接收到外设的中断请求之后，处理器会停止当前正在运行的程序而转向执行另一段程序叫做中断服务程序。

图2-24是中断方式工作示意图。从图中可以看到，当中断发生时，处理器执行中断服务程序的过程与子程序调用非常相似，所以也把中断服务程序叫做中断服务子程序。但需要注意的是，在什么时候调用子程序是程序设计人员在设计时就设计好了的，是同步工作方式，而中断服务程序什么时候被调用则是由外设接口的中断请求信号决定的，是一种异步工作方式。

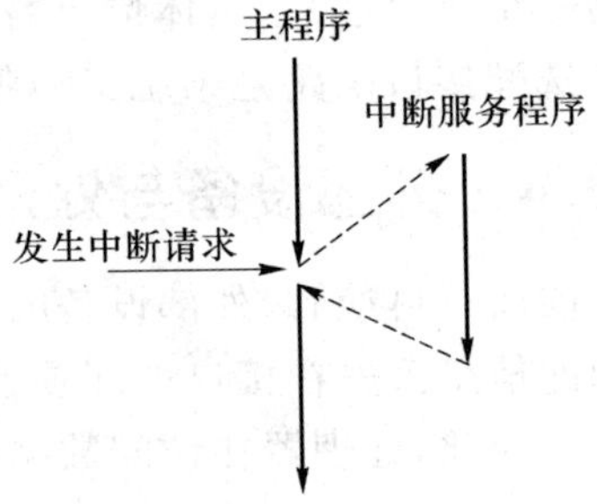

图2-24　中断方式示意图

显然，中断方式避免了高速的处理器因等待低速的外设而造成的时间浪费，从而大大提高了处理器的工作效率，因此它是目前处理器与外设进行信息沟通的最普遍的方式。

3. DMA方式

尽管中断方式避免了查询方式使得处理器"原地踏步"的现象，提高了处理器的利用率，但处理器在响应中断请求之后，必须停止现行程序而跳转去执行中断服务程序，并且为了完成I/O设备与主存的信息交换，还不得不占用处理器运行时间和内部寄存器，同样是对处理器资源的消耗，尤其是在I/O设备需要与主存大量交换信息的时候，这个问题就显得更加突出。

人们在长期的实践中发现，在I/O设备与主存交换大量信息时，处理器只是数据传输的一个中介。用功能很强的处理器去充当一个传输数据的中介显然是得不偿失的。这样就启发人们，应该设计一个只负责数据传输的装置代替处理器来实现I/O设备与主存之间的数据传输工作，从而使处理器就可以去做其他更重要的工作，而不必为数据传输费时费力了。

按照上述思想设计的接口电路就叫做直接存储器数据传输控制器(DMA)。DMA工作时的示意图如图2-25(b)所示。

一个简单的DMA控制器的组成如图2-26所示。当I/O设备需要与主存进行数据传输时，由I/O设备向DMA控制器发出数据传输请求信号，而DMA控制逻辑向处理器发出总线请求信号HRQ，当处理器让出总线控制权的同时，处理器发出应答信号HLDA，通过控制逻辑再以DACK信号发到I/O设备，至此主机与I/O设备的联络成功。接下来就按预先设置于地址指针控制机构中的存储缓冲区起始地址开始在I/O设备与主存之间传输数据，当数据传输完毕时，由地址指针控制机构向处理器发出一个中断请求信号，以告知处理器。

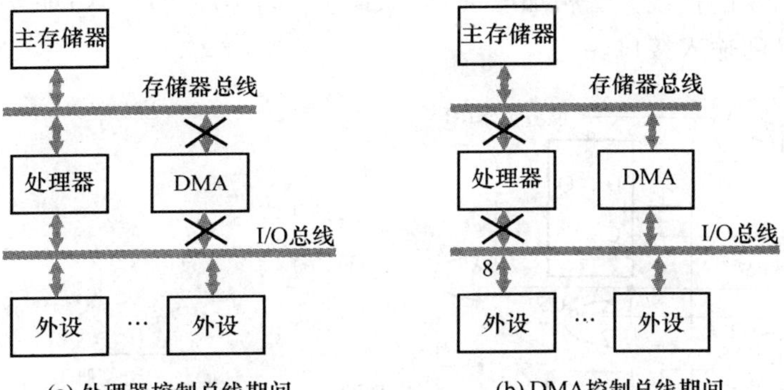

图 2-25 DMA 工作期间接管原来由处理器控制的总线

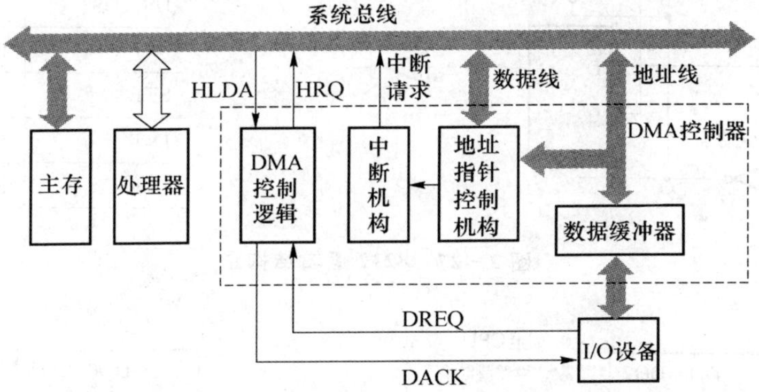

图 2-26 一个简单的 DMA 控制器组成原理

2.4 常用接口电路

2.4.1 并行接口电路

下面介绍一个简单的并行接口 8212。8212 的内部原理图如图 2-27 所示。

从图 2-27 中可以看到，MD = 0,STB=0,可以使 D 触发器处于开通状态,DI 数据线上的数据能否到达 DO 线取决于该线上的三态门,而三态门则由 $\overline{\text{DS1}}$ 和 DS2 来控制;也就是说,从 DI 端输入的数据能否在 DO 端输出仅取决于 $\overline{\text{DS1}}$ 和 DS2 这两个信号,因此常常把这两个端子接到地址译码器的输出或计算机的读/写信号端作为芯片的选通,这两个端子也叫做片选信号端。

如果按图 2-28 所示的方式接线,那么这种用法的 8212 叫做直通式输入接口。

如果对图 2-28 的接线方法稍加改动，变成图 2-29 所示的形式，那么这时的 8212 就是一个带有选通信号的输入接口。

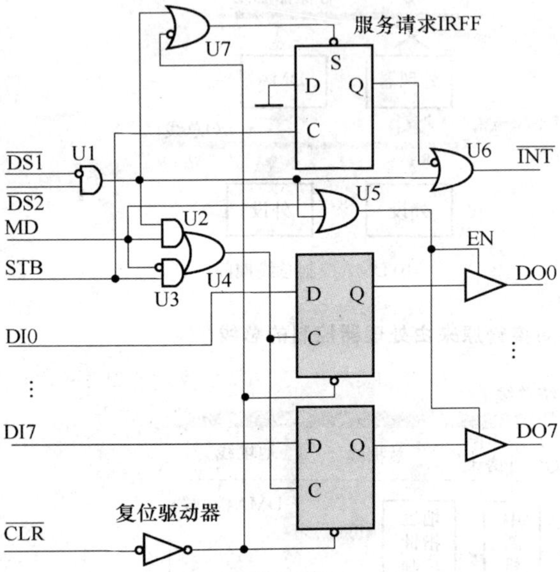

引　脚	说　明
DI0～DI7	数据输入
DO0～DO7	数据输出
$\overline{DS1}$、DS2	片选
MD	模式
STB	选通
$\overline{INT}$	中断请求
$\overline{CLR}$	清零

图 2-27　8212 逻辑结构图

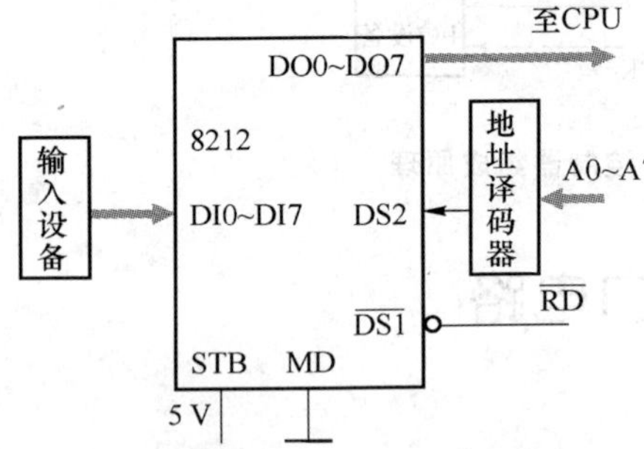

图 2-28　直通式的输入接口

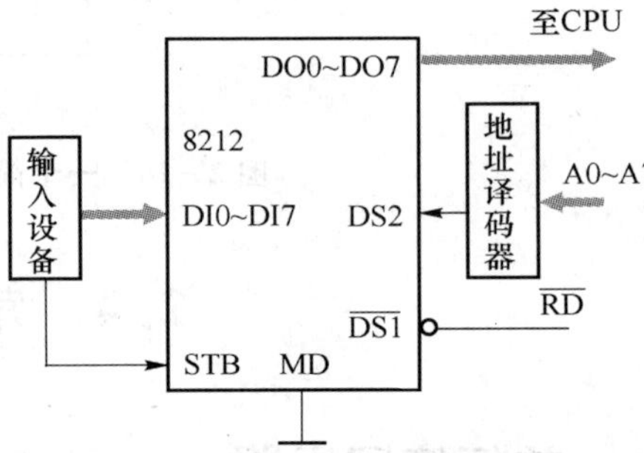

图 2-29　有选通的输入接口

从图 2-29 中可见，外部设备除了要向 8212 接口传递数据之外，还要向接口的 STB 端传递一个高电平的选通信号，才能把数据传递到输出端。

需要读者注意的是，当选通信号 STB 有效时，同时会在 8212 的 $\overline{\text{INT}}$ 端输出一个中断请求信号，处理器可以通过这个中断请求信号得知接口已经获得输入数据并读取数据了。

如果按图 2-30 所示的方式接线，那么 8212 将是一个输出接口(具体工作过程由读者自行分析)。表 2-1 所列为 8212 控制信号对输出的控制作用。

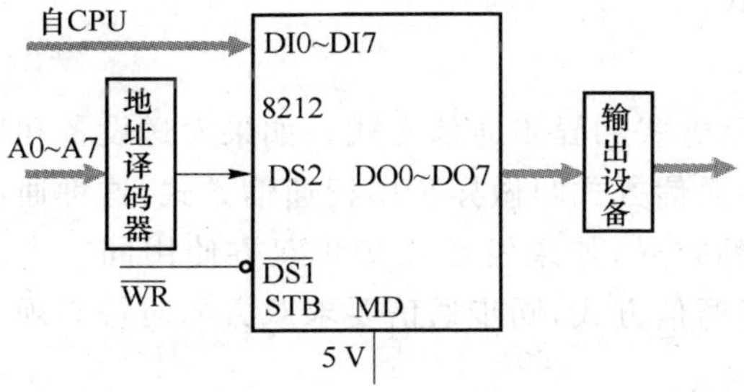

图 2-30 输出接口

表 2-1 8212 控制信号对输出的控制作用

STB	MD	$\overline{DS1}$、DS2	数据输出
0 或 1	0	0	三态
0 或 1	1	0	数据锁存器
0	0	1	数据锁存器
1	0	1	数据输入
0 或 1	1	1	数据输出

从上面的叙述可知，8212 工作模式的改变是以改变接线来实现的，当芯片的功能比较多时，这种用硬件接线来改变芯片的工作模式的方法就变得极为不方便了，所以现代计算机接口电路都在芯片内部设置了一些用于控制芯片工作模式的寄存器，让用户通过程序改变寄存器的内容来控制芯片的工作模式，这样的芯片用起来就非常方便了，这种芯片就叫做可编程的接口电路。

2.4.2 串行接口电路

把多位数据按照某种顺序用一根数据传输线，一位一位地依次进行传输的方法叫做数据的串行传输，两个设备间的这种通信方式就叫做串行通信。这种通信所用的传输线少，并且可以借助现成的电话线、电缆、光缆等进行信息传输，特别适合于远距离通信。

1. 数据通信方式

根据数据传输方向的不同，串行通信有以下三种方式，如图 2-31 所示。

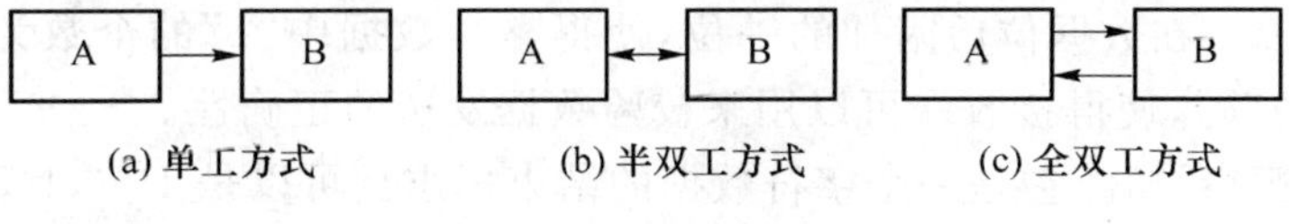

图 2-31 传输方式

(1) 单工方式

数据始终是从 A 设备发向 B 设备。

(2) 半双工方式

数据能从 A 设备发送到 B 设备，也能从 B 设备发送到 A 设备。但在任何时候都不能同时在两个方向上发送，即每次只能有一个设备发送，另一个设备接收。

(3) 全双工方式

允许通信双方同时进行发送和接收。这时，A 设备在发送的同时也可以接收，B 设备亦同。全双工方式相当于把两个方向相反的单工方式组合在一起，因此它需要两条数据传输线。

在计算机串行通信中主要使用半双工和全双工方式。

2. 异步和同步串行通信

串行通信根据时钟的控制方式可分为同步通信方式和异步通信方式。如果发送设备和接收设备各自使用自己的时钟来控制通信，那么这种通信方式叫做异步串行通信方式，这种通信方式允许双方的时钟在准确度和稳定度上有一定的差异；如果发送和接收双方使用同一个时钟来控制通信，那么这种通信方式就叫做同步串行通信方式，同步通信要求双方的时钟必须严格一致。

3. 异步串行通信协议

异步通信以一个字符为传输单位，通信中两个字符间的时间间隔是不固定的，然而在同一个字符中的两个相邻位代码间的时间间隔是固定的。

在使用异步串口发送一个字符的信息时，要求数据的格式及通信时序如图 2－32 所示。

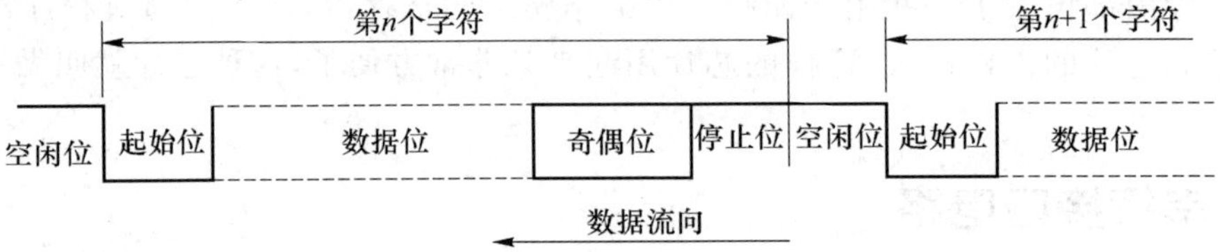

图 2－32 异步串行通信的数据格式

其中各位的意义如下：

- 起始位：逻辑“0”信号，表示传输字符的开始。
- 数据位：紧接在起始位之后。数据的位数可以是 4、5、6、7、8 等，通常为一个 ASCII 码的字符。
- 奇偶校验位：在数据位后附加的一位，使得整个数据中“1”的个数为偶数(偶校验)或奇数(奇校验)，使得接收端可以用来校验数据发送的正确性。
- 停止位：逻辑“1”。它是一个字符数据的结束标志。可以是 1 位、1.5 位、2 位。
- 空闲位：逻辑“1”状态，表示当前线路上没有数据。

4. 同步串行通信协议

同步串行通信协议的典型代表是 IBM 公司的二进制同步通信协议(BSC)。它的特点是一次发送一个由若干字符组成的数据块，并规定了 10 个用于表示数据块开头与结束的特殊控制字。BSC 的一帧数据格式如图 2－33 所示。

SYN	SYN	SOH	标题	STX	数据块	ETB/EXT	块校验

图 2－33 面向字符同步协议的帧格式

在图 2－33 中，开头的 SYN 为同步字符，使用一个同步字符的叫做单同步方式，使用两个同步字符的叫做双同步方式。接收端一旦发现同步字符，便知道发送端已经开始发送数据了，需要立即调整好自身的时钟以便与发送端的时钟同步。接下来的 SOH 叫做序始字符，它表示标题的开始，标题中包括源地址、目标地址、路由等信息。STX 叫做文始字符，它标志着正文的开始。数据块后面的 ETB 叫做组终字符，EXT 叫做文终字符，最后是校验码。

另一种同步串行通信协议叫做同步数据链路控制规程(SDLC)。其格式如图 2－34 所示。

8位	8位	8位	≥0位	16位	8位
01111110	A	C	I	FC	01111110
开始标志	地址码	控制码	信息码	校验码	结束标志

图 2－34　面向比特同步协议的帧格式

在从图 2－34 中可以看到，它是依靠约定位组合模式，而不是靠特定字符来控制帧格式的，所以它被叫做面向比特的同步通信协议。

5. 波特率

波特率是衡量数据传输速率的指标。它表示每秒传输的二进制位数。例如，数据传输速率为 120 字符/秒，而每一个字符为 10 位，则其传输的波特率为 10 位/字符×120 字符/秒＝1 200 位/秒＝1 200 波特。

现在国际上对串行通信的传输速率制定了一系列的标准，它们是 110、300、1 000、1 200、2 400、4 800、9 600 和 19 200 波特。通常把低于 300 波特的叫做低速传输，300～2 400 波特为中速传输，2 400 波特以上叫做高速传输。

串行通信时要依靠时钟来控制数据的发送和接收。发送/接收时钟频率与波特率之间的关系为：

$$发送/接收时钟频率 = n \times 波特率 \quad (n=1、16、64)$$

6. 串行通信接口的结构

典型异步串行接口结构如图 2－35 所示。

7. 串行信息的调制传输方式

如果在传输线路上直接传输不做任何处理的二进制信号，那么这种传输方式叫做数字信号的基带传输。由于传输的数字信号是矩形波，所以它要求传送线的频带较宽。

基带传输方式仅适宜于近距离和速度较低的通信。在长距离通信时，发送方要用调制器把数字信号转换成模拟信号，接收方则用解调器将接收到的模拟信号再转换成数字信号，这就是信号的调制解调。实现调制和解调任务的装置称为调制解调器(Modem)。采用这种方式传输时，通信双方各接一个调制解调器，将数字信号寄载在模拟信号(载波)上加以传输。因此，这种传输方式也称为载波传输方式。通信线路可以是电话交换网，也可以是专用线。

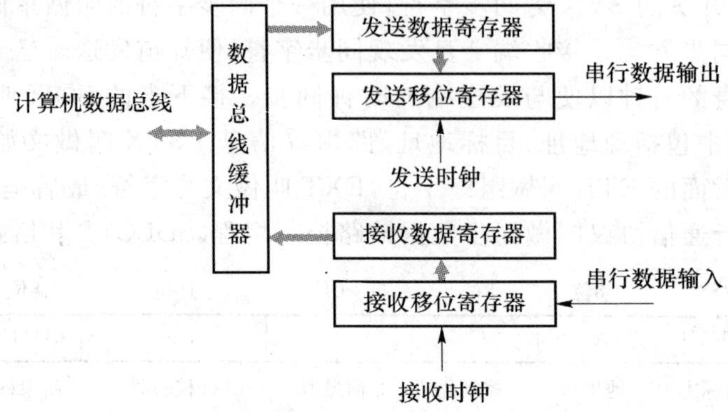

图 2-35 典型异步串行通信接口的结构

常用的调制方式有调幅、调频和调相三种，分别如图 2-36 所示。

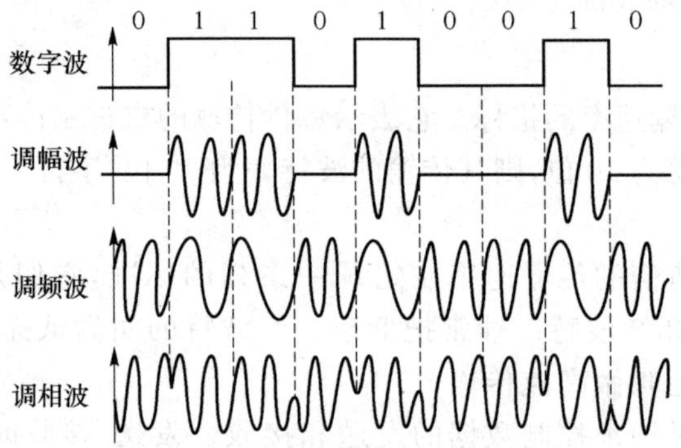

图 2-36 三种常用的调制方式

8. 串行接口标准

串行接口标准指的是计算机或终端（数据终端设备 DTE）的串行接口电路与调制解调器 MODEM 等（数据通信设备 DCE）之间的连接标准。

RS-232C 是一种标准接口，D 型插座，采用 25 芯引脚或 9 芯引脚的连接器，如图 2-37 所示。

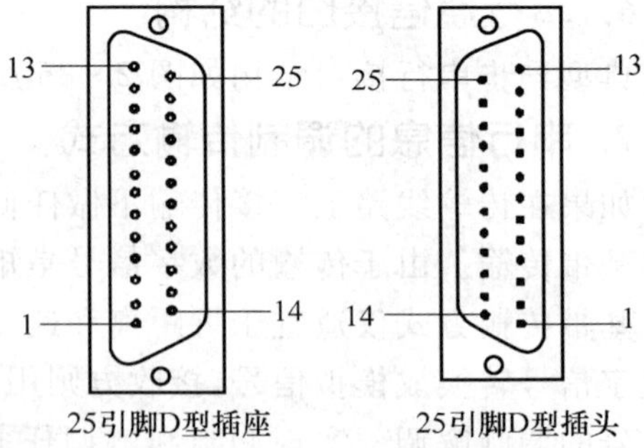

图 2-37 RS-232C 的 25 引脚 D 型接口

RS-232C 标准规定接口有 25 根联机接线，其中只有以下 9 个信号经常使用。

RS-232C 接口引脚的说明见表 2-2。

表 2-2 RS-232C 接口引脚的说明

引脚名	引脚号	说明
TXD	2	数据发送线，发送数据到 Modem
RXD	3	数据接收线，接收数据到计算机或终端
RTS	4	数据发送请求。计算机通过此引脚通知 Modem，要求发送数据
CTS	5	数据发送允许。发出作为对 RTS 的回答，计算机才可以进行发送数据
DSR	6	数据装置准备就绪(即 Modem 准备好)状态标志。表示调制解调器可以使用
CD	8	载波检测(接收线信号测定器)。表示 Modem 已与电话线路连接好
RI	22	振铃指示。若 Modem 接收到交换台送来的振铃呼叫信号，就发出该信号来通知计算机或终端
DTR	20	数据终端就绪。计算机收到 RI 信号以后，就发出 DTR 信号到 Modem 作为回答，以控制它的转换设备，建立通信链路
GND	7	信号地

RS-232C 标准采用 EIA 电平，规定："0"的逻辑电平在 −3～−15 V 之间，"1"的逻辑电平在 +3～+15 V 之间。

使用电话线和 Modem 在微型计算机之间进行串行通信的连接及通信原理如图 2-38 所示。

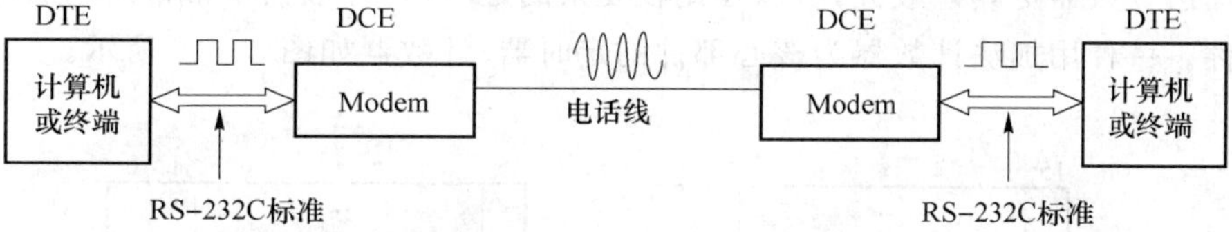

图 2-38 计算机之间用 Modem 的互联

2.4.3 定时器/计数器

定时器/计数器在计算机系统中，尤其是工业控制系统中有着重要的作用。定时器和计数器的差别仅在于用途的不同：定时器从本质上来讲是一个计数器，每接收到一个脉冲，计数器就会加 1(或减 1)。如果这个脉冲信号具有稳定的周期(如晶振)，则由于时间和脉冲个数成正比关系，计数器就可以作为定时器来使用；而如果脉冲信号是无规律的，则它就只能是一个用来计算脉冲的个数的计数器了。

根据设计思想不同，定时器/计数器的核心部件可以采用加法计数器，也可以采用减法计数器。

1. 以减法计数器为核心部件的定时器/计数器

和一些人喜欢用倒计时或倒计数的方式一样，大多数简单定时器/计数器的核心部件为减法计数器。减法计数的特点就是可以用计数值作为基数，然后每接收一个脉冲就减1，当计数器的值为零时，用事先设计的逻辑发出一个信号去通知处理器或其他设备计数结束或定时时间到。

一种简单的使用加法计数器作为核心部件的定时器/计数器原理框图如图2-39所示。

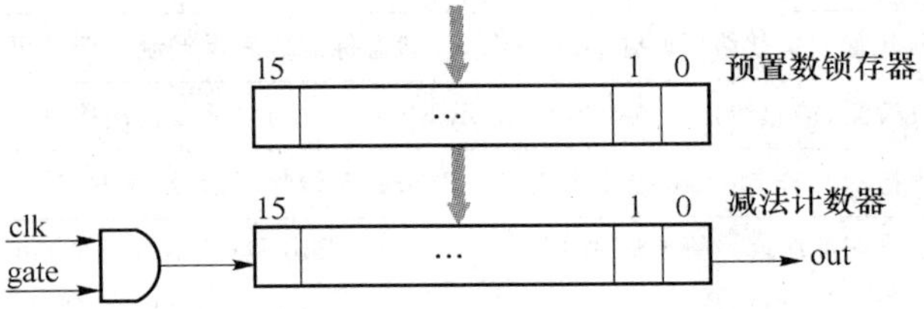

图2-39 一种简单的加法定时器

预置计数基数通过总线存入预置数锁存器并送入减法计数器，当gate信号为“1”时，减法计数器对脉冲信号clk进行减法计数，当减法计数器的值被减到0时，在out输出计数结束或计时时间到信号。

2. 以加法计数器为核心部件的定时器/计数器

因为加法计数器更具一般性，所以在比较复杂的定时器/计数器中常常用加法计数器来作为核心部件。一种用加法计数器为核心部件的定时器/计数器如图2-40所示。

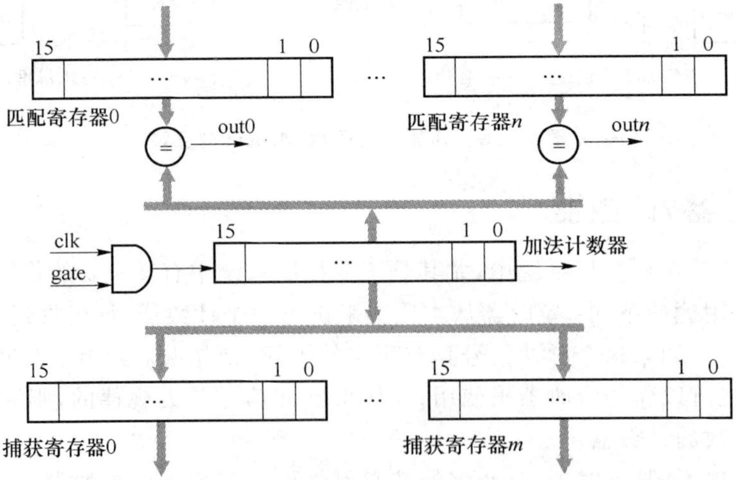

图2-40 一种用加法计数器为核心部件的定时器/计数器原理框图

为了能用一个计数器产生多个计数结束或定时时间到信号，在这种定时器/计数器中常常配置了多个预置数锁存器，但在这多个锁存器中只有一个用来为计数器提供预置计数，而其他的只是对计数器的计数值进行监视，所以这些寄存器叫做配置锁存器（寄存器）。在计数器接收脉冲进行计数过程中，当计数器的值与某个配置锁存器的预置值相等时，会产生一个计数到或定时时间到信号。由于有多个配置寄存器，所以在计数器计数过程中会产生多个时间节点，以使程序可以在这多个节点上实现多个功能。

为使程序可以随时获取计数器计数过程中的数据，还可以配备若干个捕获寄存器，这些捕获寄存器可随时获取计数器在某个时刻上的计数值。

习　题

1. 什么叫总线？总线有什么用途？
2. 什么叫存储器？它有什么用途？
3. 什么是内存和外存？各有什么用途？
4. 半导体存储器有哪几种？各有什么特点？
5. 什么是地址？
6. 如果一个系统的地址总线是 12 位，那么它的最大地址空间为多少？
7. 为什么外部设备不能直接与处理器相连接？
8. 电平转换电路有什么用途？
9. 接口中为什么要使用缓冲器？
10. 如果系统的数据总线为 8 位，那么它可以有几个开关信号？
11. 把串行信号转换成并行信号或把并行信号转换成串行信号的核心电路是什么？
12. 把外设脉冲信号转换成数字量的核心电路是什么？
13. 什么叫做端口？
14. 接口电路的状态信号有什么用途？
15. 什么叫做存储器映像式 I/O 编址方式和独立 I/O 编址方式？各有什么优缺点？
16. 试用生活中的例子来说明处理器与外设的查询方式与中断方式之间的区别。
17. 中断子程序与普通子程序在调用上有什么区别？
18. DMA 数据传输方式有什么特点？适合用在什么场合？
19. 什么是并行接口？
20. 什么是串行接口？串行信号的格式有几种？
21. 使用图 2-41 对接口电路进行总结。

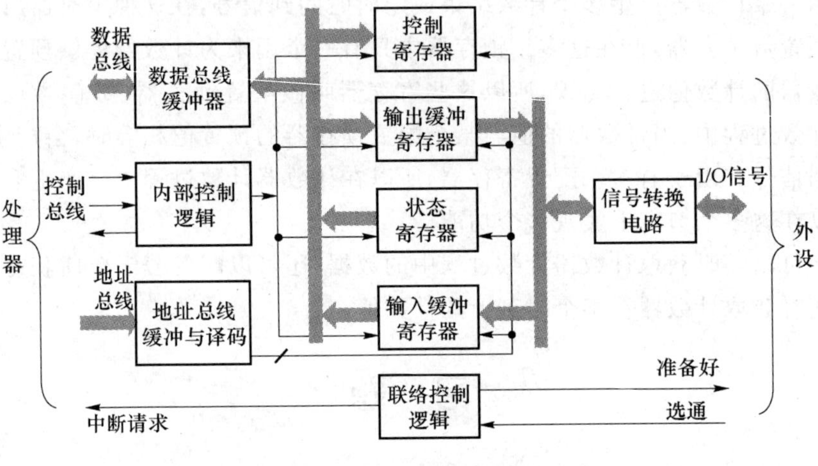

图 2-41　接口电路基本结构框图

第3章 ARM体系结构

ARM是Advanced RISC Machines Limited公司推出的一种RISC处理器体系结构及相关技术。目前，基于ARM体系结构的处理器在嵌入式应用方面有着广泛的应用。

本章的主要内容有：

- 片上系统(System on Chip,SoC)与嵌入式处理器；
- ARM体系结构概述；
- ARM的2种状态和7种模式；
- ARM的模式无关寄存器、模式相关寄存器和专用寄存器的组织；
- ARM指令集和Thumb指令集概述；
- 基于ARM体系结构的嵌入式处理器。

3.1 ARM及其嵌入式处理器的研发与生产方式

大规模集成电路制作工艺的发展，使得在一个芯片上集中制作多个功能模块成为了现实，由于这种芯片可以实现一个系统的功能，因此人们将这种芯片叫做片上系统(System on Chip,SoC)。

3.1.1 SoC与嵌入式处理器

顾名思义，片上系统(也可以称做单片系统)就是在一个半导体芯片上实现的一个完整应用系统。由于这种系统占用面积小、可靠性高、耗能低、使用方便，所以SoC一出现就引起了方方面面的注意。

在计算机技术中，随着RISC架构和SoC的出现，在一个芯片上集中制作CPU与接口电路使之成为一个单片系统已成为了现实。

计算机SoC的概念如图3-1所示。

显然，计算机的这种单片系统特别适合于嵌入式应用，所以这种SoC也叫做嵌入式处理器。

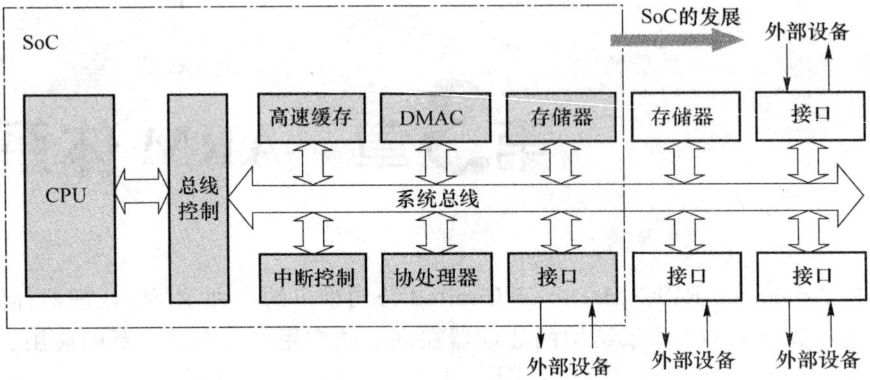

图 3-1 SoC 的基本概念

3.1.2 嵌入式处理器的研发和生产方式

宿主对象的多样化，势必决定了嵌入式系统的多样化、个性化，这在 SoC 技术未出现之前并不是什么难题，因为 CPU 和与其配合的接口及功能模块都是单独的芯片，用户可以根据需要选用合适的芯片组成自己的系统，从而达到个性化的要求。但这种做法使得系统体积大、功耗高、故障多，因此现在都倾向于使用单片系统。但这也就随之出现了新的问题：为了提高效益，负责芯片生产的半导体厂商要求的是通用化，而用户要求的是个性化，所以在系统集成上就出现了用户和芯片制造商如何分工的问题。也就是说，生产商和用户之间要寻找一个合理的分工边界，边界以内由生产商负责制成 SoC，边界以外则由用户来配置，从而使得芯片既有某种通用性又不失嵌入式系统所要求的个性。

从图 3-2 中可知，由生产商负责的部分分为两个层次：一个层次为 CPU 及通用接口和功能模块；另一个层次为与应用相关且较为通用的接口和功能模块。由此可见，一个 SoC 形式的嵌入式处理器芯片的研发和生产将是一个极其浩大的工程。

目前，由于市场上对嵌入式系统应用的要求日益多样化，产品的生命周期也日益缩短，致使半导体芯片生产厂商必须集中全部精力及技术力量在尽可能短的时间内开发出新的产品以抢占市场，而无暇顾及处理器核心（即图 3-2 中的深阴影部分）的研发工作。于是，在这种形势下，在芯片的研发和生产中就出现了一种新的分工：由精通计算机系统结构的研发人员专门来完成核心部分的研发工作，而由熟悉应用及生产销售的芯片生产厂商来完成在核心基础上的二次研发（即图 3-2 中的浅阴影部分）及芯片的生产。

核心的研发者既不设计芯片也不生产芯片，其产品只是一种处理器的体系结构及微处理器和相关功能模块的知识产权(Intellectual Property，IP)。而半导体芯片生产商则向核心的研发者购买知识产权的使用权，然后根据市场的需求，在购得的知识产权基础上进行二次开发

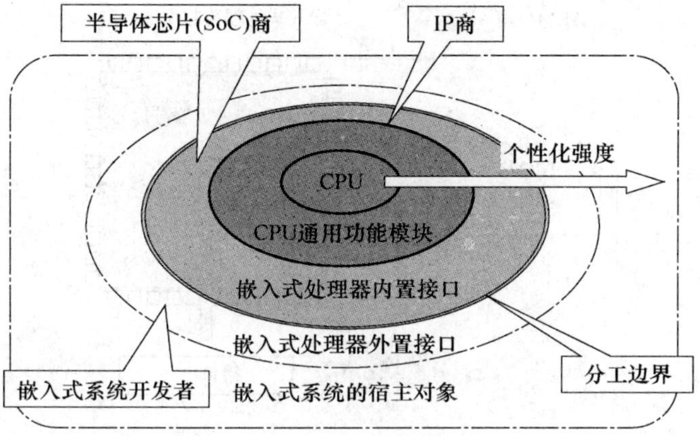

图 3-2 嵌入式系统构成层次

来生产适合各种类型应用的嵌入式处理器芯片。

在本书的介绍中，为了防止由于嵌入式处理器芯片层次及生产方式上的复杂性而造成的名词上的混乱，将图 3-2 中的 CPU 部分叫做处理器核，把处理器核与其通用功能模块的组合叫做处理器，而把在处理器基础上经芯片厂商二次开发，以芯片形式提供的用于嵌入式系统的产品叫做嵌入式处理器。也就是说，IP 商提供的是处理器核和处理器的知识产权，半导体芯片生产厂商生产的则是嵌入式处理器芯片。

目前，世界上知名的 IP 商当属 ARM 公司和 MIPS 公司。其中，ARM 公司把以其公司名命名的具有 RISC 架构的处理器知识产权推向市场之后，鉴于该处理器的一系列适合嵌入式应用的特点，该体系结构的处理器已广泛地被芯片生产商作为嵌入式处理器核心。目前，以 ARM 体系结构处理器为核心的各类嵌入式处理器已在汽车、消费电子、工业控制、网络等多个方面得到了普遍的应用。据介绍，采用 ARM 核的嵌入式处理器占据了世界嵌入式处理器市场份额的 70%以上。

提供 ARM 处理器知识产权的 ARM 公司与各嵌入式处理器生产厂商之间的关系如图 3-3 所示。

一种使用了 ARM 处理器的嵌入式处理器芯片的示意图如图 3-4 所示。

通过上面的叙述，读者应当清楚，ARM 公司向市场供应的是 ARM 体系结构处理器的知识产权，而各半导体芯片厂商向市场供应的是以 ARM 体系结构处理器为核并经二次开发生产出来的嵌入式处理器芯片。因为芯片最终是由芯片生产厂商生产出来的，所以我们在市场上所见到的嵌入式处理器芯片的名称是由生产商命名的，在芯片上一般是看不到 ARM 字样的，只能通过它的产品说明才能知道它是否是以 ARM 处理器为核心的。

表 3-1 中列举了部分使用 ARM 核和处理器 IP 来生产产品的厂商的部分产品。

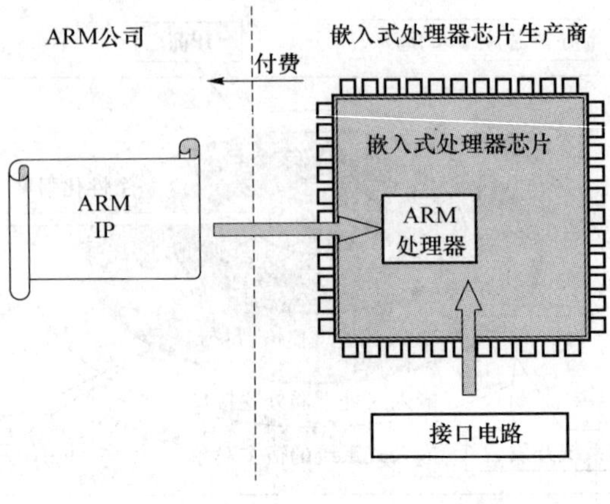

图 3-3　ARM 公司与嵌入式处理器芯片生产商之间的关系

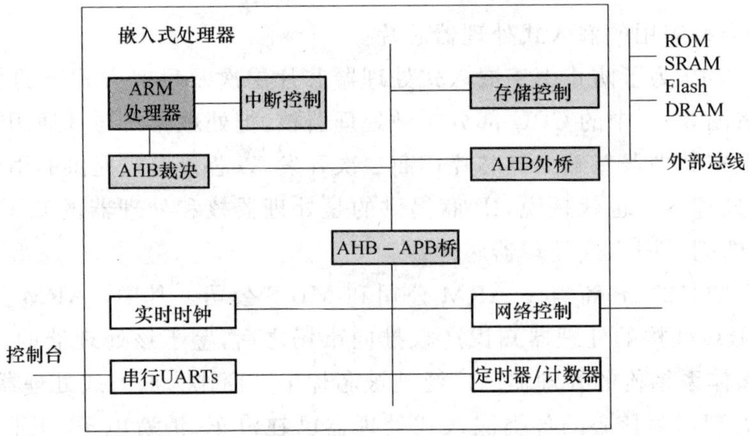

图 3-4　一个基于 ARM 处理器的嵌入式处理器示意图

表 3-1　部分使用 ARM 核和处理器 IP 来生产产品的厂商的部分产品

ARM 核	公司名称	嵌入式处理器产品
ARM7TDMI	Atmel	AT91 系列 MCU
	Hyundai	手持计算产品中的 MCU
	OKI	ML67000 系列 MCU
	Rohm	Bu6616K ISDN 处理器
	Sumsung	KS32/KS17 系列产品中的 MCU
	Sharp	LH77790 手持计算产品中的 MCU
	Netsilicon	NET＋15/40/50 的以太网的 MCU
ARM710T/720T/740T	Linkup System	L720 互联网处理器
	Hyundai	GMS30C7201 手持式计算产品中的 MCU

3.2 ARM 处理器核的结构

ARM 处理器核的结构如图 3－5 所示。它由 ALU、通用寄存器堆、桶式移位寄存器、乘法器和指令译码控制等部分组成。

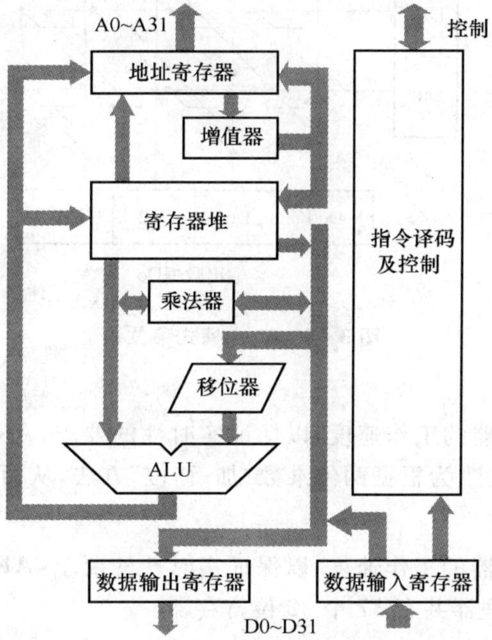

图 3－5　ARM 架构

1. 算术逻辑运算单元 ALU

ALU 是一个可以进行算术和逻辑运算的电路，是处理器进行运算的核心部件。它对两个操作数进行逻辑或算术运算后，除了得出运算结果外，还提供结果和运算过程中产生的一些特征和状态，例如结果是否为零，是正数还是负数，等等。

2. 桶式移位寄存器

为了加快数据的移位运算，ARM 采用了图 3－6 所示的桶式移位寄存器。从图中可以看到，在数据输入线与数据输出线的交叉处均有一个开关，斜线上的开关为一组，任何时刻只有一组开关可以接通。处于不移位控制线上的这组开关接通时，输出数据等于输入数据，没有移位；而在其他组开关接通时均会产生数据的位移。

采用这种桶式移位器的优点是移位操作的速度快，且移位操作所耗费的时间与移动的位数无关，这一点正是嵌入式实时系统所需要的。

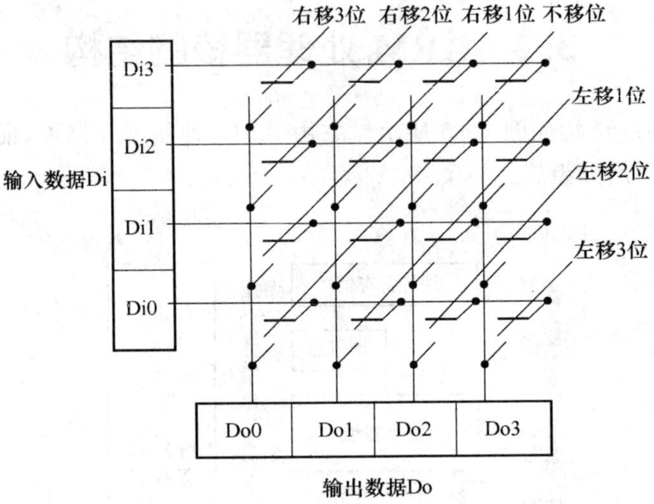

图 3-6 4×4 桶式移位器

3. 高速乘法器

为了提高嵌入式处理器的工作速度，以保证实时性的要求，ARM 把传统的根据一位乘数“加-移位”的乘法运算方法改为根据两位乘数“加-移位”方法，从而提高了乘法运算的速度。

4. 寄存器

为了提高嵌入式处理器的工作速度，以保证实时性的要求，ARM 在处理器中尽可能多地设置了寄存器。ARM 处理器共有 37 个 32 位寄存器。

5. 指令流水线

ARM 体系结构采用了流行的指令流水线技术。目前，ARM 采用的指令流水线有 3 级、5 级、6 级和 8 级几种。

3.3 冯·诺依曼结构及哈佛结构在 ARM 中的应用

1. 冯·诺依曼结构

冯·诺依曼结构也称普林斯顿结构，是一种将程序指令存储器和数据存储器合并在一起的存储器结构。程序指令存储地址和数据存储地址指向同一个存储器的不同物理位置，因此程序指令和数据的宽度相同。

ARM7 采用了冯·诺依曼结构。

2. 哈佛结构

哈佛结构是一种将程序指令存储和数据存储分开的存储器结构。中央处理器首先到程序指令存储器中读取程序指令内容，解码后得到数据地址，再到相应的数据存储器中读取数据，并进行下一步操作（通常是执行）。程序指令存储和数据存储分开，可以使指令和数据有不同的数据宽度。

哈佛结构的微处理器通常具有较高的执行效率。ARM9、ARM10 和 ARM11 属于哈佛结构。

3.4 ARM处理器的运行模式

众所周知，程序的运行是需要硬件资源支持的，而且运行不同的程序所需要的硬件资源也不尽相同。ARM 处理器可以为程序提供 7 种不同的硬件资源组合，每一种硬件资源组合叫做一种运行模式。

ARM 共有 7 种运行模式，见表 3－2。

表 3－2　ARM 的 7 种运行模式

运行模式	说　明
用户模式（USR）	用户程序运行的模式
快速中断模式（FIQ）	当需要与外设进行高速数据传输时使用的模式
中断模式（IRQ）	用于普通中断处理的模式
管理模式（SVC）	操作系统使用的保护模式
中止模式（ABT）	当数据或指令预取出错时进入的模式
系统模式（SYS）	具有特权的操作系统任务运行的模式
未定义指令中止模式（UND）	当处理器试图执行未定义指令时进入的模式

目前，大多数计算机系统都需要使用或复杂、或简单的操作系统来替用户处理系统底层的硬件工作。这就意味着用户程序没有必要（为了安全，也不应该）直接接触某些硬件资源，因此现代计算机系统都有用户模式，这是一种只为用户程序提供了有限硬件资源的运行模式。但对于操作系统这类负责系统底层管理工作的软件，系统资源的开放程度就要大得多。于是，相对于用户模式来说，这种对于硬件资源的使用有某种特权的运行模式就叫做特权模式。

根据处理器硬件资源开放的具体情况，ARM 把特权模式分成了 6 种，特权模式中，还分为系统模式和异常模式，见图 3－7。

ARM 处理器的运行模式是由程序状态寄存器 PSR 的 D0～D4 位的值来决定的，除用户模式之外的其他运行模式都可以通过修改这 5 位值的方法来切换处理器运行模式。

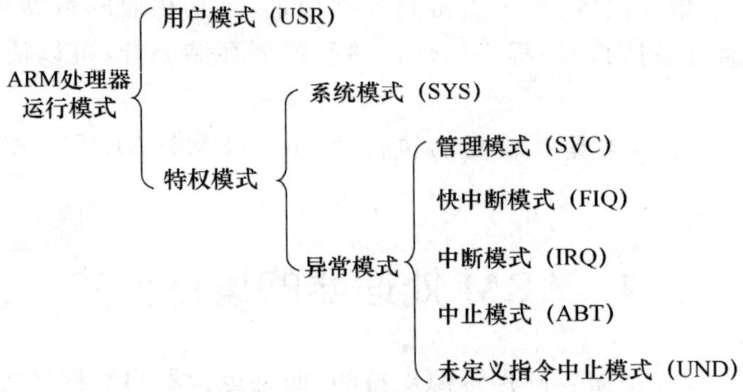

图 3－7　ARM 处理器运行模式的分类

3.5　ARM 的两种工作状态

ARM 体系结构有两个不同的指令集：32 位的 ARM 指令集和 16 位的 Thumb 指令集。对应地，ARM 处理器有两种工作状态：ARM 状态和 Thumb 状态。ARM 状态下，处理器执行 32 位 ARM 指令；Thumb 状态下，处理器执行 16 位 Thumb 指令。

ARM 处理器的工作状态由程序状态寄存器 CPSR 的 D5 位的值来决定，ARM 指令集和 Thumb 指令集都设有处理器工作状态切换指令，以供程序在执行过程中对处理器进行状态切换。

启动时，处理器的默认状态为 ARM 状态。

3.6　ARM 处理器的寄存器

ARM 处理器共有 37 个寄存器，如图 3－8 所示。根据处理器的工作状态，这 37 个寄存器有两种不同的组织方式：ARM 方式和 Thumb 方式。

3.6.1　ARM 状态下寄存器的组织方式

虽然 ARM 处理器有 37 个寄存器，但根据处理器的运行模式，程序能够真正使用的只是其中的 18 个或 17 个。

1. 基本寄存器

本书把两种及两种以上运行模式所共享的寄存器叫做基本寄存器。它们是 R0～R15 和 CPSR，其中 R0～R7、R15 和 CPSR 为所有运行模式共享；R8～R12 为除了快中断模式之外的其他所有运行模式共享；R13 和 R14 为用户模式和系统模式所共享，如图 3－9 所示。

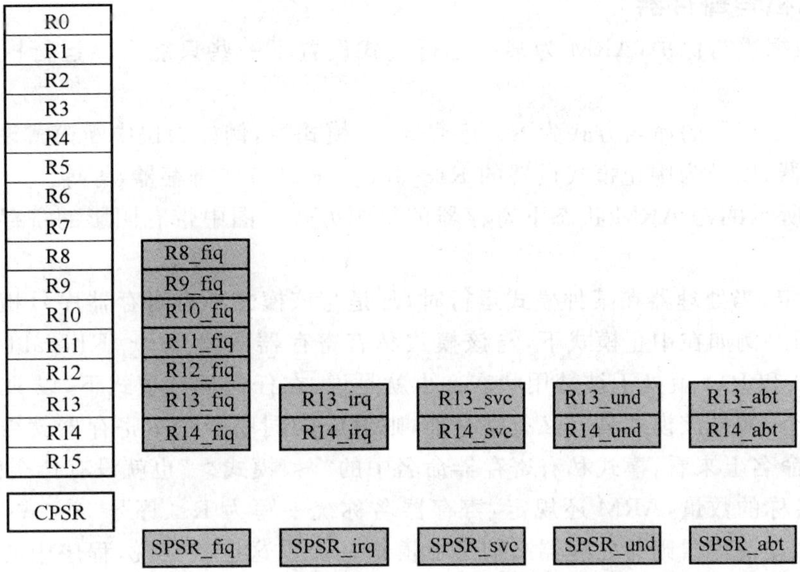

图 3-8　ARM 的 37 个寄存器

寄存器在程序中使用的名称	在各模式下实际访问的寄存器						
	用户模式	系统模式	管理模式	中止模式	未定义	中断模式	快中断模式
R0	R0						
R1	R1						
R2	R2						
R3	R3						
R4	R4						
R5	R5						
R6	R6						
R7	R7						
R8	R8						R8_fiq
R9	R9						R9_fiq
R10	R10						R10_fiq
R11	R11						R11_fiq
R12	R12						R12_fiq
R13(SP)	R13		R13_svc	R13_abt	R13_und	R13_irq	R13_fiq
R14(LR)	R14		R14_svc	R14_abt	R14_und	R14_irq	R14_fiq
R15(PC)	R15						
CPSR	CPSR						
SPSR	无		SPSR_svc	SPSR_abt	SPSR_und	SPSR_irq	SPSR_fiq

图 3-9　ARM 状态下寄存器的组织方式

2. 模式私有寄存器

为了对数据进行保护，ARM 为某些运行模式设置了一些只能在该运行模式下使用的私有寄存器。

模式私有寄存器的命名方式为 R＜序号＞_＜模式＞，例如为快中断模式设置的 R8_fiq～R14_fiq 寄存器，以及为中止模式设置的 R13_abt 和 R14_abt 寄存器，等等。

图 3－9 所示的是 ARM 状态下寄存器的组织方式。图中带有阴影的寄存器为模式私有寄存器。

ARM 规定，当处理器在某种模式运行时，凡是与该模式私有寄存器序号相同的基本寄存器都将被禁用。例如在中止模式下，与该模式私有寄存器 R13_abt～R14_abt 序号相同的基本寄存器 R13 和 R14 就处于被禁用状态。也就是说，在任何运行模式下，以 R 命名的寄存器始终都是 16 个，如果该模式具有私有寄存器，则对应的同序号基本寄存器就被禁用。既然如此，从寄存器命名上来看，模式私有寄存器命名中的"_＜模式＞"也就没有什么作用，因此为了减少寄存器名称的数量，ARM 还规定，寄存器名称统一写为 R＜序号＞方式，但这个名称所对应的实际物理寄存器则与处理器当前运行模式相关。这也就是说，程序中的一个寄存器名称可能对应着多个物理寄存器，程序中的这个名称究竟指的是哪个物理寄存器，则由系统根据当前运行的模式来决定。例如，程序中的寄存器名 R13 在不同运行模式下所指向的实际物理寄存器如图 3－10 所示。

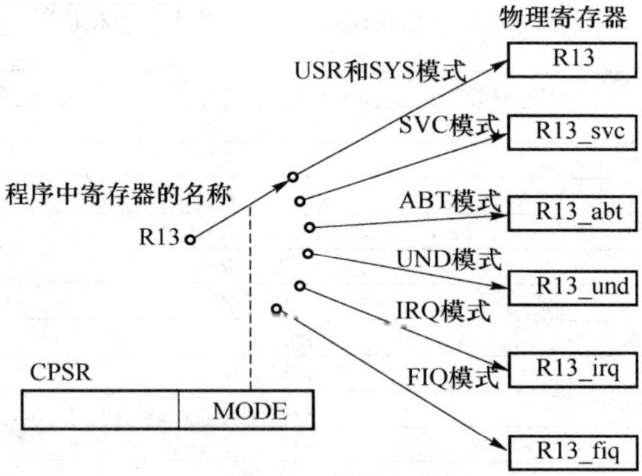

图 3－10　寄存器名 R13 在不同运行模式下指向不同的物理寄存器

3. 程序计数器 R15(PC)

在 ARM 中，基本寄存器 R15 固定地作为程序计数器来使用。为了提高程序的可读性，也通常使用 PC 来标识。

4. 程序状态寄存器 PSR

基本寄存器 R16 专门用做程序状态寄存器。同样，为了提高程序的可读性，在程序中也可以使用名称 PSR 来标识它。

PSR 里集中存放了表征程序当前运行状态的信息，有些信息用一位来表示，有些信息则需要多位来表示，人们把这些表示程序状态的位叫做标志位。

PSR 的示意图如图 3－11 所示，其中各字段所表示信息的含义见表 3－3 和表 3－4。

D31	D30	D29	D28	D27	D26	…	D8	D7	D6	D5	D4	D3	D2	D1	D0
N	Z	C	V	Q				I	F	T	MODE				

图 3－11　当前程序状态寄存器 CPSR 的格式

表 3－3　MODE 的具体含义

MODE 值	处理器运行模式	该模式下可访问的寄存器
0b10000	用户模式(USR)	PC、CPSR、R14～R0
0b10001	FIQ 模式(FIQ)	PC、CPSR、SPSR_fiq、R14_fiq～R8_fiq、R7～R0
0b10010	IRQ 模式(IRQ)	PC、CPSR、SPSR_irq、R14_irq、R13_irq、R12～R0
0b10011	管理模式(SVC)	PC、CPSR、SPSR_svc、R14_svc、R13_svc、R12～R0
0b10111	中止模式(ABT)	PC、CPSR、SPSR_abt、R14_abt、R13_abt、R12～R0
0b11011	未定义模式(UND)	PC、CPSR、SPSR_und、R14_und、R13_und、R12～R0
0b11111	系统模式	PC、CPSR(ARM v4 及以上版本)、R14～R0

表 3－4　CPSR 中其余各标志位的含义

标志位	含　义
I	I＝1 表示禁止 IRQ 中断
F	F＝1 表示禁止 FIQ 中断
T	对于 ARM 体系结构 v5 及以上版本的 T 系列处理器，当 T＝1 时，程序运行于 Thumb 状态，否则运行于 ARM 状态。 对于 ARM 体系结构 v5 及以上版本的非 T 系列处理器，当 T＝1 时，执行下一条指令以引起未定义的指令异常；当 T＝0 时，表示运行于 ARM 状态
N	N＝1 表示运算的结果为负数；N＝0 表示运算的结果为正数或零
Z	Z＝1 表示运算的结果为零；Z＝0 表示运算的结果为非零
C	当运算结果产生了进位时(无符号数溢出)，C＝1；否则 C＝0
V	V＝1 表示有溢出；V＝0 表示无溢出
Q	在 ARM 体系结构 v5 及以上版本的 E 系列处理器中，用 Q 标志位指示增强的 DSP 运算指令是否发生了溢出。在其他版本的处理器中，Q 标志位无定义

ARM 处理器中有 6 个 PSR，一个叫做当前程序状态寄存器的 CPSR 是所有运行模式所共享的，而另外 5 个 PSR 为模式私有，用来对 CPSR 进行备份的寄存器叫做 SPSR。

由于 CPSR 中保存的是程序当前运行模式的状态信息，所以当运行模式发生变化时，为了防止这些信息的丢失，ARM 对每种异常运行模式都设置了一个与 CPSR 的格式完全相同的备份寄存器 SPSR(Saved Program Status Register)。即当处理器进入异常运行模式时，系统会自动把 CPSR 的当前值转存到 SPSR；当从异常模式退出时，再自动把当初保存到 SPSR 中的状态信息存回 CPSR(后面会知道这是当处理器发生模式切换时保护现场的需要)。

由于用户模式和系统模式不属于异常模式，所以这两个模式没有 SPSR。

5. 堆栈指针 R13(SP)

因为 Thumb 指令集中有某些指令强制性地要求使用寄存器 R13 作为堆栈指针，所以寄存器 R13 也通常被用做堆栈指针 SP。由图 3-9 中可以看到，处理器所有的异常运行模式都有自己私有的物理寄存器 R13，这也就意味着 ARM 的每种运行模式都可以有自己的堆栈。

6. 链接寄存器 R14(LR)

寄存器 R14 也称做子程序链接寄存器(Subroutine Link Register)或链接寄存器 LR。当执行子程序调用指令 BL 时，R14 会备份 R15(程序计数器 PC)的内容，以便子程序结束后能使程序正确地返回。

3.6.2 Thumb 状态下寄存器的组织方式

Thumb 状态下的寄存器同样也分为模式相关寄存器和模式无关寄存器两种，其命名及使用方式也与 ARM 状态下的方式一样。但 Thumb 状态下的寄存器集是 ARM 状态下寄存器集的一个子集。图 3-12 表明 Thumb 状态下的寄存器组织。

寄存器名	用户模式	系统模式	管理模式	中止模式	未定义模式	中断模式	快中断模式
R0	R0	R0	R0	R0	R0	R0	R0
R1	R1	R1	R1	R1	R1	R1	R1
R2	R2	R2	R2	R2	R2	R2	R2
R3	R3	R3	R3	R3	R3	R3	R3
R4	R4	R4	R4	R4	R4	R4	R4
R5	R5	R5	R5	R5	R5	R5	R5
R6	R6	R6	R6	R6	R6	R6	R6
R7	R7	R7	R7	R7	R7	R7	R7
R8							
R9							
R10							
R11							
R12							
R13	R13	R13	R13_svc	R13_abt	R13_und	R13_irq	R13_fiq
R14	R14	R14	R14_svc	R14_abt	R14_und	R14_irq	R14_fiq
R15	PC	PC	PC	PC	PC	PC	PC
R16	CPSR	CPSR	CPSR	CPSR	CPSR	CPSR	CPSR
R17			SPSR_svc	SPSR_abt	SPSR_und	SPSR_irq	SPSR_fiq

图 3-12 Thumb 状态下的寄存器组织方式

在 Thumb 状态下，高端寄存器 R8～R15 并不是 Thumb 状态标准寄存器集的一部分，但在汇编语言程序中可以受限制地访问这些寄存器。

3.7 存储器的组织

1. 数据的存储方式

ARM 是一种 32 位处理器，即 ARM 处理器处理的数据通常是以 32 位二进制数为基本单位的。ARM 中的一个 32 位数也叫做一个字。这就是说，在存储器中，ARM 的一个基本数据(一个字)需要占用 4 个连续存储单元，为了在存储器中能判别哪 4 个单元为一个字，ARM 规定一个字所占用的 4 个连续存储单元的第一个单元地址的低 2 位必须是 00，如图 3-13 所示。

根据字的 4 字节在 4 个存储单元中的存储顺序，ARM 提供了 2 种存储方式：小端方式和大端方式。系统默认的是小端方式，即字的低位字节在地址的底端(小端)。字在存储器中的 2 种存储方式如图 3-13 所示。

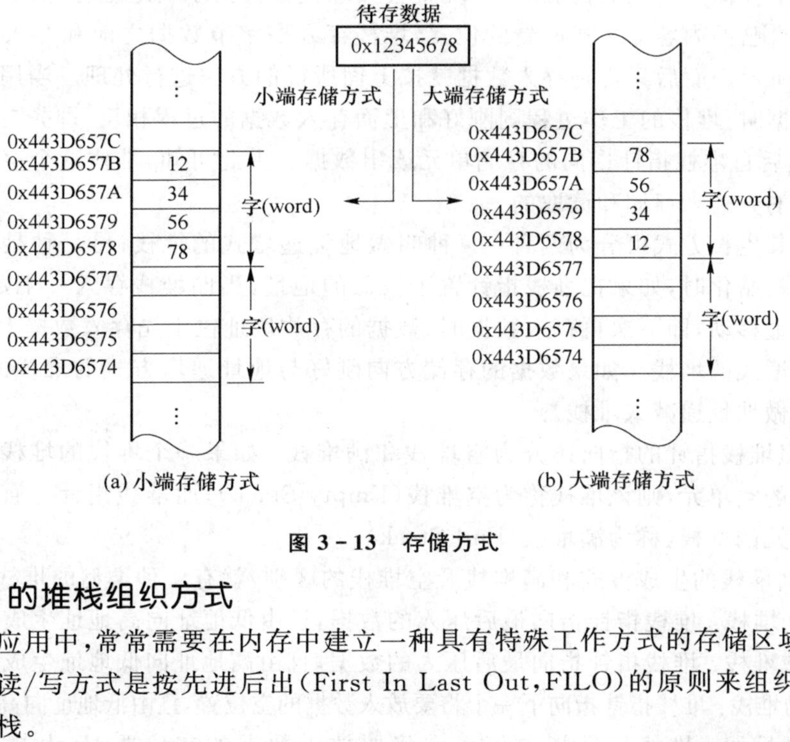

图 3-13 存储方式

2. ARM 的堆栈组织方式

在计算机应用中，常常需要在内存中建立一种具有特殊工作方式的存储区域，在这种存储区域中数据的读/写方式是按先进后出(First In Last Out，FILO)的原则来组织的，这种存储区域就叫做堆栈。

为了指示堆栈的位置，计算机系统都有一个叫做堆栈指针的专用寄存器来存放堆栈的地址。一个堆栈的示意图如图 3-14 所示。

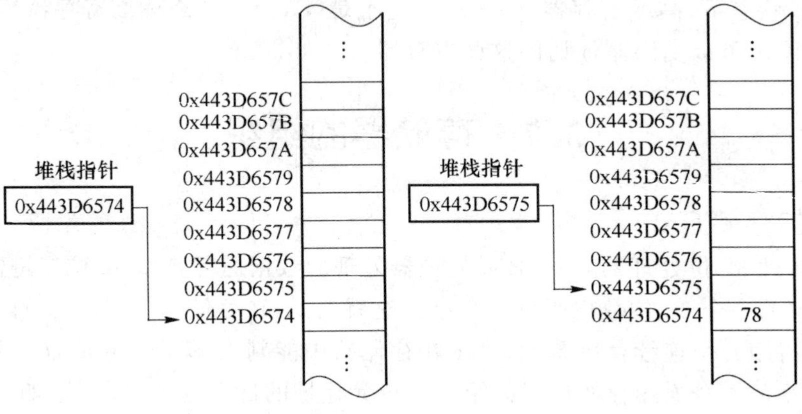

(a) 堆栈存入数据之前的状态　　(b) 堆栈存入数据之后的状态

图 3-14　一个堆栈的组织方式

当向堆栈中存储一字节的数据时,系统就会按堆栈指针指示的地址存放该数据,然后堆栈指针会自动将自己的内容加 1 指向新的位置,堆栈存入一字节数据之前和存入数据之后的变化如图 3-14 所示。而后只要是存入数据就按上面所说的方法进行处理。当用户从堆栈中读取一字节的数据时,堆栈的工作过程则刚好和上面存入数据的过程相反,即先自动将堆栈指针的内容减 1,然后自堆栈指针指向的存储单元读出数据。由此可知,堆栈这个存储区域的数据是按先入后出的方式来存储和读取的。

堆栈按照其生长方式可分为两种:一种叫做地址递增式的堆栈;另一种是地址递减式的堆栈。在系统初始化时,如果把堆栈指针置于较低的地址,当向堆栈存入一个数据时,堆栈的指针会向高地址移动,即下次再存入数据时,数据的存放地址位于先存入数据上方的这种堆栈就叫做地址递增式的堆栈。如果数据的存储方向刚好与地址递增方式的堆栈的方向相反,则这种堆栈就叫做地址递减式堆栈。

另外,按照堆栈指针的指向还分为空堆栈和满堆栈:如果一个堆栈的堆栈指针一直指向将要存入数据的空单元,则该堆栈称为空堆栈(Empty Stack);而堆栈指针一直指向最后存入数据所在的单元的堆栈,称为满堆栈(Full Stack)。

这样,根据堆栈的生成方式和满堆栈及空堆栈的区别,就有 4 种类型的堆栈工作方式:

- 满递增堆栈:堆栈指针指向最后压入的数据,且由低地址向高地址生成。
- 满递减堆栈:堆栈指针指向最后压入的数据,且由高地址向低地址生成。
- 空递增堆栈:堆栈指针指向下一个将要放入数据的空位置,且由低地址向高地址生成。
- 空递减堆栈:堆栈指针指向下一个将要放入数据的空位置,且由高地址向低地址生成。

ARM 支持全部这 4 种方式。在 ARM 中,通常使用寄存器 R13 来作为堆栈指针 SP。

3.8 ARM 体系结构的其他特点

3.8.1 灵活方便的协处理器接口

在 ARM 中，可以通过 ARM 核的协处理器接口配置一个或多个协处理器的方法来增强 ARM 处理器的功能。一个 ARM 核最多可以配置 16 个协处理器，每个协处理器都通过一个唯一的 ID 号来识别。用户应用程序可以通过一组专门的、提供 Load/Store 类型接口的 ARM 指令来对协处理器进行访问。

系统中可配置的协处理器及其用途见表 3-5。

表 3-5 系统中可配置的协处理器

协处理器的标识号	用　途
15	系统控制
14	调试控制器
13～8	保留
7～4	可供采用 ARM 的芯片开发者使用
3～0	保留

另外，ARM 体系结构的 3 组总线：AHB(Advanced High performance Bus)、ASB(Advanced System Bus) 和 APB(Advanced Peripheral Bus)，可以方便地扩充各种处理器、DSP 或 I/O，把它们集成在一个芯片中。

3.8.2 嵌入式的在线仿真调试

为了对处理器进行仿真调试，大多数基于 ARM 的处理器嵌入了 ICE-RT 逻辑，以便通过 JTAG 来仿真调试。另外，处理器中还可以嵌入跟踪宏单元 ETM(Embedded Trace Macrocell)，用于监控内部总线，以实时跟踪指令和数据的执行。

3.8.3 低电压低功耗的设计

ARM 架构通过采取降低工作电压、减少门电路的翻转次数、降低时钟频率等措施，大大降低了处理器的功耗，有力地支持了处理器在手持设备中的应用。

3.9 ARM 体系结构的版本及处理器系列

处理器的体系结构定义了指令集(ISA)和基于这一体系结构下处理器的程序员模型。尽管每个处理器性能不同，所面向的应用也不同，但每个处理器的实现都要遵循这一体系结构。ARM 体系结构为嵌入式系统发展商提供了很高的系统性能，同时保持优异的功耗和面积效率。

3.9.1 ARM 体系结构的版本

ARM 体系结构的版本指的是 ARM 对应的各种指令集。迄今为止,ARM 体系结构定义了 ARMv1～ARMv6 共 6 个版本。通过增加一些特定的功能,从而使各个版本还有一些变种版本,这些变种版本用在版本号的后面增加特定的大写英文字符来标识。例如,如果某版本有一个支持 Thumb 指令集的变种版本,则在版本号后面用英文字符 T 来标识。用来标识变种版本的字符及其含义如表 3－6 所列。

表 3－6 变种版本号中英文字符的含义

字 符	含 义
T	变种版本支持 16 位的 Thumb 指令集
M	变种版本支持长乘法指令
J	变种版本支持 JAVA
E	变种版本为增强型版本
SIMD	变种版本支持媒体功能扩展

M 变种增加了两条用于进行长乘法操作的 ARM 指令。其中一条指令用于实现 32 位整数乘以 32 位整数,生成 64 位整数的长乘法操作;另一条指令用于实现 32 位整数乘以 32 位整数,然后再加上 32 位整数,生成 64 位整数的长乘加操作。在需要这种长乘法的应用场合,M 变种很适合。在 ARM 体系版本 4 及其以后的版本中,M 变种是系统中的标准部分,因此字符 M 不在版本标识中出现了,但如果有变种版本中不支持长乘法指令,则在版本标识中用 xM 来标识。

虽然 ARM 的版本有 6 个,但是其中一些早期的版本已不再使用,目前仍然有效的版本及其特点见表 3－7。

表 3－7 ARM 体系结构版本

版 本	内核实现实例	说 明
ARMv3	ARM6 和 ARM7DI	32 位,独立的 CPRS 和 SPSR,MMU,新增两个模式：未定义指令和中止
ARMv3M ARMv4xM	ARM7M	带有长乘法指令
ARMv4	StrongARM	不再支持 26 位寻址,新增了系统模式
ARMv4T	ARM7TDMI 和 ARM9T	带有 Thumb 指令集
ARMv5TE	ARM9E 和 ARM10E	增加了 ARM 和 Thumb 转换指令,额外的 DSP 类型指令,增强乘法指令,快速乘累加
ARMv5TEJ	ARM7JE 和 ARM926EJ	带有 Java 加速器
ARMv6	ARM11	具有改进的多处理器指令,边界不对齐和混合大小端数据的处理,新的多媒体指令

3.9.2 ARM 处理器系列

目前，基于 ARM 体系结构的 ARM 处理器包括 ARM7、ARM9、ARM9E、ARM10E、SecurCore 和 Intel 公司的 Xscale 等多个系列。它们除了具有 ARM 体系结构的共同特点之外，每个系列还都有各自的特点和应用领域。

ARM 处理器的命名规则如下：

ARM{x}{y}{z}{T}{D}{M}{I}{E}{J}{F}{-S}

其中：

x —— 系列号；
y —— 存储管理/保护单元；
z —— Cache；
T —— Thumb 译码器；
D —— JTAG 调试器；
M —— 快速乘法器；
I —— 嵌入式跟踪宏单元；
E —— 强制指令(基于 TDMI)；
J —— Java 加速器 Jazelle；
F —— 向量浮点单元；
S —— 可综合版本。

ARM 处理器功能特性如表 3-8 所列。

表 3-8 ARM 处理器功能特性

处理器	MMU/MPU	Cache	Jazelle	Thumb	版本	增强
ARM7TDMI	—	—	—	有	v4T	—
ARM7EJ-S	—	—	有	有	v5TEJ	是
ARM720T	MMU	有	—	有	v4T	—
ARM920T	MMU	有	—	有	v4T	—
ARM922T	MMU	有	—	有	v4T	—
ARM926EJ-S	MMU	有	有	有	v5TEJ	是
ARM940T	MPU	有	—	有	v4T	—
ARM946E-S	MPU	有	—	有	v5TE	是
ARM966E-S	—	有	—	有	v5TE	是

续表 3-8

处理器	MMU/MPU	Cache	Jazelle	Thumb	版　本	增　强
ARM1020E	MMU	有	—	有	v5TE	是
ARM1022E	MMU	有	—	有	v5TE	是
ARM1026EJ-S	MMU	有	有	有	v5TE	是
ARM1036J-S	MMU	有	有	有	v6	是
ARM1136JF-S	MMU	有	有	有	v6	是

习　题

1. 什么是SoC？

2. ARM是一个什么公司？与使用ARM技术的芯片生产商之间是什么关系？

3. 什么是ARM处理器？什么是嵌入式处理器？人们所说的ARM嵌入式处理器是什么意思？

4. ARM处理器有几种运行模式？各是什么模式？

5. 什么叫做基本寄存器，其名称是什么？

6. 什么叫做模式私有寄存器？各模式下私有寄存器的物理寄存器的名称是什么？它们在程序中的名称是什么？

7. 作为程序计数器的寄存器是哪个？

8. 作为当前程序状态寄存器的寄存器是哪个？在各模式下备份程序状态寄存器是哪些？

9. ARM处理器共有多少个寄存器？试分析一下程序在各个运行模式下分别可以使用其中的多少个寄存器？

10. 程序状态寄存器中的各标志位都是什么含义？

11. ARM处理器有几种工作状态？各是什么状态？

12. 目前基于ARM体系结构的ARM处理器有几个系列？

13. 请上网查找一下，生产以ARM处理器为核心的嵌入式处理器的厂商有哪些？产品的型号是什么？

第4章 ARM 指令系统

指令是指示处理器进行操作的命令，程序设计人员使用指令来编写完成某个特定任务的程序。处理器的体系结构不同，其指令集也不同。ARM 体系结构具有 ARM 和 Thumb 两种指令集，前者为 32 位指令集，后者为 16 位指令集。Thumb 指令集是 ARM 指令集的一个子集。

本章的主要内容有：

- 指令的寻址方式；
- ARM 指令集的分类与具体应用；
- Thumb 指令集简介。

4.1 ARM 指令集的常用指令

ARM 指令系统属于 RISC 指令系统，指令长度固定为 32 位。当处理器运行 ARM 指令所编写的程序时，处理器处于 ARM 状态。本节主要介绍 ARM 指令集中的常用指令。ARM 指令代码的基本格式如图 4－1 所示。

31　28	27　25	24　21	20	19　16	15　12	11　0
cond	001	opcode	S	Rn	Rd	operand2

图 4－1　ARM 指令代码的一般格式

其中：

cond——执行指令的条件码(可选项)；

opcode——指令操作码；

S ——决定指令的操作是否影响程序状态寄存器 CPSR 的开关标志(可选项)；

Rn——目标寄存器代码；

Rd——存放第 1 个操作数的寄存器代码；

operand2 ——第 2 操作数。

ARM 处理器指令的助记符格式为：

<opcode> { <cond> } {<S>}   <Rd> , <Rn> , <operand2>

4.1.1 数据传送指令

作为对数据进行操作的计算机,在它的诸多指令中使用频率最高的基本指令就是数据传送指令。ARM 的数据传送指令的助记符为 MOV,这种指令的功能除了进行数据传送及对数据进行一些简单的操作之外,还可以通过使用后缀 S 成为条件指令。

1. MOV 指令的格式

MOV 指令的格式为:

MOV{<cond>}{S}   Rd ,Rn , operand2

MOV 指令的核心功能是将源操作数 Rn 传送到目的操作数 Rd。其中,目的源操作数 Rd 为一寄存器;源操作数为数据或存储在某个寄存器中的数据。

2. 立即数与立即寻址方式

在指令中,如果一个需要操作的数据直接写在了指令里面,那么这种写在指令中的操作数就叫做立即数,因为得到指令的同时也立即得到了数据。在计算机技术中,这种以立即数形式提供操作数的方式叫做立即寻址方式。

在 ARM 指令中,立即数前面要使用前缀"#"来标识。例如:

```
MOV  R1,#4   ;R1←4
```

当 ARM 处理器执行这条指令时,它将把指令中的十进制立即数 4 存入寄存器 R1,即指令执行之后,寄存器 R1 中的内容为 4。本书用左箭头"←"表示数据的传送方向。指令的执行过程如图 4-2 所示。

为了表示寄存器中的数据,本书还用圆括号"( )"把寄存器名称括起来表示寄存器中的数据(内容),根据这个表示方法,上面指令执行之后的结果可以表示为(R1)=4。

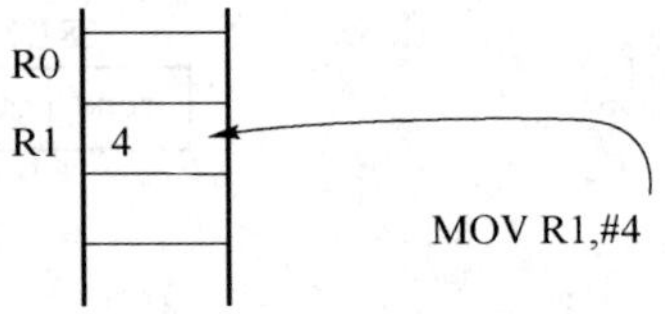

图 4-2 立即数

ARM 指令系统中,立即数既可以使用十六进制数,也可以使用十进制数。如果为十六进制立即数,则立即数前面需要使用"0x"前缀,十进制立即数则不需要。例如:

```
MOV R1,#0x3F     ;R1←0x3F
```

另外,需要特别指出的是,由于 ARM 指令只有 32 位,因此为了给操作码提供一定的空间,作为立即数只能占用指令的 12 位空间,因此指令中的有效立即数只能有 2^{12} 个,这就意味着并不是任何一个 32 位数都是有效立即数。按照常理来说,既然机器码指令只给立即数留了 12 位空间,那么 ARM 只要规定立即数必须是 12 位数,其值不超过 $0\sim2^{12}-1$ 这个范围即可。

但为了维护 ARM 是一个 32 位的体系结构这个概念，ARM 允许用户在助记符指令中使用 32 位立即数，但它必须满足一个特殊条件：该 32 位数必须可由一个 8 位二进制数循环右移偶数位形成。所以 ARM 编译器在编译助记符指令中的 32 位立即数时，它把立即数解析成了两段：一段为 8 位的 immed_8 段(8 位位图段)，另一段为 4 位的 rotate_imm 段(移位段)。即如果将助记符指令中的立即数表示为 immediate，那么编译器将按照如下算法得出机器码指令立即数的两段编码：

＜immediate＞＝immed_8 *循环右移*(2 * rotate_imm)

如果助记符指令中的立即数不能解释成上面的形式，那么编译器便报错，认为是非法立即数。

例如，32 位数 0x80000016 就是一个合法的立即数，因为它可以是一个 8 位数 0x5A 通过循环移位偶数位(循环移位 2 位)得到的。即在指令的机器码中，immed_8＝0x5A，而 rotate_imm＝1。而 32 位数 0xA0000016 就不是一个合法的立即数，编译时一定出错，因为它不可能通过对一个 8 位数循环移位偶数位得到。

根据上面的讲述可知，如果助记符指令中立即数不大于 0xFF，那么它一定是合法的立即数，因为这时编译器可令 immed_8＝＜immediate＞，rotate_imm＝0。而当立即数大于 0xFF 时就复杂得多了，用户要对自己所提供的立即数进行分析，如果该立即数不能分解成有效的 immed_8 和 rotate_imm(例如立即数 0xFFB)，那么该数就不能作为立即数来使用。为方便地使用大于 0xFF 的立即数，ARM 体系结构的设计者将这个难题留给了 ARM 编译器。关于这个问题将在第 5 章介绍，这里还是尽量避免在助记符指令中使用大于 0xFF 的立即数。

3. 寄存器寻址方式

立即数是存在于指令中的数，程序一旦编写完毕，那么该数据也就被固定而不会再发生任何变化了，显然，这是一种常量。为了在指令中能够表示变量，指令允许把操作数的存放位置写在指令中，如果指令以数据所在的寄存器名指明了操作数的存放位置，那么这种提供操作数的方式就叫做寄存器寻址方式。例如如下的数据传送指令：

```
MOV R0,R1   ;R0←(R1)
```

当处理器执行这条指令时，它会把存储在寄存器 R1 中的数据存入寄存器 R0。指令的执行过程如图 4－3 所示。

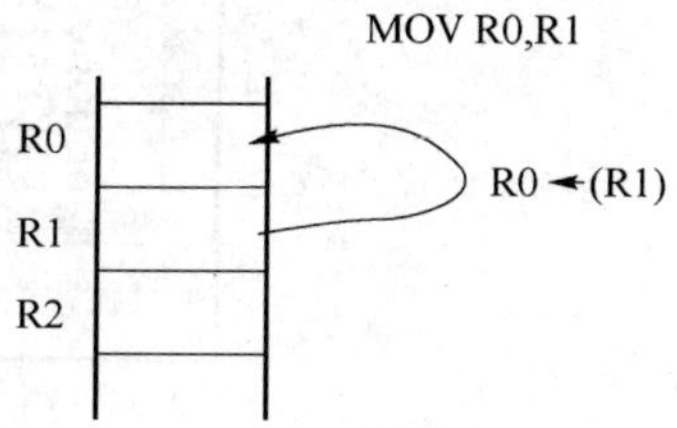

图 4－3　寄存器寻址

因为这里用来表示操作数的是存放了该操作数的寄存器名(本例为 R1)，所以这是寄存器寻址方式。

例 4－1　运行并分析本题下面给出的程序段，试说明：① 程序的功能；② 指令中源操作数的寻址方式。

程序段为：

```
MOV R1,＃2
MOV R2,＃0x44
MOV R3,R2
```

(1) 运　行

启动 RealView MDK 开发环境，使用菜单命令 Project→New μVision Project 创建一个新工程并如图 4-4 所示为其命名(本工程名为 exp4_1)。

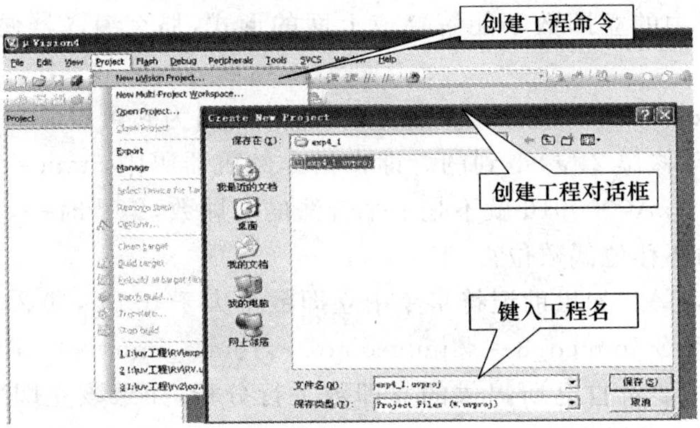

图 4-4　创建工程

在随后打开的 Select Device for Target 对话框中选择所使用的 ARM 处理器型号，如图 4-5 所示。

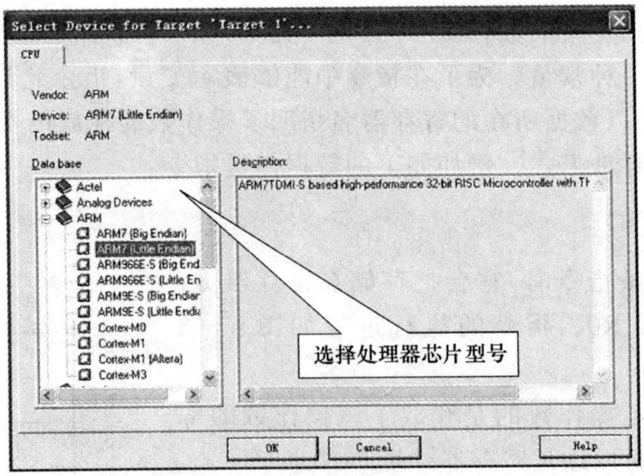

图 4-5　选择处理器芯片型号

在接着打开的如图 4-6 所示对话框中选择“否”(不使用开发环境提供的“启动代码”)。

图 4-6　在此对话框中选择“否”

使用菜单命令 File→New 打开文本编辑器,创建一个新文件并输入如下代码:

```
AREA START,CODE,READONLY
ENTRY
MOV R1,#2
MOV R2,#0x44
MOV R3,R2
END
```

其中,粗体字为实验代码,其余是 ARM 汇编程序框架所需的伪指令,如图 4-7 所示。

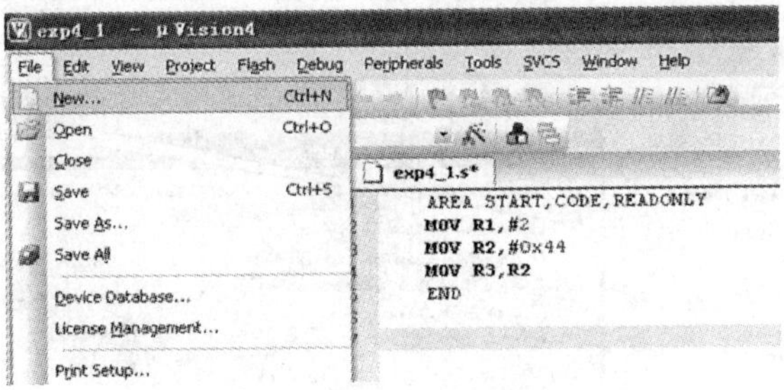

图 4-7　创建程序文件

将源文件以.s 为扩展名命名并保存后,再于工程管理窗口的 Source Group1 处单击右键打开快捷菜单,使用命令 Add Files to Group‘Source Group 1’将文件加入本工程,使之成为工程文件之一,如图 4-8 所示。

使用菜单命令 Project→Options for Target ‘Target1’打开工程选项窗口 Options for Target ‘Target1’后,在其中的 Linker 选项卡中按图 4-9 进行修改。

使用 Project→Build target 菜单命令对程序文件进行编译。编译成功后,Realview MDK 开发环境在窗口底部会出现如图 4-10 所示的信息。

如果需要对程序进行调试,那么需要按下工具栏中的按钮来启动调试程序。调试程序启动后,在工具栏将出现与程序调试工作相关的单步运行及复位等按钮,用户可使用这些工具对自己的程序开展调试工作,并从界面左边的寄存器观察窗口观察运行结果。本例程序的运行结果如图 4-11 所示。

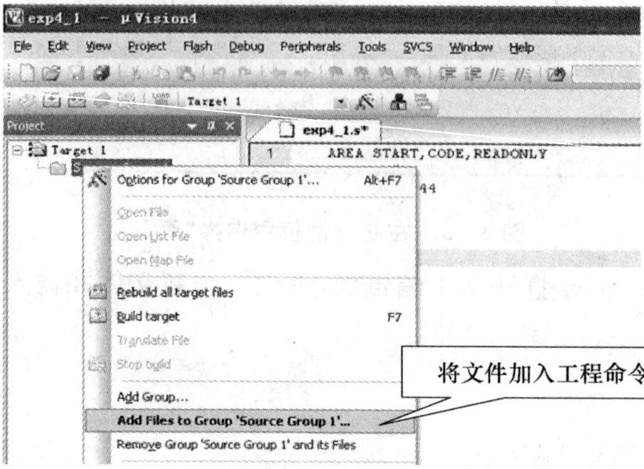

图 4-8　使用快捷菜单命令将文件加入工程

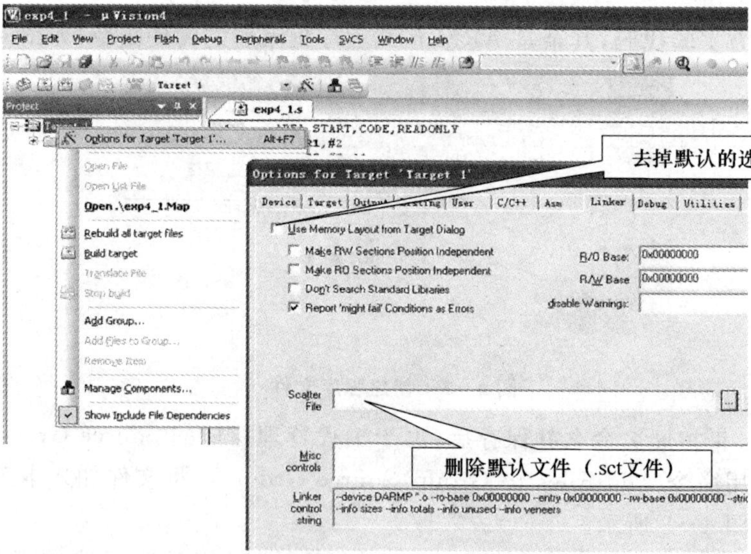

图 4-9　在工程选项卡 Linker 中的修改

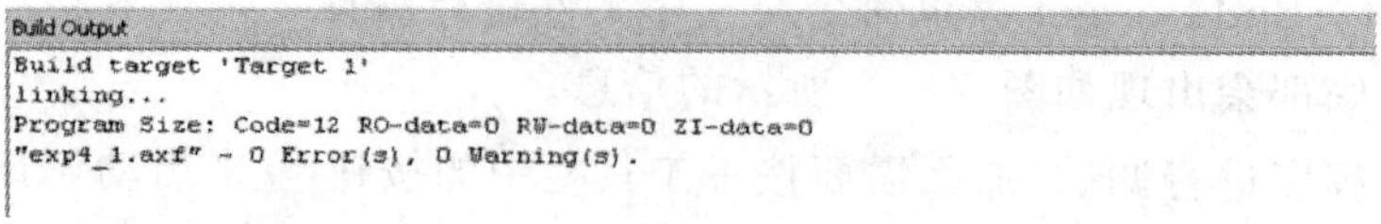

图 4-10　开发环境在程序编译成功后的输出信息

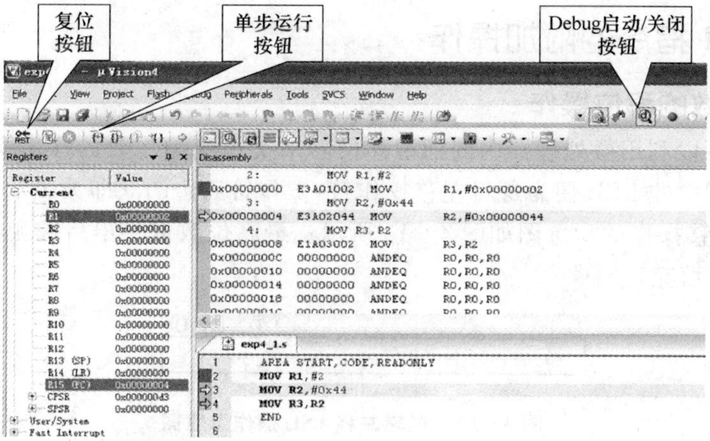

图 4-11　程序调试

(2) 分　析

题目所给程序段的功能为向 R1、R2 和 R3 三个寄存器赋值，其中 R2 和 R3 的数据相同。

指令"MOV R1，#2"和"MOV R2，#0x44"的源操作数均为立即数，为立即寻址方式；而指令"MOV R3，R2"的源操作数为寄存器名 R2，为寄存器寻址方式。

4. 源操作数按位取反数据传送指令 MVN

MVN 指令的格式为：

MVN{<cond>}{S} 目的操作数，源操作数

MVN 指令的功能是把源操作数按位取反后再传送到目的操作数。例如，把例 4-1 中的指令"MOV R1，#2"改为"MVN R1，#2"，则程序执行该指令后的结果就会是如图 4-12 所示的 0xfffffffd。

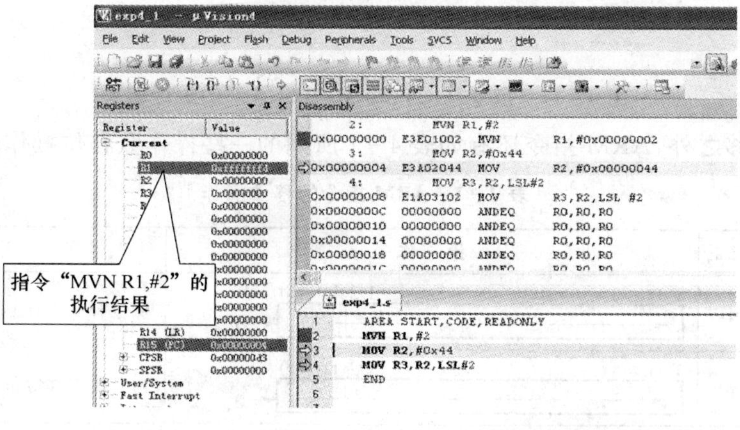

图 4-12　指令"MVN R1，#2"的执行结果

4.1.2 ARM 指令的附加操作

1. 源操作数的移位操作

ARM 指令可以利用微处理器内嵌桶型移位器来实现源操作数的移位操作。例如“MOV R3,R2, LSL＃2”中的 LSL 便为逻辑左移操作符,操作符后边的立即数表示所移动的位数(本例为 2)。逻辑左移操作的示意图如图 4－13 所示。最高位数据移出后被抛弃,其余各位依次上移,最低位用 0 填充。

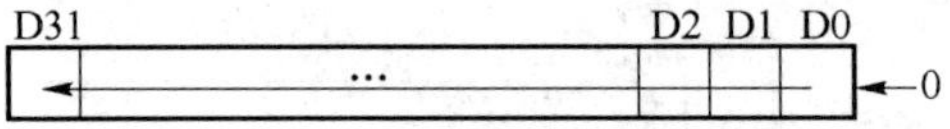

图 4－13 逻辑左移 LSL 操作示意图

在程序中常常用左移操作来实现操作数乘以 2^n 的乘法运算。

如果将例 4－1 程序中的指令“MOV R3,R2”改为“MOV R3,R2,LSL＃2”,则该指令的运行结果如图 4－14 所示。

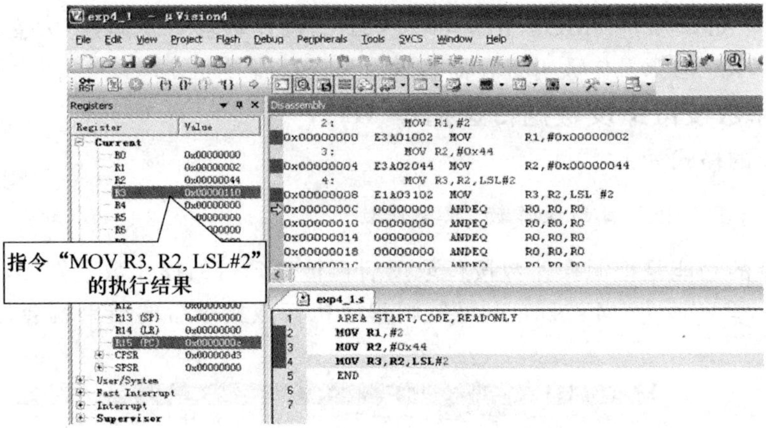

图 4－14 指令“MOV R3,R2,LSL＃2”的执行结果

除逻辑左移之外,ARM 指令还有如表 4－1 所列的一些操作数移位操作。

表 4－1 ARM 指令的移位操作

操作名称	助记符	操　作	说　明
逻辑左移	LSL	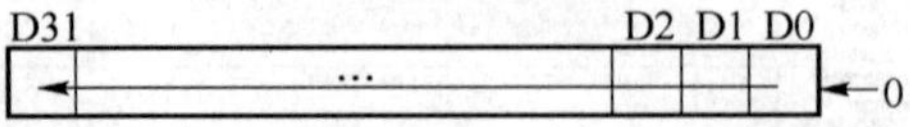	低位补 0
算术左移	ASL	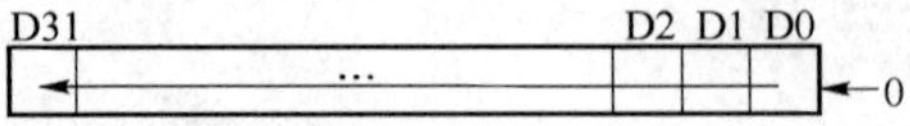	与逻辑左移等价

续表 4-1

操作名称	助记符	操　作	说　明
逻辑右移	LSR	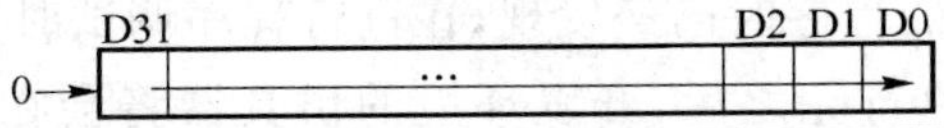	逻辑右移的操作与逻辑左移数据的移动方向相反
算术右移	ASR	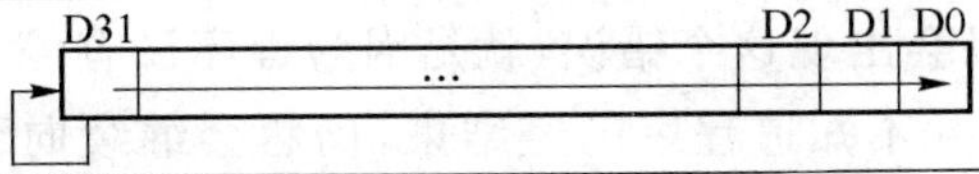	数据中的各位依次向低位移动，但最高位的值不变
循环右移	ROR	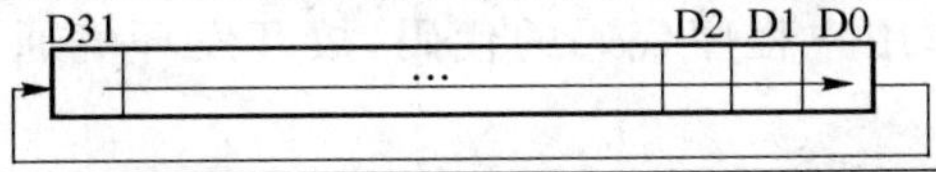	把一个数据看成是一个首尾相接的闭合数据进行右移操作
扩展循环右移	RRX		带进位标志位 C 的循环右移

需要注意的是，移位操作只是汇编语言指令中源操作数的一个选项，它不能作为指令单独使用，它与源操作数之间的分隔符为逗号“，”。例如：

```
MOV R0, R1, LSL #2            ;将 R1 中的内容左移两位后传送到 R0 中
```

移位的位数也可以用寄存器的数据来表达，即把需要移位的位数事先存放在一个通用寄存器中。例如：

```
MOV R2, #3
MOV R1, R0, LSL R2
```

移位操作可以使用在数据传送类指令中，也可以使用在其他指令中。

4.1.3 跳转(转移)指令

跳转指令用于实现程序流程的跳转。ARM 指令集共有 4 条跳转指令，它们可以完成从当前指令向前或向后 32 MB 地址空间的跳转。

1. B 指令

B 指令的格式为：

B{<cond>}{S} Label

B 指令是最简单的跳转指令，其中标号 Label 所指定的地址叫做跳转目标地址，简称目标地址。当程序执行一个 B 指令时，ARM 处理器将立即跳转到指令中以标号 Label 所指定的地址，并从那里执行指令。例如：

```
B Label            ;程序无条件跳转到标号 Label 处执行
```

例 4-2 利用 B 指令为例 4-1 程序添加暂停功能。

解

(1) 分 析

前面在执行例 4-1 和例 4-2 的程序时已经发现,在进行程序调试时,当使用全速运行按钮企图使程序全速运行时,程序段执行完之后,开发环境的仿真器将会在窗口的底部给出如图 4-15 所示的错误信息。之所以会出现这个错误,就是因为程序没有停止指令,所以当处理器执行完程序的最后一条指令后,并不知道程序已经结束,仍然会继续向下执行,但这时的代码是开发环境所预置的,用来表示非用户程序代码的代码,故开发环境通知用户:“你的程序已进入了非程序代码区”。

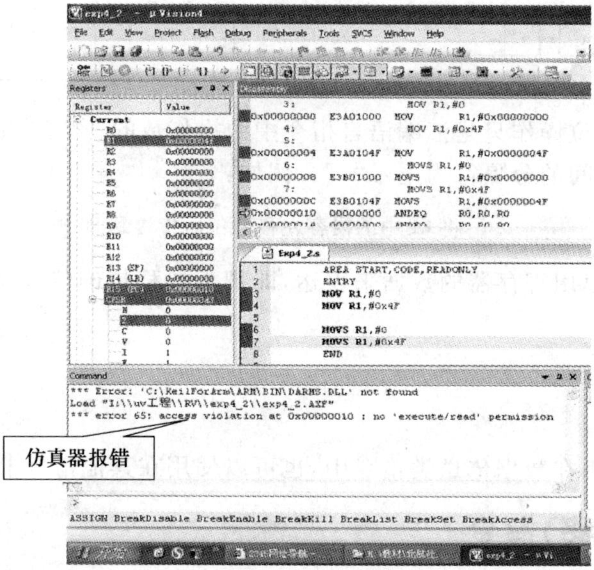

图 4-15 仿真器因执行了非程序代码而报错

也就是说,我们所编写的用户程序的最后一条指令应该为程序结束指令,但因 ARM 没有暂停程序的指令,故只能采取变通措施,想办法使程序在结束位置原地踏步。具体来说,就是在程序应该暂停的位置使用跳转指令形成一个不做任何工作的循环。用 B 指令组织循环的程序代码如下:

```
HALT
    B HALT
```

其中,前面的字符串 HALT 叫做地址标号,它代表了它后面指令在内存中的存储地址,为使程序能在这个位置实现原地踏步的循环,这里使用了 B 指令,并且该指令的目的地址为 HALT。

(2) 修改后程序代码

```
    AREA START,CODE,READONLY
    ENTRY
    MOV R1,#2
    MOV R2,#0x44
    MOV R3,R2
HALT
    B HALT
    END
```

2. BL 指令

BL 指令的格式为：

BL{<cond>}{S} Label

BL 指令的功能与 B 指令基本相同，不同的是 BL 指令在跳转之前，会在寄存器 R14 中保存 PC 的当前内容，目的是将来可以将 R14 的内容重新加载到 PC 中，从而使程序再返回到跳转处。

例 4-3 试编写一个可进行两个 8 位无符号数交换存储位置的子程序，并编写程序测试之。

解

(1) 程序代码

```
    AREA START,CODE,READONLY
ENTRY
    MOV R0,#0x33
    MOV R1,#0x44
    BL  EXCHANGE
HALT
    B HALT
EXCHANGE
    MOV R2,R0
    MOV R0,R1
    MOV R1,R2
    MOV PC,R14
    END
```

其中，标号为 EXCHANGE 的粗体字部分为子程序，其余部分则是测试程序。

(2) 程序运行结果

在 Realview MDK 的仿真器中,程序单步运行的第一阶段运行结果如图 4-16(a)和图 4-16(b)所示。进入子程序后以及子程序返回后的程序单步运行结果如图 4-17 所示。

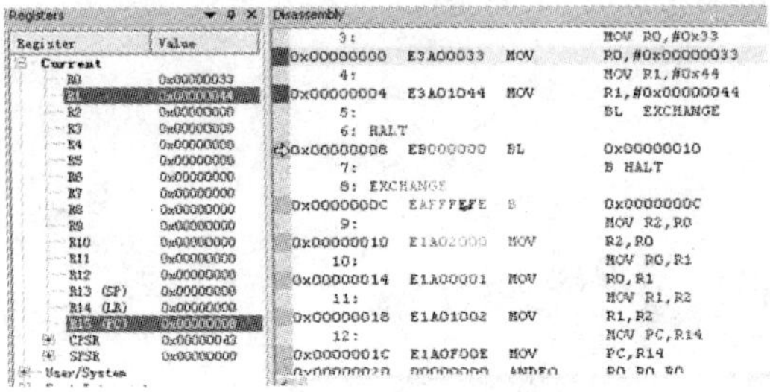

(a) 程序为R0和R1赋值后的结果

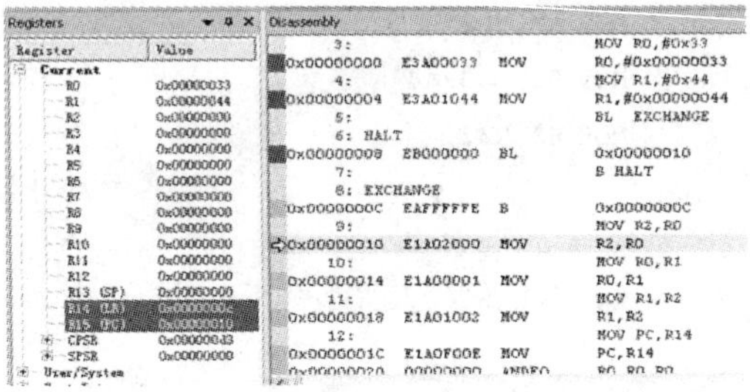

(b) 程序执行BL指令后的结果

图 4-16　程序调用子程序前及调用后瞬间执行的结果

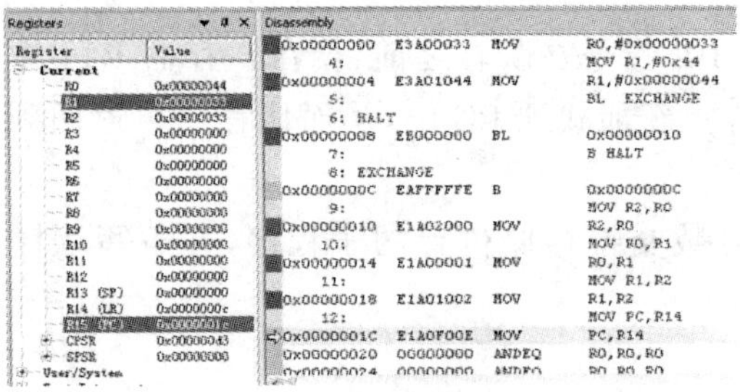

(a) 程序交换R0和R1值后的结果

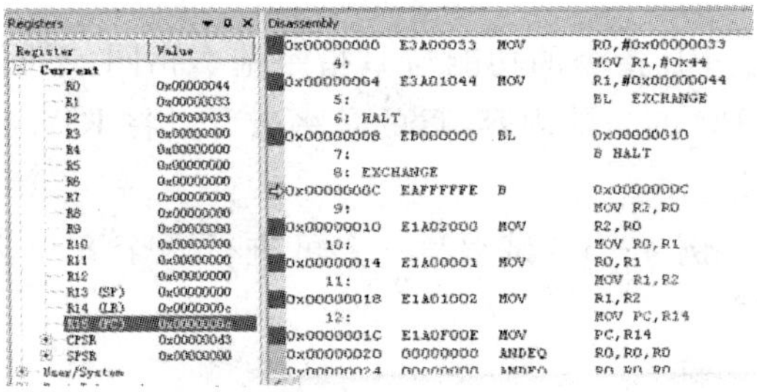

(b) 程序执行"MOV PC, R14"指令后的结果

图 4-17　子程序执行及子程序返回后的结果

测试程序中使用了指令"BL　EXCHANGE"实现了主程序向子程序的跳转及断点(返回地址)保护,子程序中则使用了指令"MOV PC,R14"回复了断点,从而实现了子程序向调用处的正确返回。

3. BLX 指令

BLX 指令的格式为:

BLX{<cond>}{S} Label

BLX 指令的功能是把程序从跳转到指令中所指定的目标地址继续执行,并同时将处理器的工作状态从 ARM 状态切换到 Thumb 状态和将 PC 的当前内容保存到寄存器 R14 中。

4. BX 指令

BX 指令的格式为:

BX{<cond>}{S} Label

BX 指令的功能是把程序跳转到指令中所指定的目标地址继续运行,目标地址处的指令既可以是 ARM 指令,也可以是 Thumb 指令。

4.1.4 指令的条件码及条件指令

为了使人们可以随时掌握程序的运行状态，ARM 提供了程序状态寄存器 CPSR,这样指令在执行时就可以将该指令所产生的程序状态信息保存到 CPSR 中,而后续指令就可以根据 CPSR 中的信息来决定本指令的具体操作。

在 ARM 中凡是可以影响 CPSR 的指令都需要使用后缀 S;凡是需要根据 CPSR 中的信息来决定操作的指令都叫做条件指令。

1. 指令的后缀 S

为使指令的操作结果可以影响状态寄存器 CPSR,ARM 在指令的机器码格式中设置了一个开关位,该开关位由助记符指令的后缀 S 控制。如果用户在指令操作码助记符后面使用了后缀 S,那么该指令就与寄存器 CPSR 之间建立了联系,当其被执行时所产生的状态信息将会保存到寄存器 CPSR 中相应的标志位。例如,MOV 指令使用了后缀 S 的形式如下：

MOVS R1，R2

指令使用了 S 后缀之后,其执行结果对 CPSR 标志位的影响见表 4-2。

表 4-2 使用 S 后缀指令对 CPSR 标志位的影响

指令的状态	标　志	指令的状态	标　志
为零或相等	Z=1	未溢出	V =0
不为零或不相等	Z =0	无符号数大于	C=1,Z =0
无符号数大于或等于	C=1	无符号数小于或等于	C =0,Z=1
无符号数小于	C =0	带符号数大于或等于	N=V
负数	N=1	带符号数小于	N<>V
正数或零	N =0	带符号数大于	Z=0 且 N=V
溢出	V=1	带符号数小于或等于	Z=1 或(N<>V)

例 4-4 利用 MOV 和 MOVS 指令来观察它们对 CPSR 中 Z 标志位的影响。

解 实验用程序段如下：

```
        AREA START,CODE,READONLY
        ENTRY
        MOV R1,#0x0
        MOV R1,#0x4F
        MOVS R1,#0
        MOVS R1,#0x4F
HALT
        B HALT
        END
```

程序运行实验结果如图 4－18 所示。

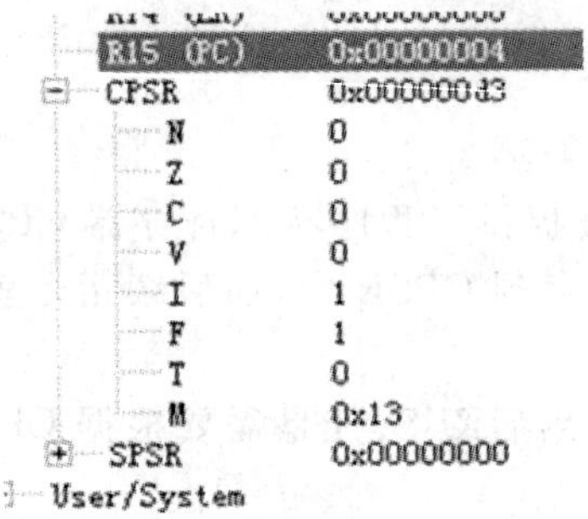

(a) “MOV R1，#0”执行后

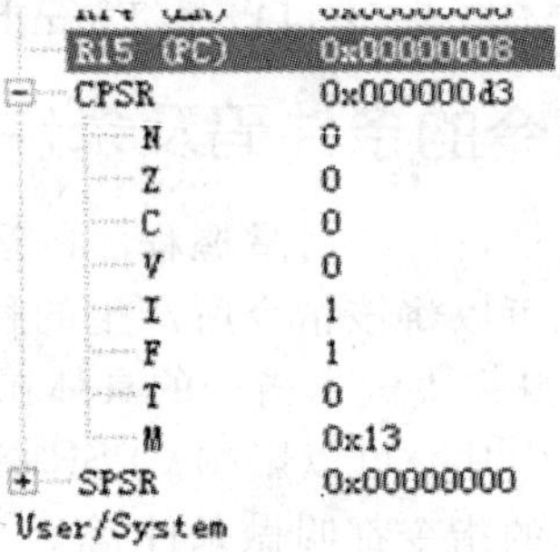

(b) “MOV R1，#0x4F”执行后

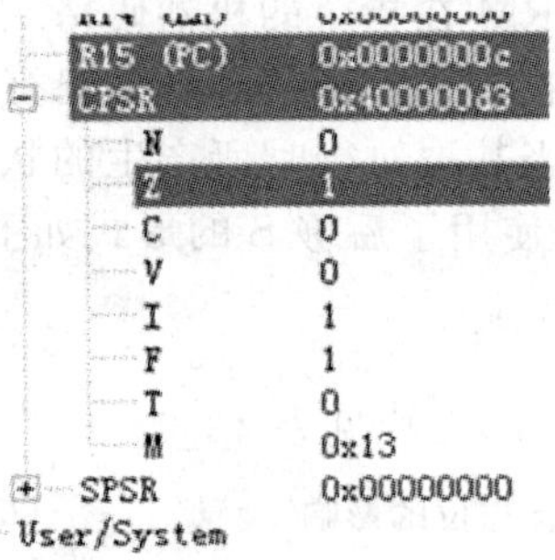

(c) “MOVS R1，#0”执行后

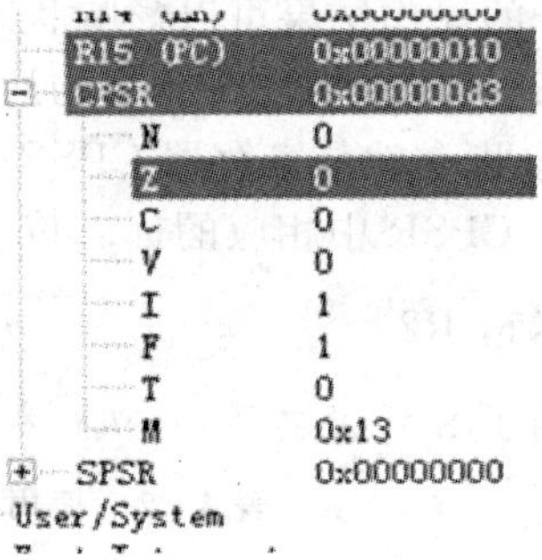

(d) “MOVS R1，#0x4F”执行后

图 4－18　影响 CPSR 标志的指令

2. 条件指令后缀

所谓条件指令,就是一种含有条件且只有条件被满足时才执行的指令。处理器读取了这种指令之后,首先需要查看 CPSR 寄存器中由指令所指定的标志位,只有当标志位的值满足指令所要求的条件时,它才会进行该指令所指定的操作。

在 ARM 中,条件指令以后缀的方式指明了它所需的条件。条件后缀的机器码编码叫做指令条件码,指令条件码与助记符后缀之间的对应关系以及含义如表 4－3 所列。

表 4－3　指令条件码、条件后缀及其含义

条件码	助记符后缀	标　志	含　义
0000	EQ	Z=1	为零或相等
0001	NE	Z =0	不为零或不相等
0010	CS	C=1	无符号数大于或等于
0011	CC	C =0	无符号数小于
0100	MI	N=1	负数

续表 4-3

条件码	助记符后缀	标　志	含　义
0101	PL	N =0	正数或零
0110	VS	V=1	溢出
0111	VC	V =0	未溢出
1000	HI	C=1,Z =0	无符号数大于
1001	LS	C =0,Z=1	无符号数小于或等于
1010	GE	N=V	带符号数大于或等于
1011	LT	N<>V	带符号数小于
1100	GT	Z=0 且 N=V	带符号数大于
1101	LE	Z=1 或(N<>V)	带符号数小于或等于
1110	AL	忽略	无条件执行

注：16 个条件码只有 15 种可以被用户使用，第 16 种为系统保留，暂时不能使用。

从表 4-3 中可见，条件指令都以程序状态寄存器 CPSR 中的相关标志位的状态值为执行条件。也就是说，当处理器在执行一条指令之前，会先判断指令是否有条件后缀。如果待执行指令没有后缀，则处理器无条件执行该指令；否则要观察 CPSR 相关标志位值是否满足指令中所指定的条件，如果满足，则指令被执行；反之，则指令被忽略而去执行本指令的下一条指令。

例 4-5　编写一个程序段，为寄存器 R1 赋一个值，当 R1 的值不为零(即 CPSR 中的 Z=0)时，将 R1 赋值为 0x40，否则赋值 0x80。

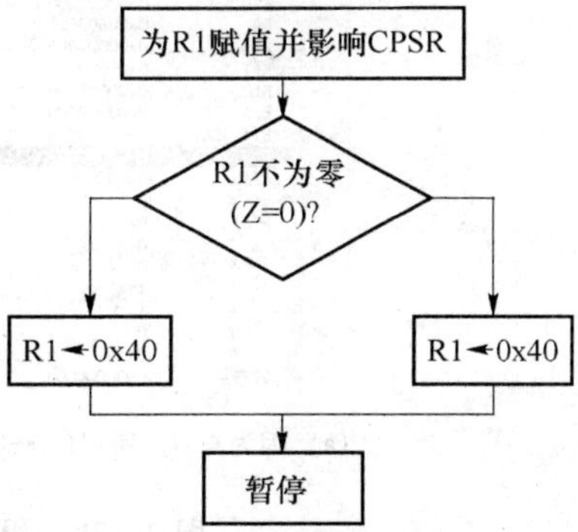

图 4-19　例 4-5 程序流程图

解　程序流程图如图 4-19 所示。

程序段为：

```
        AREA START,CODE,READONLY
        ENTRY
        MOVS R1,#0x880              ;使用后缀以使指令可以影响 Z 标志
        MOVNE R1,#0x40              ;如果 Z = 0,则 0x40 送至 R1
        MOVEQ R1,#0x80              ;如果 Z≠0,则 0x80 送至 R1
HALT
        B HALT
        END
```

程序在 Realview MDK 上的仿真运行结果如图 4－20(a)所示。

如果修改 R1 的初值使之为 0x0，则程序如下：

```
        AREA START,CODE,READONLY
ENTRY
        MOVS R1,#0x0            ;使用后缀以使指令可以影响 Z 标志
        MOVNE R1,#0x40          ;如果 Z = 0，则 0x40 送至 R1
        MOVEQ R1,#0x80          ;如果 Z≠0，则 0x80 送至 R1
HALT
        B HALT
        END
```

在 Keil for ARM 上的仿真运行结果如图 4－20(b)所示。

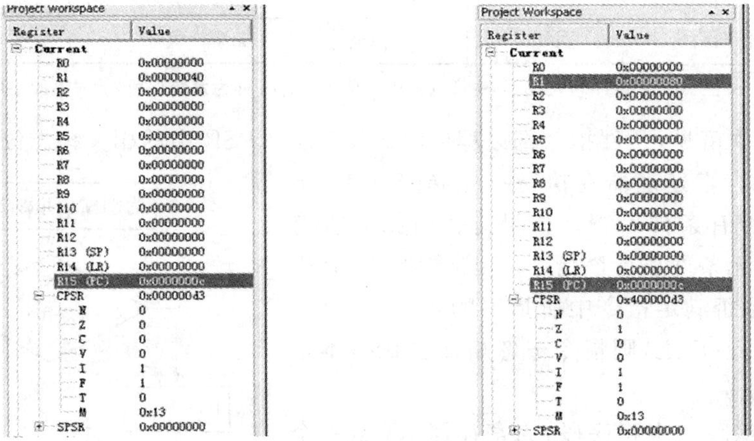

(a) 因为Z=0，所以R1←0x40　　(b) 因为Z≠0，所以R1←0x80

图 4－20　程序在 Realview MDK 上的仿真运行结果

4.1.5　算术运算指令

ARM 系统提供了丰富的算术和逻辑运算指令，这些指令使得 ARM 具有了强大的运算功能。

1. 加法运算指令 ADD

ARM 具有普通加法指令 ADD 和带进位位加法指令 ADC 两种加法运算指令。普通加法指令 ADD 的格式为：

ADD{<cond>}{S}　Rd，Rn，operand2

ADD 指令的功能是把 Rn 与 operand2 相加，然后将结果存放于目的操作数 Rd 中。其

中，Rn 为寄存器寻址方式，operand2 既可以是寄存器寻址方式，也可以是立即寻址方式。例如：

```
ADD R0, R1, R2            ;R0 ← (R1) + ( R2)
ADD R0, R1, #256          ;R0 ← (R1) + 256
ADD R0, R2, R3, LSL#1     ;R0 ← (R2 ) + (R3 << 1)
```

带进位位加法指令 ADC 的格式为：

ADC{<cond>}{S} Rd,Rn,operand2

ADC 指令的功能是把三个数进行加法运算。即把 Rn 与 operand2 相加，然后再加上 CPSR 中的 C 标志位的值并将结果存放到目的操作数 Rd 中。Rn 为寄存器寻址方式，operand2 可以是寄存器寻址方式，也可以是立即寻址方式。

由于 CPSR 中的 C 条件标志位的值也参加了加法运算，所以这个指令通常用来实现字长大于 32 位的加法运算。

例 4-6 有两个 128 位数分别为 0x00000DE0 05F00000 00E40000 005800008 和 0x5C00000 00008A00 AB000000 00056000，试编写程序求两数之和。

解 将第一个数由高到低存放在寄存器 R7～R4 中，第二个数由高到低存放在寄存器 R11～R8 中，然后使用加法指令完成各对应寄存器数据的相加，最后结果由高到低存放到寄存器 R3～R0 中，如图 4-21 所示。

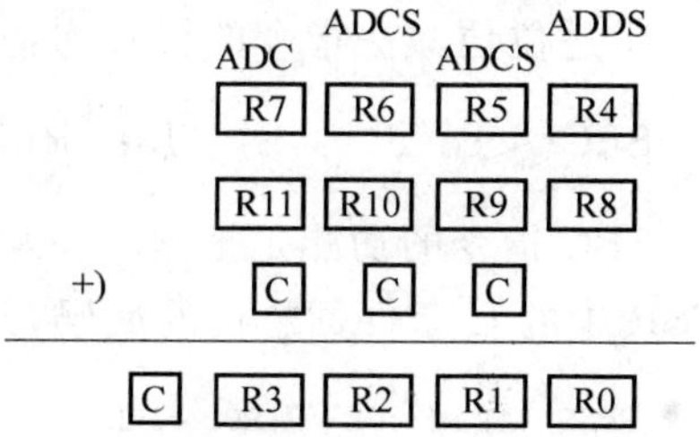

图 4-21 两个 128 位数相加

程序段为：

```
        AREA START,CODE,READONLY
        ENTRY
        MOV R7,#0x00000DE0
        MOV R6,#0x05F00000
        MOV R5,#0x00E40000
        MOV R4,#0x00580000
        MOV R11,#0x05C00000
        MOV R10,#0x00008A00
        MOV R9,#0xAB000000
        MOV R8,#0x00056000
        ADDS R0,R4,R8
        ADCS R1,R5,R9
        ADCS R2,R6,R10
        ADC R3,R7,R11
HALT
        B HALT
        END
```

2. 减法指令 SUB

ARM 提供了远比加法指令多的减法运算指令，除了与加法指令相对应的普通加法指令 SUB、带进位位减法指令 SBC 之外，还有逆向减法指令 RSB 和带进位逆向减法指令 RSC 两种。

普通减法指令 SUB 的格式为：

SUB{<cond>}{S}　Rd, Rn, operand2

SUB 指令的功能是把 Rn 作为被减数，operand2 作为减数进行减法运算，然后将结果存放到目的操作数 Rd 中。其中，Rn 可以是寄存器寻址方式，也可以是立即数。例如：

```
SUB R0, R1, R2            ;R0 ← (R1) - (R2)
SUB R0, R1, #256          ;R0 ← (R1) - 256
SUB R0, R2, R3, LSL#1     ;R0 ← (R2) - (R3 << 1)
```

带进位位减法指令的格式为：

SBC{<cond>}{S}　Rd, Rn, operand2

SBC 指令的功能是把 Rn 作为被减数，把 operand2 作为减数进行减法运算，然后再减去 CPSR 中的 C 条件标志位的反码，并将结果存入 Rd。例如：

```
SUBS R0, R1, R2  ;R0 = (R1) - (R2) - ! C
```

与带进位位加法指令类似，带进位位减法指令主要用于字长大于 32 位的数据的减法运算。

逆向减法指令 RSB 的格式为：

RSB{<cond>}{S}　Rd, Rn, operand2

与普通减法指令相比，RSB 指令在功能上没有什么区别，只是在执行减法运算时，不是用 Rn 而是用 operand2 作为被减数来进行减法运算，其运算结果存入 Rd。例如：

```
RSB R0, R1, R2            ;R0 ← (R2) - (R1)
RSB R0, R1, #256          ;R0 ← 256 - (R1)
RSB R0, R2, R3, LSL#1     ;R0 ← (R3 << 1) - (R2)
```

对应的 ARM 还提供了带进位逆向减法指令 RSC，其格式为：

RSC {<cond>}{S}　Rd, Rn, operand2

RSC 指令的功能为把 operand2 作为被减数，而把 Rn 作为减数，然后再减去 CPSR 中的 C 条件标志位的反码，并将结果存入 Rd。

3. 比较指令 CMP

用来比较两个数大小的指令叫做比较指令。ARM 提供的比较指令的格式为：

CMP{<cond>}　Rd，Rn

CMP 指令把 Rd 和 Rn 进行一次减法运算操作，并根据运算结果更新 CPSR 中相关标志位的值，但并不存储减法运算得到的差值。例如：

```
CMP R1, R0              ;(R1) - (R0)，根据结果设置 CPSR 的标志位
CMP R1, #100            ;(R1) - 100，并根据结果设置 CPSR 的标志位
```

由于 CMP 指令的功能就是更新寄存器 CPSR 标志，因此也就没有特意为这个指令添加后缀 S 的必要，于是 ARM 规定，CMP 指令的后面不能使用后缀 S。

例 4－7　判断寄存器 R1 中的数据，如果小于 0xF，则将 R1 置 0xFF；否则置 0x1。

解　程序流程框图如图 4－22 所示。

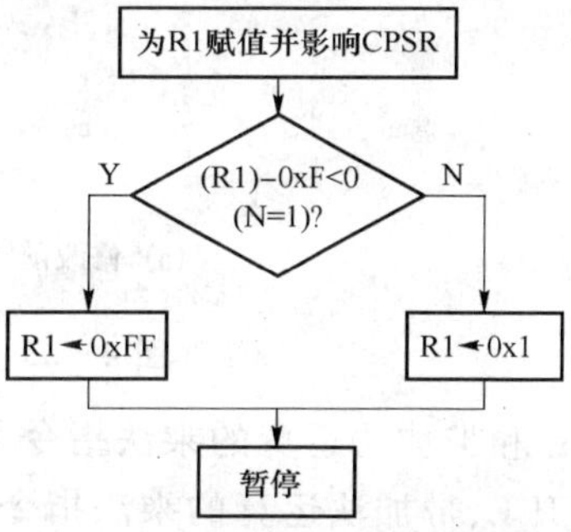

图 4－22　例 4－7 程序流程图

程序代码如下：

```
        AREA START,CODE,READONLY
        ENTRY
        MOV R1,#0x23
        CMP R1,#0xF
        MOVMI R1,#0xFF
        MOVPL R1,#0x1
HALT
        B HALT
        END
```

程序在 Realview MDK 中的仿真运算结果如图 4－23(a)所示。

如果把程序中的 R1 赋值指令改为“MOV R1，#0x2”，则程序的仿真执行结果如图 4－23(b)所示。

除上述的普通比较指令 CMP 外，ARM 还提供一个可以把第 2 操作数取反后再进行比较运算的指令 CMN。该指令的格式为：

CMN{<cond>}　Rd，Rn

4. 乘法运算指令

具有丰富的乘法指令是 ARM 体系结构有别于其他体系结构的重要特点之一。根据乘积位数的不同，ARM 体系结构提供了两类乘法指令。在 32 位积的乘法指令中有普通乘法指令

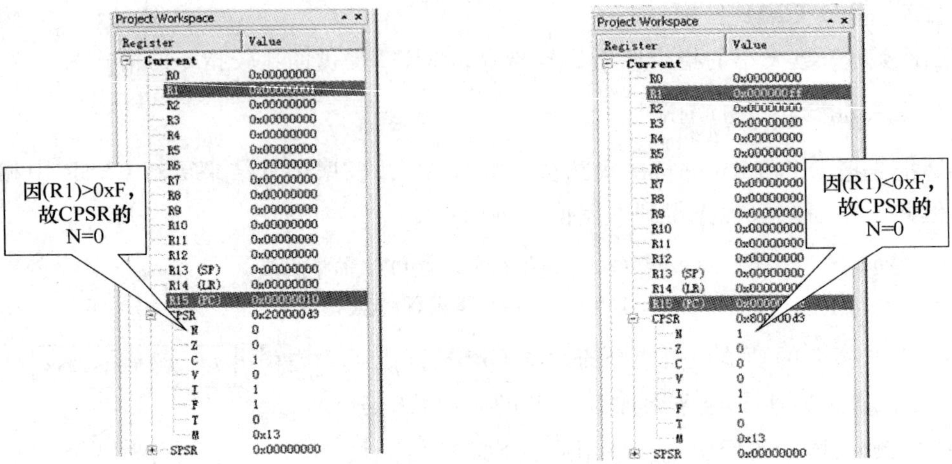

(a) 修改前　　(b) 修改后

图 4-23　程序在 Realview MDK 中的仿真运行结果

MUL 和带加法运算的乘法指令 MLA 共 2 种指令；在 64 位积的乘法指令中有普通乘法指令 SMULL、带加法运算的乘法指令 SMLAL、普通无符号乘法指令 UMULL 和带加法运算的无符号乘法指令 UMLAL 共 4 种指令。

普通乘法 MUL 指令的格式为：

MUL{<cond>}{S}　Rd, Rn, operand2

MUL 指令的功能是将 Rn 与 operand2 进行乘法运算，并把 32 位结果存入 Rd。例如：

```
MUL R0, R1, R2              ;R0 ← (R1) × (R2)
MULS R0, R1, R2             ;R0 ← (R1) × (R2)同时设置 CPSR 中的标志位
```

带加法运算的 32 位乘法指令 MLA 的格式为：

MLA{<cond>}{S} Rd, Rn, operand2, operand3

MLA 指令的功能为将 Rn 与 operand2 进行乘法运算，然后再将乘积加上 operand3，最后把 32 位结果存入 Rd。

64 位积的乘法运算指令 SMULL 的格式为：

SMULL{<cond>}{S}　LowRd, HighRd, Rn, operand2

SMULL 指令的功能是将 Rn 与 operand2 进行乘法运算，并把结果的低 32 位存入目的 LowRd，结果的高 32 位存入目的 HighRd。其中，所有的操作数均应为寄存器寻址方式。例如：

```
SMULL R0, R1, R2, R3            ;R0 ← (R2) × (R3)的低 32 位
                                ;R1 ← (R2) × (R3)的高 32 位
```

带加法运算的 64 位积乘法运算指令 SMLAL 指令的格式为：

SMLAL{<cond>}{S} LowRd, HighRd, Rn, operand2

SMLAL 指令的功能为将 Rn 与 operand2 进行乘法运算，并把结果的低 32 位与 LowRd 的原有值相加后再存入目的 LowRd 中；同样，结果的高 32 位与 HighRd 的原有值相加后再存入 HighRd 中。其中，所有的操作数均为寄存器寻址方式。

无符号数的 64 位积的乘法指令 UMULL 的格式为：

UMULL{<cond>}{S} LowRd, HighRd, Rn, operand2

UMULL 指令的功能是将 Rn 与 operand2 进行乘法运算，并把结果的低 32 位存入目的 LowRd，结果的高 32 位存入目的 HighRd。其中，所有的操作数均应为寄存器寻址方式，且两个源操作数应为无符号数。例如：

```
UMULL R0, R1, R2, R3            ;R0 ← (R2) × (R3)的低 32 位
                                ;R1 ← (R2) × (R3)的高 32 位
```

无符号数带加法运算的 64 位积乘法指令 UMLAL 的格式为：

UMLAL{<cond>}{S} LowRd, HighRd, Rn, operand2

UMLAL 指令的功能为将 Rn 与 operand2 进行乘法运算，并把结果的低 32 位与 LowRd 的原有值相加后再存入目的 LowRd 中；同样，结果的高 32 位与 HighRd 的原有值相加后再存入 HighRd 中。

4.1.6 逻辑运算指令

由于逻辑“非(取反)”运算已包含在其他指令之中，因此 ARM 指令集只包含了“与”、“或”、“异或”三种逻辑运算指令。此外，ARM 还提供了一些本质上为逻辑运算，但不保存运算结果，只影响 CPSR 标志的测试指令。

1. 普通逻辑运算指令

逻辑“与”运算指令 AND 的格式为：

AND{<cond>}{S} Rd, Rn, operand2

AND 指令的功能是把 Rn 和 operand2 按位进行逻辑“与”运算，并把结果存入 Rd。例如：

```
AND R0, R0, #3    ;该指令保持 R0 的 0、1 位，其余位清零
```

逻辑“或”运算指令 ORR 的格式为：

ORR{<cond>}{S} Rd, Rn, operand2

AND 指令的功能是把 Rn 和 operand2 按位进行逻辑“或”运算，并把结果存入 Rd。例如：

```
ORR R0, R0, #3    ;该指令设置 R0 的 0、1 位，其余位保持不变
```

逻辑“异或”指令 EOR 的格式为：

EOR{＜cond＞}{S}　Rd, Rn, operand2

EOR 指令的功能是把 Rn 与 operand2 按位进行逻辑“与”运算，并把结果存入 Rd。例如：

```
EOR R0, R0, #3    ;该指令反转 R0 的 0、1 位，其余位保持不变
```

2. 测试指令

“与”测试指令 TST 的格式为：

TST{＜cond＞} Rn, operand2

所谓“与”测试指令 TST，实质上就是一个进行运算“与”的指令，只不过与前面曾经介绍过的比较指令 CMP 类似，TST 指令的运算结果只用来影响 CPSR 寄存器的标志位，并不保存。即 TST 指令的功能是把操作数 Rn 和操作数 operand2 按位进行逻辑“与”运算，但不保存结果，只根据运算结果更新 CPSR 中条件标志位的值。

TST 指令一般用来检测操作数 Rn 是否设置了某些特定的位，被检测的位由操作数 operand2 中为 1 的位指定。例如：

```
TST R1, #0x1              ;用于测试在寄存器 R1 中是否设置了最低位
TST R1, #0xFFE            ;将寄存器 R1 的值与立即数 0xFFE 按位“与”
                          ;并根据结果设置 CPSR 的标志位
```

TST 指令通常与 EQ 和 NE 条件码结合使用，当所有的被测试位所对应的测试结果为 0 时，EQ 有效；否则 NE 有效。

例 4-8　试测试一个 8 位数中的第 0、4、7 位是否为 0。

解　根据题目所求，可知测试码应该为 0x91(即二进制的 10010001)，如果被测试数保存于 R0，测试码保存于 R1，测试结果保存于 R2(测试结果符合要求 R2←0，否则 R2←0xFF)，那么当被测试数为 0x23 时，可写出程序如下：

```
        AREA START,CODE,READONLY
        ENTRY

        MOV R1,#0x23
        MOV R2,#0x91
        TST R1,R2
        MOVEQ R3,#0x0
        MOVNE R3,#0xFF
HALT
        B HALT
        END
```

程序在 Realview MDK 中仿真运行结果如图 4－24(a)所示。

当被测试数为 0x22 时，程序如下：

```
        AREA START,CODE,READONLY
STAR
        MOV R1,#0x22
        MOV R2,#0x91
        TST R1,R2
        MOVEQ R3,#0x0
        MOVNE R3,#0xFF
HALT
        B HALT
        END
```

程序在 Realview MDK 中的仿真运行结果如图 4－24(b)所示。

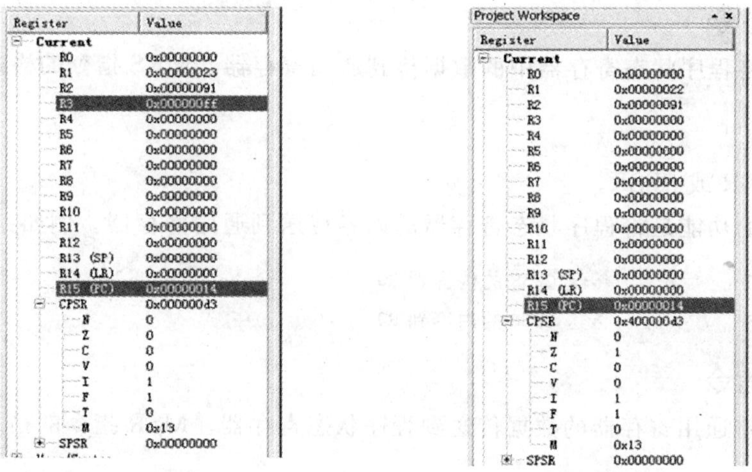

(a) (b)

图 4－24 例 4－8 程序在 Realview MDK 中的仿真运行结果

同属测试指令的还有“异或”测试指令 TEQ。其格式为：

TEQ{<cond>} Rn，operand2

TEQ 指令用于把一个寄存器的内容与另一个寄存器的内容或立即数进行按位的“异或”运算，并根据运算结果更新 CPSR 中条件标志位的值。该指令通常用于比较操作数 1 和操作数 2 是否相等。例如：

```
TEQ R1, R2                ;将寄存器 R1 的值与寄存器 R2 的值按位“异或”
                          ;并根据结果设置 CPSR 的标志位
```

为配合逻辑运算，ARM 还提供了一个位清除指令 BIC。其格式为：

BIC{<cond>}{S} Rd, Rn, operand2

BIC 指令的功能是清除操作数 Rn 的某些位，并把结果存入目的操作数 Rd。操作数 Rn 为寄存器寻址方式，操作数 operand2 可以是寄存器寻址方式，也可以是立即数寻址方式。operand2 为 32 位的掩码，如果在掩码中设置了某一位，则清除这一位。未设置的掩码位保持不变。

4.1.7 程序状态寄存器访问指令

程序状态寄存器访问指令属于数据传送指令，用于在程序状态寄存器和通用寄存器之间传送数据。

1. MRS 指令

MRS 可以将程序状态寄存器中的数据传到通用寄存器。MRS 指令的格式为：

MRS Rd, psr

其中，psr 为 CPSR 或 SPSR。

MRS 指令的功能是将程序状态寄存器的内容传送到通用寄存器。例如：

```
MRS R0, CPSR              ;传送 CPSR 的内容到 R0
MRS R0, SPSR              ;传送 SPSR 的内容到 R0
```

2. MSR 指令

MSR 可以将通用寄存器的数据传送到程序状态寄存器。MSR 指令的格式为：

MSR psr_fields, operand2

其中，psr 为 CPSR 或 SPSR。

MSR 指令用于将操作数的内容传送到程序状态寄存器的特定域中。其中，操作数可以为通用寄存器或立即数。域 fields 用于设置程序状态寄存器中需要操作的位。32 位的程序状态寄存器可分为以下 4 个域：

- 位[31：24]为条件标志位域，用 f 表示；
- 位[23：16]为状态位域，用 s 表示；
- 位[15：8]为扩展位域，用 x 表示；
- 位[7：0]为控制位域，用 c 表示。

该指令通常用于恢复或改变程序状态寄存器的内容，在使用时，一般要在 MSR 指令中指明将要操作的域。

指令示例：

```
MSR CPSR, R0          ;传送 R0 的内容到 CPSR
MSR SPSR, R0          ;传送 R0 的内容到 SPSR
MSR CPSR_c,R0         ;传送 R0 的内容到 SPSR,;但仅仅修改 CPSR 中的控制位域
```

4.1.8 加载/存储指令

在 ARM 体系结构中，用来进行寄存器与存储器数据传送的指令叫做加载(load)/存储(store)指令。将存储器中的数据传送到寄存器的操作叫做加载，其指令叫做加载指令；将寄存器的数据传送到存储器的操作叫做存储，其指令叫做存储指令。

在 ARM 中，32 位二进制数叫做“字”，16 位二进制数叫做“半字”，8 位二进制数叫做“字节”，因此根据操作数的字长，加载/存储指令还分为字加载/存储指令、半字加载/存储指令和字节加载存储指令 3 类。

在加载/存储指令中，操作数所在的存储器地址不能用数字直接表示，只能先把地址存放于一个寄存器，然后在加载/存储指令里用带有方括号的寄存名来表示。例如[R1]，意思是说寄存器 R1 存放的是操作数所在内存区的首地址。由于这是一种间接提供操作数的方式，所以也叫做间接寻址方式。

以加载指令“LDR R0, [R1]”为例，寄存器间接寻址方式的执行过程如图 4-25 所示。

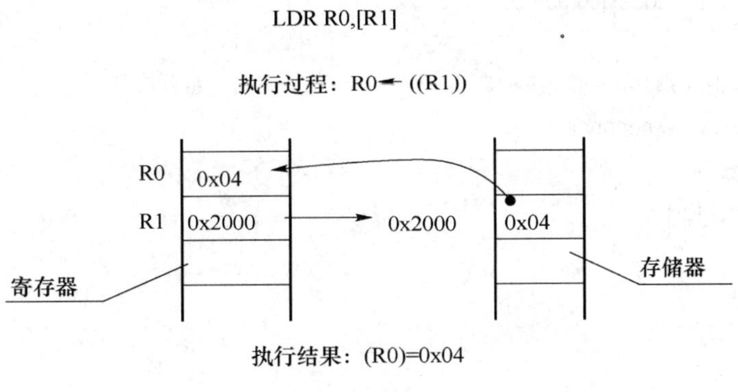

图 4-25 寄存器间接寻址的执行过程

1. 字加载指令 LDR 和字存储指令 STR

字加载指令 LDR 的格式为：

LDR{cond} Rd, <存储器地址>

LDR指令的功能是把存储在存储器中的一个32位字数据传送到目的操作数。

在LDR指令中,目的操作数地址的表示方式相当丰富和灵活。例如:

```
LDR R0, [R1]                 ;R0 ← ((R1))
LDR R0, [R1, R2]             ;R0 ← ((R1) + (R2))
LDR R0, [R1, #8]             ;R0 ← ((R1) + 8 )
LDR R0, [R1, R2]!            ;R1 ← (R1) + (R2)       R0 ← ((R1))
LDR R0, [R1, #8]!            ;R1 ← (R1) + 8          R0 ← ((R1))
LDR R0, [R1] , R2            ;R0 ← ((R1))            R1 ← (R1) + (R2)
LDR R0, [R1, R2, LSL#2]!     ;R1 ← (R1) + (R2) × 4   R0 ← (R1)
LDR R0, [R1] , R2, LSL#2     ;R0 ← (R1)              R1 ← ((R1) + (R2) × 4)
```

对应地,字存储指令STR的格式为:

STR{cond} Rd, <存储器地址>

STR指令的功能是把一个32位源操作数传送到存储器中。例如:

```
STR R0, [R1]                 ;(R0) → (R1)
STR R0, [R1, #8]             ;(R0) → ((R1) + 8)
```

例4-9 编写一个程序段,理解加载/存储指令与寄存器间接寻址方式的特点。

解

(1) 程序代码

```
        AREA START,CODE,READONLY
        ENTRY
        MOV R2,#0x4F00
        MOV R1,#0x40000008
        STR R2,[R1]
        LDR R0,[R1]
HALT
        B HALT
        END
```

(2) 仿真运行

按照例4-1运行Realview MDK,创建工程和文件。但在选择处理器芯片时选择LPC2102,如图4-26所示。

Linker选项卡的选择与例4-1相同。

程序仿真运算结果如图4-27所示。

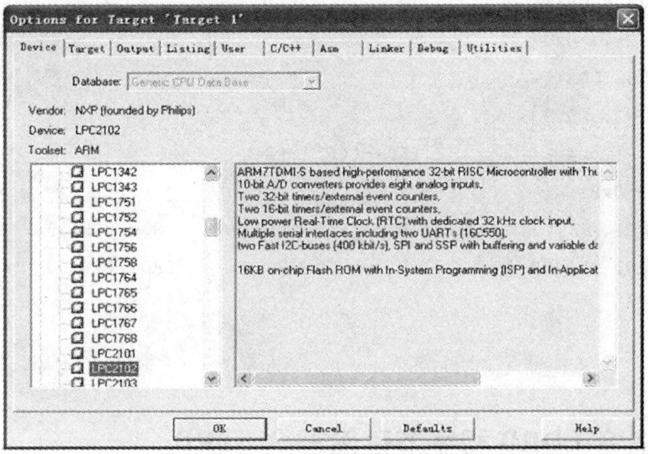

图 4－26　在 Device 选项卡中选择 LPC2102

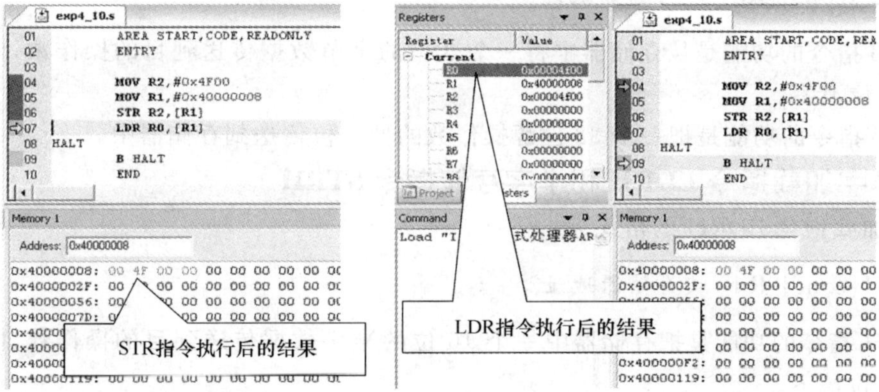

(a) STR指令执行后的结果　　　(b) LDR指令执行后的结果

图 4－27　例 4－9 程序仿真结果

例 4－10　使用加载/存储指令编写一个程序段，理解各种加载/存储指令的作用。

解

(1) 程序代码

```
AREA TEST,CODE,READONLY
ENTRY
MOV R1,#0x40000008
MOV R8,#0x55
STR R8,[R1]
```

```
        ADD R8,R8,#0x11
        STR R8,[R1,#0x8]
        ADD R8,R8,#0x11
        STR R8,[R1,#0x8]
        LDR R0,[R1,#4]          ;R0←((R1)+2 )
        MOV R2,#0x8
        LDR R0,[R1, R2]!        ;R1←(R1)+(R2)       R0←((R1))
        LDR R0,[R1,#0x10]!      ;R1←(R1)+2          R0←((R1))
HALT
        B HALT
        END
```

2. 字节加载指令 LDRB 和字节存储指令 STRB

字节加载指令 LDRB 的格式为:

LDRB {cond} Rd, ＜存储器地址＞

LDRB 指令的功能是从存储器中将一个 8 位的字节数据传送到目的操作数,同时将寄存器的高 24 位清零。

STRB 指令的功能是把一个 32 位源操作数的低 8 位传送到存储器中。

3. 半字加载指令 LDRH 和半字存储指令 STRH

半字加载指令 LDRH 的格式为:

LDRH{cond} Rd, ＜存储器地址＞

LDRH 指令的功能是把存储器中一个 16 位的半字数据传送到目的操作数,同时将寄存器的高 16 位清零。

半字存储指令 STRH 的格式为:

STRH {cond} Rd, ＜存储器地址＞

STRH 指令的功能是把一个 32 位源操作数的低 16 位传送到存储器中。

4.1.9 批量数据加载/存储指令

以上所介绍的数据加载/存储指令一次只传送一个数据(一个字、一个半字或一字节),为了适应大量数据传送的需要,ARM 提供了批量数据加载/存储指令,这种指令可以一次在一片连续的存储器单元和多个寄存器之间传送数据。

LDM 指令用于将一片连续的存储器中的数据传送到多个寄存器;STM 则完成相反的操作。这两个指令的格式为:

LDM(或 STM){<cond>}{类型} 基址寄存器{!},寄存器列表{^}

其中,{类型}为表 4-4 所列的几种。

表 4-4　批量加载/存储指令类型

类　型	功　能	类　型	功　能
IA	每次传送后,地址加 1	FD	满递减堆栈
IB	每次传送前,地址加 1	ED	空递减堆栈
DA	每次传送后,地址减 1	FA	满递增堆栈
DB	每次传送前,地址减 1	EA	空递增堆栈

基址寄存器不允许为 R15,寄存器列表可以为 R0～R15 的任意组合。

指令格式中{!}和{^}均为可选后缀。

如果在指令的基址寄存器后使用了后缀{!},那么当数据传递结束时,基址寄存器将会保存基址寄存器的当前值,否则基址寄存器将抛弃当前值而恢复其初始基址。

当指令为 LDM 且寄存器列表中包含 R15 时,如果寄存器列表后选用了后缀{^},那么指令除了完成正常的数据传送之外,还会将 SPSR 复制到 CPSR。同时,该后缀还表示传入或传出的是用户模式下的寄存器,而不是当前模式下的寄存器。

例 4-11　编写一个程序段,利用寄存器 R1、R2、R3 为存储器 0x40000008、0x4000000C、0x40000010 分别赋值为 0x11、0x22、0x33,然后再从这几个存储位置将其中数据传递到寄存器 R7、R8、R9 之中。

解

(1) 程序代码

由于被访问的存储区域为连续区域,适合使用批量数据传送指令完成题目所要求工作。依照上述思路,本例程序代码编写如下:

```
        AREA FIRST,CODE,READONLY
        ENTRY
        MOV R6,#0x40000008          ;以 R6 为基址寄存器
        MOV R1,#0x11                ; R1 赋值
        MOV R2,#0x22                ; R2 赋值
        MOV R3,#0x33                ; R3 赋值

        STMIA R6,{R1,R2,R3}         ;将 R1 、R2、R3 的值赋予存储器
        LDMIA R6,{R7,R8,R9}         ;将存储器的值赋予 R7 、R8、R9
HALT
        B HALT
        END
```

(2) 程序的仿真运行

在程序中使用了增址式批量加载/存储指令 LDMIA 和 STMIA。当程序运行批量存储指令 STMIA 之后，内存中的结果如图 4-28 所示。

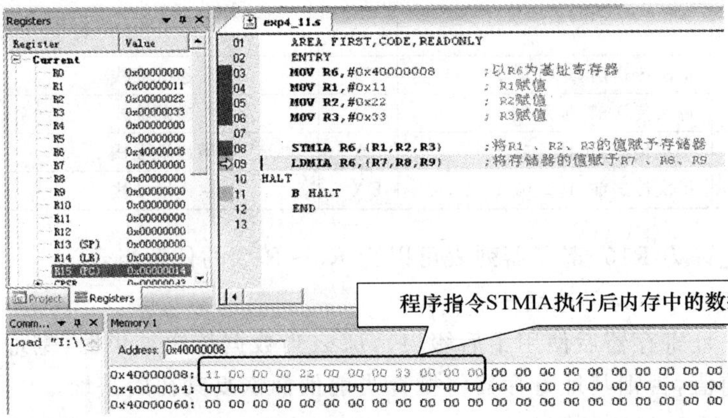

图 4-28　例 4-11 程序指令 STMIA 执行后的结果

当程序运行批量存储指令 LDMIA 之后，内存中的结果如图 4-29 所示。

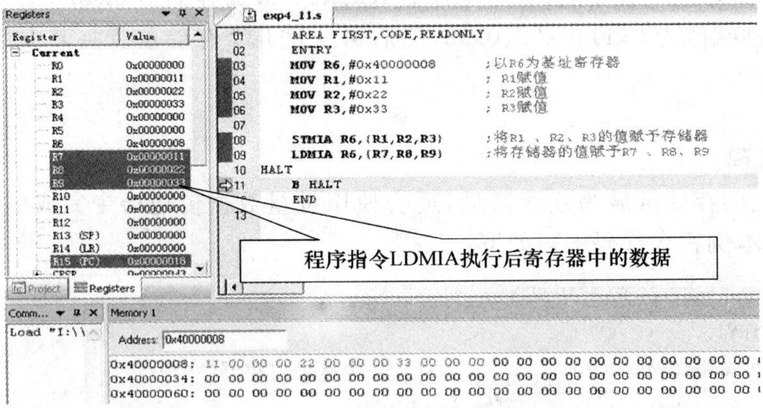

图 4-29　例 4-11 程序指令 LDMIA 执行后的结果

在指令中的基址寄存器后可选用后缀{!}，若选用了该后缀，则当数据传送完毕之后，指令会将最后的地址写入基址寄存器；否则基址寄存器的内容不改变。

例 4-12　将例 4-11 程序中指令“STMIA R6，{R1，R2，R3}”的基址寄存器 R6 后加上后缀“!”，再运行程序，看看有何变化。

解

(1) 程序代码

例 4－11 程序修改后代码如下：

```
        AREA FIRST,CODE,READONLY
        ENTRY
        MOV R6,#0x40000008
        MOV R1,#0x11
        MOV R2,#0x22
        mov r3,#0x33
        STMIA R6!,{R1,R2,R3}          ;修改后的指令
        LDMIA R6,{R7,R8,R9}
HALT
        B HALT
        END
```

(2) 运行结果

程序仿真运行结果如图 4－30 所示。

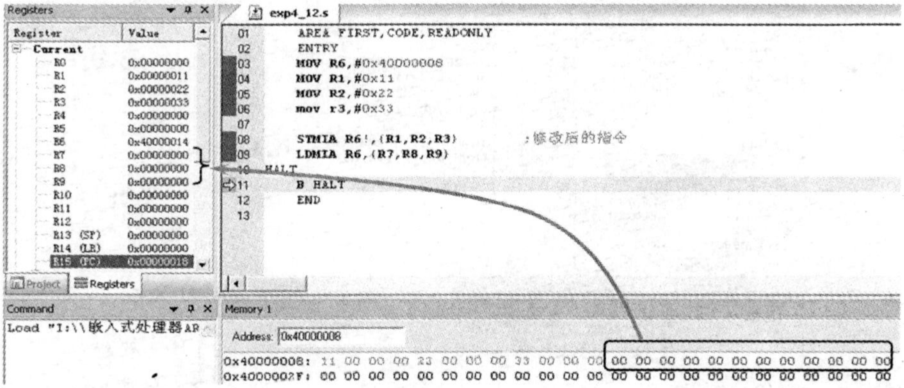

图 4－30　例 4－12 程序运行结果

由运行结果可知，因为在 STMIA 指令中的基址寄存器 R6 后使用了后缀“!”，所以当该指令执行完毕后，基址寄存器中的地址被改变，指向了内存 0x4000000C 处，因此当执行下面的加载指令 LDMIA 时，被传递的为内存 0x4000000C、0x4000000D、0x4000000E 的数据。又因为内存中上述三个区域的数据为 0，因而 LDMIA 指令执行后，寄存器 R7、R8、R9 的值均为 0。

例 4－13　如果仍像例 4－12 程序那样使用带后缀“!”传递 STMIA 指令，但又想实现例 4－11 的功能，那么试对例 4－12 程序进行修改。

解

(1) 程序代码

修改后程序代码如下：

```
AREA FIRST,CODE,READONLY
        ENTRY
        MOV R6,#0x40000008
        MOV R1,#0x11
        MOV R2,#0x22
        MOV R3,#0x33
        STMIA R6!,{R1,R2,R3}
        LDMDB R6,{R7,R8,R9}          ;使用减地址批量传送指令
HALT
        B HALT
        END
```

(2) 程序运行结果

程序仿真运行结果如图 4－31 所示。

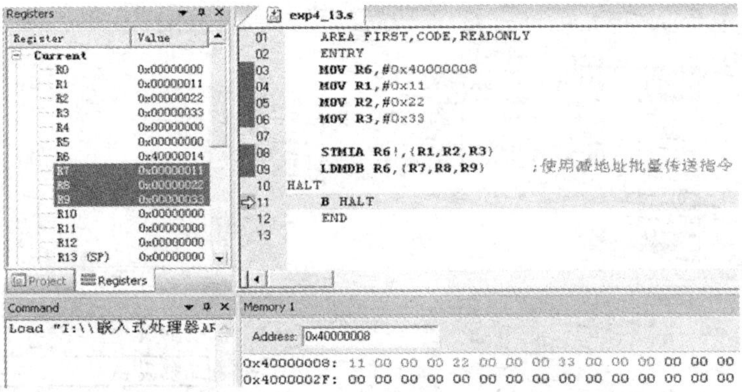

图 4－31　例 4－13 程序运行结果

从程序运行结果可见，修改后的程序功能与例 4－11 程序功能完全一样。

4.1.10　数据交换指令

ARM 微处理器所支持的数据交换指令能在存储器和寄存器之间交换数据。数据交换指令有如下两条：

- SWP 字数据交换指令；
- SWPB 字节数据交换指令。

1. 字交换指令 SWP

SWP 指令的格式为：

SWP{条件} 目的寄存器，源寄存器 1，[源寄存器 2]

SWP 指令的功能是把源寄存器 2 所指向的存储器中的字数据传送到目的寄存器中，同时将源寄存器 1 中的字数据传送到源寄存器 2 所指向的存储器中。显然，当源寄存器 1 和目的寄存器为同一个寄存器时，指令交换该寄存器和存储器的内容。例如：

```
SWP R0, R1, [R2]          ;将 R2 指向的存储器中的字数据传送到 R0,
                          ;同时将 R1 中的字数据传送到 R2 指向的存储单元
```

例 4-14 试编写一个程序，首先将内存 0x40000008 初始化为 0xC000003F，寄存器 R1 初始化为 #0x8000000E，然后使用字交换指令实现寄存器与存储器之间数据的交换。

解

(1) 程序代码

```
        AREA FIRST,CODE,READONLY
        ENTRY
        MOV R6,#0x40000008          ;内存地址存入 R6
        MOV R3,#0xC000003F          ;字数据存入 R3
        STR R3,[R6]                 ;(R6)初始化为 0xC000003F
        MOV R1,#0x8000000E          ;字数据存入 R1
        SWP R2,R1,[R6]              ;数据交换
HALT
        B HALT
        END
```

(2) 程序运行结果

程序仿真运行结果如图 4-32 所示。

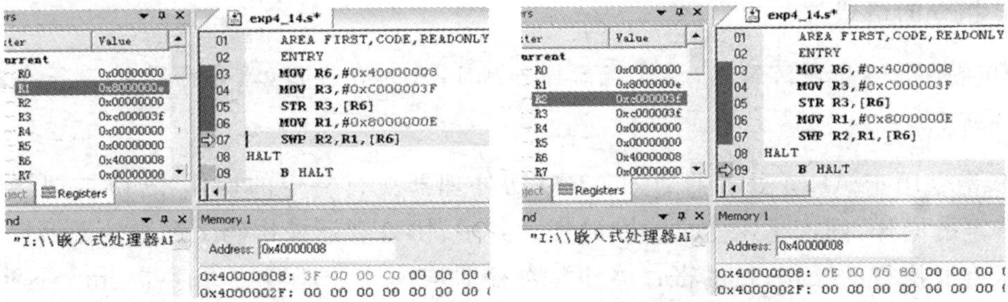

(a) 交换指令执行前程序运行结果　　(b) 交换指令执行后程序运行结果

图 4-32 例 4-14 程序运行结果

2. 字节交换指令 SWPB

SWPB 指令的格式为:

SWPB 目的寄存器,源寄存器 1,[源寄存器 2]

SWPB 指令用于将源寄存器 2 指向的存储器中的字节数据传送到目的寄存器中,目的寄存器的高 24 清零,同时将源寄存器 1 中的字节数据传送到源寄存器 2 指向的存储器中。显然,当源寄存器 1 和目的寄存器为同一个寄存器时,指令交换该寄存器和存储器的内容。

例如:

```
SWPB R0, R1, [R2]          ;将 R2 指向的存储器中的字节数据传送到 R0,
                           ;R0 的高 24 位清零,同时将 R1 中的低 8 位数据传
                           ;送到 R2 指向的存储单元
```

4.1.11 协处理器指令

ARM 微处理器可支持多达 16 个协处理器,用于各种协处理操作,在程序执行的过程中,每个协处理器只执行针对自身的协处理指令,忽略 ARM 处理器和其他协处理器的指令。

ARM 的协处理器指令主要用于 ARM 处理器初始化 ARM 协处理器的数据处理操作,在 ARM 处理器的寄存器和协处理器的寄存器之间传送数据,以及在 ARM 协处理器的寄存器和存储器之间传送数据。ARM 协处理器指令有以下 5 条:

- CDP 协处理器数据操作指令;
- LDC 协处理器数据加载指令;
- STC 协处理器数据存储指令;
- MCR ARM 处理器寄存器到协处理器寄存器的数据传送指令;
- MRC 协处理器寄存器到 ARM 处理器寄存器的数据传送指令。

1. CDP 指令

CDP 指令的格式为:

CDP{条件} 协处理器编码,协处理器操作码 1,目的寄存器,源寄存器 1,源寄存器 2,协处理器操作码 2

CDP 指令用于 ARM 处理器通知 ARM 协处理器执行特定的操作,若协处理器不能成功地完成特定的操作,则产生未定义指令异常。其中,协处理器操作码 1 和协处理器操作码 2 为协处理器将要执行的操作,目的寄存器和源寄存器均为协处理器的寄存器,指令不涉及 ARM 处理器的寄存器和存储器。

指令示例:

```
CDP P3,2,C12,C10,C3,4 ;该指令完成协处理器 P3 的初始化
```

2. LDC 指令

LDC 指令的格式为：

LDC{条件}{L} 协处理器编码,目的寄存器,[源寄存器]

LDC 指令用于将源寄存器指向的存储器中的字数据传送到目的寄存器中，若协处理器不能成功地完成传送操作，则产生未定义指令异常。其中，{L}选项表示指令为长读取操作，如用于双精度数据的传输。

指令示例：

```
LDC P3,C4,[R0] ;将 ARM 处理器的寄存器 R0 指向的存储器中的字数据传送到协处理器 P3 的寄存器 C4 中
```

3. STC 指令

STC 指令的格式为：

STC{条件}{L} 协处理器编码,源寄存器,[目的寄存器]

STC 指令用于将源寄存器中的字数据传送到目的寄存器指向的存储器中，若协处理器不能成功地完成传送操作，则产生未定义指令异常。其中，{L}选项表示指令为长读取操作，如用于双精度数据的传输。

指令示例：

```
STC P3,C4,[R0] ;将协处理器 P3 的寄存器 C4 中的字数据传送到 ARM 处理器的寄存器 R0 指向的存储器中
```

4. MCR 指令

MCR 指令的格式为：

MCR{条件} 协处理器编码,协处理器操作码 1,源寄存器,目的寄存器 1,目的寄存器 2,协处理器操作码 2

MCR 指令用于将 ARM 处理器寄存器中的数据传送到协处理器寄存器中，若协处理器不能成功地完成操作，则产生未定义指令异常。其中，协处理器操作码 1 和协处理器操作码 2 为协处理器将要执行的操作，源寄存器为 ARM 处理器的寄存器，目的寄存器 1 和目的寄存器 2 均为协处理器的寄存器。

指令示例：

```
MCR P3,3,R0,C4,C5,6 ;该指令将 ARM 处理器寄存器 R0 中的数据传送到协处理器 P3 的寄存器 C4 和 C5 中
```

5. MRC 指令

MRC 指令的格式为：

MRC{条件} 协处理器编码,协处理器操作码1,目的寄存器,源寄存器1,源寄存器2,协处理器操作码2

MRC指令用于将协处理器寄存器中的数据传送到ARM处理器寄存器中,若协处理器不能成功地完成操作,则产生未定义指令异常。其中,协处理器操作码1和协处理器操作码2为协处理器将要执行的操作,目的寄存器为ARM处理器的寄存器,源寄存器1和源寄存器2均为协处理器的寄存器。

指令示例:

```
MRC P3,3,R0,C4,C5,6 ;该指令将协处理器P3的寄存器中的数据传送到ARM处理器寄存器
```

4.1.12 异常产生指令

ARM微处理器所支持的异常指令有如下两条:

- SWI软件中断指令;
- BKPT断点中断指令。

1. SWI指令

SWI指令的格式为:

SWI{条件} 24位的立即数

SWI指令用于产生软件中断,以便用户程序能调用操作系统的系统例程。操作系统在SWI的异常处理程序中提供相应的系统服务,指令中24位的立即数指定用户程序调用系统例程的类型,相关参数通过通用寄存器传递;当指令中24位的立即数被忽略时,用户程序调用系统例程的类型由通用寄存器R0的内容决定,同时参数通过其他通用寄存器传递。

指令示例:

```
SWI #0x02    ;该指令调用操作系统编号为02的系统例程
```

2. BKPT指令

BKPT指令的格式为:

BKPT 16位的立即数

BKPT指令产生软件断点中断,可用于程序的调试。

4.2 Thumb指令简介

为了与数据总线宽度为16位的应用系统相兼容,ARM体系结构除了32位ARM指令集以外,还可以使用16位的Thumb指令集。

Thumb 指令集是 ARM 指令集的一个子集，该指令集中所有指令的长度均为 16 位。与等价的 32 位代码相比较，Thumb 指令集在保留了 32 位代码优势的同时，大大节省了系统的存储空间。

所有的 Thumb 指令都有对应的 ARM 指令，而且 Thumb 的编程模型也对应于 ARM 的编程模型。在应用程序的编写过程中，只要遵循一定的调用规则，Thumb 子程序和 ARM 子程序就可以互相调用。

与 ARM 指令集相比较，Thumb 指令集中数据处理指令的操作数仍然是 32 位，指令地址也为 32 位，但 Thumb 指令集为实现 16 位的指令长度，舍弃了 ARM 指令集的一些特性，如大多数的 Thumb 指令是无条件执行的，而几乎所有的 ARM 指令都是有条件执行的；大多数的 Thumb 数据处理指令的目的寄存器与其中一个源寄存器相同。

由于 Thumb 指令的长度为 16 位，即只用 ARM 指令一半的位数来实现同样的功能，所以要实现特定的程序功能，所需的 Thumb 指令的条数较 ARM 指令多。在一般的情况下，Thumb 指令与 ARM 指令的时间效率和空间效率关系为：

- Thumb 代码所需的存储空间为 ARM 代码的 60％～70％；
- Thumb 代码使用的指令数比 ARM 代码多 30％～40％；
- 使用 32 位的存储器，ARM 代码比 Thumb 代码快约 40％；
- 若使用 16 位的存储器，则 Thumb 代码比 ARM 代码快 40％～50％；
- 与 ARM 代码相比较，使用 Thumb 代码，存储器的功耗会降低约 30％。

显然，ARM 指令集和 Thumb 指令集各有其优点。若对系统的性能有较高要求，则应使用 32 位的存储系统和 ARM 指令集；若对系统的成本及功耗有较高要求，则应使用 16 位的存储系统和 Thumb 指令集。当然，若两者结合使用，充分发挥其各自的优点，则会取得更好的效果。

由于 Thumb 指令集是 ARM 指令集的一个子集，因此它多用于受限的系统中，使用它可以获得更高的代码密度，一般使用 Thumb 的代码用比 ARM 的代码空间少 30％。

4.2.1 Thumb 寄存器的使用

在 Thumb 指令集中，对通用寄存器的访问具有一定限制：

- R0～R7 可以无限制地访问；
- R8～R12 只能在 MOV、ADD 和 CMP 指令中访问；
- Thumb 指令不能访问 CPSR 和 SPSR；
- Thumb 中没有协处理器指令。

4.2.2 ARM－Thumb 的交互

交互是指对汇编语言、C 语言、C＋＋语言中的 ARM Thumb 指令进行连接的方法，在 2

种指令集中进行切换，这种切换需要一些所谓的“胶合”代码。

内核根据CPSR中的T标志位是否置1来判断系统当前是否在Thumb状态。而分支指令BX和BLX用于2种状态的切换。

习　题

1. 什么是寻址方式？

2. 试说明立即数寻址方式、寄存器寻址方式、寄存器间接寻址方式、变址寻址方式的特点及区别。

3. 指令助记符的后缀“S”有何用途？这种指令与PSR的标志位有什么关系？

4. 处理器能否与存储器中的数据直接进行运算？

5. 试说明加载(load)/存储(store)和交换指令的用途。

6. ARM指令集有哪些程序跳转指令？这些跳转指令与程序计数器PC有什么关系？

7. 为什么说跳转指令助记符中带有L的可以用来调用子程序？

8. Thumb指令集与ARM指令集之间有什么关系？

第5章　ARM 汇编语言基础

ARM 编译器支持汇编语言和 C/C++语言的程序设计以及两者混合编程。

本章的主要内容有：

- 汇编、汇编器、汇编语言程序的基本概念；
- ARM 汇编语言中的符号；
- ARM 的伪指令、宏；
- 汇编语句格式；
- ARM 汇编语言中的表达式及运算符。

5.1　汇编器与汇编语言

第 1 章就讲过，计算机硬件只能接受和识别二进制编码形式的机器指令，也就是说，计算机的硬件只能运行使用机器指令编写的程序而不能直接运行用助记符指令编写的程序。所以在早期，人们把助记符指令和对应的机器指令编制成指令对照表，在用助记符语言编写完程序后，还要靠人工依照这个对照表把助记符指令一一翻译成机器指令，并且在翻译的过程中还要完成程序区地址、数据区地址、转移目标地址的安排以及文件的连接等工作，最后才能把程序以机器码的形式输入计算机去运行。上述这些工作就叫做汇编。

显然，上述这种人工汇编的工作极其枯燥、乏味，并且容易出错，于是人们就编写了一种软件，把汇编工作交给计算机去做，而人们只要输入助记符就可以了。这个专门用来进行汇编的软件就叫做汇编器。当然，为了指导汇编器完成上述的程序区地址、数据区地址、转移目标地址的安排以及文件的连接等工作，人们还为汇编器编写了一些伪指令。这样，用助记符语言及伪指令编写的程序就叫做汇编语言源程序。汇编语言源程序、汇编器和机器码程序之间的关系如图 5-1 所示。

前面谈到，汇编工作不仅仅是把助记符指令程序简单地翻译成机器指令就行了，在这个翻译过程中还需要为程序分段、定义段属性、为程序段和数据分配内存空间、对编译器的编译工作进行指导等大量其他的工作。为此，人们设计了一些专门用于指导汇编器进行汇编工作的指令，由于这些指令不形成机器码指令，它们只是在进行汇编工作的过程中起作用，所以被叫

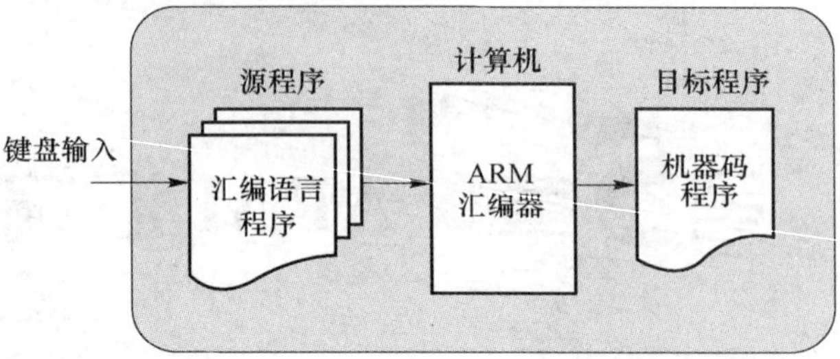

图 5-1 汇编语言程序、汇编器和机器码程序之间的关系

做伪指令。

除了伪指令之外，为了提高编程效率和增强程序的可读性，人们把一些常用且用来完成基本功能的助记符语言程序段又进行了命名，以便在程序中用这些名称来表示这些操作，这种代表了一个程序段的名称叫做宏指令。

伪指令、宏指令和前面学过的助记符指令再加上相应的语法就形成了一种有别于助记符语言的程序设计语言——汇编语言(Assembly Language)，用这种汇编语言编写的程序叫做汇编语言源程序，自源程序编译而得到的机器码程序就叫做目标程序。

由于汇编语言是以助记符为基础的语言，因此它仍属于机器语言范畴的低级语言，并与机器硬件相关。

5.2 ARM常用伪指令

在ARM汇编程序语言中，有段定义、符号定义、数据定义、数据缓冲池定义、数据表定义、数据空间分配、汇编控制伪指令以及其他伪指令。

5.2.1 段定义伪指令

1. 定义段伪指令AREA

在程序设计中，为了存储的需要，一个应用程序常常根据代码或数据的属性而分成若干个段。为了对一个段进行说明，ARM提供了段定义伪指令AREA，其格式如下：

AREA <sectionname> {<attr>}{,<attr>}……

其中，sectionname为段名称，它通常是一段有意义的字符串，如果需要以数字开头，则段名要用符号“|”括起来，如|1_test|。attr为属性字段，如果段要要多个属性说明，那么这多个属性要用逗号分隔。常用的属性见表5-1。

表 5-1 段定义中的属性

属　性	含　义	注
CODE	代码段	默认读/写属性为 READONLY
DATA	数据段	默认读/写属性为 READWRITE
READONLY	本段为只读	—
READWRITE	本段为可读可写	—
ALIGN 表达式	—	ELF 的代码段和数据段为字对齐
COMMON	多源文件共享段	—

使用示例：

```
AREA  Init, CODE, READONLY
    ……  ;程序段
```

该伪指令定义了一个代码段，段名为 Init，属性为只读。

一个汇编语言程序至少需要有一个段。

2. 定义对齐方式伪指令 ALIGN

使用 ALIGN 伪指令可用添加填充字节的方式，使当前位置实现某种对齐方式。

语法格式为：

ALIGN {表达式{，偏移量}}

对齐方式为 $2^{表达式的值}$。偏移量为一个数字表达式，若使用该字段，则当前位置的对齐方式为 $2^{表达式的值}$＋偏移量。

使用示例：

```
;指定后面的指令为 8 字节对齐
AREA Init, CODE, READONLY, ALIEN = 3
代码段
END
```

3. CODE16 和 CODE32

伪指令 CODE16 用来说明该指令后面的指令为 16 位 Thumb 指令；伪指令 CODE32 则说明其后的指令均为 32 位 ARM 指令。

语法格式为：

CODE16(或 CODE32)

使用示例：

```
AREA Init,CODE,READONLY
……
CODE32                        ;通知编译器其后的指令为32位ARM指令
LDR R0, = NEXT + 1            ;将跳转地址放入寄存器R0
BX R0                         ;程序跳转到新的位置执行,
                              ;并将处理器切换到Thumb工作状态
……
CODE16                        ;通知编译器其后的指令为16位Thumb指令
NEXT LDR R3, = 0x3FF
……
END                           ;汇编结束
```

4. 定义程序入口点伪指令ENTRY

ENTRY伪指令用于指定汇编程序的入口点。

语法格式为:

ENTRY

通常,一个完整的汇编程序会包含多个源文件。在这多个源文件中,具有伪指令ENTRY的源文件为入口文件,亦称入口点。在一个汇编程序中也可以有多个入口点,但真正的入口点需要在链接时由链接器指定。还要注意,在同一个源文件里最多只能使用一个ENTRY指令(可以没有)。

使用示例:

```
AREA Init, CODE, READONLY
ENTRY          ;指定应用程序的入口点
……
```

5. 汇编结束伪指令END

END伪指令用于通知编译器汇编工作到此结束。

语法格式为:

END

使用示例:

```
AREA Init, CODE, READONLY
……
END          ;汇编结束
```

5.2.2 符号定义伪指令

为增强程序的可读性,汇编语言程序经常使用各种符号来表示变量、常量和地址。符号的命名必须遵守以下约定：

- 符号区分大小写，同名的大小写符号会被编译器认为是两个不同的符号；
- 符号在其作用范围内必须唯一；
- 自定义的符号不能与系统的保留字相同；
- 符号不应与指令或伪指令同名。

1. 定义全局变量伪指令 GBLA、GBLL 和 GBLS

GBLA、GBLL 和 GBLS 伪指令用于定义一个 ARM 程序中的全局变量，并将其初始化。全局变量的变量名在整个程序范围内具有唯一性。

语法格式为：

GBLA(GBLL 或 GBLS) <variable>

其中，variable 为变量名称；指令 GBLA 用来定义一个全局数字变量，其默认初值为 0；指令 GBLL 用来定义一个全局逻辑变量，其默认初值为 F(假)；指令 GBLS 用来定义一个全局字符串变量，其默认初值为空。

使用示例：

```
GBLA Test1              ;定义一个全局数字变量 Test1
GBLL Test2              ;定义一个全局逻辑变量 Test2
GBLS Test3              ;定义一个全局字符串变量 Test3
```

例 5-1 编写一个汇编语言程序并在其中定义两个全局变量。

解 程序如下：

```
        GBLA   DD1                      ;定义全局变量 DD1
        GBLA   ADR1                     ;定义全局变量 ADR1
DD1     SETA   0xC000000F               ;为 DD1 赋值
ADR1    SETA   0x40000008               ;为 ADR1 赋值
        AREA START,CODE,READONLY
        MOV R1,#DD1                     ;引用全局变量 DD1
        MOV R2,#ADR1                    ;引用全局变量 ADR1
        STR R1,[R2]
        ADD R2,R2,#0x4
        STR R1,[R2]
ADR1    SETA   0x40000010               ;修改 ADR1 值
        MOV R2,#ADR1                    ;引用全局变量 ADR1
        STR R1,[R2]
HALT
        B HALT
        END
```

2. 定义局部变量伪指令LCLA、LCLL和LCLS

LCLA、LCLL和LCLS伪指令用于定义一个ARM程序中的局部变量，并将其初始化。局部变量的变量名在变量作用范围内必须具有唯一性。默认的情况下局部变量只在定义该变量的程序段内有效。

定义局部变量的语法格式为：

LCLA(LCLL或LCLS) < variable >

其中，variable为变量名称；指令LCLA用来定义一个局部数字变量，其默认初值为0；指令LCLL用来定义一个局部逻辑变量，其默认初值为F(假)；指令LCLS用来定义一个局部字符串变量，其默认初值为空。

使用示例：

```
LCLA Test4              ;定义一个局部数字变量 Test4
LCLL Test5              ;定义一个局部逻辑变量 Test5
LCLS Test6              ;定义一个局部字符串变量 Test6
```

3. 变量赋值伪指令SETA、SETL和SETS

伪指令SETA、SETL和SETS用于给一个已经定义的全局变量或局部变量进行赋值。其中，SETA用于给一个数学变量赋值；SETL用于给一个逻辑变量赋值；SETS用于给一个字符串变量赋值。

例如对前面定义的6个变量有：

```
Test1 SETA 0xaa                 ;将该变量赋值为 0xaa
Test2 SETL {TRUE}               ;将该变量赋值为真
Test3 SETS "Testing"            ;将该变量赋值为"Testing"
Test4 SETA 0xbb                 ;将该变量赋值为 0xbb
Test5 SETL {TRUE}               ;将该变量赋值为真
Test6 SETS "Testing"            ;将该变量赋值为"Testing"
```

4. 定义寄存器列表伪指令RLIST

在第4章中已经知道，批量加载/存储指令LDM/STM通常会需要使用一个比较长的寄存器列表，使用伪指令RLIST，可对一个列表定义一个统一的名称。

语法格式为：

<name>   RLIST   <{list}>

其中，name为列表名称；{list}为列表中包含的寄存器。例如：

```
RegList  RLIST {R0 - R5,R8,R10} ;将寄存器列表名称定义为 RegList
```

在定义了 RegList 之后的程序中就可以用该符号来表示这个列表了。

列表中的寄存器访问次序为根据寄存器的编号由低到高，而与列表中的寄存器排列次序无关。

例 5-2 编写一个程序段，利用寄存器 R1、R2、R3 为存储器 0x40000008、0x4000000C、0x40000010 分别赋值为 0x11、0x22、0x33，然后再从这几个存储位置将其中的数据传递到寄存器 R7、R8、R9 中。要求在程序中使用寄存器列表。

解 程序代码如下：

```
    GBLA BADR                        ;定义基地址全局变量
BADR SETA 0x40000008                 ;为基址变量赋值
RLS1 RLIST {R1 - R3}                 ;定义列表 RLS1
RLS2 RLIST {R7 - R9}                 ;定义列表 RLS2

AREA FIRST,CODE,READONLY
    ENTRY
    MOV R6,#BADR                     ;以 R6 为基址寄存器
    MOV R1,#0x11                     ; R1 赋值
    MOV R2,#0x22                     ; R2 赋值
    MOV R3,#0x33                     ; R3 赋值

    STMIA R6,RLS1                    ;将 R1、R2、R3 的值赋予存储器
    LDMIA R6,RLS2                    ;将存储器的值赋予 R7、R8、R9
HALT
    B HALT
    END
```

5.2.3 程序中的标号

在使用汇编语言编写程序时，常常需要用一些字符形式的标识来表示一条指令或某个数据区的位置(存储首地址)，这些表示位置的标识叫做标号。

例如，有下面的程序段：

```
LDR R0, = 0x3FF5000
LDR R1,0xFF
STR R1,[R0]
LDR R0, =  0x3FF5008
LDR R1,0x01
STR R1,[R0]
```

如果程序员希望在上面程序段的结尾处用一个跳转指令使程序转移到该程序段的第 2 条指令处，那么程序就可写成如下形式：

```
          LDR R0, = 0x3FF5000
target1   LDR R1, 0xFF
          STR R1, [R0]
          LDR R0 , = 0x3FF5008
          LDR R1, 0x01
          STR R1, [R0]
          B   target1          ;转移到 target1 位置上运行
```

这里的 target1 就是标号。

为了清晰起见，上述代码也常常写成下面的样子：

```
          LDR R0, = 0x3FF5000
target1   LDR R1, 0xFF
          STR R1, [R0]
          LDR R0 , = 0x3FF5008
          LDR R1, 0x01
          STR R1, [R0]
          B   target1  ;转移到 target1 位置上运行
```

这里的这些字符串标号，将来在汇编器和链接器为程序分配地址时，将会将这些标号替换成确切的真正地址。

在 ARM 汇编中，根据用途标号主要有以下 2 种：

1. 目标地址标号

目标地址标号是指写在一条指令前面的标号。这种标号的值由汇编器在汇编时根据当前的 PC 值加上或减去一个偏移量得出，它常用在跳转指令中用于表示跳转的目标地址。

2. 数据或数据区首地址标号

数据或数据区首地址标号是指写在数据或数据区定义伪指令前面的标号。这种标号常在寄存器间接寻址方式中作为间址寄存器的基地址，在偏移量的配合下对数据表中的数据进行读/写操作。

需要注意的是，ARM 还有一种叫做本地标号的标号。

ARM 汇编器把由 ROUT 关键字限定范围的，以 0～99 整数开头的标号叫做本地标号。其格式为：

<N>{<name>}

在引用本地标号时需要使用前缀%{F|B}{|A|T}来说明查找标号的方向及范围，具体说

明见表 5-2。

表 5-2 引用本地标号前缀各字母的含义

字 母	含 义	字 母	含 义
F	自引用地向前(Forward)查找	T	只在当前的宏内查找
B	自引用地向后(Backward)查找	A	在嵌套的所有级别的宏中查找

5.2.4 数据区定义伪指令

在对汇编程序进行汇编时,用户常常希望汇编器能为程序中的数据分配相应的存储空间来作为数据区,为此,ARM 提供了数据区定义伪指令。该指令的功能就是为指定的数据分配存储单元,以及用数据对已分配存储单元进行初始化。

1. DCB

伪指令 DCB 用于分配一片连续的以字节为单位的存储区域,并用指定的表达式对其进行初始化。

语法格式为:

{<lable>} DCB <expr>

其中,lable 为标号,是一个可选项,它代表所定义存储区域的首地址;expr 为一个表达式,表示从标号开始需要存放的数据,该表达式可以为 0~255 的数字或字符串。

使用示例:

```
Dat1   DCB   0x7E
```

这条指令的含义是在存储器地址为 Dat1 的位置定义一字节空间,并存放一字节数据 0x7E。汇编器执行上面 DCB 伪指令后的结果如图 5-2 所示。

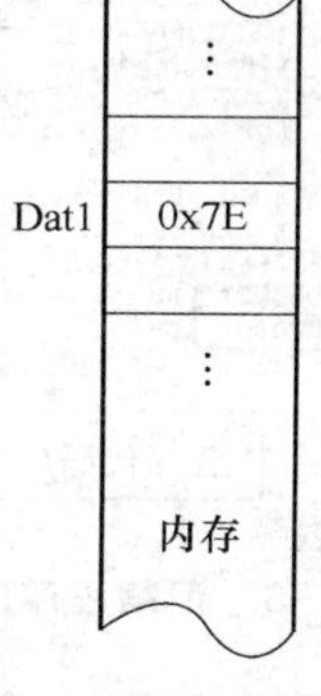

图 5-2 汇编器执行 DCB 伪指令后的结果

DCB 也可用“ = ”代替。即上面的例也可以写成：

```
Dat1 = 0x7E
```

例 5-3 编写一个程序，要求事先在程序代码末尾存放两个 32 位数，在程序运行中把这两个 32 位数分别传送至两个寄存器中。

解 程序代码如下：

```
        AREA FIRST,CODE,READONLY
        ENTRY
        LDR R6, = Dat1
        LDR R1,[R6]
        LDR R7, = Dat2                    ;以 R6 为基址寄存器
        LDR R2,[R7]                       ; R1 赋值
HALT
        B HALT
Dat1 DCB   0x7E                           ;从此处开始存放一个 32 位数
Dat11 DCB 0x00
Dat12 DCB 0x00
Dat13 DCB 0x80
Dat2  =    0x01                           ;从此处开始存放另一个 32 位数
Dat21  = 0x00
Dat22  = 0x00
Dat23  = 0xA8
  END
```

程序汇编之后，由伪指令 DCB 在程序代码尾部形成的数据区如图 5-3 所示。

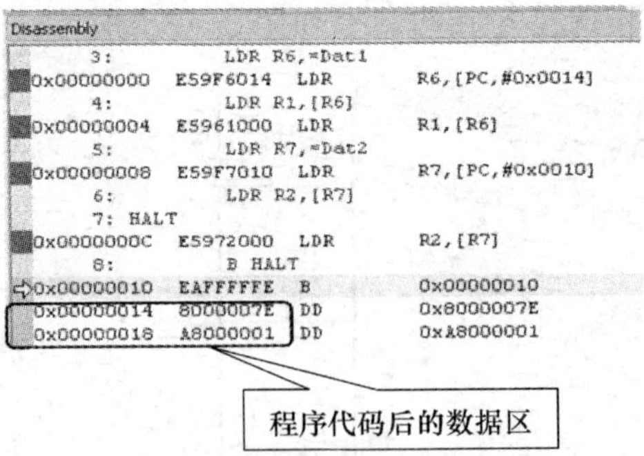

图 5-3 汇编程序的代码

2. DCW(或 DCWU)

DCW(或 DCWU)伪指令用于为数据分配一片连续的半字存储单元,并用表达式对其进行初始化。

语法格式为:

<lable>　DCW(或 DCWU) <expr>

用 DCW 分配的字存储单元是严格半字对齐的,而用 DCWU 分配的字存储单元并不严格半字对齐。

使用示例:

```
DataTest  DCW  1, 2, 3  ;分配一片连续的半字存储单元并初始化
```

3. DCD(或 DCDU)

DCD(或 DCDU)伪指令用于分配一片连续的字存储单元,并用伪指令中指定的表达式初始化。

语法格式为:

<lable>　DCD(或 DCDU) <expr>

用 DCD 分配的字存储单元是字对齐的,而用 DCDU 分配的字存储单元并不严格字对齐。

使用示例:

```
DataTest  DCD  4, 5, 6  ;分配一片连续的字存储单元并初始化
```

DCD 也可用"&"代替。

4. DCFD(或 DCFDU)

DCFD(或 DCFDU)伪指令用于为双精度的浮点数分配一片连续的字存储单元,并用伪指令中指定的表达式初始化。每个双精度的浮点数占据两个字单元。

语法格式为:

<lable>　DCFD(或 DCFDU) <expr>

用 DCFD 分配的字存储单元是字对齐的,而用 DCFDU 分配的字存储单元并不严格字对齐。例如:

```
FDataTest  DCFD  2E115, -5E7        ;分配一片连续的字存储单元
                                    ;并初始化为指定的双精度数
```

5. DCFS(或 DCFSU)

DCFS(或 DCFSU)伪指令用于为单精度的浮点数分配一片连续的字存储单元,并用伪指令中指定的表达式初始化。每个单精度的浮点数占据一个字单元。

语法格式为：

<lable> DCFS(或 DCFSU) <expr>

用 DCFS 分配的字存储单元是字对齐的，而用 DCFSU 分配的字存储单元并不严格字对齐。例如：

```
FDataTest  DCFS  2E5, -5E-7   ;分配一片连续的字存储单元
                              ;并初始化为指定的单精度数
```

6. DCQ(或 DCQU)

DCQ(或 DCQU)伪指令用于分配一片以 8 字节为单位的连续存储区域，并用伪指令中指定的表达式初始化。

语法格式为：

<lable> DCQ(或 DCQU) <expr>

用 DCQ 分配的存储单元是字对齐的，而用 DCQU 分配的存储单元并不严格字对齐。例如：

```
DataTest  DCQ  100  ;分配一片连续的存储单元并初始化为指定的值
```

7. SPACE

SPACE 伪指令用于分配一片连续的存储区域并初始化为 0。

语法格式为：

<lable> SPACE <expr>

其中，表达式为要分配的字节数。SPACE 也可用“%”代替。

使用示例：

```
DataSpace  SPACE  100 ;分配连续 100 字节的存储单元并初始化为 0
```

5.3 宏与宏指令

5.3.1 宏

从形式上来看，宏就是一个可在程序中使用的名称，但这个名称代表着一段由真正指令编写的程序。即宏虽然不是 ARM 指令系统中的真指令，但它又不同于不能产生真代码的伪指令，它可以产生真代码。使用宏的原因就是为了方便。

1. 宏定义伪指令 MACRO 和 MEND

为了用户的方便，ARM 提供了用来定义宏的伪指令 MACRO 和 MEND。其中 MACRO 用在宏的开始处，MEND 用于宏的结尾，在两者之间为宏定义。其语法格式为：

MACRO
$标号 宏名 $参数 1, $参数 2, ……
程序段(宏定义体)
MEND

其中，$标号为主标号，宏内的所有其他标号必须由主标号组成；宏名即为宏在程序中的引用名；$参数 1，$参数 2，……为宏中可以使用的参数。

宏中的所有标号必须在前面冠以符号“$”。包含在 MACRO 和 MEND 之间的指令序列称为宏定义体。宏可以使用一个或多个参数，这些参数也用标号来表示，当宏指令被汇编展开时，这些参数被相应的值替换。

例如：

```
            MACRO                        ;宏定义指令
$ MDATA     MAXNUM   $ NUM1, $ NUM2      ;主标号,宏名,参数
            语句段
$ MDATA.MAY1                             ;宏内标号
            语句段
$ MDATA.MAY2                             ;宏内标号
            语句段
            MEND                         ;宏结束指令
```

例 5-4 定义一个能实现两个 32 位数加法的加法运算宏 MADD，要求该宏可以接受 3 个参数：和、加数 1 和加数 2。然后再编写一段程序在程序中调用这个宏进行加法运算。

解

(1) 宏定义程序代码

本程序使用两个文件来分别编写宏代码和主程序的代码。

含有宏定义的文件为 exp5_4m.s，其内容如下：

```
    AREA MTest,CODE,READONLY
    ;;定义加法计算宏
    MACRO              ;宏定义
    ;参数 $ NUM0 为和，$ NUM1 为加数 1，$ NUM2 为加数 2
$ MSUB MADD  $ NUM0, $ NUM1, $ NUM2
    ADD  $ NUM0, $ NUM1, $ NUM2
    MEND               ;宏定义结束
    END                ;汇编结束
```

(2) 主调程序代码

含有主程序的文件名为 exp5_4main. s,其内容如下：

```
        ;;主程序
        AREA Test,CODE,READONLY
        ENTRY
MAIN
        LDR R4, = 0x4000000C
        LDR R1, = 0x12345678             ;加数 1
        LDR R2, = 0x87654321             ;加数 2
        MADD R0,R1,R2                    ;调用宏
        STR R0,[R4]                      ;保存和到内存
HALT
        B HALT
        END                              ;汇编结束
```

(3) 编写供链接器使用的 sct 文件

由于这是一个具有两个文件的多文件工程,因此在编译后进行链接时需要为程序段安排运行时的内存布局,为此链接器需要程序设计者提供一个 sct 文件。于是在此再为工程建立一个扩展名为 sct 的文件,名称为 exp5_4,内容如下：

```
LR_IROM1 0x00000000 0x00004000  {
  ER_IROM1 0x00000000 0x00004000  {
   *.o (Test, +First) ;此处的 Test 必须为主程序段名,这样链接器才会将主程序安排在 ROM 的
                      ;0x00000000 处
   .ANY ( +RO)
  }
  RW_IRAM1 0x40000000 0x00001000  {
   .ANY ( +RW +ZI)
  }
}
```

文件保存后,按照图 5-4 所示方法打开工程选项窗口并在 Scatter File 文本框中填上 exp5_4. sct 文件的路径,于是将来链接器在链接时就会依照这个文件的设置把编译后的目标文件链接起来并安排相应的存储空间了。

(4) 程序运行

程序汇编链接成功后,启动 Realview MDK 的调试程序,在进入调试状态后就可运行程序了。程序运行结果如图 5-5(a)所示。

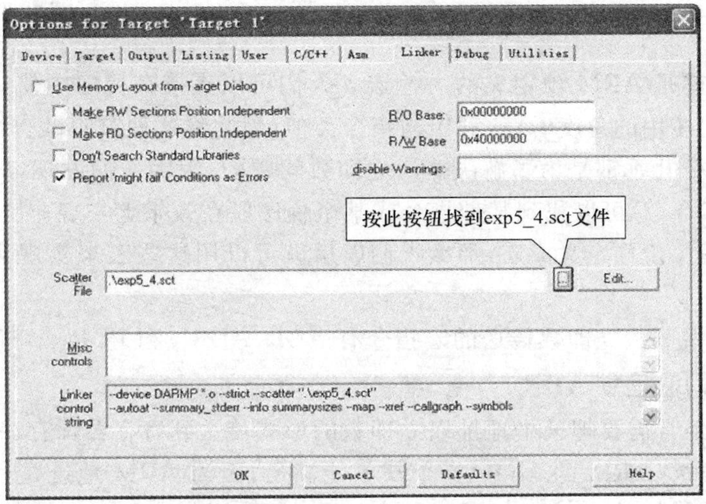

图 5-4 将 sct 文件加入链接器

(5) 使用 Disassembly 窗口观察主程序调用宏代码

在 Realview MDK 的调试状体下，使用菜单命令 View→Disassembly Window 打开 Disassembly 窗口，如图 5-5(b)所示。由这个窗口可以看到，原来源程序中调用宏的代码"MADD R0,R1,R2"，经汇编器汇编后变成了宏定义中的代码"ADD R0,R1,R2"。这就是说，宏的作用就是用宏中的代码替换源程序中调用宏处的代码。简单地说，宏就是代码替换。

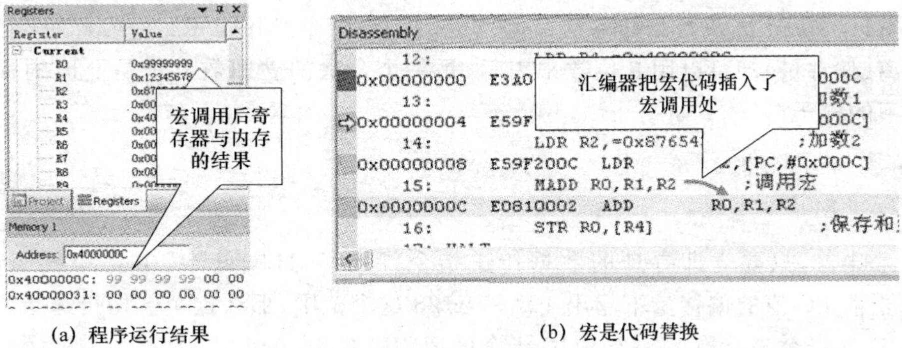

(a) 程序运行结果　　　　(b) 宏是代码替换

图 5-5 程序运行结果和宏的代码替换

2. MEXIT

MEXIT 用于从宏定义中跳转出去。

语法格式为：

MEXIT

5.3.2 宏指令

所谓宏指令，就是 ARM 预定义的一些宏。人们可以直接在程序中使用这些宏的名称来调用宏的功能。从使用的角度看，这种宏与指令类似，因此将这种宏叫做宏指令。

ARM 的宏指令几乎都是为了解决非法立即数问题的，因为人们发现，对于那些含有非法立即数的 MOV 指令，总可以找到某种指令或某个程序段在效果上实现非法立即数的传送，如果把这些指令或程序段预定义成宏，那么人们以后就可以用这些宏来实现非法立即数的传送工作了。

ARM 用来实现非法立即数传送的宏指令有 ADR、ADRL 和 LDR。

1. 近地址读取指令 ADR

程序设计时，经常需要把某个地址以立即数的形式传送到寄存器保存。但遗憾的是，就是这样一个简单的要求，ARM 的 MOV 指令却不能满足，因为 ARM 地址是一个 32 位数，而在前面第 4 章我们已经知道，对于 ARM 体系处理器来说，并不是所有的 32 位数都是合法的立即数，因此对于那些不合法立即数的传送，就必须另想办法。

例如程序段：

```
start    MOV R0，#10
         MOV R4 ，start
```

中，如果标号 start 不是一个合法的立即数，那么编译器将会拒绝编译。怎么办？

仔细观察这个例子就可以知道，表示地址的 start 虽然不是合法的立即数，但这个地址距离“MOV R4 ，start”这条指令却不是很远，也就是说，指令“MOV R4 ，start”的地址与 start 之间的距离(偏移量)却可以用 8 位数来表示，是一个合法的立即数。于是上面的程序段就可以写成如下的样子：

```
start    MOV R0，#10
SUB      R4，PC，#0xC
```

这就意味着，只要立即寻址的数据传送指令“MOV R4 ，start”中立即数 start 的值与 SUB 指令当前 PC 值的偏移量不超出 127～－128 这个范围，那么这个数据传送指令就可以使用上面的 SUB 指令来替换。这个 SUB 指令的通用格式为：

```
SUB  <reg>，PC，offset
```

显然，这个替换应该交给汇编器来完成。即预定义一个具有如下使用格式的宏：

ADR{cond} <reg> ，<expr >

其中，reg 为目标寄存器名称；expr 为一个表达式，它通常是一个程序中表示一条指令存储位置的地址标号。当需要将一个 32 位的地址 expr 传送给寄存器 reg 时，如果编译器发现地址 expr 为有效的立即数，就将宏 ADR 替换为指令“MOV{cond} <reg> ，<expr >”；而当地址 expr 为非法的立即数且其与当前 PC 距离 reg 不大于 8 位二进制数表示时，就将宏 ADR 替换为“SUB <reg>, PC, offset”。

还以上面介绍的程序为例，如果使用宏 ADR 进行地址传送，那么其程序段应该为：

```
start        MOV R0,#10
             ADR R4 , start
```

该程序段经汇编器汇编后，ADR 将被替换为：

```
SUB  R4, PC, #0xC
```

指令替换后的情况如图 5－6 所示。

通过上面介绍的替换原理可知，在宏 ADR 进行替换时，也可以使用加法 ADD 指令，因此，汇编器在进行汇编时，它会根据具体情况选用 ADD 或 SUB 指令进行替换。总之，这种替换的原则是目标地址不能距离当前指令的位置(PC)过远。对于非字对准地址来说，其距离必须在 255 字节以内；对于字对准地址来说，距离必须在 1 020 字节以内。也正因如此，ADR 叫做近地址读取指令。

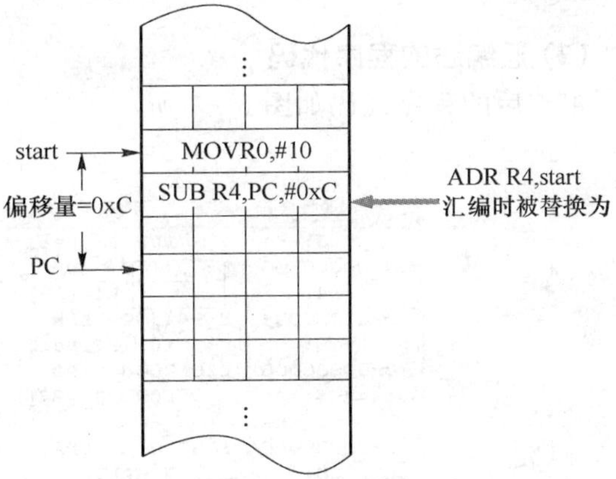

图 5－6　ADR 指令

尽管这里讨论的是地址的传送，但我们知道，其实地址也是一个数，因此 ADR 指令也就是一个可以向寄存器传送立即数的指令。也就是说，将来再编写程序时，如果我们已知一个需传送到寄存器的立即数的值与当前 PC 值接近，那么就可以使用 ADR 宏来实现，不必再去校验这个立即数是否合法，因为编译器会自动处理该问题。

例 5－5　将例 5－3 程序中为寄存器赋数据区地址的指令改成近地址赋值宏 ADR，观察汇编后的代码，理解 ARM 的含义。

解

(1) 程序代码

```
AREA FIRST,CODE,READONLY
ENTRY
ADR R6, Dat1
LDR R1, [R6]
```

```
        ADR R7, Dat2
        LDR R2, [R7]
HALT
        B HALT
Dat1 DCB   0x7E
Dat11 DCB 0x00
Dat12 DCB 0x00
Dat13 DCB 0x80
Dat2  =  0x01
Dat21  =  0x00
Dat22  =  0x00
Dat23  =  0xA8
  END
```

(2) 汇编后的程序代码

汇编后的程序代码如图 5-7 所示。

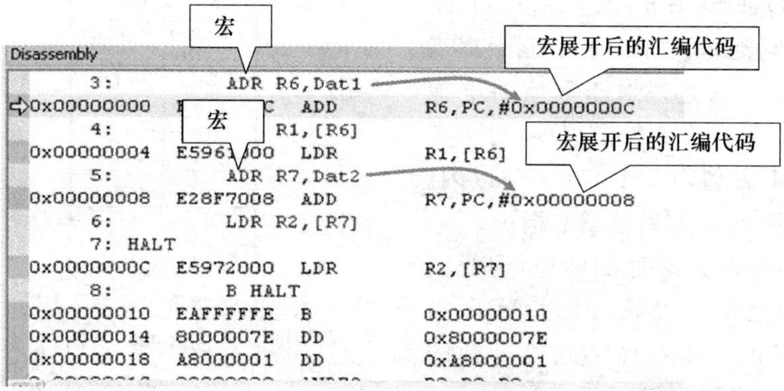

图 5-7　宏 ADR 展开后的汇编代码

2. 远地址读取指令 ADRL

ADRL 的功能与 ADR 类似,但是可以把更远的地址赋给目标寄存器。其格式为:

ADRL{cond}　<reg> ,　<expr>

其中,reg 为目标寄存器名称;expr 为表达式,必须是 64 KB 以内的非对准地址,256 KB 以内的字对准地址。

该指令只能在 ARM 状态下使用,在 Thumb 状态下不能使用。汇编时,ADRL 伪指令由汇编器替换成 2 条合适的指令。例如:

```
start
        MOV R0,#10
        ADRL R4,start + 60000
```

其中指令 ADRL 将被替换为如下 2 条指令：

```
ADD R4,PC,#0xE800
ADD R4,R4,#0x2543
```

如果汇编器找不到合适的 2 条指令，将会报错。

表达式是关于于程序表达式相关的，读取地址只能是 ADRL 指令所在的代码段所在的地址。

读者可自行在例 5－4 中使用 ADRL 来检验该宏的效果。

3. 全范围地址读取指令 LDR

LDR 指令格式为：

LDR{cond} reg，={expr | label － expr}

其中，reg 为目标寄存器名称；expr 为 32 位常数；label － expr 为基于 PC 的地址表达式。

程序经常用这条指令把一个地址传送到寄存器 reg 中。汇编器对这种指令进行汇编时，会根据指令中 expr 的值的大小把这条指令替换为合适的指令：

- 当 expr 的值未超过 MOV 或 MVN 指令所限定的取值范围时，汇编器用 ARM 的 MOV 或 MVN 指令来取代宏指令 LDR；
- 当 expr 的值超过指令中立即数的规定范围，而不能使用 MOV 或 MVN 指令来实现宏指令 LDR 时，汇编器就在内存中的合适位置开辟一个所谓的文字缓冲池，然后将指令中的立即数 expr 保存在缓冲池中，然后再使用一条 ARM 的真实装载指令 LDR 来取代宏指令 LDR，并使用 PC 加偏移量的方法到文字缓冲池中把该常数读取到目标寄存器。

例如一段使用宏指令 LDR 的程序代码如下：

```
        AREA Test,CODE,READONLY
        LDR R0,= 0x10000008   ; expr 未超过 MOV 或 MVN 指令的取值范围
        LDR R2,= 0x87654321   ; expr 超过 MOV 或 MVN 指令的取值范围
HALT
        NOP
        NOP
        B HALT
        END
```

程序编译后的反汇编代码如下：

```
      2:          LDR R0, = 0x10000008
0x00000000  E3A00281  MOV  R0,#0x10000008
      3:          LDR R2, = 0x87654321
      4:HALT
0x00000004  E59F2008  LDR R2,[PC,#0x0008]
      5:          NOP
0x00000008  E1A00000  NOP
      6:          NOP
0x0000000C  E1A00000  NOP
      7:          B HALT
0x00000010  EAFFFFFC  B          0x00000008
0x00000014  87654321  DD          0x87654321
0x00000018  00000000  ANDEQ      R0,R0,R0
```

由上可见,由于操作数 expr 未超过 MOV 或 MVN 指令的取值范围,所以指令“LDR R0,=0x10000008”被编译成“MOV R0,#0x10000008”,而对于操作数 expr 超过 MOV 或 MVN 指令取值范围的指令“LDR R2,=0x87654321”则编译成“LDR R2,[PC,#0x0008]”。

简单地说,编译器在处理宏指令 LDR 时,根据指令中的立即数是否合法采取两种方法。当立即数为合法的立即数时,编译器就使用 MOV 或 MVN 指令来实现宏指令 LDR;当立即数为非法的立即数时,将立即数存入内存某个位置,然后使用内存向寄存器传送数据的加载指令“LDR Rd,[PC,#offset]”将存在内存中的立即数传送到寄存器。

在内存中用来存放这些非法的立即数(常数)的空间叫做文字缓冲池,上例反汇编中的地址 0x00000014 所指向的空间就是程序的文字缓冲池。从用来实现宏指令的代码“LDR Rd,[PC,#offset]”来看,文字缓冲池的位置不能距离当前指令太远。默认情况下,文字缓冲池一般都被编译器安排在代码段的末尾或某个跳转指令后面。

另外,由于这种指令可以传递一个 32 位立即数,而且这个立即数通常都是地址,所以这种宏指令也叫做全范围地址读取指令。但要注意,宏 LDR 与真正的指令 LDR 有所不同,宏指令 LDR 需要在表达式的前面加一个等号“=”,并且立即数前面不使用前缀“#”。

其实细心的读者可能注意到,在迫不得已时,本书前面的例子已经用到了 LDR 指令,当然以后再向寄存器传送立即数时,只要立即数不符合规定,那么就要使用宏。

4. NOP

NOP 叫做空操作指令。汇编器对宏 NOP 指令进行汇编时,会将其转换为:

```
MOV  R0 , R0
```

显然,从结果上来看这条指令什么事情也没做,但因为它也需要执行时间,所以它起到了延时作用。

注意,该指令不能使用条件码 cond 和标志 S。

例 5-6 编写一个在暂停跳转程序段中使用 NOP 宏的程序,在 Realview MDK 仿真器上运行该程序,并观察 NOP 的代码。

解

(1) 程序代码

```
        AREA FIRST,CODE,READONLY
        ENTRY
HALT
        NOP
        NOP
        B HALT
        END
```

(2) 查看代码

编译后的代码如图 5-8 所示。从图中可以清楚地看到,“MOV R0,R0”和 NOP 的代码完全相同。

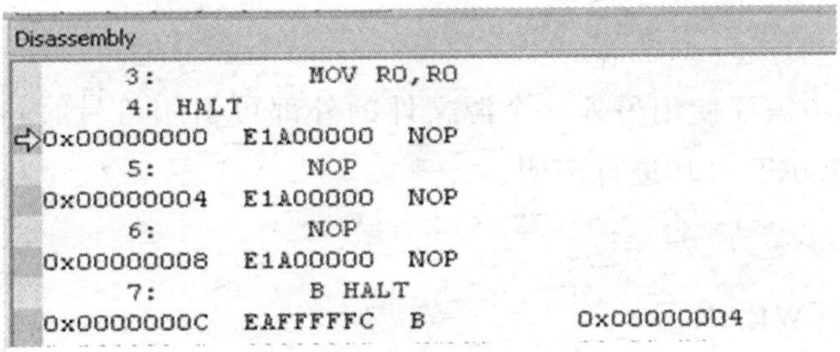

图 5-8 “MOV R0,R0”和 NOP 代码完全相同

5.4 其他伪指令

5.4.1 有关程序结构的一些伪指令

1. 外部可引用符号声明伪指令 EXPORT(或 GLOBAL)

用伪指令 EXPORT 声明一个其他源文件可以引用的符号,这种符号也叫做外部可引用符号。

语法格式为:

EXPORT 符号 {[WEAK]}

EXPORT 可用 GLOBAL 代替。

符号在程序中区分大小写,[WEAK]选项声明其他的同名符号优先于该符号被引用。

使用示例:

```
AREA Init, CODE, READONLY
EXPORT Stest    ;声明一个可全局引用的标号 Stest
……
END
```

例 5-7 在一个单独源文件中编写一个加法子程序,该程序能被外部程序所调用。

解 依照题意,编写加法子程序如下:

```
        AREA TEST2, CODE, READONLY
        EXPORT ADD1    ;声明外部可引用符号 ADD1
ADD1
        ADD R0,R1,R2
        BX R14
        END
```

2. IMPORT

当在一个源文件中需要使用另外一个源文件的外部可引用符号时,在被引用的符号前面必须使用伪指令 IMPORT 对其进行声明。

语法格式为:

IMPORT 符号 {[WEAK]}

如果源文件声明了一个引用符号,则无论当前源文件中的程序是否真正地使用了该标号,该符号均会被加入到当前源文件的符号表中。[WEAK]选项表示当所有的源文件都没有定义这样一个标号时,编译器也不报错,并在多数情况下将该标号置为 0,但该标号被 B 或 BL 指令所引用时,则将 B 或 BL 指令置为 NOP 操作。

使用示例:

```
AREA Init,CODE,READONLY
IMPORT Xyz ;通知编译器当前文件要引用源文件中的标号 Xyz
……
END
```

例 5-8 在一个单独源文件中编写一个程序,在程序中调用例 5-7 中的加法子程序 ADD1。

解

(1) 程序代码

依照题意编写程序如下：

```
        AREA TEST1, CODE, READONLY
        ENTRY
        IMPORT ADD1    ;声明从外部引用符号

        LDR R4, = 0x4000000C
        LDR R1, = 0x12345678
        LDR R2, = 0x87654321
        BL ADD1
        STR R0,[R4]
HALT
        B HALT
        END
```

(2) 编　译

编译之前需要将例 5－7 中的 exp5_7.s 文件加入本工程。

(3) 程序运行结果

程序编译成功后，在 Realview MDK 中的仿真运行结果如图 5－9 所示。

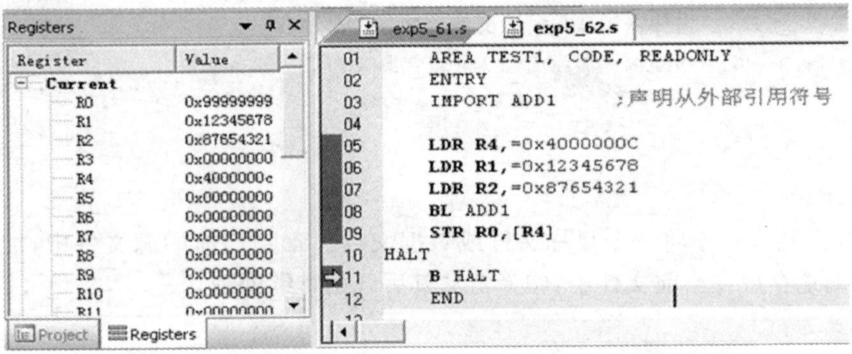

图 5－9　例 5－8 程序运行结果

3. EXTERN

EXTERN 伪指令与伪指令 IMPORT 的功能基本相同，但如果当前源文件中的程序实际并未使用该符号，则该符号不会被加入到当前源文件的符号表中。

语法格式为：

EXTERN 标号{[WEAK]}

[WEAK]选项表示当所有的源文件都没有定义这样一个标号时，编译器也不报错，并在多数情况下将该标号置为 0，若该标号为 B 或 BL 指令引用，则将 B 或 BL 指令置为 NOP 操作。

使用示例：

```
AREA Init, CODE, READONLY
EXTERN Main            ;通知编译器本文件要引用其他文件中定义的标号 Main
……
END
```

4. GET(或 INCLUDE)

GET 伪指令用于将一个源文件包含到当前的源文件中，并将被包含的源文件在当前位置进行汇编。

语法格式为：

GET 文件名

可以使用 INCLUDE 代替 GET。

GET 伪指令只能用于包含源文件，包含目标文件则需要使用 INCBIN 伪指令。

使用示例：

```
AREA Init, CODE, READONLY
GET a1.s               ;通知编译器当前源文件包含源文件 a1.s
GET C:\a2.s            ;通知编译器当前源文件包含源文件 C:\a2.s
……
END
```

5. INCBIN

INCBIN 伪指令用于将一个目标文件或数据文件包含到当前的源文件中，被包含的文件不做任何变动地存放在当前文件中，编译器从其后开始继续处理。

语法格式为：

INCBIN 文件名

使用示例：

```
AREA Init, CODE, READONLY
INCBIN a1.dat          ;通知编译器当前源文件包含文件 a1.dat
INCBIN C:\a2.txt       ;通知编译器当前源文件包含文件 C:\a2.txt
……
END
```

5.4.2 有关数据空间定义的一些伪指令

1. LTORG

前面介绍过，为了实现宏指令 LDR，需要在内存中开辟一个区域作为文字缓冲池。通常这个缓冲池可由编译器自动设置，即程序设计者可以使用默认的文字缓冲池。如果程序设计者希望文字缓冲池进行指定，那么就需要使用伪指令 LTORG。

但为了防止 LDR 指令访问数据缓冲池时发生越界，应该把文字缓冲池放在代码段的最后，或放在无条件跳转指令或子程序返回指令之后，否则处理器有可能发生将数据缓冲池中的数据当做指令来执行的错误。例如：

```
        AREA Test,CODE,READONLY
        LDR R0, = 0x12345678
        B NEXT
        LTORG               ;从此处开辟一个有 12 字节的文字缓冲池
        SPACE 12
NEXT
        LDR R2, = 0x87654321
HALT
        NOP
        NOP
        B HALT
        END
```

编译后的反汇编代码如图 5-10 所示。

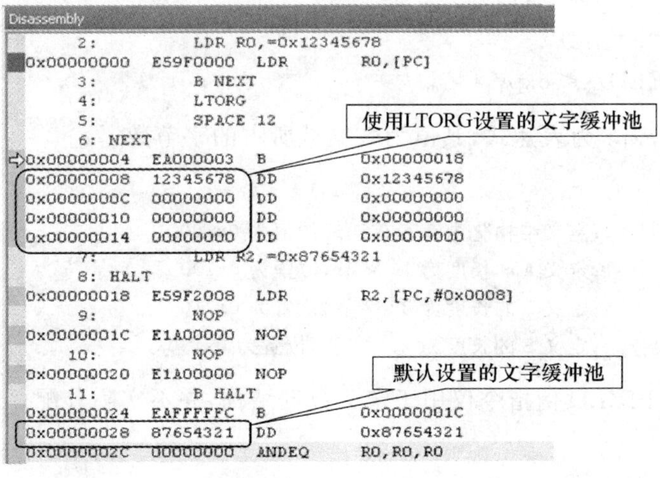

图 5-10 编译器和用户设置的文字缓冲池

从图中可以看到,程序中的伪指令 LTORG 确实在无条件转移指令"B NEXT"之后建立了一个具有4个字的文字缓冲池,但在本程序中只保存了前面指令"LDR R0,=0x12345678"中的立即数0x12345678。另外,编译器还在程序末尾定义了一个文字缓冲池,用来存放后面指令"LDR R2,=0x87654321"中的立即数0x87654321。

2. MAP 和 FILED

在应用程序中经常使用一种叫做结构化表的表,这种表的特点就是表中具有子表(域),如图5-11所示。

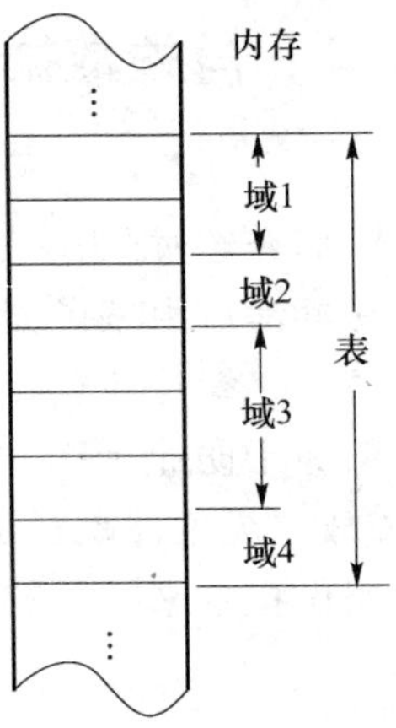

图5-11　结构化表的示意图

MAP 和 FIELD 就是用来定义这种结构化表的。其中,指令 MAP 用于定义一个结构化的内存表的首地址;FIELD 用来定义表中的域。

指令 MAP 的语法格式为:

MAP　<expr>{,<baseregister>}

其中,expr 为结构化表首地址,可以为标号或数字表达式。此时,汇编器内置的内存表的位置计数器 VAR 被设置成该地址值。

baseregister 为基址寄存器(可选项)。基址寄存器的值与 expr 的值之和就是表首地址。例如:

```
MAP  fun          ;fun就是内存表的首地址
MAP  0x100, R9    ;内存表的首地址为R9 + 0x100
```

伪指令 FIELD 用于定义一个结构化内存表中的数据域。

语法格式为:

<lable>　FIELD　<expr>

其中,lable 为标号;expr 为表达式,其值为数据域所占的字节数。

使用示例:

```
MAP  0x100        ;定义结构化内存表首地址的值为0x100
A  FIELD  16      ;定义A的长度为16字节,位置为0x100
B  FIELD  32      ;定义B的长度为32字节,位置为0x110
S  FIELD  256     ;定义S的长度为256字节,位置为0x130
```

注意,MAP 和 FIELD 伪指令仅用于定义数据结构,并不实际分配存储单元。

5.4.3 汇编控制伪指令

在进行汇编时，源程序的某些段落是否真的进行编译，常常还需要满足一定的条件。为使汇编器能根据条件满足与否来决定是否对程序段进行汇编，ARM 汇编器提供了一些用于汇编控制的伪指令。常用的有：IF、ELSE、ENDIF、WHILE、WEND、MACRO、MEND 和 MEXIT。

1. IF、ELSE 和 ENDIF

IF、ELSE 和 ENDIF 伪指令能根据条件的成立与否决定是否执行某个程序段。

语法格式为：

IF 逻辑表达式
程序段 1
ELSE
程序段 2
ENDIF

当 IF 后面的逻辑表达式为真时，汇编器将程序段 1 汇编为机器指令程序；否则，将把程序段 2 汇编为机器指令程序。

IF、ELSE 和 ENDIF 伪指令可以嵌套使用。

使用示例：

```
GBLL Test   ;声明一个全局的逻辑变量，变量名为 Test
IF Test = TRUE
程序段 1
ELSE
程序段 2
ENDIF
```

2. WHILE 和 WEND

WHILE 和 WEND 伪指令根据条件的成立与否决定是否重复汇编一个程序段。

语法格式为：

WHILE 逻辑表达式
程序段
WEND

当 WHILE 后面的逻辑表达式为真时，汇编其后的程序段，然后再判断逻辑表达式的值。若为真，则重复汇编该程序段，一直到逻辑表达式的值为假为止。

WHILE 和 WEND 伪指令可以嵌套使用。

使用示例：

```
GBLA Counter            ;声明一个全局的数学变量,变量名为 Counter
Counter SETA 3          ;由变量 Counter 控制循环次数
……
WHILE Counter < 10
程序段
WEND
```

5.4.4 其他常用伪指令

1. 等效伪指令 EQU

EQU 伪指令用于为程序中的常量、标号等定义一个等效的字符名称,其作用类似于 C 语言中的＃define。

语法格式为:

名称 EQU 表达式{,类型}

其中,EQU 也可用"＊"代替。

由 EQU 伪指令定义的字符名称,当其表达式为 32 位的常量时,可以指定表达式的数据类型,该数据类型共有 CODE16、CODE32 和 DATA 三种。

使用示例:

```
Test EQU 50             ;定义标号 Test 的值为 50
Addr EQU 0x55, CODE32   ;定义 Addr 的值为 0x55,
                        ;且该处为 32 位的 ARM 指令
```

2. RN

RN 伪指令用于给一个寄存器定义一个别名,以提高程序的可读性。语法格式为:

名称 RN 表达式

其中,"名称"为给寄存器定义的别名;"表达式"为寄存器的编码。

使用示例:

```
Temp RN R0 ;将 R0 定义一个别名 Temp
```

3. ROUT

ROUT 伪指令用于给一个局部变量定义作用范围。语法格式为:

名称 ROUT

在程序中未使用该伪指令时，局部变量的作用范围为所在的 AREA，而使用 ROUT 后，局部变量的作用范围为当前 ROUT 和下一个 ROUT 之间。

5.5 汇编语言规范

5.5.1 汇编语句格式

ARM(Thumb)汇编语言的语句格式为：

{<标号>}　<指令或伪指令>　{;注释}

在汇编语言程序设计中，每一条指令的助记符可以全部用大写或全部用小写，但不允许在一条指令中大小写混用。如果一条语句太长，则可将该长语句分为若干行来书写，每行的末尾用"\"来表示下一行与本行为同一条语句。

5.5.2 汇编语言的表达式和运算符

汇编语言程序的表达式一般由变量、常量、运算符和括号构成。常用的表达式有数字表达式、逻辑表达式和字符串表达式，其运算次序遵循如下的优先级：

- 优先级相同的双目运算符的运算顺序为从左到右。
- 相邻的单目运算符的运算顺序为从右到左，且单目运算符的优先级高于其他运算符。
- 括号运算符的优先级最高。

1. 数字表达式及运算符

数字表达式一般由数字常量、数字变量、数字运算符和括号构成。与数字表达式相关的运算符如下：

(1) +、-、×、/ 及 MOD 算术运算符

以上的算术运算符分别代表加、减、乘、除和取余数运算。例如，以 X 和 Y 表示两个数字表达式，则：

- X+Y 表示 X 与 Y 的和；
- X-Y 表示 X 与 Y 的差；
- X×Y 表示 X 与 Y 的乘积；
- X/Y 表示 X 除以 Y 的商；
- X：MOD：Y 表示 X 除以 Y 的余数。

(2) ROL、ROR、SHL 及 SHR 移位运算符

以 X 和 Y 表示两个数字表达式，以上的移位运算符代表的运算如下：

- X：ROL：Y 表示将 X 循环左移 Y 位；

- X：ROR：Y 表示将 X 循环右移 Y 位；
- X：SHL：Y 表示将 X 左移 Y 位；
- X：SHR：Y 表示将 X 右移 Y 位。

(3) AND、OR、NOT 及 EOR 按位逻辑运算符

以 X 和 Y 表示两个数字表达式，以上的按位逻辑运算符代表的运算如下：

- X：AND：Y 表示将 X 和 Y 按位进行逻辑"与"的操作；
- X：OR：Y 表示将 X 和 Y 按位进行逻辑"或"的操作；
- ：NOT：Y 表示将 Y 按位进行逻辑"非"的操作；
- X：EOR：Y 表示将 X 和 Y 按位进行逻辑"异或"的操作。

2. 逻辑表达式及运算符

逻辑表达式一般由逻辑量、逻辑运算符和括号构成，其表达式的运算结果为真或假。与逻辑表达式相关的运算符如下：

(1) =、>、<、>=、<=、/=、<>运算符

以 X 和 Y 表示两个逻辑表达式，以上的运算符代表的运算如下：

- X = Y 表示 X 等于 Y；
- X > Y 表示 X 大于 Y；
- X < Y 表示 X 小于 Y；
- X >= Y 表示 X 大于或等于 Y；
- X <= Y 表示 X 小于或等于 Y；
- X /= Y 表示 X 不等于 Y；
- X <> Y 表示 X 不等于 Y。

(2) LAND、LOR、LNOT 及 LEOR 运算符

以 X 和 Y 表示两个逻辑表达式，以上的逻辑运算符代表的运算如下：

- X：LAND：Y 表示将 X 和 Y 进行逻辑"与"的操作；
- X：LOR：Y 表示将 X 和 Y 进行逻辑"或"的操作；
- ：LNOT：Y 表示将 Y 进行逻辑"非"的操作；
- X：LEOR：Y 表示将 X 和 Y 进行逻辑"异或"的操作。

3. 字符串表达式及运算符

字符串表达式一般由字符串常量、字符串变量、运算符和括号构成。编译器支持的字符串最大长度为 512 字节。常用的与字符串表达式相关的运算符如下：

(1) LEN 运算符

LEN 运算符返回字符串的长度(字符数)，以 X 表示字符串表达式，其语法格式如下：

：LEN：X

(2) CHR 运算符

CHR 运算符将 0～255 之间的整数转换为一个字符，以 M 表示某一个整数，其语法格式如下：

：CHR：M

(3) STR 运算符

STR 运算符将将一个数字表达式或逻辑表达式转换为一个字符串。对于数字表达式，STR 运算符将其转换为一个以十六进制组成的字符串；对于逻辑表达式，STR 运算符将其转换为字符串 T 或 F，其语法格式如下：

：STR：X

其中，X 为一个数字表达式或逻辑表达式。

(4) LEFT 运算符

LEFT 运算符返回某个字符串左端的一个子串，其语法格式如下：

X：LEFT：Y

其中，X 为源字符串；Y 为一个整数，表示要返回的字符个数。

(5) RIGHT 运算符

与 LEFT 运算符相对应，RIGHT 运算符返回某个字符串右端的一个子串，其语法格式如下：

X：RIGHT：Y

其中，X 为源字符串；Y 为一个整数，表示要返回的字符个数。

(6) CC 运算符

CC 运算符用于将两个字符串连接成一个字符串，其语法格式如下：

X：CC：Y

其中，X 为源字符串 1；Y 为源字符串 2；CC 运算符将 Y 连接到 X 的后面。

4. 与寄存器和程序计数器(PC)相关的表达式及运算符

常用的与寄存器和程序计数器(PC)相关的表达式及运算符如下：

(1) BASE 运算符

BASE 运算符返回基于寄存器的表达式中寄存器的编号，其语法格式如下：

：BASE：X

其中，X 为与寄存器相关的表达式。

(2) INDEX 运算符

INDEX 运算符返回基于寄存器的表达式中相对于其基址寄存器的偏移量,其语法格式如下:

:INDEX:X

其中,X 为与寄存器相关的表达式。

5. 其他常用运算符

(1) ? 运算符

? 运算符返回某代码行所生成的可执行代码的长度,例如:

```
? X
```

返回定义符号 X 的代码行所生成的可执行代码的字节数。

(2) DEF 运算符

DEF 运算符作用于某个符号前。该运算符用来判断该符号是否已被定义,如果已经定义,则结果为真;否则为假。例如:

```
:DEF:X
```

6. 程序中的变量代换

使用变量的值在变量的位置来替换变量叫做变量的代换,代换操作符为 $。

代换操作符 $ 作用在数字变量前面时,编译后,该变量的值将出现在变量的位置。例如:

```
LCLS S1                          ;定义局部字符串变量 S1 和 S2
LCLS S2
S1 SETS "Test!"
S2 SETS "This is a $S1"          ;字符串变量 S2 的值为"This is a Test!"
```

使用"."来表示字符串中变量名的结束。例如如果有如下代码段:

```
            GBLS str1
            GBLS str2
            GBLL l1
            GBLA num1
    l1      SETL {TRUE}
    num1    SETA 0x4F
    str1    SETS "bbb"
    str2    SETS "aaa: $str1. l1: $l1, a1: $num1.ccc"
```

那么汇编后,str2 的值将为"aaa: bbb. l1:T, a1: 0000004Fccc"。

需要注意的是，在如下两种情况下 $ 不是变量代换符：

- 两个 $ 字符连起来的 $$ 不是变量代换符，它表示一个字符 $ 。
- 处在两个“|”之间的 $ 不是变量代换符，它就是原字符本身，但如果“|”在双引号内，则 $ 仍是变量代换符。

5.6 ARM 汇编语言程序设计

5.6.1 段

汇编语言编写的程序叫做汇编语言源程序，包含源程序的文件叫做汇编语言程序源文件。一个工程可以有多个源文件，汇编源文件的扩展名为.S。

在 ARM(Thumb)汇编语言程序中，通常以段为单位来组织代码。段是具有特定名称且功能相对独立的指令或数据序列。根据段的内容，分为代码段和数据段。段的内容为执行代码的叫做代码段，段的内容为数据的段叫做数据段。一个汇编程序至少应该有一个代码段，当程序较长时，可以分割为多个代码段和数据段。

以下是一个汇编语言源程序段的基本结构：

```
        AREA Init,CODE,READONLY          //只读的代码段 Init
        ENTRY                            //程序入口点
Start
        LDR R0, = 0x3FF5000
        LDR R1,0xFF
        STR R1,[R0]
        LDR R0, = 0x3FF5008
        LDR R1,0x01
        STR R1,[R0]
        ……
        END                              //段结束
```

在汇编语言程序中，用伪指令 AREA 来定义一个段。本例定义了一个名为 Init 的代码段(CODE)，属性为只读(READONLY)。伪指令 ENTRY 指明了程序的入口点，接下来便为程序指令序列，每一个汇编程序段都必须有一条伪指令 END，指示代码段的结束。

多个源程序段在经链接器链接后最终形成一个可执行映像文件。在链接时，链接器会根据系统默认或用户设定的规则，将各个段安排在存储器中的相应位置。

5.6.2 分支程序设计

具有两个或两个以上可选执行路径的程序叫做分支程序。这种程序执行到分支点处时，

需要根据程序当前状态(即 CPSR 中的状态标志值)来选择执行路径,因此,程序在分支点处应有以 CPSR 的状态标志值为条件的条件指令或条件转移指令。在条件转移指令中要含有目标地址标号。

1. 普通分支程序设计

使用带有条件码的指令可以很容易地实现分支程序。

例 5-9 编写一个分支程序段,如果寄存器 R5 中的数据等于 10,就把 R5 中的数据存入寄存器 R1,否则把 R5 中的数据分别存入寄存器 R0 和 R1。

解 根据题意可画出该分支程序的流程图如图 5-12 所示。

由题意可知,本题并不需要(R5)-10 的运算结果,所以应该用比较指令 CMP 来影响 CPSR 的标志位 Z,并在下一条条件指令中实现分支。

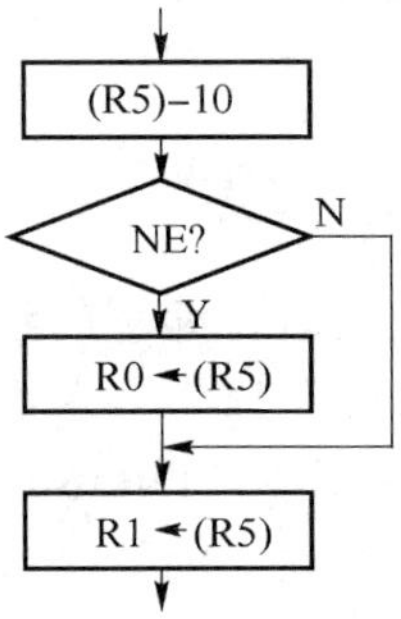

图 5-12 例 5-9 分支程序流程图

用条件指令实现的分支程序段为:

```
          AREA EXP5_9,CODE,READONLY
          ENTRY
          MOV R5,#8
          CMP R5,#10            ;将 R5 与立即数 10 进行比较,以影响 Z 标志
          MOVNE  R0,R5          ;Z = 0((R5)!= 10),R0←(R5)
          MOV R1,R5             ;R1←(R5)
HALT
          B HALT
END
```

当然,也可以用条件转移指令来实现分支,其程序段为:

```
          AREA EXP5_9,CODE,READONLY
          ENTRY
          MOV R5,#8
          CMP R5,#10
          BEQ doequal
          MOV R0,R5
doequal   MOV R1,R5
HALT
          B HALT
          END
```

例 5－10 编写一个程序段，当寄存器 R1 中的数据大于 R2 中的数据时，将 R2 中的数据加 10 存入寄存器 R1；否则将 R2 中的数据加 5 存入寄存器 R1。

解 根据题意可画出流程图如图 5－13 所示。

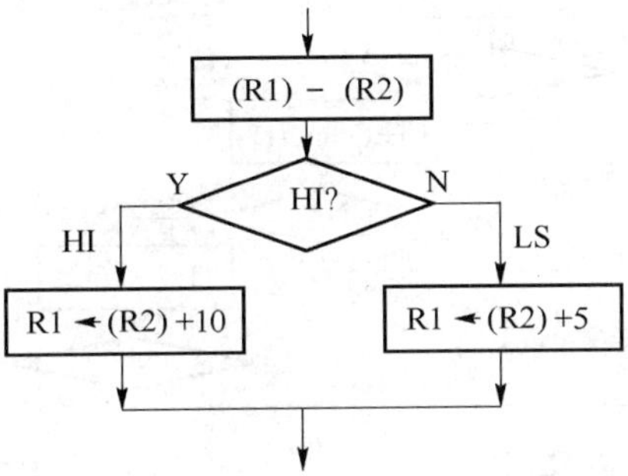

图 5－13 例 5－10 分支程序流程图

根据图 5－13 可知，这是一个双分支程序。用条件指令实现的双分支程序段如下：

```
            AREA EXP5_10,CODE,READONLY
            ENTRY
            MOV R1,＃8
            MOV R2,＃6
            CMP  R1,R2                  ;比较,以影响状态标志 C 和 Z
            ADDHI R1,R2,＃10            ;如果 R1＞R2,则 R1 = R2 + 10
            ADDLS R1,R2,＃5             ;如果 R1＜ = R2,则 R1 = R2 + 5
HALT
            B HALT
            END
```

2. 多分支(散转)程序设计

当程序分支点上有两个以上的执行路径的程序叫做多分支程序。利用条件测试指令或跳转表可以实现多分支程序。

例 5－11 编写一个程序段，判断寄存器 R1 中的数据是否为 10、15、12、22，如果是，则将 R0 中数据加 1；否则将 R0 设置为 0xF。

解 根据题意可画出程序流程图如图 5－14 所示。

用测试指令 TEQ 实现的多分支程序段如下：

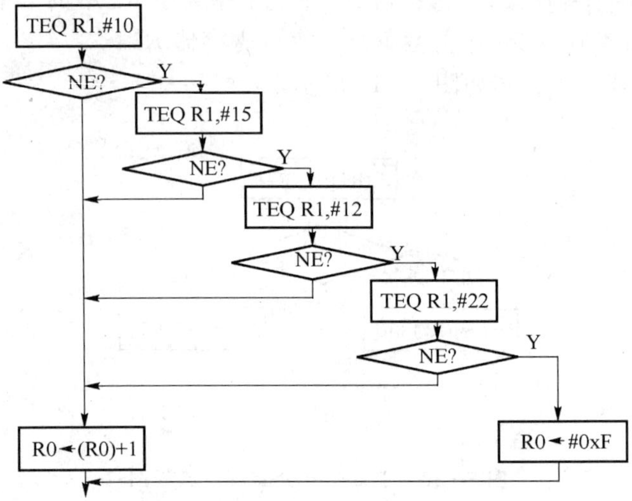

图 5-14 多重判断分支程序流程图

```
        AREA EXP5_11,CODE,READONLY
        ENTRY
        MOV R0, #0
        TEQ     R1,#10
        TEQNE   R1,#15
        TEQNE   R1,#12
        TEQNE   R1,#22
        ADDEQ   R0, R0, #1
        MOVNE R0, #0xF
HALT
        B HALT
        END
```

当多分支程序的每个分支所对应的是一个程序段时，常常把各个分支程序段的首地址依次存放在一个叫做跳转地址表的存储区域，然后在程序的分支点处使用一个可以将跳转表中的目标地址传送到 PC 的指令来实现多分支。

一个具有 3 个分支的跳转地址表示意图如图 5-15 所示。

从图 5-15 中可见，每一跳转目标地址占用 4 字节，也就是说，4 字节是一个表项。这样，表项的序号乘以 4 再加上表的首地址正好为该表项序号所对应的跳转目标地址，如果把这个地址传送到 PC，那么就可以实现向目标程序段的转移。

用图 5-15 地址跳转表实现的多分支跳转程序如下：

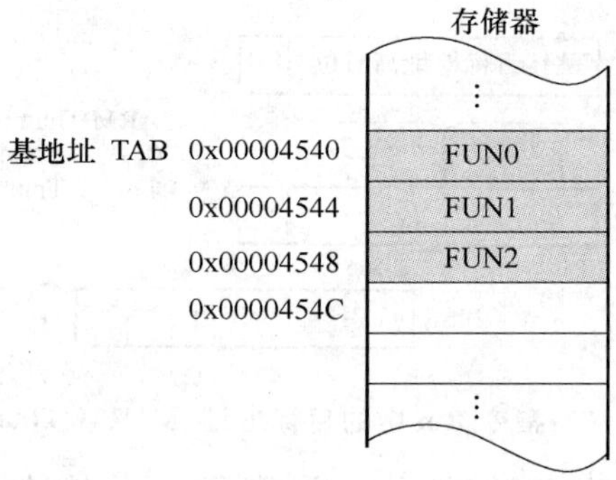

图 5-15　一个有 3 个分支的地址跳转表示意图

```
        MOV     R0,N                   ;(R0) = N,N 为表项序号 0～2
        ADR     R5, JPTAB
        LDR     PC, [R5, R0, LSL #2]   ;PC = (R0) * 4 + (R5)
JPTAB                                  ;跳转表
        DCD     FUN0
        DCD     FUN1
        DCD     FUN2
FUN0
        ……                             ;分支 FUN0 的程序段
FUN1
        ……                             ;分支 FUN1 的程序段
FUN2
        ……                             ;分支 FUN2 的程序段
```

3. 带 ARM/Thumb 状态切换的分支程序设计

在 ARM 程序中经常需要在程序跳转的同时还要进行处理器状态的转换，即从 ARM 指令程序段跳转到 Thumb 指令程序段（或相反）。为了实现这个功能，系统提供了一条专用的可以实现 4 GB 空间范围内的绝对跳转交换指令 BX。

因为无论是 ARM 还是 Thumb，其指令存储在存储器中都是 4 字节或 2 字节边界对齐的，所以 PC 寄存器中目标地址的最低位肯定为 0，这就意味着，BX 指令用来提供目标地址的 Rm 只要提供目标地址的高 31 位即可，这样就可以把 Rm 的最低位用来表示状态切换信息。也就是说，BX 指令是依靠 Rm 的最低位的值来实现处理器不同状态的转换的，如图 5-16 所示。

下面是一段从 ARM 指令程序段跳转到 Thumb 指令程序的状态切换例程。在从 ARM

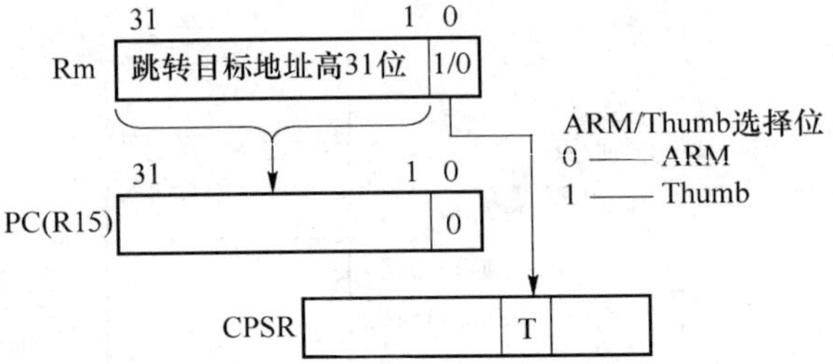

图 5-16　BX 指令 Rm 中的目标地址及 ARM/Thumb 选择位

指令程序向 Thumb 指令程序的跳转时，一定要把存放目标地址的 Rm 的最低位置 1。

```
        ;ARM 指令程序
        CODE32                          ;以下为 ARM 指令程序段
        ……
        ADR   R0,   Into_Thumb + 1      ;目标地址和切换状态传送 R0
        BX R0                           ;跳转
        ……                              ;其他代码
        ;Thumb 指令程序
        CODE16                          ;以下为 Thumb 指令程序段
Into_Thumb  ……                          ;目标
```

下面是一段从 Thumb 指令程序段跳转到 ARM 指令程序的状态切换例程。

```
                                        ;Thumb 指令程序
CODE16
ADR R5, Back_to_ARM                     ;目标地址送 R5
BX R5                                   ;跳转
……                                      ;其他代码
;ARM 指令程序
CODE32
Back_to_ARM   ……                        ;ARM 代码段起始地址
```

在这里附带说一下，虽然不用 BX 指令直接修改状态寄存器 CPSR 的状态控制位 T 也能够达到改变处理器运行状态的目的，但是会带来一个问题。由于 ARM 采用了多级流水线结构，在指令流水线上会存在若干条预取指令，所以直接修改 CPSR 的 T 标志位使状态发生转变后，会造成流水线上的预取指令执行错误。而如果用 BX 指令，则该指令在执行时会对流水线进行刷新，清除流水线上的残余指令，在新的状态下重新开始指令预取，从而保证状态转变时指令流的正确衔接。

5.6.3 循环程序设计

当条件满足时,需要重复执行同一个程序段做同样工作的程序叫做循环程序。被重复执行的程序段叫做循环体,需要满足的条件叫做循环条件。根据循环体与循环条件之间的相对位置,循环程序有两种结构:DO-WHILE 结构和 DO-UNTIL 结构,如图 5-17 所示。

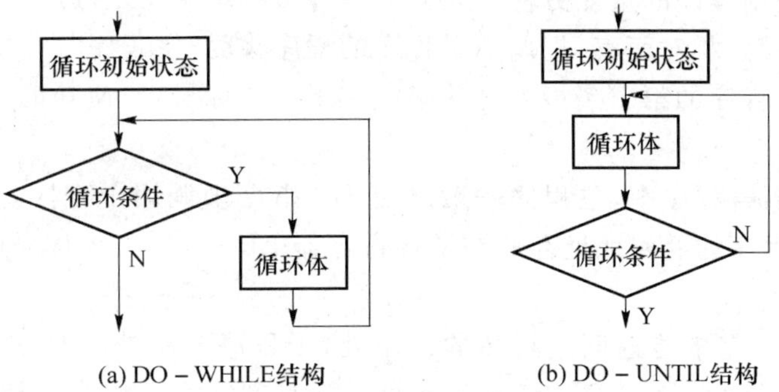

图 5-17 两种循环结构

在汇编语言程序设计中常用的是 DO-UNTIL 结构循环程序。例如:

```
        MOV     R1, #10         ;循环次数
Loop  ……
        SUB     R1,R1, #1       ;循环次数减 1
        BNE     loop            ;R1 不为 0,继续循环
```

程序中的寄存器 R1 常常被叫做循环计数器。

例 5-12 编写一个程序,把首地址为 DATA_SRC 的 80 个字的数据复制到首地址为 DATA_DST 的目标数据块中。

解 程序如下:

```
        LDR R1, = DATA_SRC          ;源数据块首地址
        LDR R0, = DATA_DST          ;目标数据块首地址
        MOV R10,#10                 ;循环计数器赋初值(循环次数)
Loop
        LDMIA R1!, {R2 - R9}
        STMIA R0!, {R2 - R9}
        SUBS  R10,R10,#1
        BNE   Loop
```

5.6.4 子程序及其调用

1. 子程序的调用与返回

任何一个大程序均可分解为许多相互独立的小程序段，如果将其中重复的或者功能相同的程序段设计成规定格式的独立程序段，那么这些程序段就可提供给其他程序在不同的地方调用，从而可避免编制程序的重复劳动。人们把这种可以多次反复调用的，能完成指定功能的程序段称为“子程序”。相对而言，把调用子程序的程序称为“主程序”。

为进行识别，子程序的第1条指令之前必须赋予一个标号，以使其他程序可以用这个标号调用子程序。

在ARM汇编语言程序中，主程序一般通过BL指令来调用子程序。该指令在执行时完成如下操作：将子程序的返回地址存放在链接寄存器LR中，同时将程序计数器PC指向子程序的入口点。

为使子程序执行完毕能返回主程序的调用处，子程序末尾处应有MOV、B、BX、STMFD等指令，并在指令中将存放在LR中的返回地址重新复制给程序计数器PC。

在调用子程序的同时，也可以使用寄存器R0～R3来进行参数的传递和从子程序返回运算结果。

例如，一个使用MOV指令实现返回的子程序。

```
relay     …
          MOV PC, LR    ;返回
```

使用B指令实现返回的子程序：

```
relay     …
          B  LR    ;返回
```

例5-13 一个使用BL指令调用子程序的汇编语言源程序的基本结构。

解 程序如下：

```
AREA Init,CODE,READONLY
ENTRY
Start            LDR R0, = 0x3FF5000
                 LDR R1,0xFF
                 STR R1,[R0]
                 LDR R0, = 0x3FF5008
                 LDR R1,0x01
                 STR R1,[R0]
                 BL PR               ;跳转(调用)到子程序 PR
                 ……
```

```
PR
        MOV PC,BL          ;返回主调程序
        ……
        END
```

2. 子程序中堆栈的使用

当子程序需要使用的寄存器与主程序使用的寄存器发生冲突(即子程序与主程序需要使用同一组寄存器时)时,为防止主程序在这些寄存器中数据的丢失,在子程序的开头应该把寄存器中的数据压入堆栈以保护现场,在子程序返回之前,还需要把保护到堆栈中的数据自堆栈弹出回复到原寄存器中以恢复现场。例如:

```
relay
        STMFD R13!,{R0 - R12,LR}          ;压入堆栈
        …                                  ;子程序代码
        LDMFD R13!,{R0 - R12,PC}          ;弹出堆栈并实现子程序的返回
```

习 题

1. 什么叫做汇编和汇编器?
2. 什么叫汇编语言及汇编语言源程序?
3. 为什么汇编语言是低级语言?
4. 什么叫做伪指令?它们有什么用途?
5. 如何定义一个程序段?
6. 什么叫做变量?如何定义变量?如何为变量赋值?
7. 什么叫做标号?为什么要使用标号?
8. 如何定义一个数据区?
9. 如何定义一个宏?
10. 宏和子程序有什么相同之处?又有什么不同?
11. 宏中的标号有什么限制?
12. 宏的参数有何用途?
13. 什么叫做汇编控制指令?汇编控制指令有什么用途?
14. 如何限定局部指令的有效作用范围?
15. 如何定义程序的入口点?
16. ARM 汇编中有哪些宏指令?各有什么用途?
17. 宏和宏指令有什么区别?

18. ARM 汇编中有哪些运算符？

19. 在汇编语言程序中如何进行变量代换？

20. 什么是分支程序？它有什么特点？用什么指令来实现分支程序？

21. 在程序设计上双分支程序有什么特点？

22. 在程序设计上散转分支程序有什么特点？

23. 编写一个分支程序段，如果寄存器 R8 中的数据等于 50，就把 R8 中的数据存入寄存器 R1；否则把 R8 中的数据分别存入寄存器 R0 和 R1，并把这个程序段定义成一个代码段。

24. 编写一个程序段，当寄存器 R3 中的数据大于 R2 中的数据时，将 R2 中的数据加 10 存入寄存器 R3；否则将 R2 中的数据加 100 存入寄存器 R3，并把这个程序段定义成一个代码段。

25. 编写一个程序段，判断寄存器 R5 中的数据是否为 11、15、18、22、44、67，如果是，则将 R0 中的数据加 1；否则将 R0 设置为 0xF，并把这个程序段定义成一个代码段。

26. 跳转同时要实现处理器状态转换需要使用什么指令？需要注意什么事项？

27. 下面的 BX 指令实现了什么样的跳转？

```
        ADR   R0,   Yy +1     ;目标地址和切换状态传送 R0
        BX R0
Yy
        ……
```

28. 下面的 BX 指令实现了什么样的跳转？

```
        ADR   R0,   Yy        ;目标地址和切换状态传送 R0
        BX R0
Yy
        ……
```

29. 什么叫循环程序？这种程序适合在什么场合应用？

30. 从程序结构上来看，循环程序有哪几种？用什么指令来实现？

31. 试编写一个循环程序实现从 0 开始的 10 个偶数的累加。

32. 试编写一个程序，当寄存器 R0 中的数据为 0 时，可以计算从 0 开始的 10 个偶数的累加和；而当 R0 中的数据不为 0 时，可以计算从 0 开始的 10 个能被 5 整除数的累加和。

33. 什么是子程序？如何定义一个子程序？

34. 子程序是如何返回主程序的？

第6章　ARM 工程开发及 MDK

C/C++语言便于理解，有大量的支持库，是当前 ARM 程序设计所使用的主要编程语言。但是对于 C 程序力所不能及的一些底层操作，例如硬件系统初始化、CPU 状态设定、中断使能、主频设定以及 RAM 控制参数初始化等，还是需要由汇编语言程序来完成的，因此 ARM 程序通常是 C/C++语言和汇编语言的混合程序，是一个工程。

本章的主要内容有：

- ARM 工程及其开发工具；
- 可执行文件、分散加载及分散加载文件；
- ARM 程序的框架结构；
- ARM 的汇编语言与 C 语言混合程序设计。

6.1　ARM 工程及其开发工具

现代软件设计的目标通常都比较大，需要许多不同类型的文件来支持，因此现在都把一个软件的设计工作叫做一个工程(Project)。

1. ARM 软件工程及其所需的主要文件

作为应用开发者来说，凡是生成最终可执行文件所必需的文件均是主要文件。

从开发 ARM 工程所需要开发或使用的文件类别来看，ARM 工程与其他软件工程没有什么区别，都需要源文件、目标文件、库文件以及最终形成的可执行文件。

ARM 工程的源文件有汇编语言源文件和 C/C++语言源文件两类，以及它们所需要的扩展名为.H 的头文件。其中，源文件的扩展名为.S，C 语言源文件的扩展名为.C，C++源文件的扩展名为.CPP。大多数源文件为用户逻辑代码，通常都是由开发人员自己编写的文件。当然，为了方便用户完成一些通用功能(例如启动代码)，大多数功能完善的开发工具(例如 Realview MDK)也会提供一些源文件供用户选用。总之，ARM 工程中最基础的文件便是源文件，也是需要开发人员做大量工作的地方。

上述这些源文件还需通过编译器或汇编器制作成机器码文件，这种根据源文件形成的机器码文件叫做目标文件。通常，一个源文件对应生成一个目标文件。一般情况下，在一个工程中除了需要用户源文件生成的目标文件之外,还需要一些实现一些通用功能的库文件(例如 C 库文件和 C++库文件等)。这些库文件通常都是由编译器以目标文件的形式提供给开发者的。于是上述这些用户源文件生成的目标文件以及库文件就成为了形成最终可执行文件的原始材料。

把同一个工程的目标文件连接成最终可执行文件的工作叫做链接,实施这项工作的工具叫链接器。为指导链接器的链接工作,常常还需要一个所谓的分散加载文件。ARM 工程中各种文件之间的关系以及所需要的主要开发工具如图 6-1 所示。图 6-1(a)中虚线框内表示的为工程开发人员应该提供的文件。

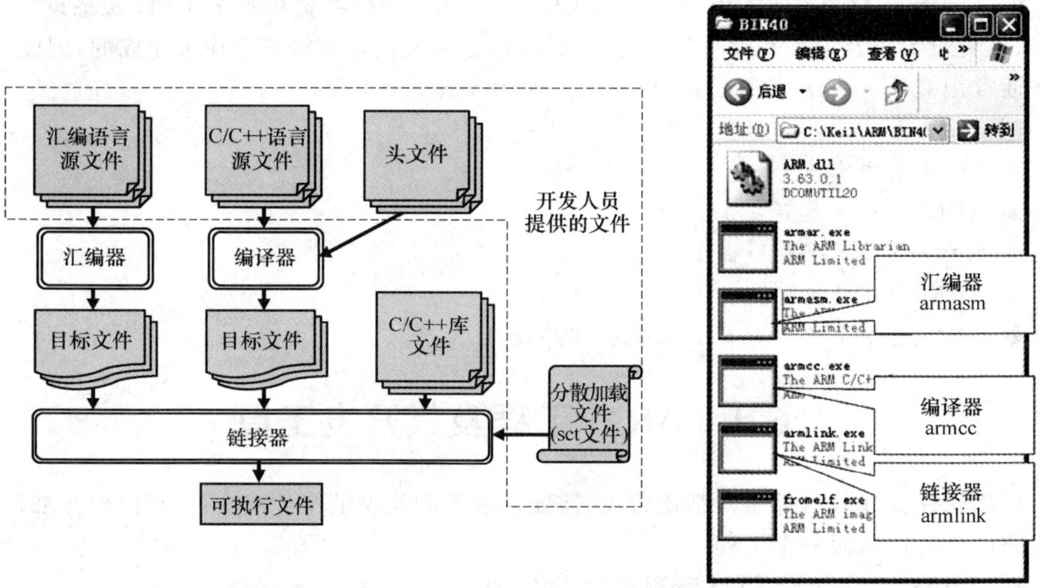

(a) ARM工程各种主要文件之间的关系　　(b) MDK提供的主要开发工具

图 6-1　ARM 工程各种主要文件及其开发工具之间的关系

2. ARM 工程常用的集成开发环境

在创建及开发一个工程时,需要用到各种各样的开发工具以及辅助文件。图 6-1 中所示的汇编器(Assembler)、编译器(Compiler)、链接器(Linker),包括图 6-1(a)中没有画出的用来书写编辑代码的文字编辑器(Editor),用于调试程序的调试器(Debugger),都是程序开发所必需的工具软件。本来这些它们都是各自独立、可单独使用的工具,但为了使用上的方便,现在通常会把它们收集到一起,用一个带有图形界面的管理工具把它们统一管理起来供人们使用。这种具有图形界面的、集成了工程开发所需要的所有工具的软件就叫做集成开发环境,例如 VB、VC 等。

为了 ARM 工程开发者的方便，作为 ARM 核的提供者，ARM 公司理所当然地推出了它自己的集成开发工具，并且随着时间的推移也在不断地对这些工具进行更新。

ARM 公司最早推出的 ARM 工程开发环境叫做 SDT，过了不久 ARM 公司便对 SDT 进行大规模的改造而形成了著名的 ADS。ADS 的功能非常强大，它包括 Simulator、C 编译器、实时调试器、应用函数库四大模块，并提供完整的 Windows 界面开发环境。

ADS 的 C 编译器效率极高，支持 C 以及 C++，使工程师可以很方便地使用 C/C++语言进行程序开发。最重要的是，ADS 还提供软件模拟仿真功能，使没有 Emulators 的学习者也能够熟悉 ARM 的指令系统。配合 FFT - ICE 使用，ADS1.2 提供强大的实时调试跟踪功能，使芯片内的运行情况尽在掌握之中。但 ADS 也有一些缺点，即它需要硬件支持才能发挥强大的功能。针对 ADS 的缺点，ARM 在发布了 ADS 后不久又推出了 RealView Developer Suite(RVDS)。它支持 ARM 系列的所有核，并在众多第三方实时操作系统及工具商的合作支持下，简化了开发流程。开发工具包含以下组件：

- 完全优化的 ISO C/C++编译器；
- C++标准模板库；
- 强大的宏编译器；
- 支持代码和数据复杂存储器布局的链接器；
- 可选 GUI 调试器；
- 基于命令行的符号调试器(armsd)；
- 指令集仿真器；
- 生成无格式二进制工具、Intel 32 位和 Motorola 32 位 ROM 映像代码的指令集模拟工具；
- 库创建工具；
- 内容丰富的在线文档。

在 ARM 公司提出自己的开发工具的同时，由于市场上对 ARM 体系结构及其嵌入式处理器的旺盛需求，其他一些大型软件工具商也纷纷推出了自己的开发工具。其中比较知名的是 IAR Systems 公司推出的 Embedded Workbench for ARM(简称 IAR EWARM)，该开发工具包含一个全软件的模拟程序(Simulator)，用户不需要任何硬件支持就可以模拟各种 ARM 内核、外部设备甚至中断的软件运行环境，从中可以了解和评估 IAR EWARM 的功能和使用方法。与其他的 ARM 开发环境相比较，IAR EWARM 具有入门简单、使用方便和代码紧凑等特点。

IAR EWARM 的主要特点如下：

- 高度优化的 IAR ARM C/C++ Compiler；
- IAR ARM Assembler；
- 一个通用的 IAR XLINK Linker；

- IAR XAR 和 XLIB 建库程序和 IAR DLIB C/C++运行库；
- 功能强大的编辑器；
- 项目管理器；
- 命令行实用程序；
- IAR C-SPY 调试器(先进的高级语言调试器)。

本书使用及介绍的是 ARM 公司合并了 Keil 公司之后推出的集成开发环境 Realview MDK(Keil for ARM)。

可以说，Realview MDK(Keil for ARM)是 ARM 公司和 Keil 公司合作的产物。因为在合并之前，Keil 公司用于开发单片机系统的集成开发环境 μVision 就已经存在，并且因其界面友好、操作方便、性能稳定等优点而成为 MCU 开发工程师的首选，从而拥有众多的忠实用户。因此，合并了 Keil 公司的 ARM 公司就理所当然地利用 μVision 作为平台，以 ARM 自身开发的针对 ARM 内核的编译器 RealView(RV)为核心推出了现在的 Realview MDK。

Realview MDK 支持 ARM7、ARM9、Cortex-M3/M1 的开发工具。2007 年，ARM 和英蓓特公司又共同推出 MDK 中国版，用户可以到 RealView 的中文官方网站 www.realview.com.cn 和论坛下载该开发工具的评估版。

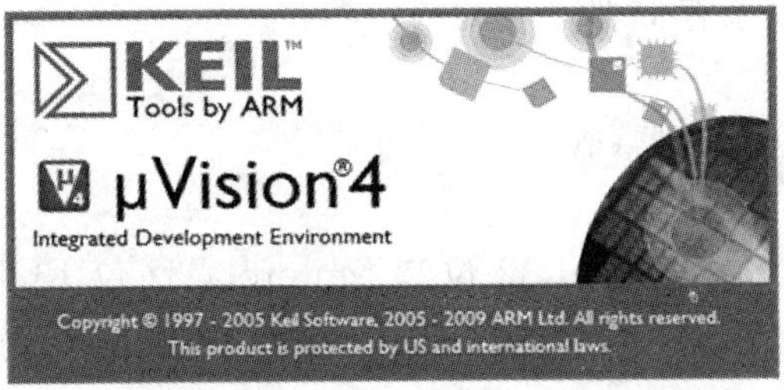

图 6-2　μVision4 启动时的界面

MDK 特性及优点如下：

- 可以开发基于 ARM7、ARM9、Cortex-M3 的微控制器应用程序，它易学易用且功能强大；
- 集成了一个能自动配置工具选项的设备数据库；
- 工业标准的 RealView C/C++编译器能产生代码容量最小、运行速度最快的高效应用程序，同时它包含一个支持 C++ STL 的 ISO 运行库；
- 集成在 μVision3 中的在线帮助系统提供大量有价值的信息，可加速应用程序开发速度；
- 包含大量的例程，帮助开发者如何快速配置 ARM 设备，以及如何开始应用程序的开发；
- 能帮助工程人员开发稳健、功能强大的嵌入式应用程序；

- 调试器能够精确地仿真整个微控制器，包括其片上外设，使得在没有目标硬件的情况下也能测试开发程序；
- 包含标准的微控制器和外部 Flash 设备的 Flash 编程算法；
- ULINK USB－JTAG 仿真器可以实现 Flash 下载和片上调试；
- RealView RL－ARM 具有网络和通信的库文件以及实时软件；
- 可使用第三方工具扩展 μVision 的功能；
- 支持 GNU 的编译器；
- 高级 GDI（AGDI）接口用来在目标硬件上进行软件调试以及进行通信。

Realview MDK 中集成的主要开发工具及其软件开发流程如图 6－3 所示。

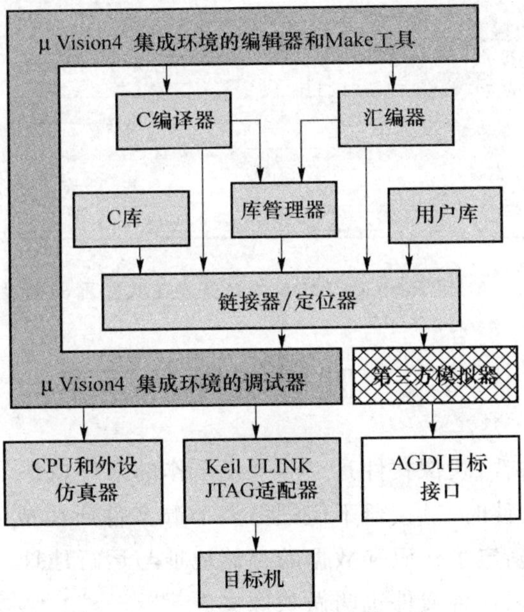

图 6－3 Realview MDK 工具及其项目软件开发流程

从图中可见，工程开发流程可以有以下三个出口：

- 利用开发环境提供的 CPU 和外设仿真器作为终端目标的出口；
- 通过适配器以真正的目标机为终端目标的出口；
- 使用第三方模拟器的 AGDI 目标接口。

其中，前两个属于集成开发环境的出口，工程可由集成开发环境提供的调试器来调试，第三个虽然也是以真实目标机为终端目标的出口，但必须使用第三方调试器并利用 AGDI 接口实施对目标机的调试。

本书所提供的实例就利用第一个出口并通过软件仿真为读者提供学习和练习环境。

总之,Realview MDK 借助于 μVision 环境实现了各开发工具良好的图形化设置,极大地简化了工程开发人员的工作。Realview MDK 各开发工具的图形化设置卡集成在 Options for Target '×××'窗口,如图 6-4 所示。

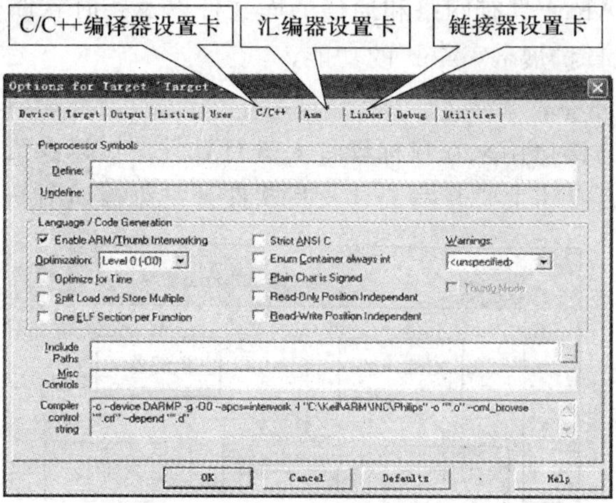

图 6-4　ARM Realview MDK 的各开发工具图形界面设置窗口

6.2　映像文件及程序

从程序开发流程上来看,映像文件是工程开发工作的最终成果,它是链接器生成的最终可执行文件。在生成映像文件时,链接器不但把由多个源文件所生成的目标文件链接成了一个文件,而且在文件中最终确定了代码和数据的存储地址与运行地址,由于这个文件反映了程序在内存中存储的情况,所以这种文件也叫做映像文件。

由于嵌入式系统存储装置及程序运行的特殊性,嵌入式系统开发人员通常不能完全依靠开发工具的链接器来制作映像文件,与通用系统相比,开发人员常常还要根据自己的特殊需要对编译器制作映像文件的过程进行更多的干预,特别是有关程序在内存中定位的各种地址的确定,因此开发人员必须对程序的内存布局、文件的加载域及执行域等知识具有足够的了解。

6.2.1　程序的内存布局

对程序在运行时占用内存空间的描述叫做程序运行时内存布局。从占用内存的情况上看,一个完整的、正在运行的程序在内存空间中需要占用 5 个空间:正文区(段)、初始化数据区、BSS、堆栈以及堆。其布局如图 6－5 所示。

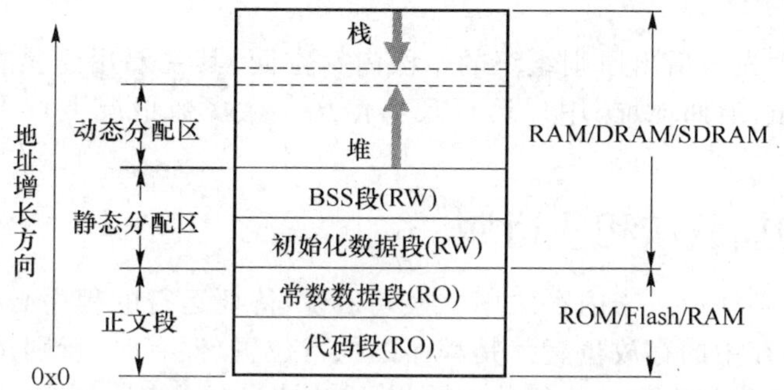

图 6－5　程序运行时的存储布局

1. 正文区

正文区也就是存放程序的区域，该区由代码段和常数段组成。因常数段（例如 ARM 的文字缓冲池）常常不单独分段而附在代码之后与代码同处一个段，所以正文区也叫做代码段。正文区通常具有只读属性，其存储介质可以是 ROM、Flash 或 RAM。

2. 初始化数据段

初始化数据段也是一种数据段，但这段中的数据需要在程序运行的初始化阶段赋初值。初始化数据段具有读/写属性，其存储介质为 RAM。

在 C 语言程序中，那些在函数之外声明的，已经赋值的变量就属于初始化数据，也属于初始化数据段内容。例如由如下代码：

```
int maxcount = 99;
int grup[3] = {1,2,3};
```

可知，该段包含的是程序中的全局变量和静态变量。

3. 未初始化数据段(BSS)

未初始化数据段（BSS）也称零初始化数据段，因为该区通常需要使用 0 来初始化。这段包含了程序中那些不需要用非零初值初始化的变量所需占用的空间。这些变量也是全局变量和静态变量。例如汇编语言程序使用如下代码段所申请的 RAM 空间：

```
    AREA DAT1,DATA,READWRITE
T   SPACE  ;未初始化数据区的数据
```

再如 C 程序在主函数外定义的未赋初值的数组 int g[10]、变量 int maxcount，等等。

综上所述，初始化数据段和 BSS 段均属于程序的静态内存分配区。

4. 堆

堆空间是动态存储空间，在 C 语言程序中由程序员通过调用 malloc()、calloc() 和 realloc() 等函数来分配和释放。通常,堆空间紧贴着BSS区自低地址端向上生长。

5. 栈

堆栈是按照数据先入后出原则组织的一段内存空间,其主要用途是在函数调用时存放函数中定义的局部变量、返回地址、用户运行现场信息。大多数情况下,ARM的堆栈从高地址端向下生长。

6.2.2 程序的加载域和执行域

众所周知,程序必须运行于内存之中。换句话说,待要运行的程序必须事先载入内存。通常情况下,程序在内存中的存放位置就是程序的执行位置,但有时,特别是在嵌入式系统中,程序在内存中的存放位置与程序的执行位置可以不相同。为了进行区分,将用于保存程序的内存空间叫做加载域,用于执行程序的内存空间叫做执行域。加载域与执行域可能重叠,也可能不重叠或部分重叠,这取决于程序的构成以及程序的运行时要求。

1. 加载域

目前,人们所开发出来的可执行程序都是以映像文件的形式存在于开发环境或磁盘,因此为了执行一个程序就必须将映像文件载入内存,程序载入内存后所占用的内存空间就叫做程序的加载域。

确定映像文件中各个程序段的加载域(即在程序段首部标注该段加载域首地址)是链接器定位工作的重要内容之一。原则上说,程序的加载域可以根据需要定位于任何访问类型的存储器空间,可以是易失性存储器(RAM)空间,也可以是非易失性存储器(ROM)空间。但因为在大多数嵌入式系统中没有可以保存程序映像文件的磁盘或文件系统,所以为了防止程序的丢失,加载域必须处于非易失性存储器空间。

2. 执行域

程序的执行域是指程序运行时所占用的内存空间。执行域可以与其加载域重叠、不重叠或部分重叠。例如在某些简单程序中,因其没有使用变量而可以不适用RAM,那么这种程序就可以加载并固化到ROM空间并在ROM空间就地运行,因而这种程序的加载域和执行域就是重叠的。但程序如果含有变量并在运行时需要使用RAM空间,那么这种程序的加载域和执行域就应该是图6-6所示的样子,即其加载域与执行域不完全重叠。当然,如果有必要(例如,为了提高程序的执行速度),也可以将程序保存在ROM中,而在运行时将其复制到RAM中运行,那么这种程序的加载域与执行域就完全不重叠了。

为了方便,人们也把描述加载域的图形叫做程序的加载视图,描述执行域的图形叫做程序的执行(或运行)视图。

3. 示　例

通过上面的介绍可知,链接器在链接时除了要为程序的加载域定位之外,还要为程序各个段的执行域进行定位。即在链接后得到的映像文件中,程序的各个段都应该有两个地址:加载域地址和执行域地址。

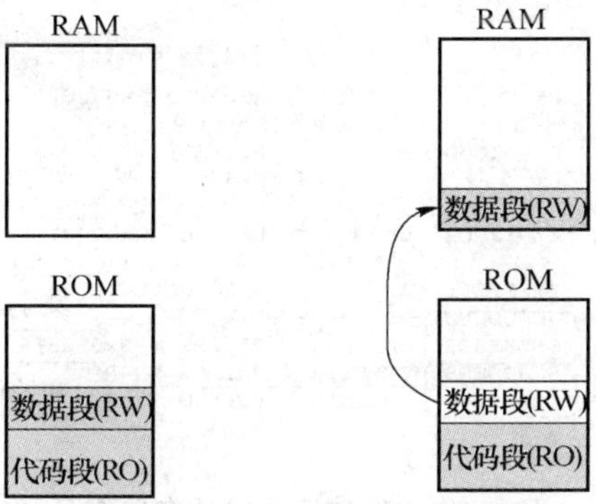

(a) 程序加载视图　　(b) 程序运行视图

图 6-6　一种程序的加载视图和运行视图(阴影部分为视图)

下面通过一个示例来理解程序加载域和程序执行域的概念。

例 6-1　现有一个程序段如下：

```
        AREA EXP6_1,CODE,READONLY
        ENTRY
        ARM
        LDR R0, = DATA1
        LDR R1,[R0]
        LDR R3, = 0x55555555
HALT
        B HALT
        AREA EXP6_1DT,DATA,READWRITE
DATA1   DCD 0x88888888
        DCD 0x99999999
        END
```

试编译该程序，在按下调试按钮后打开反汇编窗口观察代码，并同时注意程序尾部的文字池和程序对初始化数据区信息的保存情况，即观察程序在内存中的保存情况(即观察加载域)。接下来再仿真运行该程序，观察程序能否正确运行并得到正确的运行结果(即当“LDR R0,= DATA1”和“LDR R1,[R0]”指令执行后，R1 的值应为 0x88888888)。

解

(1) 观察加载域

将题目所给的程序代码输入工程并编译后，按下调试按钮并打开反汇编窗口得到的信息如图 6-7 所示。

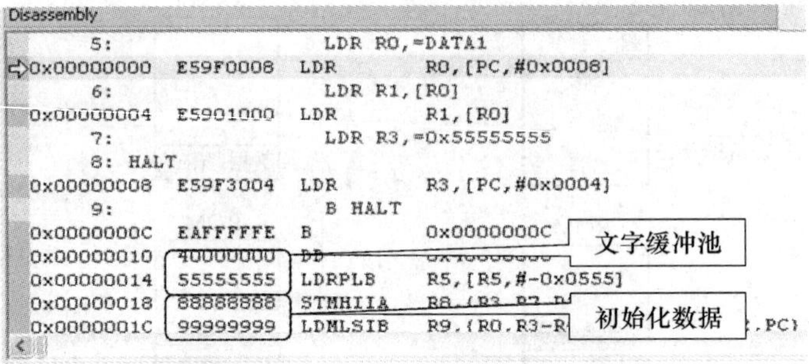

图 6-7　程序保存时的存储布局

经观察可知,因为 DATA1 为初始化数据区首地址(本例为 RAM 的首地址 0x40000000),0x55555555 为立即数,所以它们均为常量,编译器将它们作为文字放置在了 B 跳转指令之后的缓冲池中。另外,数据段 EXP6_1DT 中定义的那两个在初始化 RAM 数据区时需要的数据 0x88888888 和 0x99999999 则保存在了文字缓冲池之后,缓冲池的内容与前面的程序指令代码一同形成了程序的只读部分,即程序在非易失性存储器中的布局如图 6-6(a)所示。

图 6-7 中,访问属性为读/写(RW)的那个区域便是程序数据段 EXP6_1DT 所定义的数据区在加载域中的位置,也就是那些初始化数据的保存位置。

(2) 观察程序运行结果

单步运行程序,当“LDR R0,=DATA1”和“LDR R1,[R0]”指令执行后,R1 的值不是期望的 0x88888888,而仍为 0x00000000,如图 6-8 所示。

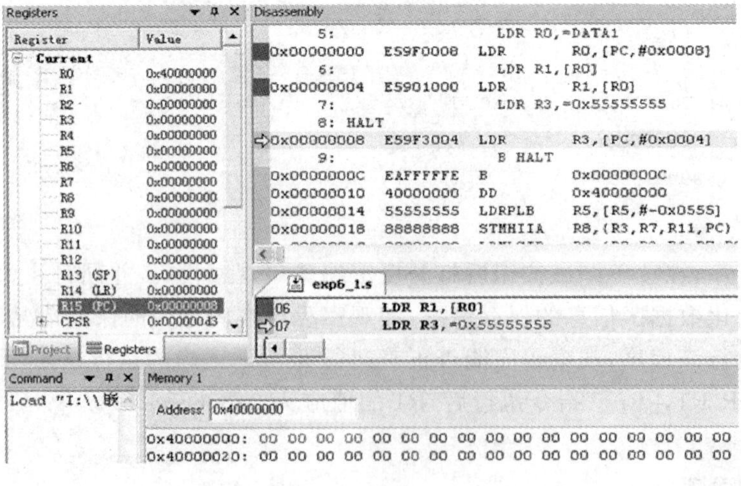

图 6-8　因为未对 RAM 初始化,所以 R1=0

但仔细观察后可知，R0 值不是没变，而是因自 RAM 地址 0x40000000 这个位置读取的是 0，而仍为 0 罢了。

看了上面的例题之后，读者一定会问，为什么 RAM 的这个初始化数据区没有初始化呢？道理很简单，因为虽然程序的加载域保存了初始化区所需的初始化数据，但程序并不具备使用该数据初始化 RAM 数据区的能力，所以程序启动之后，RAM 空间数据区中的数据并没有初始化而全部为 0。这就是说，为了程序可以正常工作，用户就必须编写一个初始化程序，并在这个程序中使用加载域中所保存的初始化数据来填充初始化数据区，从而使程序的执行域成为图 6-6(b)所示的样子。

显然，为编写上述初始化程序，获得初始化数据在加载域中的地址是一个必备条件。这时可以使用 MDK 所定义的一些表示各程序段边界地址的变量符号，这些变量符号是 MDK 链接器为了用户编程的方便，在对程序进行定位时所定义并赋值的，用户可以利用它们来定义初始化程序所需的地址。这些变量符号及其含义见表 6-1。

表 6-1　编译器生成的与程序运行映像相关的变量

变量名	说　明
Image$$RO$$Base	RO 段的首地址
Image$$RO$$Limit	RO 段末尾后的第一字节地址
Image$$RW$$Base	RAM 中 RW 段执行域首地址
Image$$RW$$Limit	RW 段末尾后的第一字节地址
Image$$ZI$$Base	RAM 中 ZI 段执行域首地址
Image$$ZI$$Limit	ZI 段末尾后的第一字节地址

注：表中符号仅在不使用分散加载文件的项目中有效。

对于例 6-1 中的程序来说，数据区的初始化程序应为如下代码：

```
    IMPORT |Image$$RO$$Limit|
    IMPORT |Image$$RW$$Base|
    IMPORT |Image$$ZI$$Base|
    IMPORT |Image$$ZI$$Limit|

    LDR R0, = |Image$$RO$$Limit|      ;初始化数据首地址送 R0
    LDR R1, = |Image$$RW$$Base|       ;RW 区首地址送 R1
    LDR R3, = |Image$$ZI$$Base|       ;ZI 区首地址送 R3
    CMP R0,R1
    BEQ %F1
```

```
0
        CMP R1,R3
        LDRCC R2,[R0],#4
        STRCC R2,[R1],#4
        BCC %B0
1
        LDR R1,=|Image$$ZI$$Limit|
        MOV R2,#0
2
        CMP R3,R1
        STRCC R2,[R3],#4
        BCC %B2
```

例 6-2 将例 6-1 程序添加上数据区初始化代码,然后再观察例 6-1 所要求的诸项。

解

(1) 为例 6-1 程序添加初始化段

添加 RW 数据初始化程序段后,完整的程序代码如下:

```
        ;正文段=========================================
        AREA EXP6_1,CODE,READONLY
        ENTRY
        ARM
        ;数据区初始化代码段-------------------------------
        IMPORT |Image$$RO$$Limit|
        IMPORT |Image$$RW$$Base|
        IMPORT |Image$$ZI$$Base|
        IMPORT |Image$$ZI$$Limit|
        LDR R0,=|Image$$RO$$Limit|          ;初始化数据首地址送 R0
        LDR R1,=|Image$$RW$$Base|           ; RW 区首地址送 R1
        LDR R3,=|Image$$ZI$$Base|           ; ZI 区首地址送 R3

        CMP R0,R1
        BEQ %F1
0
        CMP R1,R3
        LDRCC R2,[R0],#4
        STRCC R2,[R1],#4
        BCC %B0
1
        LDR R1,=|Image$$ZI$$Limit|
        MOV R2,#0
```

```
2
        CMP R3,R1
        STRCC R2,[R3],#4
        BCC %B2
        ;用户逻辑代码段 ----------------------------------------
        LDR R0, = DATA1
        LDR R1,[R0]
        LDR R3, = 0x55555555
HALT
        B HALT
        ;静态数据区 ====================================
        AREA EXP6_1DT,DATA,READWRITE
DATA1   DCD 0x88888888
        DCD 0x99999999
        END
```

(2) 观察程序的加载域和执行域

将上面程序编译链接后,按下调试按钮观察程序的加载域图 6-9 所示。

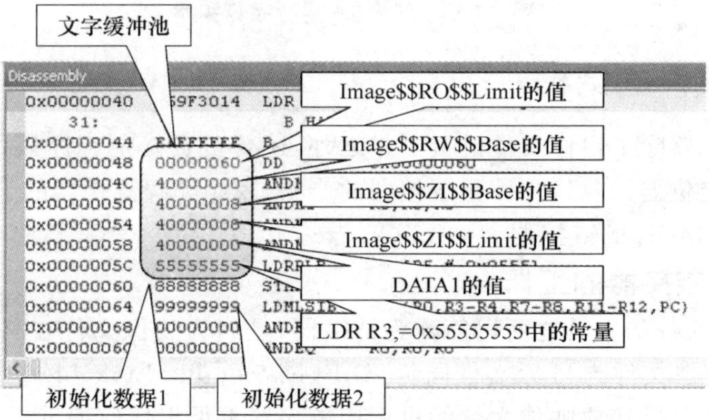

图 6-9 程序加载域的高地址部分

可见,由于引用了编译器提供的符号,程序的文字缓冲池多了几个数据,具体情况见图 6-9。

(3) 单步仿真运行程序并观察运行区及程序运行结果

经单步仿真运行可以看到,初始化程序段执行之后,RAM 数据区已被初始化,待程序运行完毕后,寄存器 R1 中得到了预期的结果,即 R1=0x88888888。程序运行结果如图 6-10 所示。

从图 6-10 中还可以看到,虽然程序正文段的执行域和加载域同属一个区域,但其数据区的执行域与加载区却不相同，加载域位于 ROM，而数据区位于 RAM。所以本例再一次说明，程序的加载域与执行域不是同一个概念。

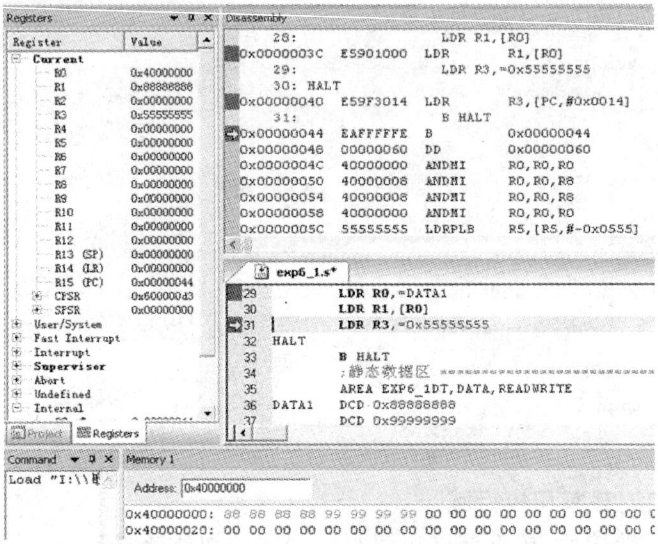

图 6-10　例 6-2 程序运行结果

6.2.3　映像文件的结构

前面讲过，链接器除了目标文件链接工作之外，还要负责确定程序段的地址，所以链接器的全称为链接器/定位器。映像文件是链接器的产物，因此了解链接器的工作是理解映像文件的基础。Realview MDK 的链接器为 armlink.exe。

1. 初步了解链接器的工作

用来制作映像文件的工具之所以简称为链接器，是因为映像文件在格式上与目标文件完全相同，ARM 的映像文件与目标文件同为 ELF(Executable Linkable Format)，为非文本文件，从而在把目标文件链接成映像文件的过程中链接器不承担任何编译任务，其主要工作就是把项目中的所有目标文件链接成一个文件。当然，这个链接工作并不是简单的连接，而是需要完成两项工作：一是把分散于各个目标文件中的具有相同访问属性的程序段合并成新的段，以便将来加载存储操作；二是确定程序段的加载域地址和执行域地址，即定位。

为了解链接器的工作，下面给出了一个简单的示例。

例 6-3　为了观察链接器对多个源文件的处理方式，现将例 6-3 中的代码写入 exp6_3_1 和 exp6_3_2 两个源文件(对应地，编译后有两个目标文件)。其中，文件 exp6_3_1 中的代码如下：

```
        ;正文段==================================
        AREA EXP6_1,CODE,READONLY
        ENTRY
        ARM
        ;数据区初始化代码段-----------------------------------
        IMPORT |Image$$RO$$Limit|
        IMPORT |Image$$RW$$Base|
        IMPORT |Image$$ZI$$Base|
        IMPORT |Image$$ZI$$Limit|
        LDR R0, = |Image$$RO$$Limit|            ;初始化数据首地址送 R0
        LDR R1, = |Image$$RW$$Base|             ;RW 区首地址送 R1
        LDR R3, = |Image$$ZI$$Base|             ;ZI 区首地址送 R3
        LDR R5, = DATA2
        CMP R0,R1
        BEQ %F1
0
        CMP R1,R3
        LDRCC R2,[R0],#4
        STRCC R2,[R1],#4
        BCC %B0
1
        LDR R1, = |Image$$ZI$$Limit|
        MOV R2, #0
2
        CMP R3, R1
        STRCC R2, [R3], #4
        BCC %B2
        IMPORT USER
        B USER
        ;静态数据区
        AREA EXP6_3, DATA, READWRITE
DATA2     DCD 0xAAAAAAAA
        DCD 0xBBBBBBBB
        END
```

可见,这就是例 6-3 中的初始化程序段,所不同的是,在该程序段后面又增加一个具有读/写属性的静态数据区,目的就是观察链接器对数据区的处理方式。

文件 exp6_3_2 中的代码如下：

```
        ;用户逻辑代码段 -----------------------------------
        EXPORT USER
        AREA EXP6_3_2,CODE,READONLY
USER
        LDR R0, = DATA1
        LDR R1,[R0]
        LDR R3, = 0x55555555
HALT
        B HALT
        ;静态数据区 ================================
        AREA EXP6_1DT,DATA,READWRITE
DATA1   DCD 0x88888888
        DCD 0x99999999
        END
```

编译链接该程序，在按下调试按钮后观察程序加载域在ROM中的布局情况。

解 编译链接程序，在按下调试按钮后，在反汇编窗口看到的程序加载域在ROM中的布局情况如图6-11所示。

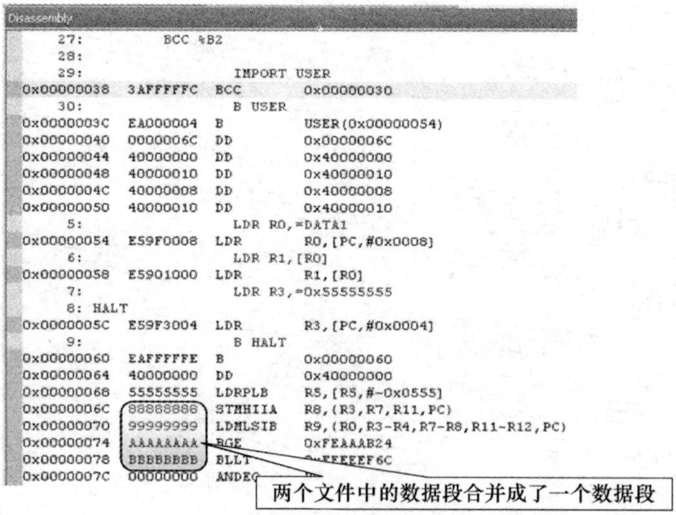

图6-11　两个文件中的相同属性段进行了合并

从图6-11中可清楚地看到，链接器不仅把两个文件中的程序链接在一起形成了地址连续的可执行文件，而且根据程序段的访问属性把两个文件中具有相同属性的段进行了合并。

其中，地址 0x0～0x68 为两个文件中具有只读属性（程序代码和常量）部分的合并，这个区域既是这部分的加载域，也是它的执行域；而 0x6C～0x78 则是两个文件中具有读/写数据属性的数据段的合并，但这个空间只是它的加载域，其执行域位于 RAM 空间，并在文字缓冲池中保存了执行域的起始地址（本例为 0x40000000）。

至于内存只读（RO）空间与读/写（RW）空间首地址，则需在 Options for Target 对话框中的 Linker 选项卡中设定，如图 6-12(a)所示。如果在该选项卡的 R/W Base 文本框中设定的是 0x40000000，则从 MDK 的内存查看窗口可以看到，程序初始化后，数据段中的数据被初始化程序复制到了它的执行域 0x40000000～0x4000000C 中，如图 6-12(b)所示。

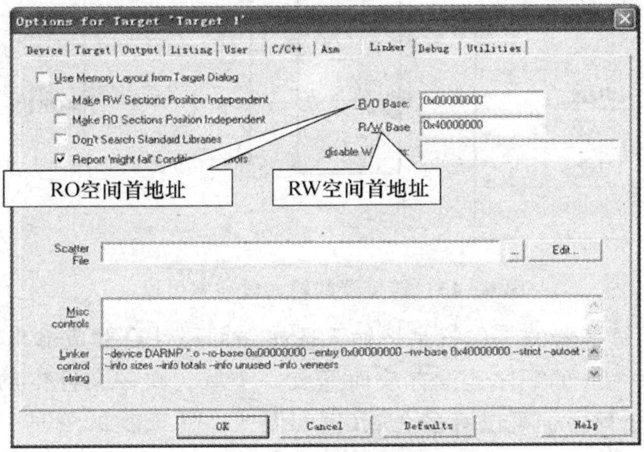

(a) 内存RO与RW空间首地址的设置

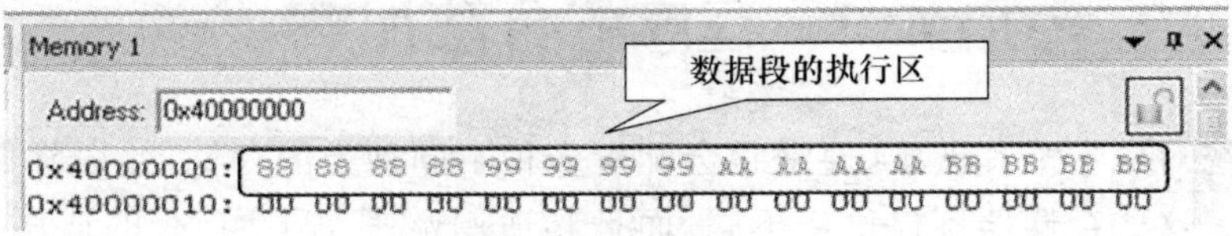

(b) 内存中数据段的执行区

图 6-12 数据段的执行区

2. 输入段和输出段

从例 6-3 可知，链接器的作用就是把目标文件中的程序段（或数据）重新进行组织，从而形成一些新的程序段。于是，从链接器的角度看，即目标文件中的段为输入段，而由链接器新组织起来的段（即映像文件中的段）则叫做输出段。

在将输入段组成输出段时，如果没有特殊安排，链接器会把所有具有同一属性的输入段合并成一个新段，并为它们安排加载域地址和执行域地址。

链接器的作用如图 6－13 所示。

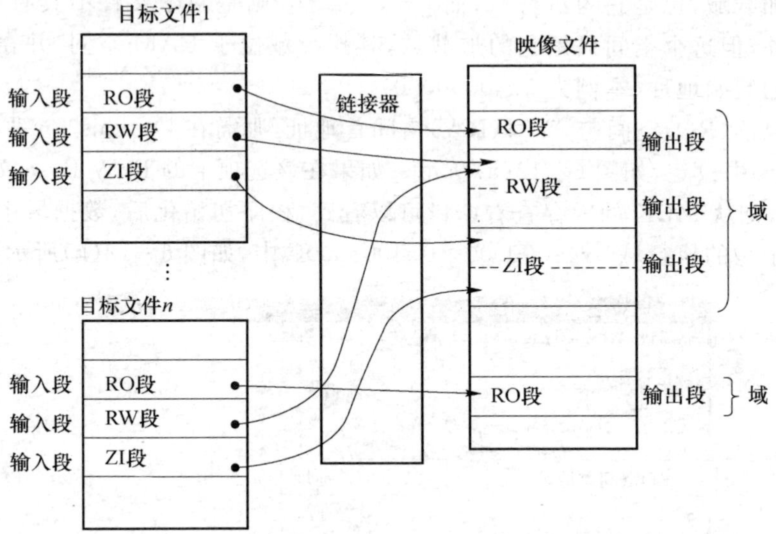

图 6－13　链接器的输入段和输出段

从图 6－13 可见，链接器的工作就是把输入段按访问属性合并成输出段，并且把得到的多个输出段按 RO→RW→ZI 的顺序连续存放而形成一个域。映像文件中的一个域对应于一个内存中的加载域。一个程序也可以有多个域（例如图 6－13 表示的就是一个具有多个域的程序映像文件），但在大多数情况下，一个程序只有一个域。

6.3　程序的分散加载

嵌入式系统对成本极其敏感，通常它会配置多种不同种类的存储器，以降低成本来满足不同的应用需求。这些存储器不仅价格不同，而且其适用范围也不同，有的适用于程序的保存，有的适用于程序的运行，因此嵌入式系统工程通常会有不同的加载域和执行域。于是，为了使开发者可以对链接器所进行的地址定位工作进行干预以满足设计要求，完善的开发工具必须为开发者提供相应的手段及工具，以确保程序能有合适的加载域和执行域。通常的办法是由开发人员先编写一个分散加载文件（Scatter File），然后让编译器按照这个分散加载文件的指示来进行链接器的链接定位工作，并同时为系统生成相应的映像文件加载（烧写）程序和分散加载程序。

6.3.1　基本概念

在嵌入式系统中，一个程序的运行常常需要两个向存储器的加载过程：一个是将映像文件向程序在内存中加载域的加载过程，另一个是需要运行一个程序时将该程序从加载域向执行域的加载(复制)过程。之所以如此，是因为程序运行时除了正文段有可能在 ROM 中的加载域就地运行之外，其他段均需从加载域复制到执行域运行。为了区别上述两个加载过程，把程序加载(复制)到各自执行域的这个加载过程叫做分散加载，因为这项工作实质上是把集中存放在内存空间的程序分散复制到各个执行区的过程。

其实，细心的读者可能会发现，例 6-3 中已经使用了分散加载技术，因为例子中，程序启动后依靠初始化程序把数据段从它的加载域复制到了执行域，从而保证了程序的正常运行。当然，这里用来实施分散加载工作的初始化程序是由程序员编写的。这种用来完成分散加载任务的初始化程序就叫做分散加载程序。

根据需要的不同，分散加载的方案也不一样，为使读者有一个初步的概念，图 6-14 示出了两个典型的程序分散加载方案。其中，方案 1 就是例 6-3 程序的方案，方案 2 则是把除了初始化程序段的代码段和数据段均复制到了 RAM，因为在 RAM 中程序的运行速度远远高于 ROM 中的就地运行速度。但不管是方案 1 还是方案 2，初始化程序必须留在 ROM 中就地运行，这个初始化程序的加载域叫做根域。

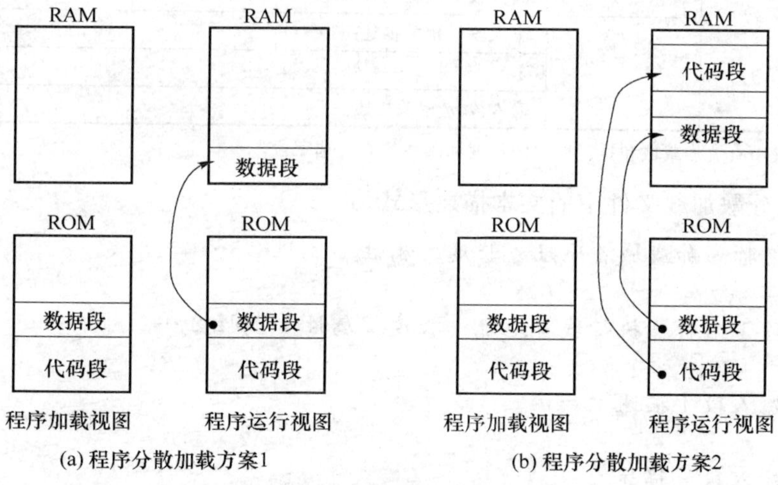

图 6-14　程序分散加载的两种方案示例

6.3.2　分散加载文件

分散加载文件(Scatter)是指导链接器进行定位工作及产生相应分散加载程序的文件，在 Realview MDK 中，其文件扩展名为.sct。

1. 加载文件的基本格式

分散加载文件是一个用于指导链接器工作的文本文件。该文本文件用表格的方式描述映像文件中的域、输出段和输入段。加载域表为基本表，一个加载域表表示一个加载域，加载域表由多个子表组成，每个子表表示一个输出段，而子表则以输入段为表项。

加载域表及其子表(即输出段表)都有名称等信息，该信息都记录在相应的表头中。在这里需要特别指出的是，表头中除了含有名称等常规信息之外，还含有该表所描述的加载域或输出段的首地址。其中，加载域的首地址便是程序被加载到内存后其所占用空间的首地址；输出段的首地址则是程序段由加载域复制到执行地的首地址，即为执行域首地址。在执行域与加载域重叠的情况下，输出段描述中的执行域地址可省略。

分散加载文件中用来描述一个加载域的表格如表6-2所列。

表6-2　加载域表格式

加载域1名称	加载域首地址　长度　属性1　属性2…	
	输出段1名称	执行域首地址　长度　属性1 属性2…
		输入段1相关描述
		⋮
		输入段 n 相关描述
	⋮	
	输出段 k 名称	执行域首地址　长度　属性1 属性2…
		输入段1相关描述
		⋮
		输入段 m 相关描述

注：其中有关加载域和执行域中的长度和属性均为可选字段。

表6-2在分散加载文件中的文本描述形式为：

```
加载域1名称  加载域首地址  长度  属性1 属性2…
{
    输出段1名称  执行域首地址  长度  属性1 属性2…
    {
        输入段1描述
           ⋮
        输入段n描述
    }
           ⋮
    输出段n名称  执行域首地址  长度  属性1 属性2…
    {
        输入段1描述
        ⋮
        输入段m描述
    }
}
```

如果一个程序需要多个域，那么分散加载文件中就有多个上面所示的描述。

综上所述，映像文件是以域为单位来标注加载域地址而以输出段为单位标注执行域地址的。

2. 输入段的段名描述法

从描述方式上来看，分散加载文件有两种描述输入段的方式：段名描述法和选择子描述法，这里先介绍前者。

输入段段名描述法的基本格式为：

```
目标文件名（段名）
```

下面举例说明。

例 6-4 有程序代码如下：

```
        AREA TEST,CODE,READONLY
        ENTRY
        LDR R7, = Dat1              ;地址 Dat1 赋 R7
        LDR R0, = 0x8A8A8A8A        ;立即数赋 R0
        STR R0,[R7]                 ;由 R0 向(Dat1)赋值
        B SEC

        AREA TEST1,CODE,READONLY
SEC
        LDR R6, = Dat10             ;地址 Dat10 赋 R6
        LDR R0,[R6]                 ;(Dat10)赋 R0
        LDR R6, = Dat2              ;地址 Dat2 赋 R6
        STR R0,[R6]                 ;由 R0 向(Dat2)赋值
HALT
        B HALT

        LTORG
Dat10   DCB 0x99                    ;从此处开始存放一个 32 位数
Dat11   DCB 0x99
Dat12   DCB 0x99
Dat13   DCB 0x99
    AREA DAT,DATA,READWRITE
Dat1    SPACE 8                     ;预留 8 字节空间
Dat2    SPACE 8                     ;预留 8 字节空间
    END
```

已知编译后，其目标文件名为 exp6_4.o。试使用段名描述法写出分散加载文件中的输入

段描述语句。

解 该程序有三个段：TEST、TEST1 和 DAT。根据上面介绍的格式，三个输入段在分散加载文件中的描述语句为：

```
exp6_1.o (TEST)
exp6_1.o (TEST1)
exp6_1.o(DAT)
```

3. 输出段的描述

链接器把同属性的输入段合并起来形成输出段并用花括号把它们括起来，然后再为其命名并在名称后面注明输出段的执行域地址及长度。其基本格式为：

```
输出段名称  执行域地址 长度
{
    输入段 1
    输入段 2
     ⋮
}
```

例 6－5 程序代码与例 6－4 相同，试写出该程序分散加载文件中输出端的描述语句。

解 根据例 6－4 的程序代码可知，该程序可执行文件中应该有两个输出段，即一个只读的代码段和一个可读/写的数据段。运行时，只读段可以在 ROM 中就地运行，可读/写段则需要占据 RAM 空间。于是可执行文件的两个输出段描述语句为：

```
;只读段
ER_IROM1 0x00000000 0x00000080            {;执行域首地址为 0x0
    exp6_1.o (TEST)
    exp6_1.o(TEST1)
}
;可读/写段
RW_IRAM1 0x40000000 0x00001000            {;执行域首地址为 0x40000000
    exp6_1.o(DAT)
}
```

其中，ER_IROM1 为第一个输出段名称，其后的 0x00000000 为该段执行域首地址，0x00000080 为执行域长度（可省略）；RW_IRAM1 为第二个输出段名称，其后的 0x40000000 为该段执行域首地址，0x00001000 为执行域长度（可省略）。

4. 加载域的描述

连续存放的多个输出段在内存（通常为 ROM）中形成了一个加载域。在映像文件中，加载域的描述语句格式为：

```
加载域名称  加载域地址 长度
{
    输出段 1
    输出段 2
    输出段 3
}
```

例 6－6 程序代码与例 6－4 相同，试写出该程序分散加载文件中加载域的描述语句。

解 根据例 6－5 结果可知，该程序可执行文件中应该有两个输出段，即一个只读（RO）的代码段和一个可读/写（RW）的数据段，这两个输出段连续存放在 ROM 中形成一个加载域，该域的描述语句为：

```
LR_IROM1 0x00000000 0x00000080 {                ;加载域首地址为 0x0
    ER_IROM1 0x00000000 0x00000080 {            ;执行域地址与加载域地址相同
      exp6_1.o (TEST)
      exp6_1.o(TEST1)
    }
    RW_IRAM1 0x40000000 0x00001000 {            ;执行域首地址为 0x40000000
      exp6_1.o(DAT)
    }
}
```

其中，LR_IROM1 为加载域名称，地址 0x00000000 为域在 ROM 中的首地址，0x00000080 为其长度（可省略）。

5. 输入段的选择子描述

在分散加载文件中，输入段除了可以使用段名称来表示之外，还可以使用选择子来表示多个具有某种相同属性的段。选择子也叫做段过滤器，它以“＋”号开头，不区分大小写。为了清楚起见，多个选择子之间可以使用“，”号分隔。

段选择子名称及其含义见表 6－3。

表 6－3 段选择子及其含义

选择子	含　义	选择子	含　义
RO－CODE 或 CODE	只读代码段	RO－DATA	只读数据段
RO 或 TEXT	只读段	RW－DATA 或 CONST	读/写数据段
RW－CODE	读/写代码段	RW 或 DATA	读/写段
ZI 或 BSS	初始化段	ENTRY	包含入口的段

例如,libtx.a（ +RO)表示库文件 libtx.a 中的所有只读段(所有只读代码段和只读数据段),libtx.a（ +RO－DATA)则表示库文件 libtx.a 中的所有只读数据段。

如果使用段选择子来描述输入段,那么前面加载域的描述就可改写为:

```
LR_IROM1 0x00000000 0x00000080 {              ;加载域首地址为 0x0
    ER_IROM1 0x00000000 0x00000080 {          ;执行域地址与加载域地址相同
        exp6_1.o ( + RO)
    }
    RW_IRAM1 0x40000000 0x00001000 {          ;执行域首地址为 0x40000000
        exp6_1.o( + RW)
    }
}
```

有时,某个输入段在输出段中的先后顺序比较重要,那么这时可以在段名或选择子的后面使用伪属性 FIRST 和 LAST 来进行说明。其中,FIRST 表示它所说明的输入段为输出段中的第一个段,LAST 表示它所说明的输入段为输出段中的最后一个段。例如,如果需要强调 exp6_1.o (TEST)必须安排在输入段的首部,那么上面的加载域描述就应该为:

```
LR_IROM1 0x00000000 0x00000080 {                ;加载域首地址为 0x0
        ER_IROM1 0x00000000 0x00000080 {        ;执行域地址与加载域地址相同
            exp6_1.o (TEST  + First)
            exp6_1.o( + RO)
        }
        RW_IRAM1 0x40000000 0x00001000 {        ;执行域首地址为 0x40000000
            exp6_1.o( + RW)
        }
    }
```

6. 输出段属性

为了准确地表达程序设计者的意愿,分散加载文件允许用户使用一些关键字表示输出段与执行域地址相关的一些特殊要求,这种关键字叫做输出段属性。输出段常用属性见表 6－4。

表 6－4　输出段常用属性

属　性	含　义
PI	独立段。段的存储位置与其他段无关,可以在内存中任意移动
OVERLAY	可覆盖段。该段执行域可与其他段的执行域共用
ABSOLUTE	绝对地址段。执行域的地址为绝对地址,是默认属性
FIXED	固定地址段。加载域地址与执行域地址相同(通常为根区)
UNINIT	不用初始化该区数据的 ZI 段
RELOC	无法明确指定执行域地址的输出段,该段可重新部署,也可与其他段重叠

在分散加载文件中，如果对于输出段没有显式地标注其属性，那么该段的属性要么与其前面的执行域属性相同，要么具有默认属性 ABSOLUTE。

7. 根　区

需要注意，程序代码或数据从加载区向执行域的搬移复制工作是由程序完成的，而且该程序就地运行于加载区且位于加载区的首部。因为只有这样，才能保证计算机复位启动时程序被正常启动。这种放置在加载域首部，且与加载域地址重叠的执行域叫做程序的根区。

一个正常的嵌入式系统应用程序必须具有一个根区，例如前面加载域描述中的 exp6_1.o (TEST +First)。

8. 入口点

凡是程序可以开始执行的位置，都叫做程序的入口点。ARM 程序的入口点有两种类型：初始入口点和普通入口点。所谓普通入口点，就是在程序段中使用 ENTRY 命令设置的入口点。普通入口点通常作为 RESET、IRQ 和 FIQ 等异常情况的入口点。另外，链接器在删除未使用段时不会删除使用了 ENTRY 的段。

任何程序必须有初始入口点，而且一个程序映像只能有一个初始入口点，它是程序运行的起始地址。初始入口点既可以是普通入口点，也可以不是普通入口点，但它必须处于非重叠的根执行域（载入地址与执行地址相同）内，它通过链接命令选项 -entry 来指定。例如，如果用户在链接时使用了命令

```
-entry 0x0
```

则程序的初始入口点就被指定在 ROM 的地址为 0x0 处。

如果没有在链接器命令中使用 - entry 选项指定初始入口点，但映像中仅包含一个由 ENTRY 命令设置的入口点，那么这个入口点自动作为映像的初始入口点。

如果未明确指定初始入口点，而又存在着一个以上的由 ENTRY 说明的入口点，那么链接器会生成一个没有入口点的映像文件，并发出警告。

对于 C/C++程序，__main()函数在 C 库仍然是程序的入口点。

对于那些需要用操作系统或引导程序将用户程序载入 RAM 的系统来说，操作系统或引导程序中载入程序将通过把控制权交给映像中的初始入口点开始映像的执行。

6.3.3 MDK 生成的分散加载文件

用户可以根据自己对程序加载区和执行域的要求，按照文件格式来编写自己的分散加载文件并用来指导链接器的链接工作。但为了减轻开发者的负担，Realview MDK 提供了一套可自动生成分散加载文件的工具，该工具生成的分散加载文件与 MDK 提供的启动代码配合，

为用户提供了一个大多数情况下都可使用的应用程序框架。因此，只要没有极为特殊的要求，大多数开发者都会选用 MDK 提供的工具来生成自己的分散加载文件。

1. MDK 分散加载文件的使用方法

当程序不是特别复杂时，使用由 MDK 所生成的分散加载文件并使用其提供的启动代码是一个明智的选择。当然，在享受这个便利的同时，要遵守以下四条规则：

- 在创建工程时要选用 MDK 提供启动代码的选项。
- 在 Options for Target '×××'对话框的 Target 选项卡中，对目标机的内存地址分配进行合理的设置。Target 选项卡的内容如图 6-15 所示。
- 确认在 Options for Target '×××'窗口的 Linker 选项卡中勾选了 Use Memory Layout from Target Dialog 选项，如图 6-16 所示。
- 用户程序必须含有 C 程序代码，且其中必须包含主函数 main()。因为只有这样，MDK 才能自动为用户添加__main 程序段，而该程序段则包含了分散加载时所需要的分散加载程序和其他有关 C 程序运行的初始化程序段。

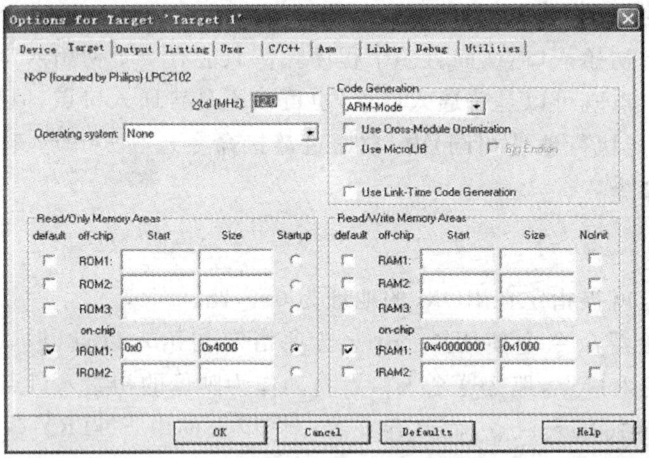

图 6-15 Options for Target 对话框中 Target 选项卡

如果满足了上述条件，在程序进行编译时 MDK 就会自动为用户生成一个分散加载文件，并将该文件名自动添入 Options for Target '×××'窗口的 Linker 选项卡中的 Scatter File 文本框，如图 6-16 所示。为了表示文件是 MDK 自动生成的，用户不可随便修改，Scatter File 文本框呈现出了灰色状态。至于 Linker 选项卡中用于设置存储器地址的 R/O Base 和 R/W Base 文本框也呈现出了表示不可修改的灰色，则是因为用户勾选了 Use Memory Layout from Target Dialog 选项，从而使得存储器地址的设置取决于图 6-15 所示的 Target 选项卡，而不是图 6-16 所示的 Linker 选项卡。

其实在学习前面的例题时，稍微注意一下便会知道，使用 MDK 提供的分散加载文件是开发环境的默认选项，即当建立一个新工程时，如果用户需要使用 MDK 提供的分散加载文件，那么只需遵守前面所说的三条规则即可，根本不需要打开 Linker 选项卡。

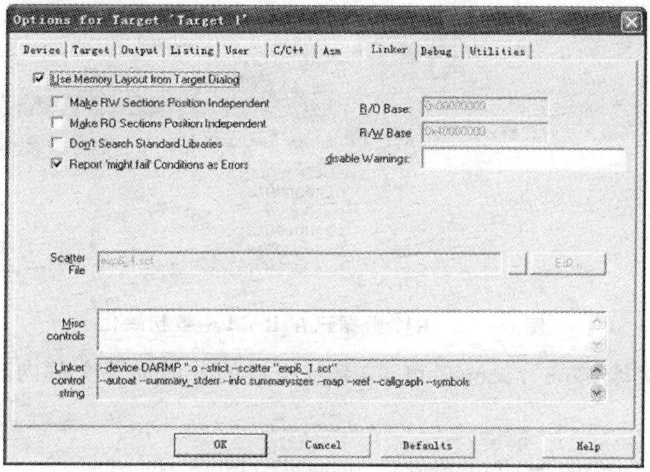

图 6-16　使用默认的分散加载文件

例 6-7　有 C 程序代码如下：

```
int x = 22;
int y = 33;
int main(void)
{
    int z;
    z = x + y;
    return z;
}
```

使用 MDK 生成的分散加载文件生成可执行文件，然后仿真运行观察 C 程序中的静态变量在 RAM 中的初始化情况。

解　创建工程，选择 NXP 公司的 LPC2102 处理器，使用系统提供的启动代码，在 Linker 选项卡中勾选 Use Memory Layout from Target Dialog 选项。接下来创建文件 exp6_7.c，并在其中输入题目所给出的代码，保存后编译并仿真运行。当按下调试按钮后得到的结果如图 6-17 所示。

可见，RW 数据已被自动初始化。

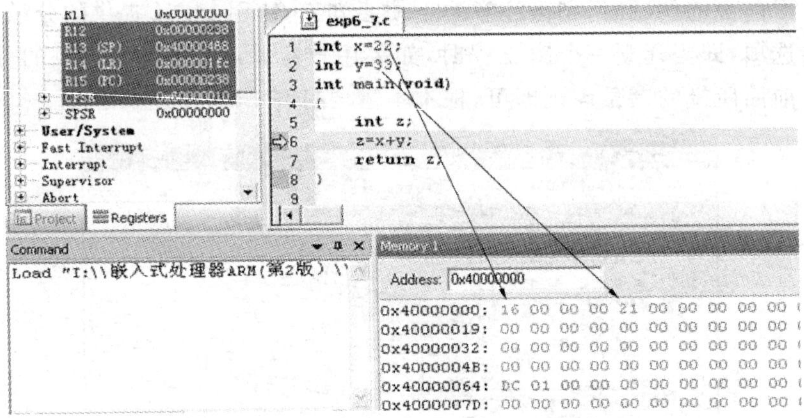

图 6-17　RW 数据已在 RAM 中被初始化

打开分散加载文件 exp6_7.sct 后可见，系统生成的分散加载文件内容如下：

```
; *************************************************************
; *** Scatter - Loading Description File generated by uVision ***
; *************************************************************
LR_IROM1 0x00000000 0x00004000  {          ; load region size_region
   ER_IROM1 0x00000000 0x00004000  {       ; load address = execution address
    *.o (RESET, +First)
    *(InRoot$$Sections)
   .ANY (+RO)
   }
   RW_IRAM1 0x40000000 0x00001000  {       ; RW data
   .ANY (+RW +ZI)
   }
}
```

在系统生成的分散加载文件中可见，分散加载文件不仅可以使用通配符“*”，而且还可以在输出段的末尾使用.ANY 表示除了前面已说明的所有剩余文件。

输入段语句*.o (RESET, +First)的意思是，告诉链接器在所有的目标文件中查找名称为 RESET 的段，找到后将其作为加载域的第一个段。输入段语句.ANY (+RO)的意思是，通知链接器使用剩余的属性为 RO 的文件以任意方式填入本输出段。而.ANY (+RW +ZI)的含义与.ANY (+RO)语句类似。

至于*(InRoot$$Sections)，则表明在此处插入 InRoot$$Sections 所代表的程序段，该程序段由库提供，它的主要工作之一便是分散加载。

2. 分散加载文件的修改

虽然 MDK 不主张用户对自动生成的分散加载文件进行手工修改，但不反对使用其提供的修改工具进行修改。

例如，现在为了提高程序的执行速度，希望能把例 6－7 中 C 程序的执行域放置在 RAM 中，那么就可按下述方法使用修改工具来修改 MDK 自动生成的分散加载文件。

首先在工程管理窗口中选中 C 程序文件，并单击右键打开快捷菜单，然后在打开的 Options for File‘exp6_4.c’对话框中，如图 6－18 所示，在表示 exp6_7.c 目标文件代码和常量(Code/Const)执行域设置的文本框中选中 RAM 空间；接下来编译、链接文件；最后便可得修改后的分散加载文件，如图 6－19 所示。

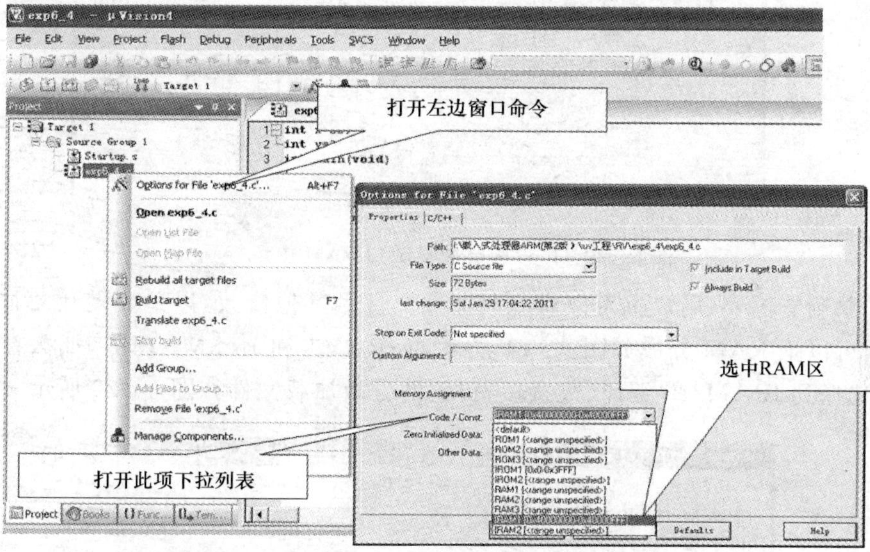

图 6－18　使用 Options for File‘exp6_4.c’对话框修改分散加载文件

```
; *************************************************************
; *** Scatter-Loading Description File generated by uVision ***
; *************************************************************

LR_IROM1 0x00000000 0x00004000  {    ; load region size_region
  ER_IROM1 0x00000000 0x00004000  {  ; load address = execution ad
   *.o (RESET, +First)
   *(InRoot$$Sections)
   .ANY (+RO)
  }
  RW_IRAM1 0x40000000 0x00001000  {  ; RW data
   exp6_7.o (+RO)
   .ANY (+RW +ZI)
  }
}
```

图 6－19　修改后的分散加载文件

从图 6－19 可以看到，在 RW_IRAM1 输出段多了一个输入段 exp6_7.0(＋RO)。

按上述方法设置后，再运行程序就可以看到 C 程序已经被复制到 RAM 空间运行了，如图 6－20 所示。

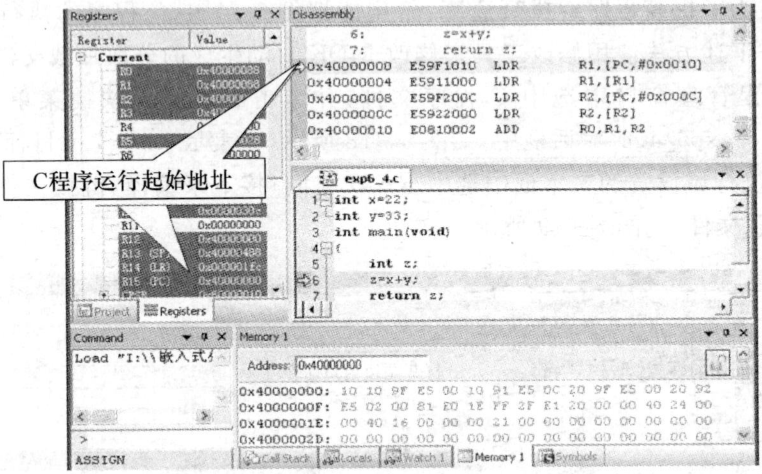

图 6－20　C 程序已被复制到 RAM 中运行

当然，如果确有需要，用户也可以对分散加载文件做其他修改，以达到使用不同存储器的目的。例如，可以把 RAM 分成如图 6－21 所示的 IRAM1 和 IRAM2 两段，那么在将 C 程序文件执行域选择到 IRAM2 并编译、链接后，得到的分散加载文件如图 6－22 所示。

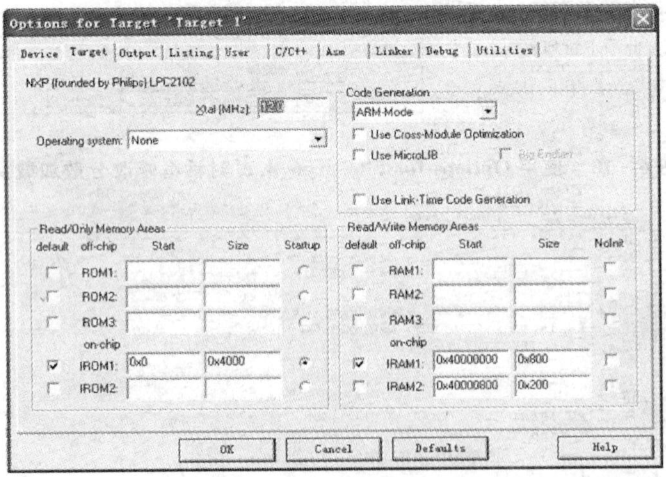

图 6－21　将 RAM 区分成两段

例 6-8 程序代码与例 6-7 相同，请使用 MDK 提供的分散加载文件修改工具，将 C 程序的加载域设置到 ROM 从地址 0x1000 开始的空间。

解

(1) 设置内存空间

按上述方法在 Target 选项卡中设置内存，如图 6-23 所示。

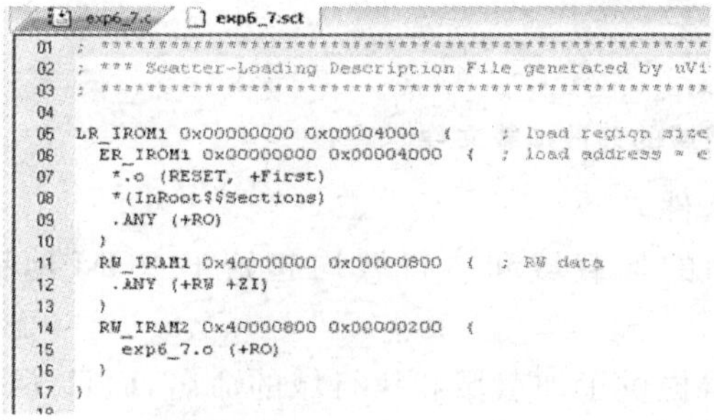

图 6-22 分散加载文件

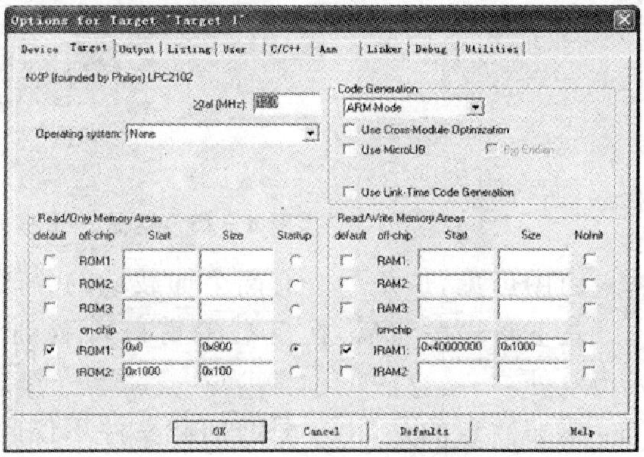

图 6-23 设置内存空间

(2) 设置 C 程序的加载区

在工程文件管理窗口打开 Options for ‘exp6_8.c’对话框，并在 Code/Const 文本框中设置 C 程序的加载区，如图 6-24 所示。

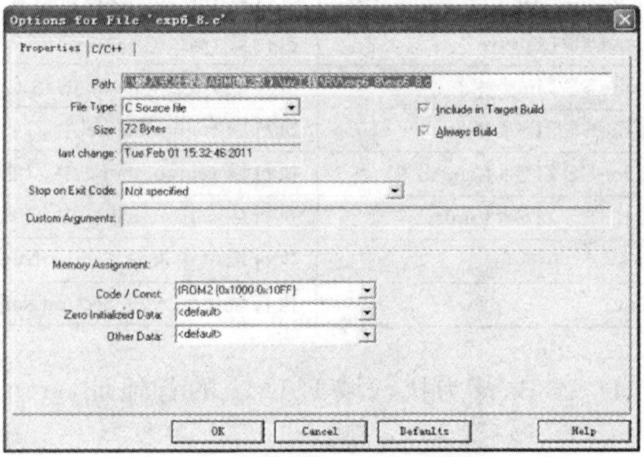

图 6-24 设置 C 程序的加载区

(3) 观察分散加载文件

将程序编译、链接后，打开得到的分散加载文件如图 6-25 所示。

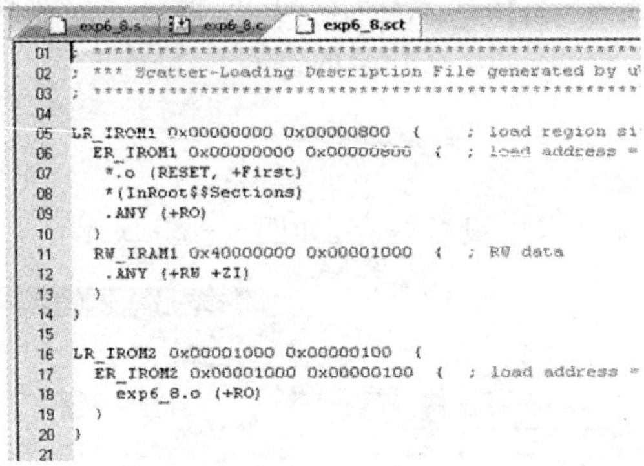

图 6-25 这是一个有两个加载域的分散加载文件

由图可见,这是一个有两个加载域的分散加载文件。

按下调试按钮后,在反汇编窗口可看到 C 程序的加载域和执行域均起始于 ROM 地址 0x1000 处。

需要注意的是,由于分散加载文件不仅向链接器提供了加载域和执行域的命名,而且还提供了程序加载域和执行域的地址,于是表 6-1 中所列的默认符号就不再有效,而代之以表 6-5 所列的符号。

表 6-5 使用分散加载文件时程序可引用的符号

变量名	含 义
Load $$ region_name $$ Base	加载域 region_name 首地址
Image $$ region_name $$ Base	执行域 region_name 首地址
Image $$ region_name $$ Length	执行域 region_name 长度
Image $$ region_name $$ Limit	执行域 region_name 的尾地址
Image $$ region_name $$ ZI $$ Base	执行域 region_name 中 ZI 段的首地址
Image $$ region_name $$ ZI $$ Length	执行域 region_name 中 ZI 段的长度
Image $$ region_name $$ ZI $$ Limit	执行域 region_name 中 ZI 段的尾地址
SectionName $$ Base	执行域中输入段 SectionName 的首地址
SectionName $$ Limit	执行域中输入段 SectionName 的尾地址

例如,Image $$ RAM1 $$ Base 为执行域 RAM1 的首地址,sram $$ Base 为输入段 sram 的首地址。

当然,如果程序特别复杂,或用户不愿使用 MDK 生成的分散加载文件,用户也可以自定义分散加载文件。在自定义分散加载文件时,用户必须取消 Use Memory Layout from Target Dialog 选项的勾选,然后用户自己编写分散加载文件,并在 Linker 选项卡的 Scatter File 文本框中填写分散加载文件的路径。

6.4 ARM 工程框架

在应用系统的程序设计中，通常不会用汇编语言来完成所有的编程任务，因为不仅其工作量巨大，而且也不利于系统的升级或应用软件的移植。因此在程序设计中，除了必须使用汇编语言来编写的部分之外，其他部分都会尽可能地使用高级语言（例如 C/C++）来编写。通常，汇编语言部分完成系统硬件的初始化，高级语言部分完成用户的应用；执行时首先执行初始化部分，然后再跳转到 C/C++部分，整个程序结构显得清晰明了，易于理解。

程序总体框架的结构如图 6-26(a)所示。由集成开发环境 Realview MDK 提供的 ARM 工程的基本结构如图 6-26(b)所示。

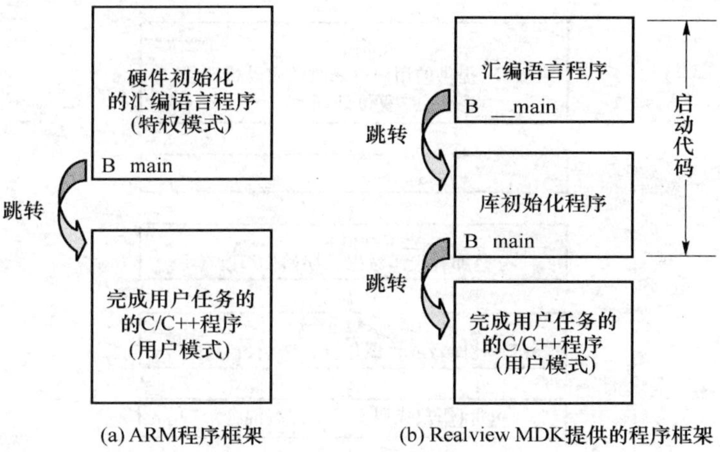

图 6-26 ARM 工程的程序框架

6.4.1 初始化程序部分

在用于完成初始化任务的汇编语言程序中，由于需要在特权模式下做一些诸如修改 CPSR 等特权操作，所以程序不能过早地进入用户模式。通常初始化过程大致会经历如图 6-27 所示的一些模式变化。

一般情况下，人们把系统开始执行的这部分程序叫做启动代码。为了方便用户，MDK 提供了大多数 ARM 处理器的启动代码，其文件名为 Startup. s。是否使用系统提供的启动代码，用户可以在创建工程并选择处理器型号之后，在弹出的对话框中进行选择，如图 6-28(a)所示。

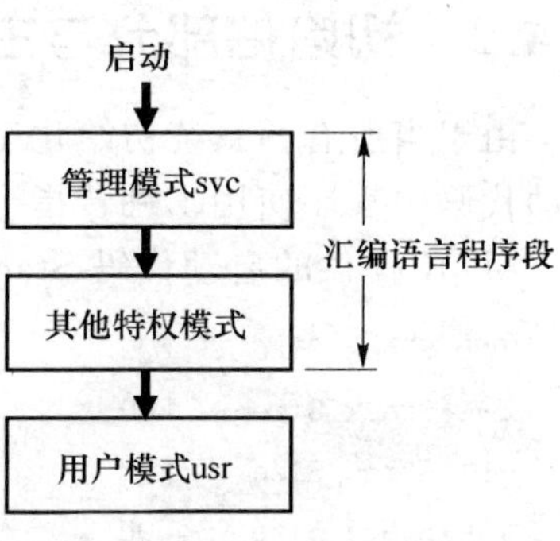

图 6-27 程序启动后模式的变化

如果用户选择使用启动代码,在工程管理窗口中可以见到启动代码文件的图标,如图 6-28(b)所示。

(a) 选用启动代码的对话框

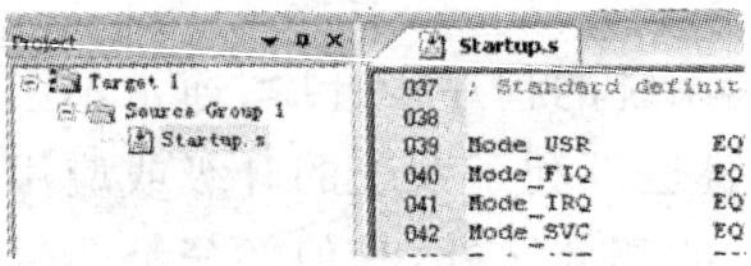

(b) 选中后启动代码自动添入工程

图 6-28　选用启动代码

MDK 提供的不使用操作系统的 ARM 工程程序框架细节如图 6-29 所示。图 6-29 中,阴影框为 C/C++库所提供的代码。

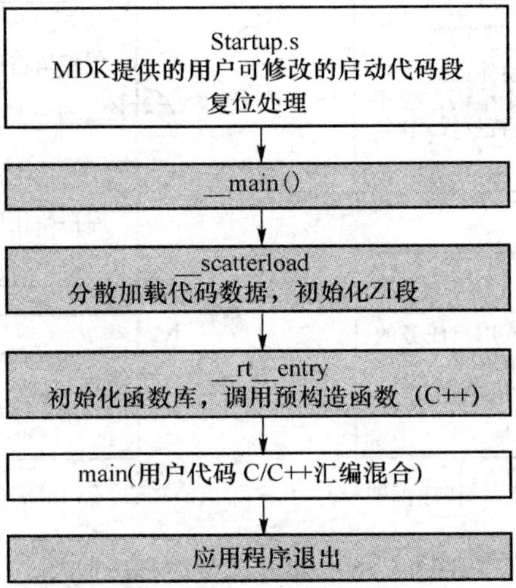

图 6-29　MDK 提供的程序框架

6.4.2　初始化部分与主应用程序部分的衔接

由于当所有的系统初始化工作完成之后需要把程序流程转入主应用程序,所以汇编语言启动代码中程序使用了跳转指令,从启动代码转移到了 C/C++库初始化入口。

MDK 提供的启动代码 Startup.s 中的部分代码如下:

```
UND_Stack_Size    EQU        0x00000000
SVC_Stack_Size    EQU        0x00000008
ABT_Stack_Size    EQU        0x00000000
FIQ_Stack_Size    EQU        0x00000000
IRQ_Stack_Size    EQU        0x00000080
```

```
USR_Stack_Size  EQU           0x00000400

ISR_Stack_Size EQU (UND_Stack_Size + SVC_Stack_Size + ABT_Stack_Size + \
                              FIQ_Stack_Size + IRQ_Stack_Size)
;以下为堆栈处理代码
                AREA          STACK, NOINIT, READWRITE, ALIGN = 3
Stack_Mem       SPACE         USR_Stack_Size
__initial_sp    SPACE         ISR_Stack_Size
Stack_Top

;以下为堆处理代码
Heap_Size       EQU           0x00000000
                AREA          HEAP, NOINIT, READWRITE, ALIGN = 3
__heap_base
Heap_Mem        SPACE         Heap_Size
__heap_limit

                AREA          RESET, CODE, READONLY
                ARM
                    ⋮
;以下为进入__main 代码
                IMPORT    __main
                LDR           R0, = __main
                BX            R0             ;跳转到__main
```

例 6-9 创建一个使用启动代码的工程,并设计一个什么也不做的 main 函数,进行如下实验:

① 使用 MDK 的软件仿真功能观察程序的启动运行过程,并注意本程序 C 代码的执行域地址。

② 修改工程设置,观察启动代码的执行过程。

③ 从工程中移出 C 文件,观察编译、链接的结果。

解

(1) 创建工程并仿真运行程序

创建工程 exp6_9,使用 NXP 公司的 LPC2102 处理器,选用 MDK 提供的启动代码,使用默认的分散加载文件。

创建 C 程序文件并输入如下代码后添加进工程。

```
int main(void)
{
    return 0;
}
```

编译、链接成功后，在软件仿真模式下单步运行程序，其结果如图 6-30 所示。

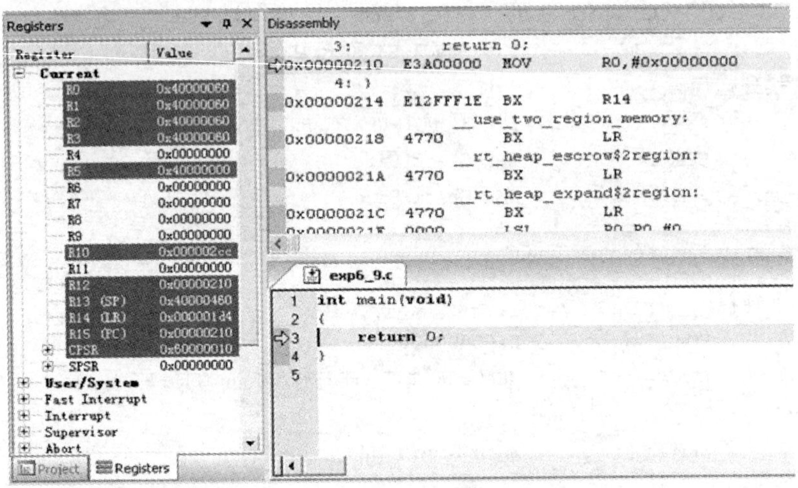

图 6-30　本程序 C 代码的执行域在 ROM 中

从仿真运行中可以看到两个事实：一是当使用单步运行时，MDK 自动运行启动代码而直接进入 C 程序的 main() 函数；二是 C 程序的执行域存在于 ROM 中，其第一条语句首地址为 0x00000210。

(2) 修改工程设置，单步运行启动代码

从前面的仿真运行中可见，因为 MDK 默认从 main() 函数开始运行程序，所以看不到启动代码的执行过程。如果想观察启动代码的执行，需要如图 6-31 所示，在 Options for Target '×××'窗口的 Debug 选项卡中去掉对于 Run to main()选项的选择。

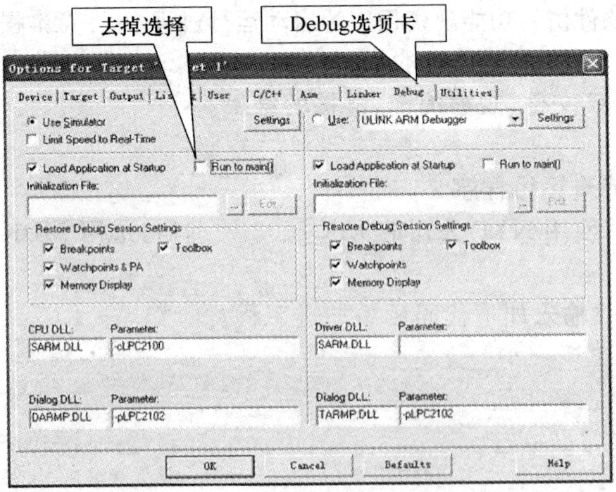

图 6-31　禁止 Run to main()

接下来编译、链接程序，然后按下调试按钮并单步运行。可以看到，程序从地址 0x00000000 处的启动代码开始运行了，如图 6-32 所示。

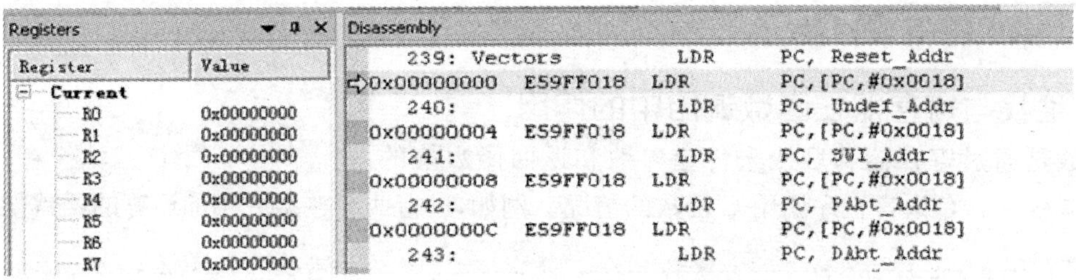

图 6-32　程序从 0x00000000 开始运行

但启动代码的单步运行只能执行到如图 6-33 所示的"BX R0"指令处，因为从此进入库代码了。

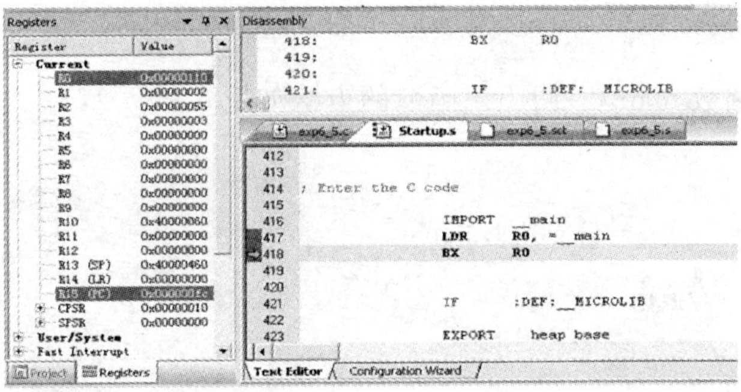

图 6-33　启动代码的单步运行只能执行到"BX R0"指令

(3) 移出 C 文件后编译、链接程序

如果从工程中移出含有 main() 函数的 exp6_9.c 文件，则在编译、链接时链接器会报错，其报错信息如下：

```
exp6_9.axf: Error: L6411W: No compatible library exists with a
definition of startup symbol __main.
```

这说明，用户在创建工程时如果指明了要使用系统提供的启动代码，那么用户就必须提供带有 main() 函数的 C 文件，否则系统将不加载库代码__main。

6.5　C 程序与汇编程序之间的函数调用

在规模稍大的计算机软件工程中，C 程序调用汇编函数和汇编程序调用 C 函数是经常发生的事情。为此，在 ARM 工程中，人们制定了 ARM-Thumb 过程调用标准 ATPCS(ARM-

Thumb Procedure Call Standard)，凡是按照此调用标准设计的子程序或函数均可以在 C 程序与 ARM 汇编程序之间调用。

6.5.1 ATPCS 简介

1. 堆栈与寄存器在函数调用中的作用

函数是通过寄存器和堆栈来传递参数和返回函数值的。

先考察一下 C 语言程序调用 C 函数的情况。例如，进行两个整型数相加运算的函数如下：

```
int AddInt(int x, int y)
{
    int s;
    s = x + y;
    return s;
}
```

在 C 程序中，主函数 main( )调用该函数的方法如下：

```
void main(void)
{
    ……
    AddInt(a,b);  //调用
    ……
}
```

从上述的调用过程中可以得到这样几个概念：

- 首先，函数 AddInt( )是一个相对独立的程序模块，其他 C 程序模块可以通过引用它的名称的方法来调用这个模块，即程序跳转到这个模块；
- 其次，在调用时要把实参赋给形参；
- 最后，函数要把函数计算结果作为返回值返回给调用函数，而且当函数结束之后，形参和返回值就统统没有存在价值了。

显然，函数名称应该是跳转目标地址，在汇编语言中它应该是一个表明函数存储位置的标号。而函数的形参和返回值，包括在函数中定义的变量都应该是局部变量，在需要它们时给它们分配存储空间，在函数执行完毕后就马上收回它们所占用的存储空间。因此，形参和返回值都应该定义在具有暂存性质的寄存器或堆栈中。

另外，由于函数调用是一个双向活动，寄存器及堆栈是双方数据的缓冲地，所以为了防止出现错误，需要对函数调用活动中寄存器及堆栈的使用方法制定一个规范。

当然，当 C 函数调用 C 函数时，上面这些事情都不需要程序员操心，因为它们都可由 C 编译器完成。但如果程序员需要编写一个 C 程序能调用的汇编语言函数，那么程序员就必须了解和掌握编译器的调用规定了，因为这就是在要求程序员代替 C 编译器把一个 C 函数翻译成汇编程序。

ARM 编译器使用的函数调用规则就是 ATPCS 标准。即 ATPCS 标准既是 ARM 编译器的规则，也是设计可被 C 程序调用的汇编函数的编写规则。

2. ATPCS 关于堆栈和寄存器的使用规则

ATPCS 规定，在函数内为函数参数或局部变量分配存储空间时，优先使用寄存器 R0～R3，当参数或局部变量较多，寄存器不能满足要求时，应该使用堆栈，并且堆栈应为 FD 型堆栈，即递减满堆栈。

所谓递减满堆栈，就是随着栈内数据的增加，栈指针的值（地址）逐渐减小（“递减”之意），且栈指针一直指向最后入栈数据的堆栈（“满”之意）。

FD 型堆栈示意图如图 6－34 所示。

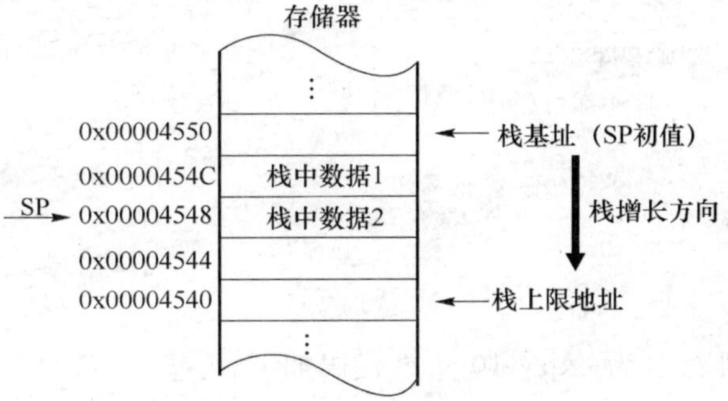

图 6－34　FD 型堆栈示意图

ATPCS 标准规定，对于参数个数不多于 4 的函数，编译器必须按参数在函数参数列表中的顺序，自左向右为它们分配寄存器 R0～R3。其中，函数返回时，R0 还被用来存放函数的返回值。

为一个有两个参数的函数分配寄存器的示意图如图 6－35 所示。

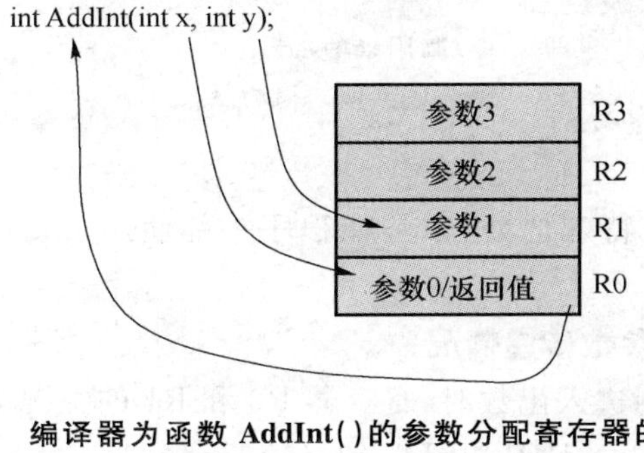

图 6－35　编译器为函数 AddInt( )的参数分配寄存器的示意图

例 6-10 设计一个有两个加数的汇编语言加法运算函数,并设计一个 C 语言函数来调用它。

解

(1) 创建工程

创建工程 exp6_10,使用 NXP LPC2102 处理器,选用 MDK 提供的启动代码,使用默认的分散加载文件。

(2) 汇编语言函数的设计

因为本函数只有两个参数,所以函数被调用时需要占用寄存器 R0 和 R1。由于 ATPCS 要求函数返回值(对于本例来说,就是和)必须保存在 R0 中,所以本函数的核心代码为:

```
ADD R0,R0,R1
```

为了外部可以使用标号 AddInt 调用本函数,所以使用 EXPORT 进行说明。

本函数文件命名为 exp6_10_s.s,函数程序代码如下:

```
    AREA   AADD1,   CODE,READONLY
    EXPORT AddInt    ;声明外部可引用符号
AddInt
    ADD R0,R0,R1
    END
```

(3) C 语言主函数

C 语言主函数文件命名为 exp6_10_c.c,代码如下:

```
extern int AddInt(int x,int y);   //声明外部引用符号
int main(void)
{
    int a,b;
    a = 10;
    b = 20;
    AddInt(a,b);                   //调用函数 AddInt
    return 0;
}
```

可见,C 程序没有什么特殊之处,只是在程序头部使用关键字 extern 声明了自外部引用的符号 AddInt。

(4) 调试运行并观察参数传递情况

调试运行后,在程序刚进入函数时,寄存器 R0 和 R1 的情况如图 6-36(a)所示;当函数调用返回后,寄存器 R0 和 R1 的情况如图 6-36(b)所示。

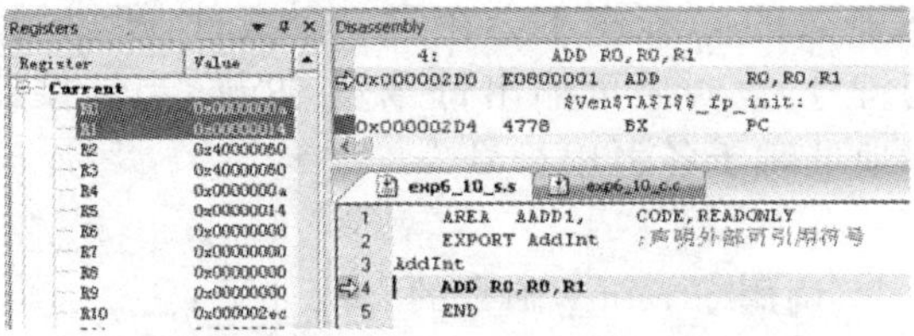

(a) 进入函数AddInt()时寄存器中的值

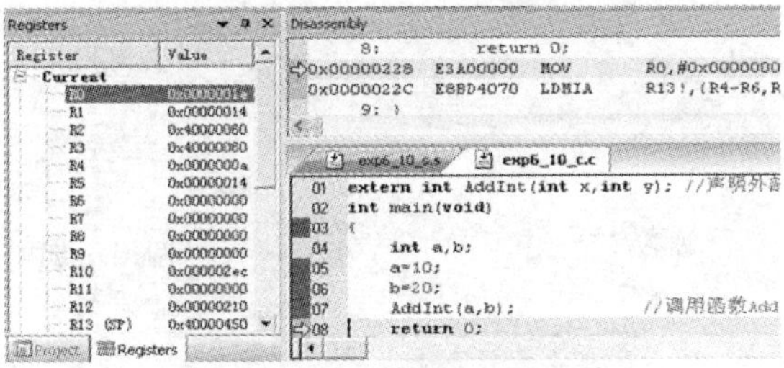

(b) 函数AddInt()返回时寄存器中的值

图 6-36 例 6-10 程序仿真运行结果

例 6-11 试用汇编语言编写一个函数，要求该函数能把内存中的一个数据块移动到另一个数据块。

解

(1) 创建工程

创建工程 exp6_11，使用 NXP 公司的 LPC2102 处理器，选用 MDK 提供的启动代码，使用默认的分散加载文件。

(2) 函数代码

由于在 C 语言中数据块复制函数的原型通常为：

```
void Strcopy(char * d, const char * s);
```

其中，参数 d 习惯为目标块地址，参数 s 为源块地址，因此在汇编语言中依照 ATPCS 规定的参数由左向右依次传递给寄存器 R0～R3 的规则，寄存器 R1 对应为 s，R0 对应为 d。于是可写出汇编语言函数代码如下：

```
        AREA StrCopy, CODE, READONLY
        EXPORT Strcopy          ;声明 Strcopy 为导出符号
Strcopy
        LDRB R2, [R1], #1       ;R1 中的值为源数据块首地址
        STRB R2, [R0], #1       ;R0 中的值为目标数据块首地址
        CMP R2, #0
        BNE Strcopy             ;未复制完，则循环
        MOV PC, LR              ;复制完毕返回
        END
```

由于该函数和调用该函数的 C 程序不会在同一个文件，所以用关键字 EXPORT 声明标号 Strcopy 为外部可引用符号(也叫做可输出符号)。这样，当链接器在链接各个目标文件时会把标号 Strcopy 的实际地址赋予各引用符号。

(3) C 语言程序

于是，在 C 语言文件中，调用 Strcopy 函数的方法如下：

```
extern void Strcopy(char * d, const char * s);          //声明 Strcopy 为外部引用符号
int main(void)
{
  const char * src = "Source";
  char dest[10];
  Strcopy(dest, src);                                    //调用汇编函数 Strcopy
  return 0;
}
```

如果函数的参数多于 4 个，那么 ATPCS 规定，多余的参数则按照参数在函数参数列表中的顺序自右向左压入数据堆栈，即参数入栈顺序与参数顺序相反。

一个有 6 个参数的函数，其参数使用寄存器和数据栈的示意图如图 6 - 37 所示。

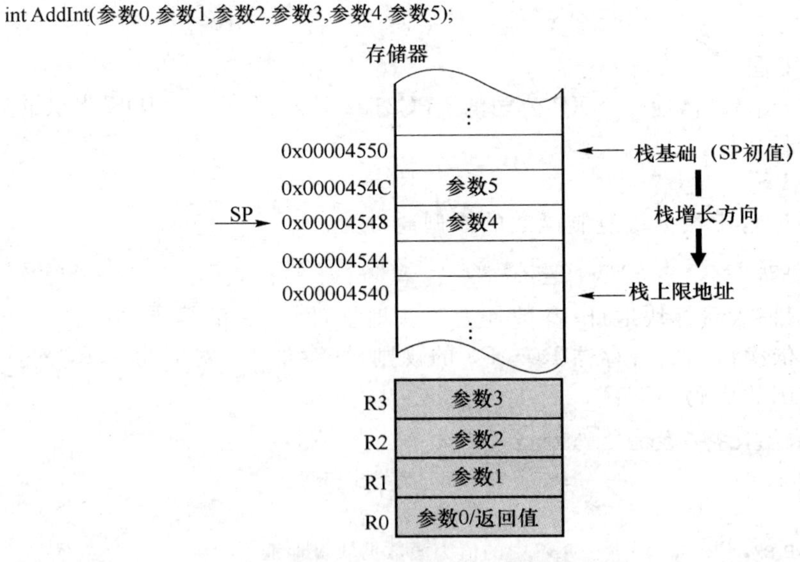

图 6 - 37　函数参数使用寄存器和数据栈的示意图

注意，上面介绍的是函数参数个数固定且为整型数据时的规定，其他情况的规定请读者参考相关资料。

表 6 - 6 列举了 ARM - Thumb 过程调用标准规定的寄存器的名称和使用方法。

表 6-6　ARM-Thumb 过程调用标准中寄存器的使用规则及其名称

寄存器	别名 1	别名 2	用　法
R0～R3	A1～A4		参数寄存器。其中 R0 又被用做函数返回值寄存器
R4～R8	V1～V5		函数局部变量寄存器
R9	V6	sb	在 RWPI 情况下保存静态基地址
R10	V7	sl	用来保存堆栈边界地址
R11	V8	fp	保存结构指针
R12		IP	过渡寄存器
R13		SP	堆栈指针
R14		LR	链接寄存器
R15		PC	程序计数器

其中，寄存器的别名和特殊名称都是 ARM 编译器和汇编器预定义的，用户可以直接使用。

在编译器选择读/写位置无关(RWPI)的功能时，R9 用来保存静态基地址；在编译器选择堆栈边界检查的功能时，R10 用来保存堆栈边界地址；在编译器选择使用结构指针的功能时，R11 用来保存结构指针。R12 为编译器预留的寄存器，作为复杂算法的中间数据缓冲寄存器。

例 6-12　试用汇编语言编写一个函数，要求该函数能进行 8 个加数的加法运算。

解

(1) 创建工程

创建工程 exp6_12，使用 NXP 公司的 LPC2102 处理器，选用 MDK 提供的启动代码，使用默认的分散加载文件。

(2) 函数代码

依据 ATPCS 规定，可编写出题目所要求函数代码如下：

```
          AREA TEST_ASM, CODE, READONLY
          EXPORT Add8
Add8
         STR LR, [SP, # -4]!              ;保存当前断点
         ADD R0,R0,R1                     ;参数 1 加参数 2
         ADD R0,R0,R2                     ;累加参数 3
         ADD R0,R0,R3                     ;累加参数 4
         LDR R1,[SP,#4]!                  ;自栈读取参数 5
```

```
        ADD R0,R0,R1              ;累加参数 5
        LDR R1,[SP,#4]!           ;自栈读取参数 6
        ADD R0,R0,R1              ;累加参数 6
        LDR R1,[SP,#4]!           ;自栈读取参数 7
        ADD R0,R0,R1              ;累加参数 7
        LDR R1,[SP,#4]!           ;自栈读取参数 8
        ADD R0,R0,R1              ;累加参数 8
        ADD SP, SP, # - 16        ;清除栈中参数,SP 指向断点
        LDR PC, [SP],#4           ;将断点装进 PC(返回 main()函数)
        END
```

(3) 测试程序代码

C 语言测试程序代码为:

```
extern int Add8(int a1,
    int a2,int a3,int a4,
    int a5,int a6,int a7,
    int a8);                           //声明 Strcopy 为外部引用符号
int main(void)
{
    int x,y;
    x = Add8(1,2,3,4,5,6,7,8);     //调用汇编函数 Add8()
    y = 2 * x;
    return 0;
}
```

(4) 测试运行

待调用函数 Add8()时的仿真结果如图 6-38 所示。

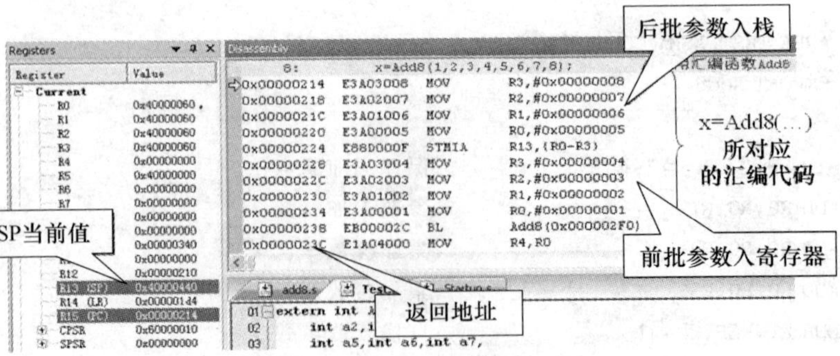

图 6-38 待调用函数 Add8()时的程序状态

由 Disassembly 窗口所显示的汇编代码可以看到，当需要调用多于 4 个参数的函数时，程序将把函数参数列表中的参数分成两批，前 4 个为一批，余下的参数为一批，然后后批的参数经寄存器后压入堆栈，接下来再把前批中的 4 个参数分别缓存至 R0～R3。对于本例来说，执行语句 x＝Add8(...)后的结果如图 6－39 所示。

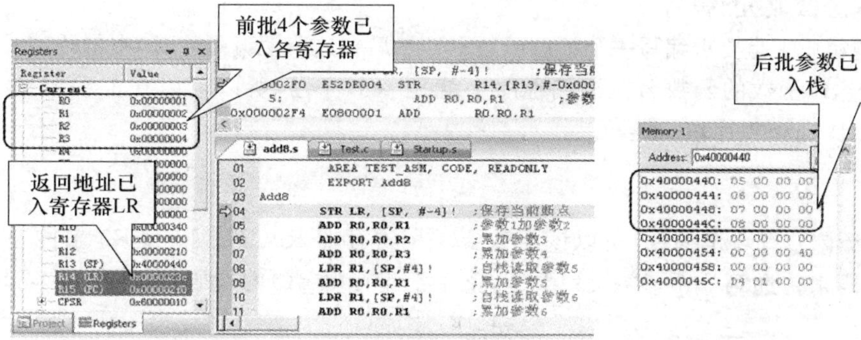

图 6－39　执行语句 x＝Add8(...)后的结果

从图 6－39 可以很清楚地看到 ATPCS 规则在函数 Add8()中的实施方式。接下来函数便是逐个地实现 8 个参数的累加，当计算工作完毕之后，便将堆栈指针移动到返回地址处并将该地址赋予 PC 实现函数的返回。代码如下：

```
ADD SP, SP, # -16              ;清除栈中参数,SP 指向断点
LDR PC, [SP], #4               ;将断点装进 PC(返回 main()函数)
```

6.5.2　汇编程序调用 C 函数实例

汇编程序调用 C 函数与 C 程序调用汇编函数大同小异，都需要遵守 ATPCS 规则，下面用一个实例进行说明。

例 6－13　现有 C 函数 g( )如下：

```
int g( int a, int b)
{
    return a + b;
}
```

请编写一个汇编语言函数，在函数中调用上面的 C 函数 g( )，以实现下面的功能：

```
int f(int i){ return g(i, 2 * i); }
```

最后，再编写一个具有主函数 main()的 C 程序，并在该程序中调用上面这个调用了 C 函数 g()的函数 f()。

解

(1) 创建工程

创建工程 exp6_13，使用 NXP 公司的 LPC2102 处理器，选用 MDK 提供的启动代码，使用默认的分散加载文件。

(2) 汇编函数 f()的编写

这个问题实质上是要求编写一个汇编函数 f()，然后在这个汇编函数 f()中再调用 C 函数 g( )。

前面讲过，C 函数的函数名在汇编程序中就是一个标号，所以可以在汇编函数 f()中用跳转指令 BL 转移到该程序段，即：

```
BL g
```

由于函数 g( )有 5 个参数，所以该函数要求用寄存器 R0、R1、R2 和 R3 来传递参数 a、b、c 和 d，而用堆栈来传递第 5 个参数 e。于是，整个汇编函数 f()的代码如下：

```
;------------------------------------------------------------------------
;   文件名 fuc.s
;汇编函数 int f(int i){ return -g(i, 2 * i, 3 * i, 4 * i, 5 * i); }
;在汇编程序中调用时，须先把 i 的实参存入寄存器 R0
;------------------------------------------------------------------------
    PRESERVE8            ;堆栈以 8 字节对齐
    EXPORT f             ;声明 f 为外部可引用符号
    IMPORT g             ;声明 g 为外部引用符号
    AREA fuction, CODE, READONLY
f
    STR LR, [SP]         ;断点存入堆栈
    ADD R1, R0, R0       ;(R1) = i * 2
    ADD R0, R0, R1       ;(R0) = i + i * 2
    BL g                 ;调用 C 函数 g( )，返回值在寄存器 R0 中
    LDR PC, [SP]         ;恢复断点并返回
    END
```

由于调用时第 5 个参数存放在了数据堆栈，所以调用 C 函数后需要清栈。

(3) 测试程序的代码

```
extern int f(int x);
int g( int a, int b, int c, int d, int e )
{
  return a + b + c + d + e;
}
```

```
int main(void)
{
    int i = 2;
    int x;
    x = f(i);
    return 0;
}
```

6.5.3 汇编程序访问全局 C 变量

前面讲过，ARM 程序一般为 C 语言与汇编语言的混合程序，所以常常会碰到汇编语言程序用到 C 语言程序变量的情况。一般来说，汇编语言程序与 C 语言程序不在同一个文件上，所以实质上这是一个引用不同文件定义的变量问题，解决这个问题的办法就是使用关键字 IMPORT 和 EXPORT。

一般情况下，文件中定义的变量或符号，只限于在本文件内引用，如果希望某个变量可以被外部文件引用，那么必须在定义这个变量或符号的文件中，在这个变量或符号的前面使用关键字 EXPORT 对其进行声明，即将其声明为可导出变量或符号，这样这个变量或符号就是全局有效的。

在引用全局符号的文件中，为了说明这个符号是一个全局符号，则必须用关键字 IMPORT 来进行声明，这样编译器在进行编译时就不会报错了。例如，下面是一个汇编代码的函数，它引用了一个在其他文件中定义的全局变量 globvar，将其加 2 后写回 globvar。

```
        AREA globals, CODE, READONLY
        EXPORT asmsubroutine            ;声明可导出符号
        IMPORT globvar                  ;声明引用外部符号
asmsubroutine
        LDR R1, = globvar
        LDR R0, [R1]
        ADD R0, R0, #2
        STR R0, [R1]
        MOV PC,LR
        END
```

从程序中可以看到，这个程序也声明了一个可导出符号 asmsubroutine，因为这是一个汇编语言的函数（子程序），希望外部文件可以调用它。

6.6 C/C++语言和汇编语言的混合编程

除上面介绍的函数调用方法之外,ARM 编译器 armcc 中含有的内嵌汇编器还允许在 C 程序中内联或嵌入汇编程序代码,以提高程序的效率。

6.6.1 内联汇编

1. 定义内联汇编程序

所谓内联汇编程序,就是在 C 程序中直接编写汇编程序段而形成一个语句块,这个语句块可以使用除了 BX 和 BLX 之外的全部 ARM 指令来编写,从而可以使程序实现一些不能从 C 程序获得的底层功能。

使用关键字__asm 来定义一个内联汇编程序段,当 ARM 编译器遇到这个关键字时,就会启动内嵌汇编器对关键字下面的程序进行汇编工作。其格式为:

```
__asm
{
    汇编语句块
}
```

例如下面的程序段:

```
void enable_IRQ(void)
{
    int tmp;
    __asm            //声明内联汇编代码段
    {
        MRS tmp, CPSR
        BIC tmp, tmp, #0x80
        MSR CPSR_c, tmp
    }
}
```

汇编语句块中,如果有两条指令占据了同一行,那么必须用分号“;”将它们分隔。如果一条指令需要占用多行,必须用反斜线符号“ \ ”作为续行符。

可以在内联汇编语言块内的任意位置使用 C 或 C++格式的注释。

内联汇编代码中定义的标号可被用做跳转指令或 C/C++ goto 语句的目标,同样,在 C/C++代码中定义的标号,也可被用做内联汇编代码跳转指令的目标。

2. 内联汇编的限制

内联汇编与真实汇编之间有很大的区别，会受到很多限制。例如，它不支持 Thumb 指令；除了程序状态寄存器 PSR 之外，不能直接访问其他任何物理寄存器，等等。

如果在内联汇编程序指令中出现了以某个寄存器名称命名的操作数，那么它被叫做虚拟寄存器，而不是实际的物理寄存器。编译器在生成和优化代码的过程中，会给每个虚拟寄存器分配实际的物理寄存器，但这个物理寄存器可能与在指令中指定的不同。唯一的一个例外就是状态寄存器 PSR，任何对 PSR 的引用总是指向物理 PSR。

在内联汇编代码中不能使用寄存器 PC（R15）、LR（R14）和 SP（R13），任何试图使用这些寄存器的操作都会导致出现错误消息。

鉴于上述情况，在内联汇编语句块中最好使用 C 或 C++变量作为操作数。

另外，虽然内联汇编代码可以更改处理器模式，但更改处理器模式会禁止使用 C 操作数或对已编译 C 代码的调用，直到将处理器模式恢复为原设置之后。

6.6.2 嵌入式汇编

嵌入式汇编程序是一个编写在 C 程序外的单独汇编程序段，该程序段可以像函数那样被 C 程序调用。与内联汇编不同，嵌入式汇编具有真实汇编的所有特性，数据交换符合 ATPCS 标准，同时支持 ARM 和 Thumb，所以它可以对目标处理器进行不受限制的低级别访问。但是不能直接引用 C/C++的变量名。

用__asm 声明的嵌入式汇编程序像 C 函数那样可以有参数和返回值。定义一个嵌入式汇编函数的语法格式是：

```
__asm   return-type   function-name ( parameter-list )
{
    汇编程序段
}
```

其中，return-type 为函数返回值类型；function-name 为函数名；parameter-list 为函数参数列表。

嵌入式汇编在形式上看起来就像使用关键字__asm 进行了声明的函数，如下所示：

```
__asm  int  add( int i,  int j )
{
    ADD R0, R0, R1
    MOV PC, LR
}
```

需要注意的是，参数名只允许使用在参数列表中，不能用在嵌入式汇编函数体内。例如，下面定义的嵌入式汇编程序是错误的：

```
__asm int f(int i)
{
   ADD i, i, #1   //错误
   …
}
```

按 ATPCS 规定，应该使用寄存器 R0 来代替 i。

在 C 程序中调用嵌入式汇编程序的方法与调用 C 函数的方法相同。例如下面的代码：

```
void main( )
{
   printf("12345 + 67890 = %d\n", add(12345, 67890));
}
```

灵活地使用内联汇编和嵌入式汇编，可以帮助提高程序效率。

6.6.3 内联汇编代码与嵌入式汇编代码之间的差异

内联汇编和嵌入式汇编的编译方法之间有如下区别：

- 内联汇编代码使用高级处理器抽象，并在代码生成过程中与 C 和 C++ 代码集成。因此，编译程序将 C 和 C++ 代码与汇编代码一起进行优化。
- 与内联汇编代码不同，嵌入式汇编代码从 C 和 C++ 代码中分离出来单独进行汇编，产生与 C 和 C++ 源代码编译对象相结合的编译对象。
- 可通过编译程序来内联汇编代码，但无论是显式还是隐式，都无法内联嵌入式汇编代码。

内联汇编程序与嵌入式汇编程序之间的主要差异见表 6-7。

表 6-7 内联汇编程序与嵌入式汇编程序之间的主要差异

项　目	内联汇编	嵌入式汇编
指令集	仅限于 ARM	ARM 和 Thumb
ARM 汇编程序命令	不支持	支持
C 表达式	支持	仅支持常量表达式
优化代码	支持	不支持
内联	可能	从不
寄存器访问	不使用物理寄存器	使用物理寄存器
返回指令	自动生成	显式编写

习　题

1. 上网查一下,看看有多少种 ARM 开发工具?它们各有什么特点?

2. 什么叫集成开发环境(工具)?你现在会用哪些?

3. ARM 工程的主要开发工具有哪些?

4. 什么叫做分散加载?分散加载文件的用途是什么?

5. 什么叫做输入段?什么叫做输出段?什么叫做域?

6. 什么叫做加载域?什么叫做执行域?为什么需要区分加载域和执行域?

7. 源程序中的哪类数据加载域和执行域一定是不在同一类存储器中的?为什么?

8. 在分散加载文件中如何描述一个输入段?如何描述一个输出段?如何描述一个域?

9. 在什么情况下,一个程序的分散加载文件需要定义多个域?

10. 什么叫做启动代码?观察一下 MDK 为各种 ARM 处理器提供的启动代码,看看它们是否相同?

11. 上网查一查,在 Realview MDK 中,__main()作为 C 语言的入口函数,它主要做了什么工作?

12. 如何向一个子程序传递参数?如何获得一个子程序的返回值?

13. 把子程序与 C 函数进行比较,看看它们有什么异同。

14. 如何在汇编语言程序中使用 C 文件中定义的外部可引用变量?

15. 试说明汇编语言程序是如何转向 C 语言程序的。

16. 汇编语言程序主要用来完成什么工作?高级语言程序主要用来完成什么工作?

17. 什么是 ATPCS 标准?

18. ATPCS 标准对堆栈的使用是如何规定的?

19. ATPCS 标准对寄存器的使用是如何规定的?

20. 试把如下 C 函数改写成汇编语言函数。

(1)

```
int SubXY( int x, int y)
{
    return x - y;
}
```

(2)

```
void SubXY( int x, int y, int z)
{
    z = x - y;
}
```

21. 把下面的汇编函数改写成C函数。

```
        AREA StrCopy, CODE, READONLY
        EXPORT strcopy                  ;声明 strcopy 为导出符号
strcopy
        LDRB R2, [R1], #1               ;R1 中的值为源数据块首地址
        STRB R2, [R0], #1               ;R0 中的值为目标数据块首地址
        CMP R2, #0
        BNE strcopy                     ;未复制完,则循环
        MOV PC, LR                      ;复制完毕返回
        END
```

22. 什么叫内联汇编？使用内联汇编有什么好处？声明内联汇编语句块的关键字是什么？

23. 对内联汇编有什么限制？

24. 什么叫嵌入式汇编？使用嵌入式汇编有什么规则？

25. 试说明汇编语言函数、内联汇编和嵌入式汇编的异同点。

第7章　中断和异常

中断是主机与外设进行数据通信的重要机制，它负责处理处理器外部的异步事件；异常实质上也是一种中断，只不过它主要负责处理处理器的内部事件。

本章的主要内容有：

- 中断和异常的基本概念；
- 中断(异常)服务程序的结构；
- 处理器响应与处理中断(异常)的过程；
- ARM 的中断系统。

7.1　中断和异常的基本概念

7.1.1　中断和异常

在生产和生活中经常出现这样的情况：当人们正在进行某一项工作时，正常的工作进程常常会应某一个其他紧急事件(例如，有人打来了电话)的要求而被打断，待把这个紧急事件处理完毕后，再返回到被打断的工作上继续执行。这种暂停某项工作的进程而去处理其他事物要求的过程叫做中断。

同样，与上述中断类似，计算机中也有中断，也有当前程序流程被外部请求所打断，而中止当前程序运行的情况。因为计算机的处理器需要与很多外部设备相联系，并需要及时处理这些外部设备所发生的事件。即当处理器遇有外部设备发生“紧急事件”需要它来处理时，它必须先停下“手头上的工作”先去处理这个“紧急事件”，然后再回来决定下一步的动作。

当有外部事件需要处理器进行处理时，外部设备需要向处理器发送一个电信号(脉冲或电平)，这个信号叫做中断请求信号，或简称中断请求。凡是可以发出中断请求信号的外部设备或事件叫做中断源。

在计算机系统中，除了外部设备可以发出中断请求之外，处理器内部也会有一些事件可以发出中断请求，例如，读取指令出错或在进行除法运算时除数为零等。为了与外部事件引起的中断相区别,人们把这种由内部事件引起的中断叫做异常。

由于计算机处理中断和异常的方式基本相同,因此如无特别说明,本书均称为中断。

7.1.2 中断请求信号的屏蔽

通常情况下,一个计算机系统会存在着多个中断源。如果把中断源和处理器看成是实现中断过程的双方,那么虽然中断源是中断过程的发起者,是主动方,但中断过程是否能真的实现,却取决于处理器和中断源双方。即中断源具有决定自己是否发送中断请求的权力,而处理器则具有是否接收中断请求的权力。

对于处理器这一方,如图 7-1 所示,在其内部中断请求信号输入线上有一个开关,开关通则可接收外部中断请求,开关断则不接收外部中断请求。

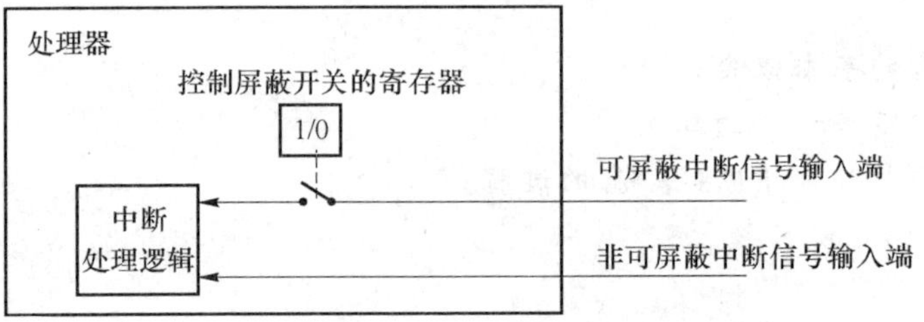

图 7-1　处理器中用来屏蔽中断的寄存器和开关

当然也有例外,为了使处理器不耽搁对于极其紧急外部事件的处理,处理器通常还有一根没有开关的中断请求输入线。于是,带有开关,能阻止中断请求的中断输入端就叫做可屏蔽中断信号输入端;而把不带开关,不能阻止中断请求的中断输入端叫做非屏蔽中断信号输入端。

决定处理器是否能够接收中断的开关,叫做中断允许开关。它通常由某一个程序状态寄存器中的一个二进制位来控制,这个二进制位也就叫做中断允许位或中断屏蔽位。用户可以用指令来控制中断允许位,在系统初始状态下(系统复位时),中断允许位被初始化为禁止状态。

需要注意的是,当处理器响应一个中断请求之后,为了防止处理器紧接着响应同一个中断,有些处理器的硬件能自动关闭中断,有些则不能,因此用户在使用中断时需要注意这一点。

通常,为了对处理器可以接收中断源的数目进行扩充,以及对中断源进行必要的管理,在中断源和处理器之间还配有图 7-2 所示的中断控制器。中断控制器为每个中断源都设置了一个开关,以决定一个中断源是否能发出中断请求。这些中断控制开关受中断控制器中叫做中断屏蔽寄存器的控制,寄存器的每一位控制一个开关。

如果为中断屏蔽寄存器安排一个地址,那么这个寄存器就是中断控制器的一个端口,程序可以通过端口地址访问中断屏蔽寄存器,并通过对其设置数据来实现各路中断请求的控制。

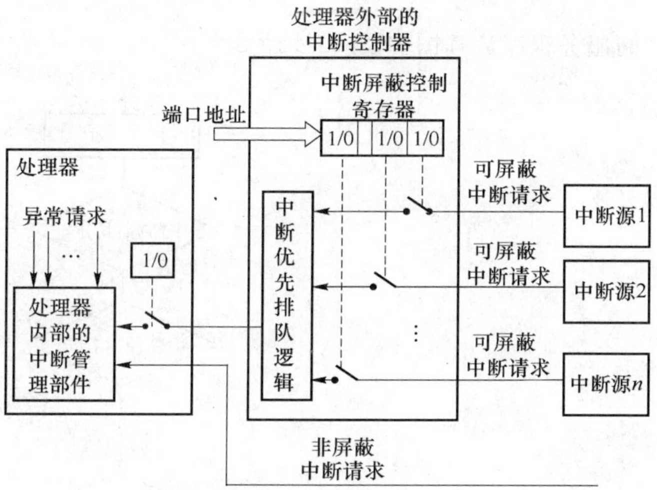

图 7-2　中断管理机构示意图

7.1.3 中断优先级及中断嵌套

中断控制器是一个接口电路，它除了负责中断的屏蔽管理工作之外，还要为多个中断源进行优先排队工作。

1. 中断优先级

处理器通常只有一个可屏蔽中断请求输入端。对于具有多个中断源的系统来说，当有两个或两个以上中断源同时发生中断请求时，就会出现所谓的竞争现象。这就需要系统有一个仲裁机构，以便能按照某种仲裁规则，在发生竞争的多个中断源中选择其中的一个。具体办法就是为每个中断源分配一个唯一的优先级别，中断源事务的紧急程度越高，其优先级别也越高，这样当因有多个中断请求而发生竞争时，处理器就可以按中断优先级别来选择级别最高的中断了。

中断优先排队的实现方法有两种：硬件实现和软件实现。

所谓硬件实现方法，就是为计算机系统配备一套如图 7-2 所示的能按优先等级对中断源进行排队的硬件电路。一般情况下，这个优先排队机构在处理器中有一套，在中断控制器中也有一套，必要时，在外设的接口电路中还会有一套。

所谓软件实现方法，就是把所有中断源的中断请求信号分成两路：一路经“或”逻辑送到处理器的中断请求输入端；另一路送入中断接口电路，经数据总线送入处理器。中断源的软件查询法电路的接线图如图 7-3 所示。

当处理器发现有中断请求而响应中断并执行中断服务程序时，在中断服务程序中按中断优先级顺序对各个中断源进行查询，只要发现某个中断源有中断请求，即转向该中断服务程序。

软件查询法的中断服务程序流程图如图 7-4 所示。

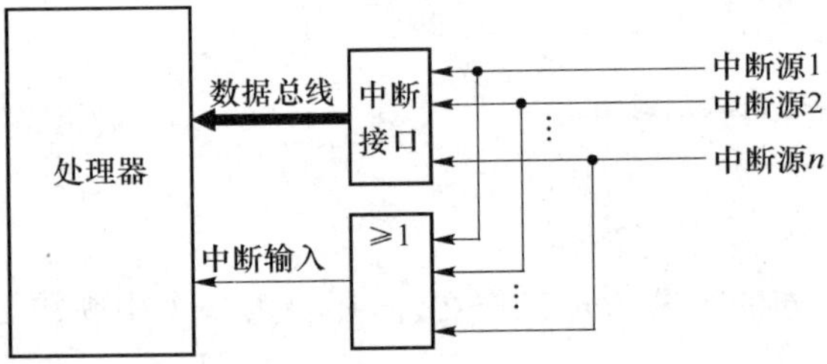

图 7-3 中断源识别的软件查询法

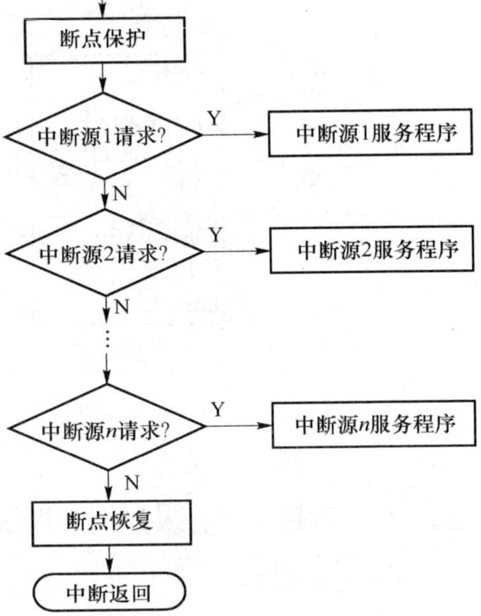

图 7-4 软件中断查询流程图

2. 中断嵌套

在实际工作中，常常出现处理器正在处理一个较低级中断的过程中又接收到了另一个较高级中断请求的情况。因为较高级中断所请求的事件比正在处理的中断事件紧急，所以现代计算机系统都允许级别较低的中断服务被另一个具有更高级别的中断源所中断。这样中断程序的执行流程就会出现图 7-5 所示的嵌套现象，这种现象就叫做中断嵌套。

7.1.4 中断服务程序

之所以中断源要向处理器发出中断请求，是因为中断源有事情需要处理器来处理。所以每个中断源都对应有一个处理该事件的程序，当处理器接收到中断源的中断请求时，会立即按某种方法找到这个中断源的中断服务程序并执行它。这个用来处理中断事件的程序就叫做中断服务程序。

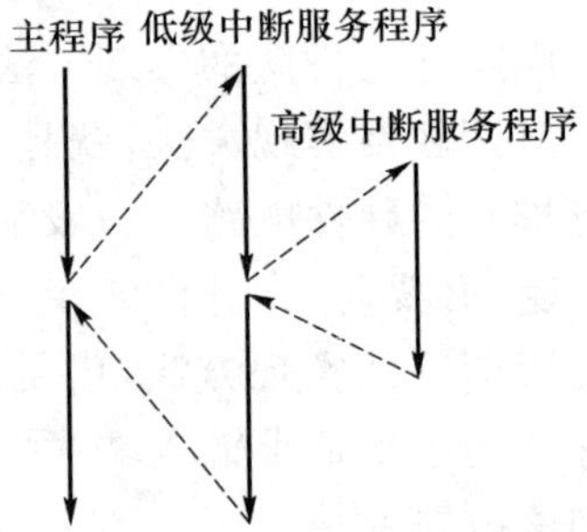

图 7-5 中断嵌套示意图

其实，从程序结构的角度来看，中断服务程序也是一种子程序，只不过不是由用户程序使用调用指令调用，而是由处理器在响应外设中断请求信号后，由处理器中断系统硬件调用的一种子程序而已。因此，中断服务程序的结构与普通子程序的结构大致相同，所以中断服务程序也叫做中断服务子程序。

中断服务程序的一般结构如图 7-6 所示。

从程序的内容来看，中断服务程序与普通子程序的主要差别在于，中断服务程序要对中断嵌套进行必要的管理。即中断服务程序要根据需要，对程序状态寄存器中的中断允许标志进行相应的设置。例如，如果允许中断服务程序被更高级的中断源所中断，那么在中断服务程序进行了保护现场工作之后，需要使用开中断指令使中断开放，然后再进入中断服务。当中断服务之后，在恢复现场之前要关中断，以保证在恢复现场期间不受到高级中断的干扰。当然，在恢复现场之后，中断返回之前，还要把中断重新开放，以允许处理器响应下一次或其他中断。

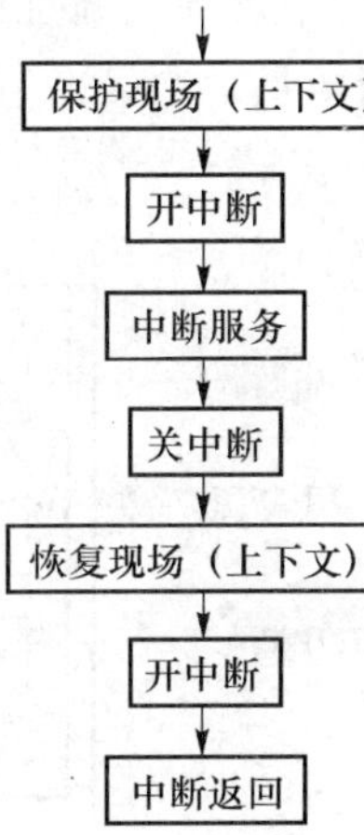

图 7-6　中断服务程序的一般结构

可见，在中断服务程序中除了真正的对外设进行的服务工作之外，其实还有一些开中断、关中断等的中断管理工作。所以，也有些书中把中断服务程序用来进行管理的程序段笼统地叫做中断处理程序，而把程序中真正对外设进行服务的程序段叫做中断服务程序。对此，本书则不加区分。

7.1.5　中断向量和中断向量表

1. 中断向量

中断服务程序实质上是一个由中断源调用的子程序，也是由处理器来执行的，因此它也存放在存储器中，也有一个首地址。为了与普通子程序的首地址相区别，中断服务程序的首地址通常叫做中断向量，或中断矢量。意思是说，中断向量是一个指向了中断服务程序的指针。

2. 中断向量表

在有多个中断源的系统中，这些中断源所对应的终端服务程序分散地保存在内存空间之中，因而它们的首地址也是分散的。例如图 7-7 表示了一种中断处理系统，在该系统中存在 3 个中断源，这 3 个中断源的中断服务程序 Int_1、Int_2 和 Int_3 就分别存放在了 3 个不同的地址空间。

显然，对于计算机系统来说，从管理的角度看，应该为这些散处于存储器各处的程序建立一个表格来进行管理更为适宜。于是，把系统中所有的中断向量集中存放在一个叫做中断向量表的连续空间就成了一件顺理成章的事情。通常规定，中断向量表要么设置在存储器的头部，要么设置在底部，并且每个中断源固定地对应着一个表项，而这个表项就是用来填写该中断源所对应的中断向量的。其实，在现代计算机系统中，这个表项通常填写的是一个以中断服务程序首地址(中断向量)为目标地址的转移指令。如果把这个指令归并到中断服务程序中去，那么这个表项的地址就相当于一个新的中断向量，所以人们也常常把中断向量表项的地址叫做中断向量。

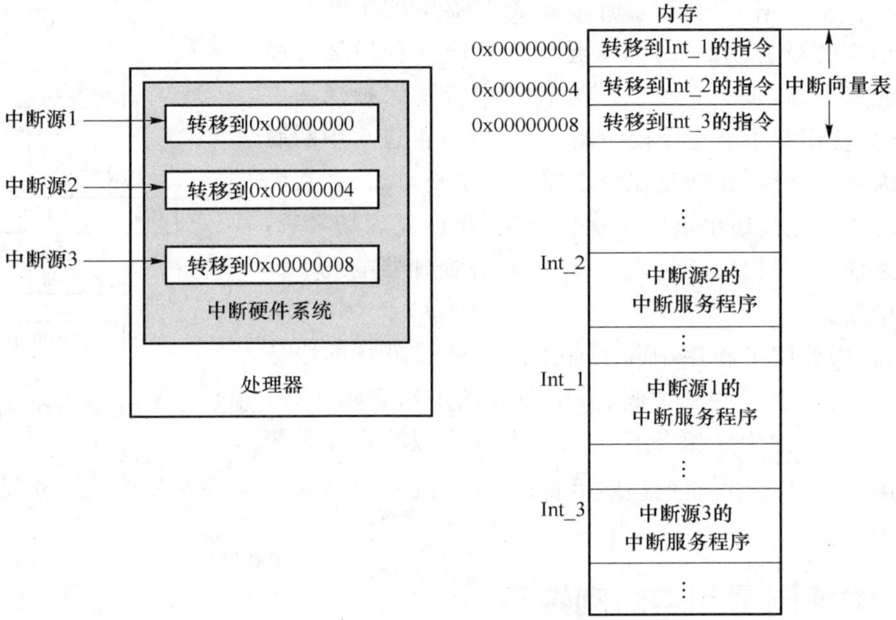

图 7-7　一种中断向量表

如果图 7-7 所示的系统有 3 个中断源，那么这个系统内存的首部就有一个具有 3 个表项的中断向量表。如果该系统的中断向量为 32 位，那么每个中断向量表项就占用 4 个单元，中断源 1 对应的表项地址为 0x0，中断源 2 对应的表项地址为 0x4，中断源 3 对应的表项地址为 0x8。于是，当某个中断源发生中断请求时，处理器就会自动转向中断源所对应的中断表项去读取保存在其中的转移指令，从而按照转移指令中的目标地址转向执行中断服务程序。例如，当中断源 2 发生中断请求时，程序流程就会转向该中断源所对应的目标地址 0x4 去执行中断源 2 的中断服务程序。其程序流程图如图 7-8 所示。

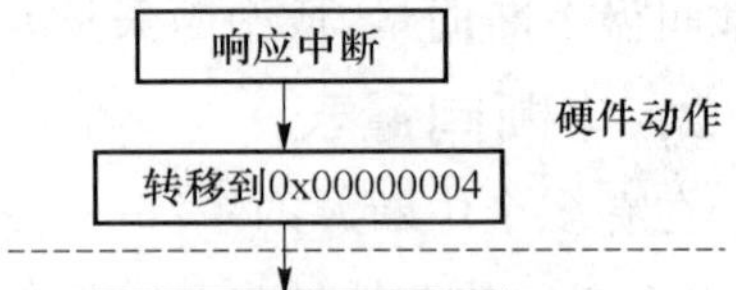

图 7-8　处理器响应中断源 2 的中断后的工作流程图

7.1.6 中断的处理过程

1. 处理器响应中断的条件

从上面的讨论中可以知道，处理器响应一个中断请求是需要一定条件的。处理器响应中断的条件主要有以下几个。

- 处理器程序状态寄存器的中断屏蔽标志处于非屏蔽状态；
- 没有更高级的中断请求正在响应或正发出、正挂起；
- 处理器在现行指令执行结束后。

2. 中断的处理过程

当有中断请求发生且满足上述条件时，计算机系统就会响应中断请求，并自动将被中断程序的下一条指令地址（断点地址）保存到堆栈和关闭中断，接下来便将自中断向量表查得的与该中断源对应的中断向量送入 PC，并转去执行中断服务程序。

当执行到中断服务程序末尾时，执行中断返回指令或跳转指令把保存的断点地址送回 PC，以便在断点处接续执行被中断的程序。

7.2 ARM 的中断(异常)

7.2.1 ARM 中断(异常)的种类

根据中断（异常）的特点和性质，ARM 处理器可以响应的中断（异常）分为中断（也叫普通中断）、快中断、复位中断、软中断异常、预取指令中止异常、数据中止异常、未定义指令异常 7 种。

1. 普通中断(IRQ)和快中断(FIQ)

ARM 体系结构有两个外部设备中断请求输入端，即 IRQ 和 FIQ。前者叫做普通中断，后者叫做快中断。所谓快中断，就是比普通中断响应速度快的中断。

从普通中断的响应过程中可以知道，中断服务程序在处理外设事务之前必须进行现场保护工作。

例如，用下面的指令实现现场数据的压栈：

```
STMFD R13!,{R0,R4 - R12,LR}     ;压入堆栈
```

用下面两条指令将现场数据弹出：

```
LDMFD R13!,{R0,R4 - R12,PC}     ;弹出堆栈
```

这种压栈和出栈操作都比较费时，它们增加了中断处理的延迟时间。另外，由于处理器在响应一个 IRQ 中断后要经过两次跳转(参见后面的图 7-10)才能转到中断服务程序，也增加了一些延时。

上述这些延时，对于一些对时间较敏感的系统来说(例如实时性要求较高的嵌入式系统)是极为不利的。所以，为了减少中断延迟，ARM 增加了一个快中断机制。在该机制中，ARM 采取了两个措施：一是专门为快中断 FIQ 设置了一个 FIQ 模式，并为这个模式配置了较多的私有寄存器，从而可使中断服务程序有足够的寄存器来使用，尽可能地避免因寄存器冲突而必须做现场的保护及恢复工作；二是 ARM 把 FIQ 的中断向量放在了中断(异常)向量表末尾 0x0000001C 处，因为在其后面再也没有其他中断向量，所以允许用户把 FIQ 的中断服务程序直接存放在从 0x0000001C 的开始处，从而使处理器在响应 FIQ 中断之后，只需经过一次跳转就可以执行中断服务程序，从而减少了延时。

2. 复位中断

复位通常在两种情况下发生：一种是系统初始运行时的正常上电；另一种是由程序引起的复位。

3. 软中断异常

在计算机系统中，除了外部的硬件(键盘、显示器等)可以产生中断外，程序本身也可以使用指令 SWI 来产生中断，这就是所谓的软件中断。从程序设计的角度来看，这相当于是一种目标地址固定的特殊跳转指令。另外，这种跳转会在转移同时使处理器自动进入管理模式(SVC 模式)，是用软件实现程序流程跳转并同时实现处理器工作模式切换的唯一方法。

由于它是由用户在程序使用指令时产生的中断，所以它也是所有中断(异常)中唯一的一个同步事件。

4. 预取指令中止异常和数据中止异常

这是给操作系统存储管理模块准备的异常。

5. 未定义指令异常

由于 ARM 是 32 位指令系统，也就是说，理论上 ARM 可以拥有 2^{32} 个指令，但实际上它远远没有这么多指令，所以当处理器读取了一条没有定义的指令时，处理器的指令译码器会先请求协处理器来解释这条指令，如果协处理器也没有该指令，或者系统中根本就没有配置协处理器，则指令译码器将向处理器发出一个未定义指令异常。这个异常会使处理器自动进入未定义指令模式(UND)模式，并按中断(异常)向量表中对应项的指示跳转到该异常的服务程序。

在实际中，用户通常利用这个异常中断服务程序来模拟某一种硬件的功能，或者自定义一些指令来完成一些特殊功能。

7.2.2 ARM 中断(异常)的优先级

为能在多个中断源发生冲突时进行仲裁,ARM 按中断事件的紧急程度,为每个中断(异常)都定义了一个固定的优先级别,具体情况见表 7-1。

ARM 在程序状态寄存器 PSR 中专门定义了两个二进制位(I 位和 F 位)对中断(异常)进行屏蔽控制,即可以用这两位的值来禁止或开放某个中断(异常),表 7-1 中列出了 I 和 F 的取值。

表 7-1　ARM 中断(异常)的优先级和屏蔽

I 位值	F 位值	禁止的异常/中断	中断优先级
1	1	复位(RESET)中断	1
1	—	未定义指令(UNDEF)异常	6
1	—	软中断(SWI)	6
1	—	预取指令中止(PABT)异常	5
1	—	数据中止(DABT)异常	2
1	—	中断(IRQ)	4
1	1	快中断(FIQ)	3

需要注意的是,未定义指令异常和 SWI 异常具有相同的优先级,因为这两种异常从不会同时发生。

ARM 处理器的中断(异常)机制有一个特点,即当处理器响应这些中断时,处理器会自动进入某种异常模式,从而使程序的运行环境发生变化,使之可以使用某些特权指令和模式私有寄存器。

响应中断(异常)后,处理器所进入的运行模式见表 7-2。

表 7-2　处理器响应中断(异常)后所进入的运行模式

中断(异常)	进入的模式
复位(RESET)	管理模式(SVC)
未定义指令(UNDEF)	未定义指令中止模式(UND)
软中断(SWI)	管理模式(SVC)
预取指令中止(PABT)	中止模式(ABT)
数据中止(DABT)	中止模式(ABT)
快中断(FIQ)	快速中断模式(FIQ)
中断(IRQ)	中断模式(IRQ)

7.2.3 ARM 的中断(异常)向量表

1. 低端和高端向量表

ARM 有低端和高端两种向量表，用户可以根据需要选用其中一种，如图 7-9 所示。

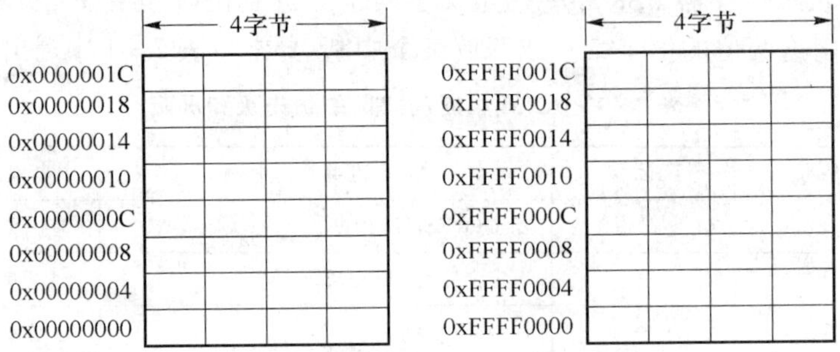

(a) 低端方式的中断（异常）向量表　(b) 高端方式的中断（异常）向量表

图 7-9 ARM 的中断(异常)向量表

ARM 中断(异常)的各个向量在向量表中的分配见表 7-3。

表 7-3 ARM 中断(异常)向量表的分配

中断(异常)	向量在低端向量表的地址	向量在高端向量表的地址
复位(RESET)	0x00000000	0xFFFF0000
未定义指令(UNDEF)	0x00000004	0xFFFF0004
软中断(SWI)	0x00000008	0xFFFF0008
预取指令中止(PABT)	0x0000000C	0xFFFF000C
数据中止(DABT)	0x00000010	0xFFFF0010
保留	0x00000014	0xFFFF0014
中断(IRQ)	0x00000018	0xFFFF0018
快中断(FIQ)	0x0000001C	0xFFFF001C

其中，从 0x00000014 开始的 4 字节为中断(异常)向量表的保留项。

从表 7-3 中可以知道，ARM 的每个中断(异常)都对应一个表项，每项占用 4 字节，这 4 字节刚好可以存放一个转移指令。处理器在响应中断(异常)后，可以通过两次跳转转移到中断(异常)服务程序。两次跳转的示意图如图 7-10 所示。

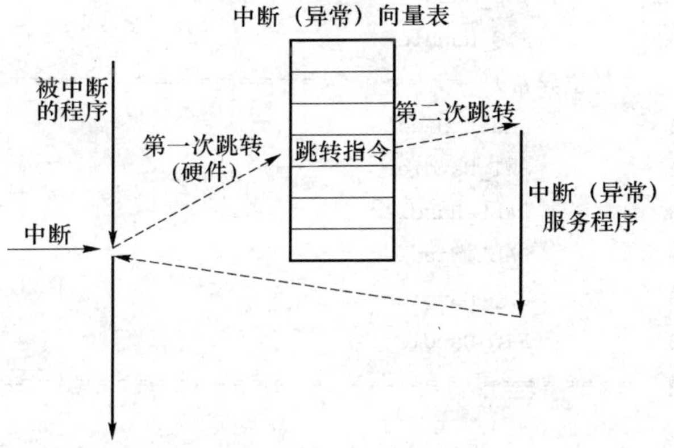

图 7-10　ARM 响应中断(异常)时的两次跳转

2. 中断(异常)向量表的保留项

在比较复杂的实际应用系统中，常常会需要多个中断(异常)向量表，对它们进行编号是区别它们的一个方法，于是，中断向量表的编号就可以填写在这个保留项中。

3. LPC21xx 型处理器的中断向量表

为使读者有一个直观的概念，作为一个实例，现把 Realview MDK 提供的在 LPC21xx 型处理器的启动代码 Startup. s 中对中断向量表的处理部分列写如下：

```
//中断向量表=========================================
Vectors         LDR     PC, Reset_Addr
                LDR     PC, Undef_Addr
                LDR     PC, SWI_Addr
                LDR     PC, PAbt_Addr
                LDR     PC, DAbt_Addr
                NOP                             ; Reserved Vector
;               LDR      PC, IRQ_Addr
                LDR      PC, [PC, # - 0x0FF0]        ; Vector from VicVectAddr
                LDR      PC, FIQ_Addr
//中断服务程序首地址表==========================================
Reset_Addr      DCD     Reset_Handler
Undef_Addr      DCD     Undef_Handler
SWI_Addr        DCD     SWI_Handler
PAbt_Addr       DCD     PAbt_Handler
DAbt_Addr       DCD     DAbt_Handler
                DCD     0                       ; Reserved Address
```

```
IRQ_Addr          DCD          IRQ_Handler
FIQ_Addr          DCD          FIQ_Handler
//中断服务程序(不包含复位异常)====================================
Undef_Handler     B            Undef_Handler
SWI_Handler       B            SWI_Handler
PAbt_Handler      B            PAbt_Handler
DAbt_Handler      B            DAbt_Handler
IRQ_Handler       B            IRQ_Handler
FIQ_Handler       B            FIQ_Handler
//复位异常服务程序=============================================
; Reset Handler
                  EXPORT  Reset_Handler
Reset_Handler
        ⋮
```

可见,启动代码中的中断向量表处理代码分成了中断向量表、中断服务程序首地址表和中断服务程序三部分。

首先看一下各个中断服务程序。除了复位异常服务程序之外,所有的中断服务程序都是死循环。这也不奇怪,因为中断服务程序设计是用户的事情,启动代码的设计者在这里只是为用户提供了一个框架,当用户需要时,编写了中断服务程序并确定首地址之后再对这个框架修改即可。这个修改也非常简单,只要把死循环删掉,写上自己编写的中断服务程序即可。例如,如果用户需要使用软中断服务,那么就可以向下面的代码那样把启动代码中的软中断服务程序删掉,然后在合适的地方写上自己的中断服务程序代码。

代码示例如下:

```
          ⋮
Undef_Handler      B       Undef_Handler
;;;;SWI_Handler     B       SWI_Handler
PAbt_Handler       B       PAbt_Handler
          ⋮
;以下为用户的软中断服务程序代码========================
SWI_Handler
             MOV R0,R1
              ⋮
```

其实,复位异常的服务程序 Reset_Handler 就是这样做的,只不过对于启动代码设计者来说,复位异常有事情可做,因此没有上述的修改过程而直接把复位异常服务程序写在启动代码中了。

按道理来说，各个中断(异常)服务程序首地址应该填写在中断向量表中，但由于中断向量表中放置的是向 PC 赋值的转移指令(LDR PC，×××)，放不下 32 位的服务程序首地址，所以在向量表之后，又定义了一个文字缓冲池，集中地存放了系统中的全部中断服务程序首地址。

这里有必要提的是中断向量表中的如下两行：

```
;                   LDR   PC, IRQ_Addr
                    LDR   PC, [PC, # - 0x0FF0]    ;中断向量来自 VicVectAddr
```

显然，这是在原来框架基础上修改了的结果。修改后指令中的[PC，#－0x0FF0]指向了 LPC21××型处理器中的一个寄存器 VicVectAddr，而这个 VicVectAddr 寄存器中存放的是中断服务程序首地址。关于这个问题的详细内容，请读者学习下一章时注意。

7.2.4 中断(异常)的响应过程及返回

1. 中断(异常)的响应过程

当处理器响应中断(异常)请求后，系统的硬件电路一般需要先做 4 项准备工作：一是要把程序计数器(PC)中的当前地址值保存到链接寄存器 LR 中；二是要把当前程序状态寄存器(CPSR)中的内容保护到模式私有寄存器 SPSR 中；三是将寄存器 CPSR 中的 MODE 域设置为中断(异常)应进入的运行模式；四是对 CPSR 的 I 位和 F 位进行相应的设置，以防止再次响应同一个中断请求。接下来便到中断向量表中获取中断向量，转向用户所编写的中断(异常)服务程序。

图 7－11 所示是处理器在响应复位中断时的工作过程。由于该中断是系统上电时产生的中断，并可以认为程序总是从复位异常处理程序开始执行的，因此复位异常处理程序不需要返回，当然在复位中断的响应过程中也就没有保护断点的操作。

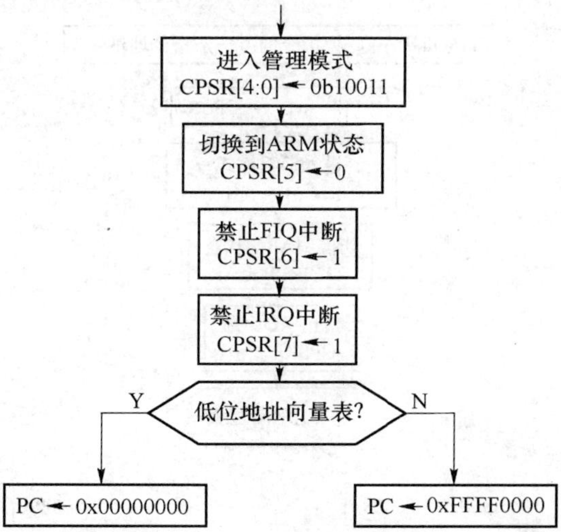

图 7－11 响应复位(RESET)中断时处理器中断系统的工作过程

图7-12所示是处理器响应未定义指令异常的工作过程。由于这种异常的异常服务程序在结束时要返回被中断的程序,所以在这种异常的响应过程中要有把断点保护到LR中的操作。

另外需要注意的是,在这种异常的响应过程中只对普通中断(IRQ)进行禁止,而不禁止快中断(FIQ)。

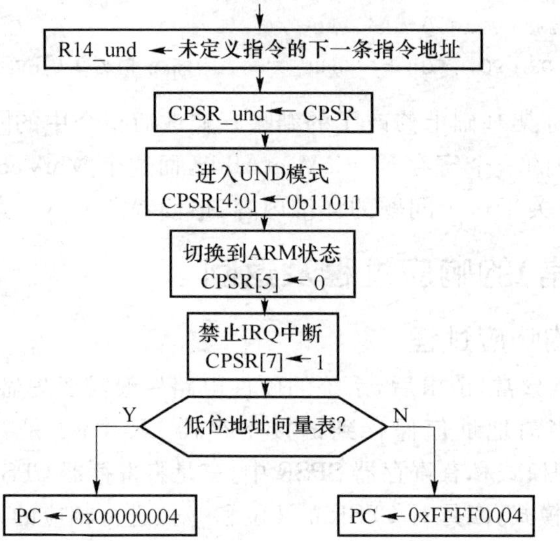

图7-12 响应未定义指令异常(UND)时处理器中断系统的工作过程

处理器响应软中断(SWI)的过程除了中断后进入的运行模式不同之外,其他均与响应未定义指令异常的过程一样。处理器响应软中断(SWI)的过程如图7-13所示。

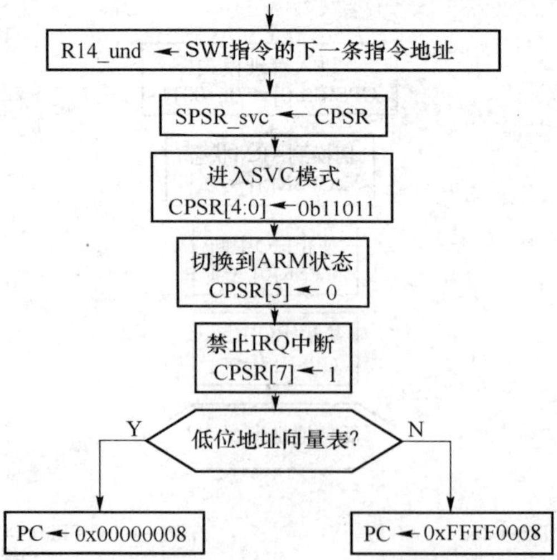

图7-13 响应软件中断异常时处理器中断系统的工作过程

图 7-14 所示是处理器在响应预取指令中止异常时的工作过程。

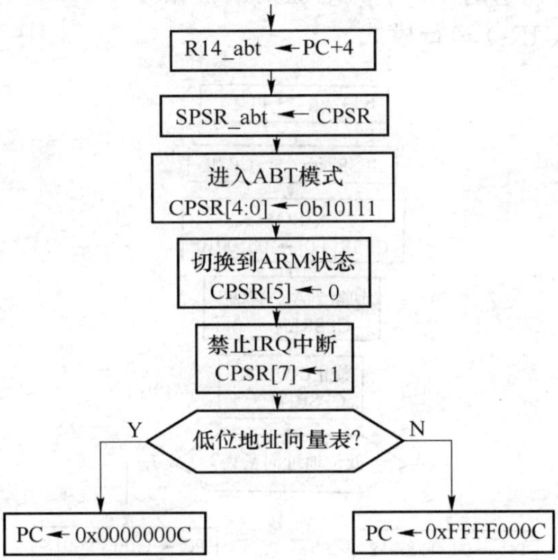

图 7-14　响应预取指令中止异常时处理器中断系统的工作过程

图 7-15 所示是处理器在响应数据访问中止异常时的工作过程。从图中可以知道,除了保护断点不同之外,其过程与响应预取指令中止异常的过程基本一样,这两种异常均会使处理器进入 ABT 运行模式。

同样,关于处理器在响应数据访问中止异常时断点的保护将在本书的第 8 章介绍。

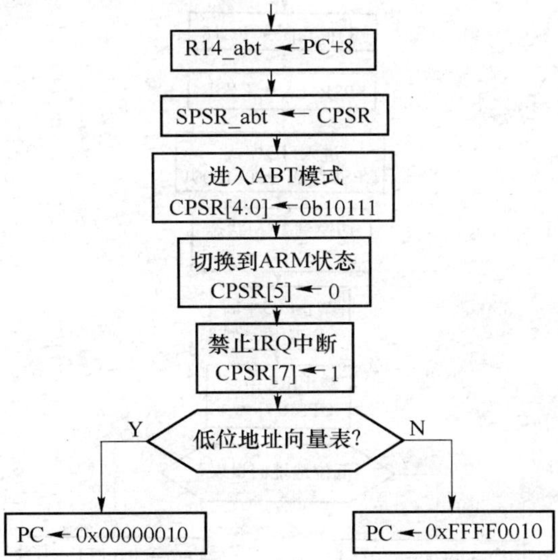

图 7-15　响应数据访问中止异常时处理器中断系统的工作过程

图 7-16 所示是处理器在响应普通中断(IRQ)时的响应过程。由于处理器是在当前指令结束后才响应该中断的，所以这时 PC 中的地址是当前指令下两条指令的地址，即 LR 保存的是 PC+8，并使处理器进入 IRQ 运行模式。

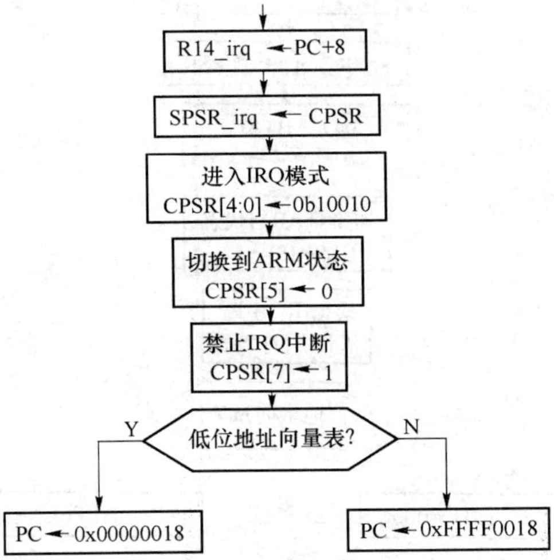

图 7-16　响应普通中断(IRQ)时处理器中断系统的工作过程

图 7-17 所示是处理器在响应快中断(FIQ)时的响应过程。与响应普通中断时一样，由于处理器是在当前指令结束后才响应该中断的，所以这时 PC 中的地址是当前指令下两条指令的地址，即 LR 保存的是 PC+8。但在快中断的响应过程中是使处理器进入 FIQ 运行模式，并且与响应复位中断之后一样，处理器要同时禁止 FIQ 和 IRQ 两个中断。

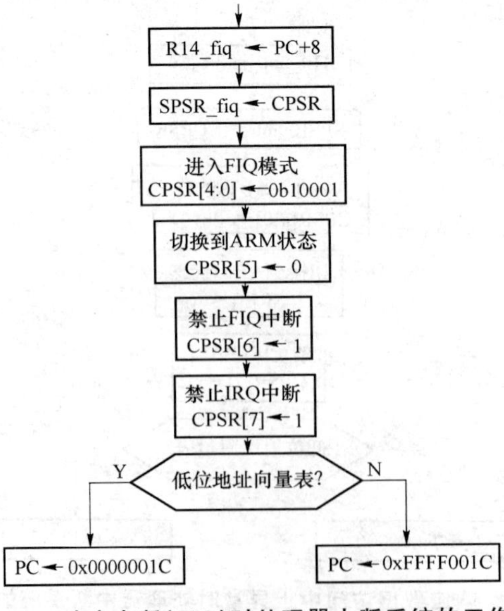

图 7-17　响应中断(FIQ)时处理器中断系统的工作过程

2. 中断(异常)处理的返回

前面谈过，当中断(异常)服务程序执行结束时，应立即返回到被中断程序的断点处接续执行。换句话说，就是当中断(异常)服务程序执行结束时，必须设法获得被中断程序的断点地址，然后把断点地址送入 PC。

为了中断服务程序结束时，使处理器可以正确地返回到断点处继续执行被中断的程序，ARM 处理器中配置了一个叫做链接寄存器的寄存器 LR(R15)。当一个中断(异常)发生时，处理器会自动在 LR 中保存一个与当前 PC 值相关的信息，中断服务程序可以利用这个信息来推算返回地址。详情见表 7－4。

表 7－4　在中断(异常)发生后由 LR 可推算的地址

异常/中断	地　址	说　明
复位(RESET)	—	—
未定义指令(UNDEF)	LR	指向未定义指令的下一条指令
软中断(SWI)	LR	指向 SWI 指令的下一条指令
预取指令中止(PABT)	LR －4	指向导致预取指令中止异常的那条指令
数据中止(DABT)	LR －8	指向导致数据中止异常的那条指令
中断(IRQ)	LR －4	IRQ 处理程序的返回地址
快中断(FIQ)	LR －4	FIQ 处理程序的返回地址

异常处理完毕之后，ARM 微处理器会执行以下几步操作从异常返回：

① 将链接寄存器 LR 的值减去相应的偏移量后送到 PC 中；

② 将 SPSR 复制回 CPSR 中；

③ 若在进入异常处理时设置了中断禁止位，则要在此清除。

可以认为应用程序总是从复位异常处理程序开始执行的，因此复位异常处理程序不需要返回。

一个非嵌套中断的响应与处理过程如图 7－18 所示。

其框架代码如下：

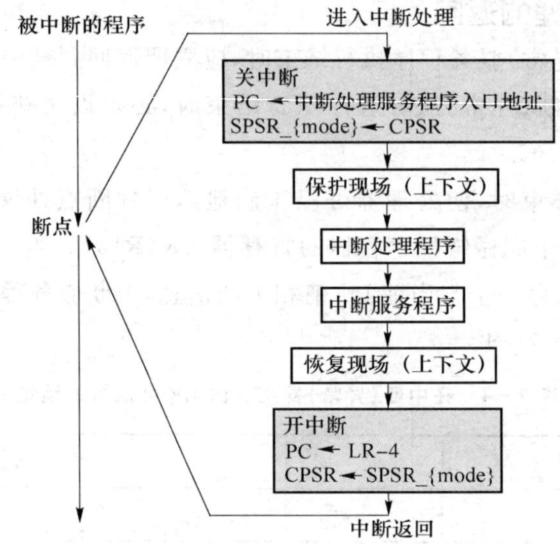

图 7-18 非嵌套中断处理过程示意图

```
IRQ_handler
      SUB     R14,R14,#4                  ;调整寄存器 LR
      STMFD   R13!,{R0 - R3,R12,R14}      ;保护现场
      ……                                  ;中断服务程序代码
      LDMFD   R13!,{R0 - R3,R12,PC}^      ;中断返回
```

7.3 软中断 SWI 的应用

7.3.1 软中断 SWI 的一般应用

通常情况下，对初学者来说，中断是一个比较难建立的概念，因为中断的执行过程确实有些复杂。但只要清楚中断与调用子程序相似，也是一种调用这个核心概念，其余的也会慢慢理解和清楚。因为调用的核心是要找到子程序的首地址，而中断的核心也是要找到中断服务(子)程序的首地址，只不过中断服务程序的首地址不在指令中，而在中断向量表中罢了。因此，每一种中断都会在中断向量表中有一个表项，这个表项中的内容就是用来提供该中断的中断服务程序的。当然，有的系统要求在中断表项中填写中断服务程序首地址，有的则要求填写一个以中断服务程序首地址为目标的转移指令(例如 ARM)，这主要取决于系统的硬件设计。

1. 软中断应用的设计

本小节利用软中断的一个实例来介绍中断应用的设计过程，同时也为下一小节的 SWI 函数介绍打下基础。

例 7-1 试编写一个软中断服务程序,并创建一个工程观察软中断的执行过程。

解

(1) 创建工程

打开 Realview MDK,使用菜单命令 Project→New Project 创建一个新工程,在工程设备选项窗口中选择 LPC2114 芯片并选择 MDK 提供的启动代码。

(2) 编写中断服务程序

由于是系统底层的操作,所以中断服务程序的一些代码应该使用汇编语言编写。对于本例来说,中断服务程序要保护现场和恢复现场以及调用前面使用 C 语言编写的 SWI 函数,所以本例的中断服务程序代码如下:

```
//中断服务程序==========================================
                PRESERVE8                       ; 8-Byte aligned Stack
                AREA    SWI_Area, CODE, READONLY
                ARM

                EXPORT  SWI_Handler
SWI_Handler
                STMFD   SP!, {R12, LR}          ; 断点入栈
                MRS     R12, SPSR               ; 获得 SPSR
                STMFD   SP!, {R8, R12}          ; R8, SPSR 入栈

                mov r0,r0
                mov r1,r1
                LDMFD   SP!, {R8, R12}          ; R8, SPSR 出栈
                MSR     SPSR_cxsf, R12          ; 设置 SPSR
                LDMFD   SP!, {R12, PC}^         ; R12 出栈并中断返回
                END
```

从程序中可以看到,因为本例没有什么真正的中断任务,所以在中断服务程序中只写了两行没做什么工作的代码(见小写字符的代码)。

(3) 设置中断向量

本例使用了系统提供的启动代码,因此设置中断向量的工作也就是对启动代码文件中的原中断向量处理代码进行修改。

从前面的中断服务程序代码中已知它的地址标号为 SWI_Handler,因此需对启动代码中的中断向量部分作如下修改(见粗体字)。

```
//中断向量 ==============================================
Vectors         LDR     PC, Reset_Addr
                LDR     PC, Undef_Addr
                LDR     PC, SWI_Addr
                LDR     PC, PAbt_Addr
                LDR     PC, DAbt_Addr
                NOP                                 ; Reserved Vector
;               LDR     PC, IRQ_Addr
                LDR     PC, [PC, # - 0x0FF0]        ; Vector from VicVectAddr
                LDR     PC, FIQ_Addr

        IMPORT  SWI_Handler  ;添加项

Reset_Addr      DCD     Reset_Handler
Undef_Addr      DCD     Undef_Handler
SWI_Addr        DCD     SWI_Handler
PAbt_Addr       DCD     PAbt_Handler
DAbt_Addr       DCD     DAbt_Handler
                DCD     0                           ; Reserved Address
IRQ_Addr        DCD     IRQ_Handler
FIQ_Addr        DCD     FIQ_Handler

Undef_Handler   B       Undef_Handler
;删掉项 SWI_Handler  B   SWI_Handler
PAbt_Handler    B       PAbt_Handler
DAbt_Handler    B       DAbt_Handler
IRQ_Handler     B       IRQ_Handler
FIQ_Handler     B       FIQ_Handler
```

(4) 编写测试程序

由于软中断指令 SWI 是汇编指令,因此在 C 语言主函数中采用了混合编程。程序代码如下:

```
//主函数 ==============================================
int main (void) {
  __asm
  {
    SWI(0)          //引发中断
  }
  while(1);
}
```

(5) 运行并验证结果

单步运行，可观察到中断的全部执行过程。

附带说一句，如果觉得C代码中的汇编代码难看，也可以把汇编部分封装成宏。其代码如下：

```
#define SWI_0()\
    __asm {SWI(0) }
```

从下面的主函数代码可以看到，代码好看多了。

```
//主函数=========================================
int main (void) {
    SWI_0();  //引发软中断
    while(1);
}
```

2. 多个软中断的处理

细心的读者注意到了，软中断指令SWI可以带一个数字形式的参数。这个参数叫做中断号，言外之意，就是可以使用编号来区别多个软中断指令。或者说，程序可以使用多个软中断指令，因为它们各自有不同的中断号。事实确实如此，但这多个软中断指令在中断向量表上却只有一个入口，指令中的中断号只可以在中断服务程序中被利用，从而实现对多个不同软中断的处理。

例 7－2　创建一个可以响应4个软中断的工程。

解

(1) 创建工程

创建工程方法与例7－1相同。

(2) 修改中断向量表

修改中断向量表的方法与例7－1相同。

(3) 编写中断服务程序

本例中断服务程序相关内容存放在文件SWI.s中，其中4个中断服务程序代码如下：

```
;中断服务程序0=========================================
__SWI_0
          MOV R0,R0
          BX R14
;中断服务程序1=========================================
__SWI_1
          MOV R0,R0
          BX R14
```

```
;中断服务程序 2 ========================================
__SWI_2
            MOV R0,R0
            BX R14
;中断服务程序 3 ========================================
__SWI_3
            MOV R0,R0
            BX R14
```

由于4个中断服务程序有4个首地址，而软中断入口却只有一个，因此放置在中断入口的应该是一个查表程序，并且后面还要附上中断服务程序地址表。其代码如下：

```
;软中断服务程序的查表程序 ===================================
T_Bit           EQU     0x20
SWI_Handler
        ;保护现场
        STMFD       SP!, {R12, LR}              ;Store R12, LR
        MRS         R12, SPSR                   ;Get SPSR
        STMFD       SP!, {R8, R12}              ;Store R8, SPSR
        ;获得中断号
        TST         R12, #T_Bit                 ;检测程序是 Thumb 还是 ARM 代码
        LDRNEH      R12, [LR, # - 2]            ;Thumb：LR 退半字提取中断号
        BICNE       R12, R12, #0xFF00
        LDREQ       R12, [LR, # - 4]            ;ARM：LR 退一个字提取中断号
        BICEQ       R12, R12, #0xFF000000
        ;查表
        LDR         R8, SWI_Count               ;获得中断程序地址表长度
        CMP         R12, R8                     ;判断中断号是否在表内
        BHS         SWI_Dead                    ;中断号不在表内，则转移到 SWI_Dead
        ADR         R8, SWI_Table               ;获得表头地址
        LDR         R12, [R8,R12,LSL #2]        ;依据中断号获取 SWI 函数入口
        MOV         LR, PC                      ;保护当前断点
        BX          R12                         ;转向中断服务程序
        ;恢复现场及中断返回
        LDMFD       SP!, {R8, R12}
        MSR         SPSR_cxsf, R12
        LDMFD       SP!, {R12, PC}^
```

```
SWI_Dead    B    SWI_Dead                    ;没有 SWI 函数在此死循环
;中断服务程序地址表 ======================================
SWI_Cnt     EQU   (SWI_End - SWI_Table)/4    ;表长度
SWI_Count   DCD    SWI_Cnt
;表项 --------------------------------------------------------
SWI_Table
            DCD    __SWI_0                   ;SWI 0 函数入口
            DCD    __SWI_1                   ;SWI 1 函数入口
            DCD    __SWI_2                   ;SWI 2 函数入口
            DCD    __SWI_3                   ;SWI 3 函数入口
```

这里值得一提的是提取中断号的代码。因为中断号包含在软中断指令机器码的低位中，而 ARM 指令与 Thumb 指令长度又不同，所以程序先判断现在是 ARM 方式还是 Thumb 方式，然后再决定从寄存器 LR 退回字还是半字的距离来获取 SWI 指令的机器码，最后再从机器码中提取中断号。

获得了中断号，下面的事情就是查表获取与中断号相对应的中断服务程序首地址。

(4) 中断宏

本例在文件 exp7_2.h 中定义了 4 个软中断宏，其代码如下：

```
#define SWI_0()\
__asm {SWI(0) }
#define SWI_1()\
__asm {SWI(1) }
#define SWI_2()\
__asm {SWI(2) }
#define SWI_3()\
__asm {SWI(3) }
```

(5) 测试程序

测试程序代码如下：

```
#include "exp7_2.h"
//主函数 ==================================================
        int main (void) {
            SWI_0();
            SWI_1();
            SWI_2();
            SWI_3();
            while(1);
        }
```

7.3.2 SWI 函数(系统调用)

其实,软中断的更重要的应用在于,它可以在高级语言层面为用户提供一个进入系统模式的手段。虽然在程序流程上看起来软中断与调用子程序没有什么区别,但在系统工作模式上却有着重大差异。因为软中断会引起计算机硬件产生动作,从而可以改变系统的工作模式,使程序从用户模式切换到系统模式。这就是说,除了实现程序流程的转移之外,使用中断方式的更重要的目的是进入系统模式,从而可以获得更多的系统资源使用权。

为了方便用户,Realview MDK 中的编译器提供了一个关键字__swi(x)(其中的 x 为中断号),被这个关键字所修饰的 C 语言函数是一个软中断服务程序。当用户程序调用这种函数时就会引发一次软中断,并在这次软中断中调用了这个函数,为此,人们把这种函数叫做 SWI 函数。

关键字__swi(x)的使用方法有些特殊,下面用一个例子来说明。

假设有一个普通的 C 函数如下:

```
int sub(int i1,int i2) {
    return (i1 - i2);
}
```

如果想使它成为一个软中断服务程序,那么需按下述格式声明它:

```
int __swi(1) sub(int i1,int i2);
```

意思是说,这个函数是软中断 1 的中断服务程序。其实,这就是在函数原型的声明中加入了关键字__swi(x)。但函数的实现却很特殊,其形式如下:

```
int __SWI_1 (int i1,int i2) {
    return (i1 - i2);
}
```

其中,函数名称位置上的__SWI_1 仍是函数名,但却不是原来的函数名,而是新命名的一个函数名,这个新名称是用在软中断服务程序汇编代码后面的那个中断服务程序地址表中的。这就是说,这种 SWI 函数有两个名称:一个是在 C 程序中使用的;另一个是在汇编代码中使用的。

例 7-3 使用__swi(x)关键字实现 4 个分别进行加法、减法、乘法和除法运算的 SWI 函数。

解

(1) 创建工程和修改中断向量表

创建工程和修改中断向量表的工作与例 7-1 完全相同。

(2) 编写 SWI 函数

按照上述介绍的使用关键字__swi(x)的规则,可写出题目所要求的 4 个 SWI 函数如下:

```
//加法函数=============================================
int __swi(0) add (int i1, int i2);
int __SWI_0       (int i1, int i2) {
    return (i1 + i2);
}
//减法函数=============================================
int __swi(1) sub(int i1,int i2);
int __SWI_1       (int i1,int i2) {
    return (i1 - i2);
}
//乘法函数==============================================
int __swi(2) mul (int i1, int i2);
int __SWI_2       (int i1, int i2) {
    return (i1 * i2);
}
//除法函数===========================================
int __swi(3) div(int i1, int i2);
int __SWI_3       (int i1,int i2) {
    return (i1/i2);
}
```

(3) 中断服务程序的查表部分

仿照例 7-2 可写出中断服务程序查表部分的代码如下:

```
;软中断服务程序的查表程序=================================
T_Bit          EQU     0x20
SWI_Handler
        ;保护现场
        STMFD      SP!, {R12, LR}                ;Store R12, LR
        MRS        R12, SPSR                     ;Get SPSR
        STMFD      SP!, {R8, R12}                ;Store R8, SPSR
        ;获得中断号
        TST        R12, #T_Bit                   ;检测程序是 Thumb 还是 ARM 代码
        LDRNEH     R12, [LR, # -2]               ;Thumb: LR 退半字提取中断号
        BICNE      R12, R12, #0xFF00
        LDREQ      R12, [LR, # -4]               ;ARM: LR 退一个字提取中断号
```

```
        BICEQ       R12, R12, #0xFF000000
        ;查表
        LDR         R8, SWI_Count               ;获得中断程序地址表长度
        CMP         R12, R8                     ;判断中断号是否在表内
        BHS         SWI_Dead                    ;中断号不在表内,则转移到 SWI_Dead
        ADR         R8, SWI_Table               ;获得表头地址
        LDR         R12, [R8,R12,LSL #2]        ;依据中断号获取 SWI 函数入口
        MOV         LR, PC                      ;保护当前断点
        BX          R12                         ;转向中断服务程序
        ;恢复现场及中断返回
        LDMFD       SP!, {R8, R12}
        MSR         SPSR_cxsf, R12
        LDMFD       SP!, {R12, PC}^
SWI_Dead            B    SWI_Dead               ;没有 SWI 函数在此死循环
;中断服务程序地址表=========================================
SWI_Cnt             EQU   (SWI_End - SWI_Table)/4   ;表长度
SWI_Count       DCD     SWI_Cnt
                    IMPORT    __SWI_0
                    IMPORT    __SWI_1
                    IMPORT    __SWI_2
                    IMPORT    __SWI_3
;表项--------------------------------------------------------------
SWI_Table
                    DCD       __SWI_0           ;SWI 0 函数入口
                    DCD       __SWI_1           ;SWI 1 函数入口
                    DCD       __SWI_2           ;SWI 2 函数入口
                    DCD       __SWI_3           ;SWI 3 函数入口
```

与例 7-2 中的中断服务程序查表部分仔细比较一下就会发现,本例多了粗体字所表示的内容。这不奇怪,因为这些符号是在 C 语言文件中定义的,这里只是引用而已。

其实,人们之所以使用软中断来实现函数的调用,除了上面的考虑之外,还有两个原因:一是因为进入系统模式之后,系统将禁止 IRQ 中断请求(但不能禁止 FIQ),因此可以保证 SWI 函数不被打断地执行(所谓的原子性);二是因为软中断在中断向量表中只有一个表项,这也就意味着它只有一个入口,因此便于在这个入口上采用一些保护措施来防止意外。因此,现代操作系统中的各种服务函数几乎无一例外地采用了这种软中断调用技术。久而久之,人们也把这种 SWI 函数叫做了系统调用。

习 题

1. 什么叫做中断？试举出生活中所发生的中断的事例。

2. 什么叫中断请求信号？什么叫中断源？

3. 中断过程的发起者是中断源还是处理器？

4. 什么叫可屏蔽中断？什么叫非屏蔽中断？

5. 什么叫中断服务程序？中断服务程序要包含哪些内容？什么叫中断向量？

6. 什么叫中断响应？试说明处理器响应一个中断请求的过程。

7. ARM 处理器有几种中断(异常)向量表？

8. ARM 处理器可以响应哪几种中断异常？试说明它们的中断向量在中断向量表中的位置。

9. 为什么 ARM 可以响应 7 个中断，但向量表却有 8 项？

10. 每个中断向量在 ARM 中断向量表中占几个字节？

11. 哪个中断是可以在程序中用指令来引发的？这条指令是什么？处理器响应该中断后，会引起程序运行环境发生什么变化？

12. 在中断服务程序中为什么要保护现场和恢复现场？这两项工作是否是必需的？

13. 什么叫做中断优先权？为什么要设置中断优先权？

14. 什么叫做中断嵌套？中断嵌套需要哪些条件？

15. 什么叫做快中断？快中断与普通中断有什么区别？

16. 快中断有哪些模式私有寄存器？为什么它的私有寄存器比其他模式的私有寄存器要多得多？

17. 复位中断与其他中断有什么区别？为什么说复位中断服务程序不需要返回？

18. 试说明处理器响应 7 种中断时自动所做的处理。

19. 用来控制中断允许的是哪个寄存器中的哪几位？它们是如何来控制中断允许或禁止的？

20. 当中断处理结束时，如何根据链接寄存器 LR 的值推算返回地址？

第8章 LPC2000系列嵌入式处理器

LPC2000是NXP(Philips)公司生产的嵌入式处理器系列。它以ARM7TDMI-S CPU核为基础,在芯片内部配置了大量的接口及功能模块,形成了功能强大的处理器。用户可以使用其内部的可编程引脚连接模块,方便、灵活地根据实际需要对芯片外部引脚进行配置,从而使这种处理器特别适合嵌入式应用。

本章的主要内容有:

- LPC2000嵌入式处理器概貌;
- 片内存储器及其映射;
- 片内功能模块及接口电路。

8.1 LPC2000嵌入式处理器概貌

LPC2000处理器内部配有Flash和SRAM存储器以及多种通用接口电路,它体积小,功耗低,非常适合应用在以小型化、低功耗、高性能作为主要目标的应用领域。

LPC2000的结构框图如图8-1所示。部分LPC2000处理器的主要配置见表8-1。

表8-1 LPC2000的主要配置

型　号	引脚数	片内RAM/KB	片内Flash/KB	A/D通道数	外存储器接口
LPC2114	64	16	128	4	—
LPC2124	64	16	256	4	—
LPC2210	144	16	—	8	有
LPC2212	144	16	128	8	有
LPC2214	144	16	256	8	有

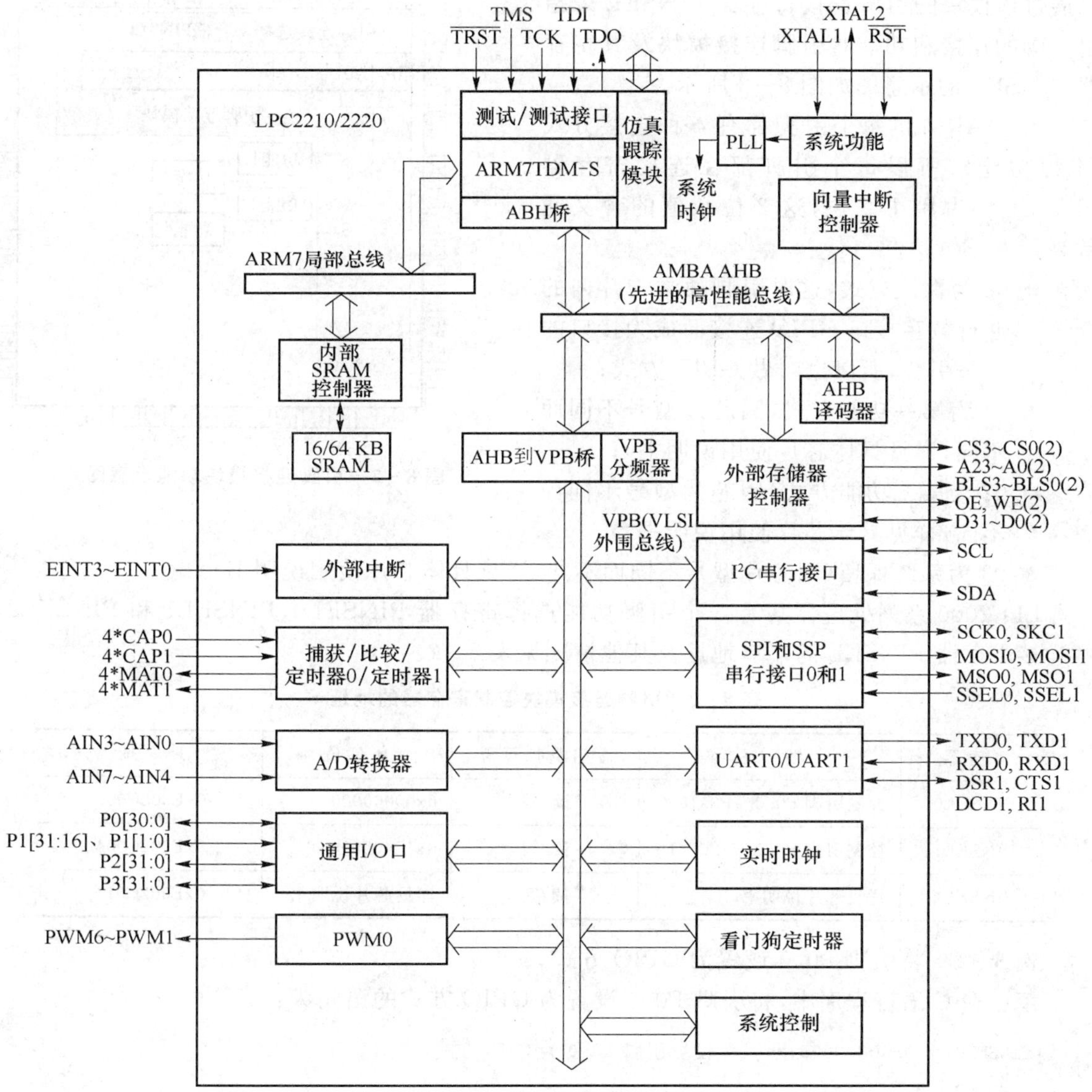

图 8-1　LPC2000 结构框图

8.2　引脚连接模块

为减小芯片体积并适应各种需要，LPC2000 系列处理器芯片的大多数外部引脚均为多功能引脚。为了便于用户指定或改变各引脚的功能，芯片中提供了可编程引脚连接模块，用户可以通过该模块的引脚连接寄存器 PINSEL 来指定引脚的连接和功能。引脚连接模块及其寄存器 PINSEL 的示意图如图 8-2 所示。

由于 ARM 的每个引脚都有 4 种连接方式(4 种功能),所以每个引脚都在连接寄存器 PINSEL 中占用了 2 位,这 2 位数值的含义通常为:

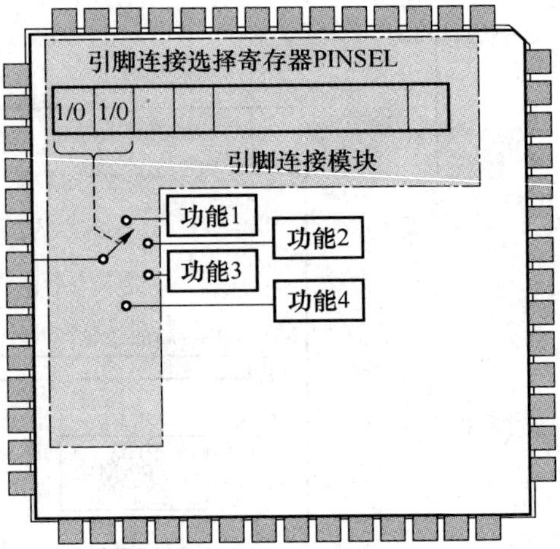

图 8-2 引脚连接模块功能示意图

- 00 为默认方式,这时引脚通常与片内的并行数字接口 GPIO 连接而成为接口的一条引线,所以也叫做 GPIO 方式;
- 01 为第一功能方式(因芯片型号不同而不同,详见具体芯片使用说明书);
- 02 为第二功能方式(因芯片型号不同而不同,详见具体芯片使用说明书);
- 03 为系统保留(因芯片型号不同而不同,详见具体芯片使用说明书)。

LPC2000 系列处理器共有 3 个引脚功能选择寄存器 PINSEL0、PINSEL1 和 PINSEL2。各连接寄存器 PINSEL 的端口地址及其他情况见表 8-2。

表 8-2 引脚连接模块控制寄存器的地址

寄存器	描　述	访问属性设置	复位值	地　址
PINSEL0	控制引脚 P0.0～P0.15	读/写	0x00000000	0xE002C000
PINSEL1	控制引脚 P0.16～P0.31	读/写	0x15400000	0xE002C004
PINSEL2	详见芯片说明书	读/写	详见芯片说明书	0xE002C014

例 8-1 将引脚 P0.0 设置为 GPIO 方式。

解 在 C 语言程序中,将引脚 P0.0 设置为 GPIO 方式的语句为:

```
PINSEL0 = 0x00000000;     //设置引脚 P0.0 为 GPIO 方式
```

8.3 通用可编程并行数据接口 GPIO

GPIO 是一种 32 位通用可编程并行数据接口。每个 GPIO 接口都有 4 个寄存器,它们分别为:

- 数据寄存器 IOxPIN。该寄存器用来暂存接口所传送的数据。
- 接口线数据传输方向控制寄存器 IOxDIR。该寄存器的每一位都控制着数据寄存器对应位的接口线，如果传输方向控制寄存器 IOxDIR 的对应位数值为“1”，那么对应的数据接口线的传输方向就为输出；否则为输入。IOxDIR 寄存器的格式如图 8-3 所示。

31		2	1	0
1/0	…	1/0	1/0	1/0

0：输入 1：输出

图 8-3 输入/输出方向控制寄存器 IOxDIR 的格式

- 置位寄存器 IOxSET。该寄存器的位也与数据寄存器 IOxPIN 的位相对应，其作用为用来给数据寄存器 IOxPIN 的某些位置“1”的。
- 复位寄存器 IOxCLR。与置位寄存器类似，只不过复位寄存器 IOxCLR 是用来给数据寄存器 IOxPIN 的某些位置“0”的。

根据芯片型号不同，LPC2000 处理器有 2 个或 4 个 GPIO 接口。例如，LPC2114/2124 就是有 2 个 GPIO 接口的处理器，这两个 GPIO 的名称分别为 P0（对应引脚名称为 P0.0～P0.31）和 P1（对应引脚名称为 P1.0～P1.31），其端口地址及其他情况见表 8-3；型号为 LPC2210/2212/2214 的处理器则有 4 个 GPIO 接口，除了 P0、P1 之外，还有 P2、P3 两个接口。其端口地址及其他情况见表 8-4。

表 8-3 接口 P0、P1 的端口地址分配及其他情况

接口名称	寄存器	功　能	复位值	地　址
P0	IO0PIN	数据寄存器	NA	0xE0028000
	IO0SET	置位寄存器	0x00000000	0xE0028004
	IO0DIR	传输方向控制寄存器	0x00000000	0xE0028008
	IO0CLR	复位寄存器	0x00000000	0xE002800C
P1	IO1PIN	数据寄存器	NA	0xE0028010
	IO1SET	置位寄存器	0x00000000	0xE0028014
	IO1DIR	传输方向控制寄存器	0x00000000	0xE0028018
	IO1CLR	复位寄存器	0x00000000	0xE002801C

例 8-2 将 LPC2114 的引脚 P0.0～P0.15 设置为 GPIO 输出方式，接下来做如下工作：

① 将所有引脚置为输出线；

② 为数据寄存器输入数据 0xAAAAAAAA；

③ 使用 0x0000F00F 设置 GPIO0 部分引脚为输出方向；

④ 使用 0xAAAAAAAA 把数据寄存器每隔 1 位置“0”；

⑤ 使用 0x80808080 把数据寄存器每隔 3 位置“1”。

表 8-4　接口 P2、P3 的端口地址分配及其他情况

接口名称	寄存器	访问属性设置	复位值	地　址
P2	IO2PIN	数据寄存器	NA	0xE0028020
	IO2SET	置位寄存器	0x00000000	0xE0028024
	IO2DIR	传输方向控制寄存器	0x00000000	0xE0028028
	IO2CLR	复位寄存器	0x00000000	0xE002802C
P3	IO3PIN	数据寄存器	NA	0xE0028030
	IO3SET	置位寄存器	0x00000000	0xE0028034
	IO3DIR	传输方向控制寄存器	0x00000000	0xE0028038
	IO3CLR	复位寄存器	0x00000000	0xE002803C

解

(1) 编写 C 程序

编写实现题目要求的 C 程序代码如下：

```
#include <LPC21xx.H>          /* LPC21xx definitions */
int main(void)
{
  PINSEL0 = 0x00000000;      //设置引脚 P0.0～P0.15 为 GPIO 方式
  IO0DIR = 0xFFFFFFFF;       //设置 GPIO0 引脚为输出方向
  IO0PIN = 0xAAAAAAAA;       //为数据寄存器输入数据
  IO0DIR = 0x0000F00F;       //设置 GPIO0 部分引脚为输出方向
  IO0CLR = 0xAAAAAAAA;       //把数据寄存器每隔 1 位置"0"
  IO0SET = 0x80808080;       //把数据寄存器每隔 1 位置"0"
  return 0;
}
```

(2) 关于头文件 LPC21xx.H

LPC21xx.H 为 MDK 提供的一个头文件，其中定义了 LPC21xx 处理器用户程序常用的符号。如果用户想了解该文件的内容，可在程序编辑窗口中将鼠标光标放在使用 #include <LPC21xx.H> 文本处，然后单击右键选中快捷菜单命令 Open Document <LPC21xx.H>，便可打开该文件，如图 8-4 所示。

从图中可以看到，文件 LPC21xx.H 定义了 LPC21xx 处理器接口的所有符号，其定义方式是极不常用的方式，例如：

```
#define IO0SET (*((volatile unsigned long *) 0xE0028004))
```

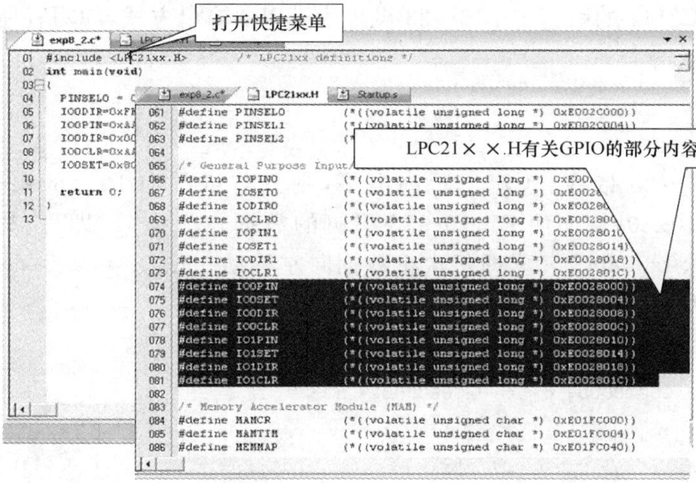

图 8-4 观察文件 LPC21xx. H

其中，0xE0028004 为 IO0SET 寄存器的地址，但它是一个 unsigned long 类型数据，为了使之成为一个真正的指针，这里使用(volatile unsigned long *)对其进行强制转换；接下来再使用间接访问符号“*”，使得它成为代表寄存器 IO0SET 的一个变量，并把这个变量名定义成 IO0SET。

(3) 仿真运行

程序编译、链接成功后，使用菜单命令 Peripherals→GPIO→Port0 打开 GPIO0 的观察窗口，单步运行程序，便可看到运行过程如图 8-5 所示。

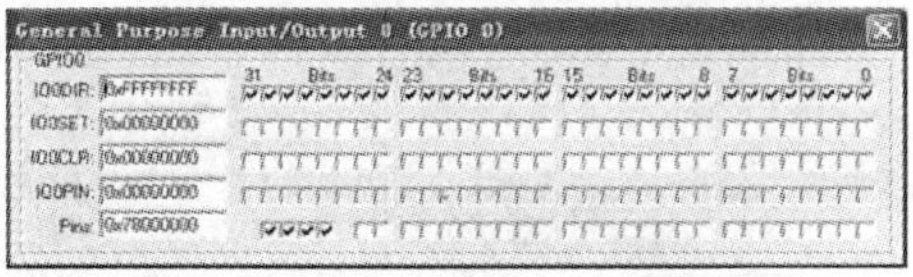

(a) 指令IO0DIR=0xFFFFFFFF执行后的结果

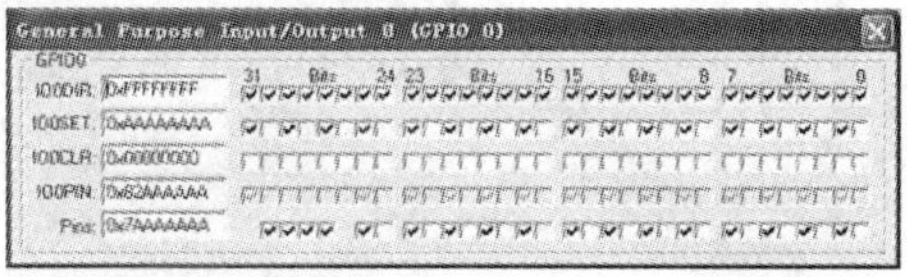

(b) 指令IO0PIN=0xAAAAAAAA执行后的结果

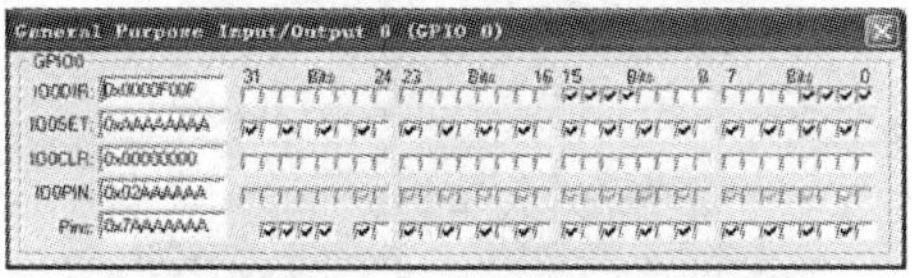

(c) 指令IO0DIR=0x0000F00F执行后的结果

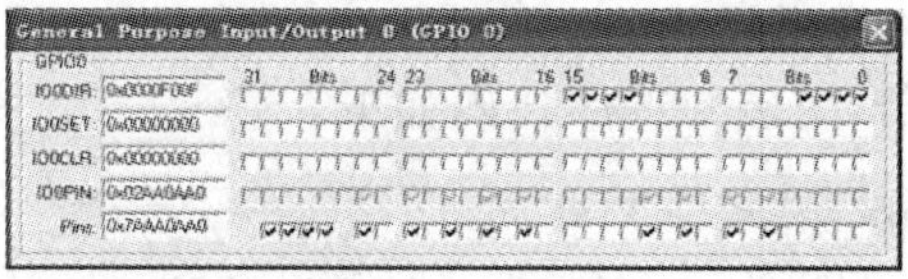

(d) 指令IC0CLR=0xAAAAAAAA执行后的结果

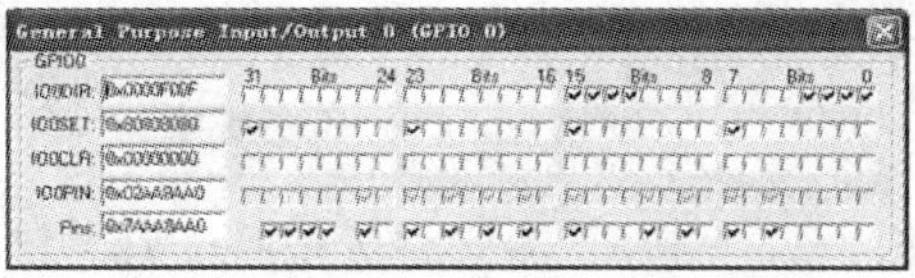

(e) 指令IO0SET=0x80808080执行后的结果

图 8-5 程序主要指令执行后的结果

例 8-3 将 LPC2114 的引脚 P1.16～23 设置为 GPIO 输出方式，编写程序使引脚 P1.16～23 依次、轮流出现高电平。

解

(1) 分 析

欲使引脚 P1.16～23 依次、轮流出现高电平，则只需依次向 P1.16～23 引脚输出数据 0x01、0x02、…、0x40、0x80，从而使 P1.16～23 引脚的数据轮流为“1”即可，写成 32 位数的形式为 0x00010000、…、0x00800000。即每次将数据向左移动一位。

依据上述思路，编写程序的主要代码如下：

```
  while (1) {                          //死循环
      for (n = 0x00010000; n <= 0x00800000; n <<= 1) {
        IOSET1 = n;                    //置位
        delay();                       //延迟
        IOCLR1 = 0x00FF0000;           //清零
      }
  }
```

其中，为了便于观察，代码中使用了一个软件延时函数 delay()，其代码如下：

```
/* ---------------------------延迟函数--------------------------------------*/
void delay (void) {
    unsigned int cnt;
    for (cnt = 0; cnt < 0x40000; cnt ++ )  //依靠循环来延时
    {
        cnt = cnt;
    }
}
```

可见，这个函数是依靠重复执行 cnt=cnt 语句 0x40000 次来实现延时的。

(2) 程序代码

最后，可编写程序代码如下：

```
#include <LPC21xx.H>                    //包含头文件 LPC21xx.H
void delay (void);
/* ---------------------------主函数-----------------------------------*/
int main (void) {
    unsigned int n;

    IODIR1 = 0x00FF0000;                //定义引脚 P1.16～23 为输出
      while (1) {                       //死循环
```

```
        for (n = 0x00010000; n <= 0x00800000; n <<= 1) {
            IOSET1 = n;                   //置位
            delay();                      //延迟
            IOCLR1 = 0x00FF0000;          //清零
        }
    }
}
/* ------------------------- 延迟函数 ---------------------- */
void delay (void) {
    unsigned int cnt;
    for (cnt = 0; cnt < 0x40000; cnt ++ )  //依靠循环来延时
    {
        cnt = cnt;
    }
}
```

(3) 实　验

程序编译、链接成功后，使用菜单命令 Peripherals→GPIO→Port1 打开 GPIO1 观察窗口，按下全速执行程序按钮后，便可看到程序的运行结果如图 8-6 所示。

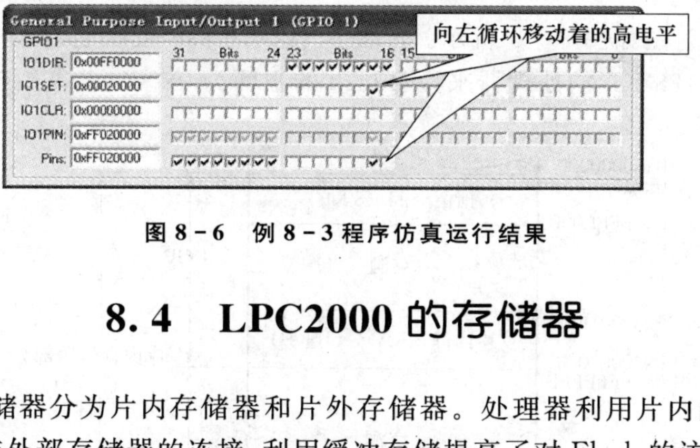

图 8-6　例 8-3 程序仿真运行结果

8.4　LPC2000 的存储器

LPC2000 的存储器分为片内存储器和片外存储器。处理器利用片内的外部存储器控制模块 EMC 实现了与外部存储器的连接，利用缓冲存储提高了对 Flash 的访问速度。

存储空间的分配

LPC2000 的可用地址空间共为 4 GB，这 4 GB 空间被分成了内部存储空间、外部可扩展存储空间和 I/O 设备空间三部分。其中，内部存储器占用了地址 0x00000000～0x7FFFFFFF 空间共 2 GB；外部可扩展存储器占用了地址 0x80000000～0xE0000000 空间共 1.5 GB；I/O

设备占用了剩余的处在高端地址的 0.5 GB 空间，例如表 8－2～表 8－4 所列的各个接口地址。

LPC2000 的地址映射如图 8－7 所示。

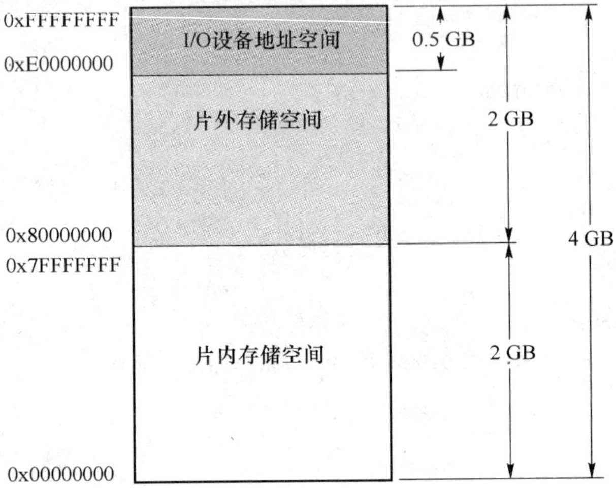

图 8－7　LPC2000 的片内与片外存储空间

1. 内部存储器映射

根据处理器芯片型号的不同，LPC2000 系列处理器的内部配置了不同容量的两种存储器：Flash 和 SRAM。

内部存储器映射图如图 8－8 所示。非易失性的 Flash 被映射在内部存储器的最底端。对于内部 Flash 为 128 KB 的处理器来说，Flash 的空间为 0x00000000～0x0001FFFF；对于内

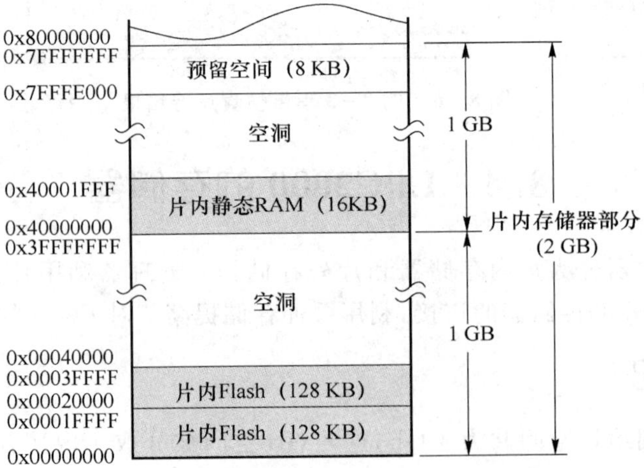

图 8－8　LPC2000 片内存储空间的使用情况

部 Flash 为 256 KB 的处理器来说，Flash 的空间为 0x00000000～0x0003FFFF。

易失性的 SRAM 被映射在从 0x40000000 开始的一段空间(一般为 16 KB)。

内部存储空间顶端的 0x7FFFE000～0x7FFFFFFF 这 8 KB 空间是叫做重映射区的系统预留空间。

除了上述被占用的空间之外，在内部存储空间中还有一些没有实际物理存储装置的区域，这些区域叫做“空洞”。

为提高访问 Flash 存储器的速度，处理器配置了一个存储器加速模块。该模块中配置的缓冲区可以暂存处理器的预取指令和数据，这样处理器就可以在执行当前指令的期间把该指令在 Flash 中的下一条或几条指令(或数据)预取到缓冲区中，从而使处理器读指令时面对的是高速缓冲的区，而不是那些速度较慢的 Flash，于是使得程序运行更为流畅和快捷。

为对存储器加速模块进行设置，该模块含有两个寄存器：控制寄存器 MAMCR(端口地址为 0xE01FC000)和定时寄存器 MAMTIM(端口地址为 0xE01FC004)，寄存器的格式分别如图 8-9(a)和图 8-9(b)所示。

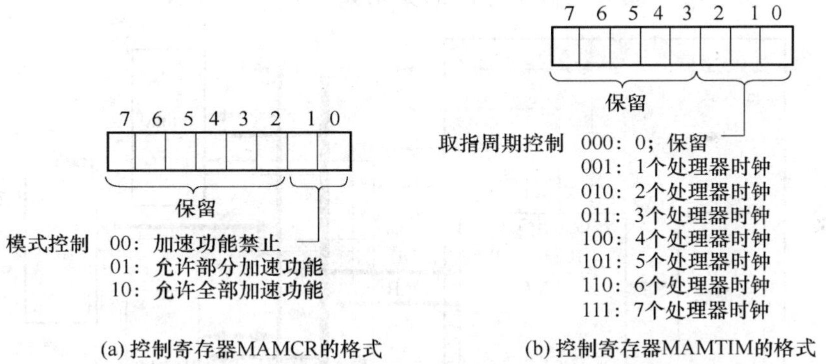

图 8-9 MAM 控制寄存器 MAMCR 与 MAMTIM 的格式

2. 外部存储器及 I/O 端口映射

外部地址空间最高端的 0.5 GB 为接口端口地址映射空间。

由于 LPC2000 内部使用了两种总线：用于高性能模块(如 CPU、DMA 和 DSP 等)之间连接的 AHB 总线和用于低带宽的周边外设(例如 UART、SPI、PWM 等)之间连接的 VPB 总线，所以外设地址空间被分成了 VPB 外设和 AHB 外设空间两部分。外设空间的映射如图 8-10 所示。

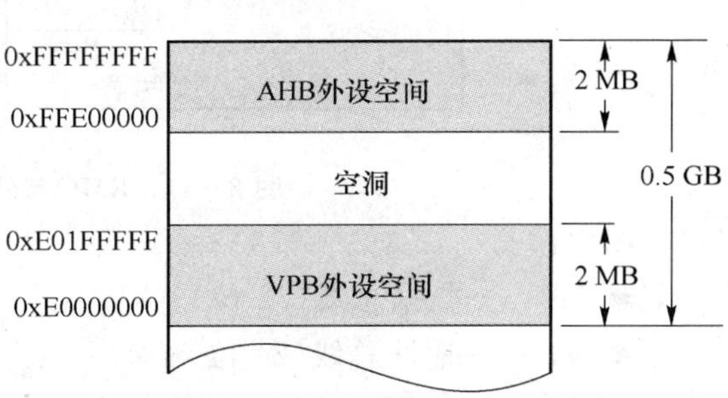

图 8-10 外设在外部存储器中所占用的空间

8.5 外部存储器的连接

LPC2000 处理器可以多种形式与多种不同的外部存储器相连接。在 LPC2000 处理器与外部存储器之间起着连接和管理作用的便是外部存储器控制模块 EMC。

8.5.1 EMC 的结构

LPC2000 把整个外部存储空间划分成了 4 个空间,每个空间对应着一个叫做 Bank 的存储器组,于是就有了 Bank0、Bank1、Bank2 和 Bank3。

LPC2000 规定,每个存储器组中的存储器芯片必须具有相等的字长。即在对外部存储器进行组织时,同是 32 位字长的存储器芯片应组成一组,而同是 16 位字长的存储器芯片则必须组成另一组。

1. EMC 与外部存储器的关系

EMC 的控制信号与外部存储器组之间的关系如图 8-11 所示。

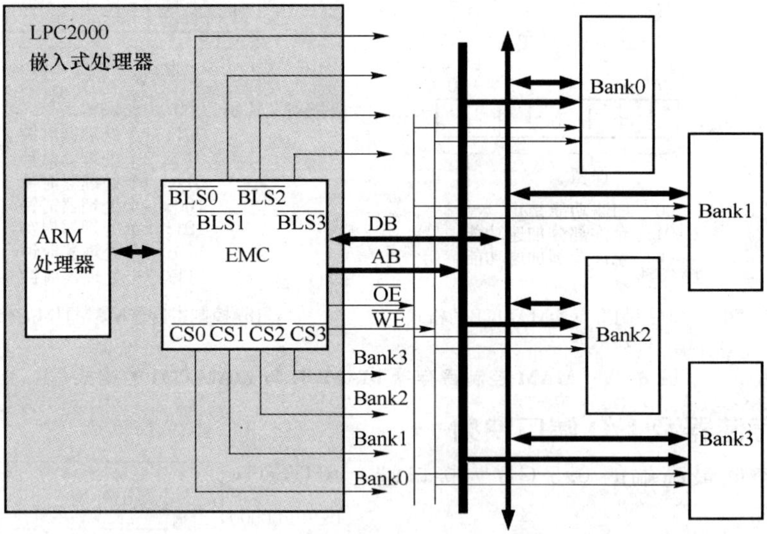

图 8-11 EMC 与外部存储器组连接的示意图

图中:

- DB——数据总线(32 位);
- AB——地址总线(24 位);
- $\overline{CS0}$、$\overline{CS1}$、$\overline{CS2}$、$\overline{CS3}$——选通 Bank0、Bank1、Bank2 和 Bank3 的 4 个片选信号;
- $\overline{BLS0}$、$\overline{BLS1}$、$\overline{BLS2}$、$\overline{BLS3}$——4 个字长控制信号。

2. EMC 的寄存器

为了对 4 个 Bank 进行配置，EMC 用 4 个分别叫做 BCFG0、BCFG1、BCFG2 和 BCFG3 的 32 位寄存器。

各个 Bank 占用的存储空间及其配置寄存器情况见表 8－5。

表 8－5　外部存储器的地址映射及其配置寄存器

Bank	Bank 地址映射	配置寄存器	复位值	配置寄存器端口地址
0	0x80000000～0x80FFFFFF	BCFG0	0x2000FBEF	0xFFE00000
1	0x81000000～0x81FFFFFF	BCFG1	0x2000FBEF	0xFFE00004
2	0x82000000～0x82FFFFFF	BCFG2	0x2000FBEF	0xFFE00008
3	0x83000000～0x83FFFFFF	BCFG3	0x2000FBEF	0xFFE0000C

配置寄存器 BCFG 各个域的作用见表 8－6。

表 8－6　配置寄存器各个域的作用

域名	位	作　用	复位值
IDCY	3：0	等待周期的设置	1111
保留	4	—.	NA
WSTI	9：5	读访问周期控制	11111
RBLE	10	BLS 控制允许	0
WST2	15：11	写访问周期控制	11111
保留	16：23	—	NA
BUSERR	24	总线错误状态标志位	0
WPERR	25	写错误状态标志位	0
WP	26	写保护设置位。1—写保护；0—不保护	0
BM	27	1—存储器组为 Burst ROM	0
MW	29：28	存储器组总线宽度控制。00—8 位；01—16 位；10—32 位；11—保留	—
AT	31：30	0	00

在系统复位时，各存储器组的默认字宽见表 8－7。

表 8－7　系统复位时默认的存储器宽度

Bank	复位时芯片引脚 BOOT[1：0]的状态	配置寄存器 BCFG[29：28]	宽度/位
0	00	00	8
0	01	01	16
0	10	10	32
0	11	10	32
1	xx	10	32
2	xx	01	16
3	xx	00	8

由于存储器组 Bank0 常常用来保存引导程序，所以该存储器组的配置寄存器 BCFG 的 MW 的复位值与芯片的引脚 BOOT[1：0]的设定相关。

8.5.2 外部存储器的连接

下面以 IS61LV2516VL 静态 RAM 为例介绍外部存储器与 LPC2000 处理器的连接。IS61LV2516VL 为 16 位、256 KB 的静态 RAM 存储芯片，其引脚布置图如图 8－12 所示。

引脚功能见表 8－8。

表 8－8　IS61LV2516VL 引脚功能

引脚名称	说　明	引脚名称	说　明
A0～A17	地址线	LB	低字节读，写控制(低电平有效)
I/O0～I/O15	数据线	UB	高字节读，写控制(低电平有效)
CE	片选(低电平有效)	NC	空
OE	读允许(低电平有效)	V_{DD}	电源
WE	写允许(低电平有效)	GND	地

由于 IS61LV2516VL 是一个 16 位存储器芯片，并且每个存储单元中的 16 位数据既可以半字的方式，也可以字节的方式进行读/写，所以为了对读/写方式进行控制，该芯片还配置了 LB 和 UB 两个低电平有效的引脚，即：

- LB ＝ 0，UB ＝ 1——访问低字节；
- LB ＝ 1，UB ＝ 0——访问高字节；
- LB ＝ 0，UB ＝ 0——访问整个 16 位数据。

用两片 IS61LV2516VL 组成一个 32 位存储器块的连接示意图如图 8－13 所示。

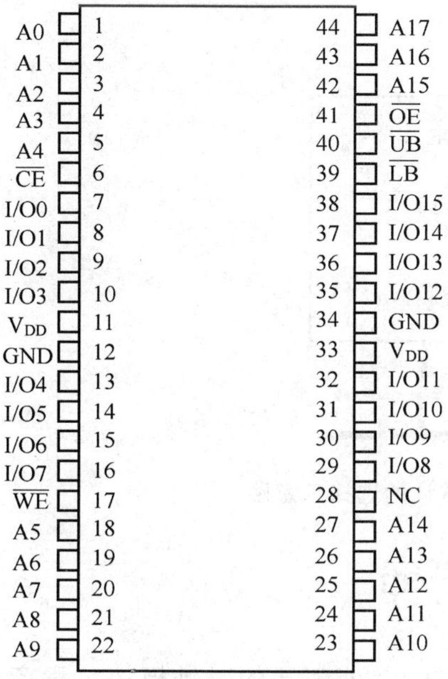

图 8－12　IS61LV2516VL 引脚布置图

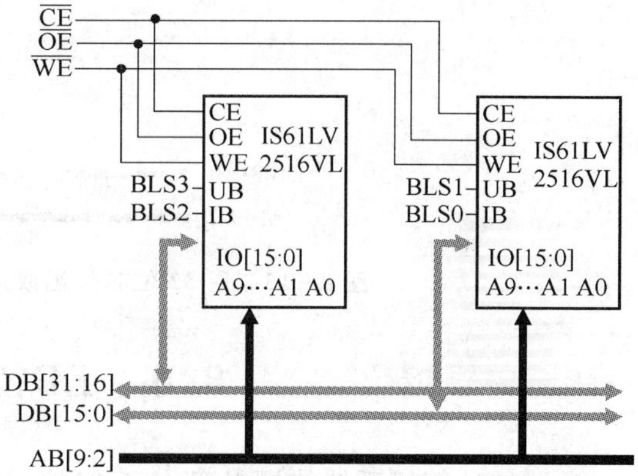

图 8－13　用 16 位芯片组成的 32 位字长存储器块的连接示意图

如果用 8 位存储器芯片组成一个 32 位的存储器块，则应该用 4 片芯片，如图 8－14 所示。如果用 32 位芯片组成 32 位的存储器块，那就更简单了，如图 8－15 所示。

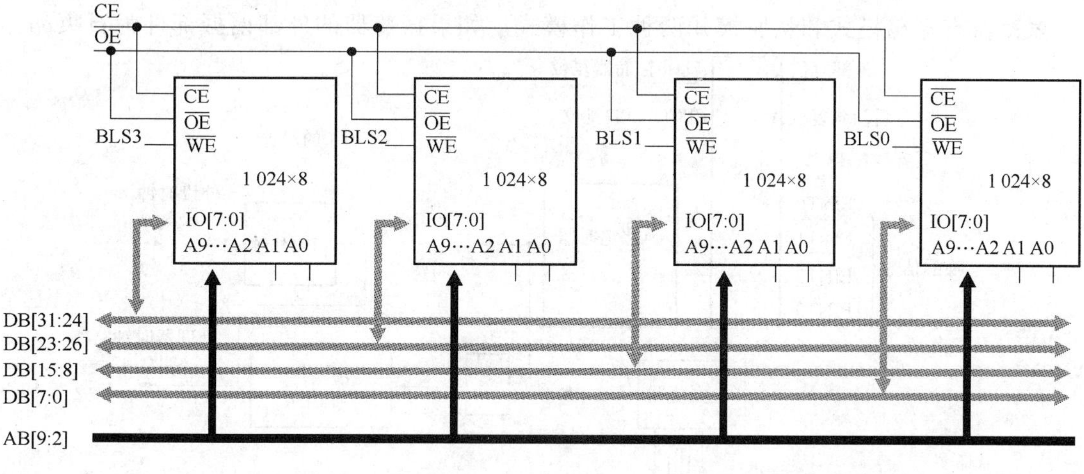

图 8－14　用 8 位芯片组成的 32 位字长存储器块的连接示意图

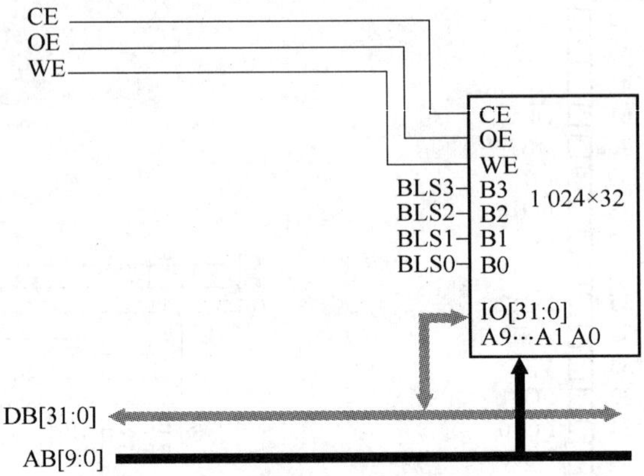

图 8-15　用 32 位芯片组成的 32 位长存储器块的选择示意图

8.6　LPC2000 的时钟

时钟是计算机系统协调各部分工作的时间基准。LPC2000 处理器的时钟模块负责产生处理器时钟 cclk 和 VPB 外设时钟 pclk。

8.6.1　LPC2000 时钟模块

如图 8-16 虚线框内所示，LPC2000 处理器时钟模块由振荡器和频率变换两个部分组成。

振荡器有振荡模式和从属模式两种工作模式。如果振荡器的外部谐振部件为石英晶体电

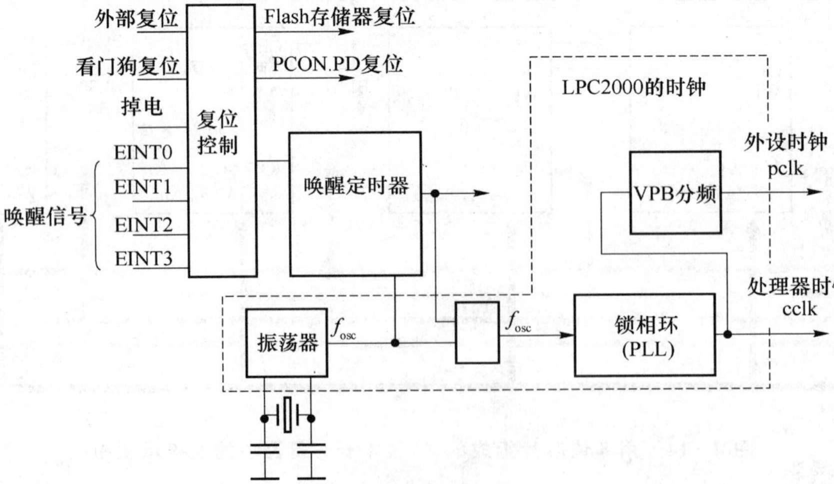

图 8-16　LPC2000 的时钟

路则为振荡模式，如图 8－16 所示。如果是在芯片外部用另外一个周期性信号通过耦合电容来激励振荡器产生振荡信号的为从属模式。从属模式的振荡电路部分如图 8－17 所示。

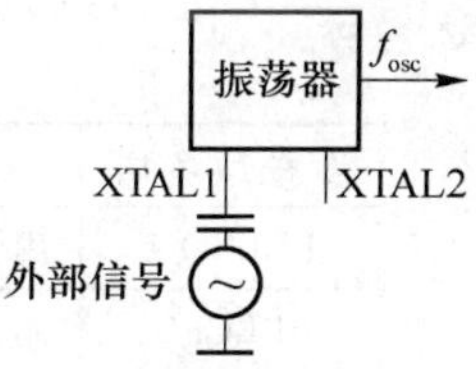

图 8－17　从属模式的振荡器

振荡器的输出信号 f_{osc} 经锁相环电路 PLL 升频后得到的信号为处理器时钟 cclk，而 cclk 再经分频器分频（降频）后得到的信号为外设时钟 pclk。

8.6.2　锁相环及处理器时钟 cclk 参数的设置

处理器时钟 cclk 的参数与锁相环 PLL 的参数设置有关。

LPC2000 的锁相环原理图如图 8－18(a)所示。

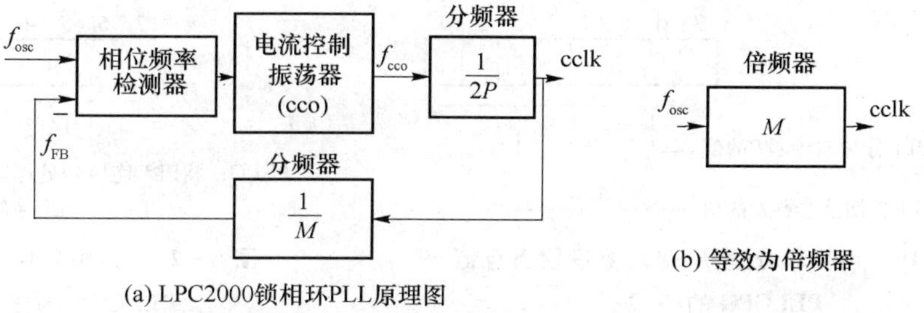

图 8－18　LPC2000 锁相环 PLL

从图中可见，PLL 是一个负反馈系统，当系统稳定后，其反馈值 f_{FB} 会与输入值 f_{osc} 相等，锁相环的输出频率为：

$$\text{cclk} = M \times f_{osc}$$

于是，锁相环就相当于图 8－18(b)所示的一个倍频器，其倍频系数为 M。至于 PLL 前向通道中的偶数分频器，则是为了保证输出信号 cclk 的占空比为 50％而添加的附属装置，它并不影响锁相环的输出频率。

在目前的技术上，锁相环中电流控制振荡器的可调整频率范围为 f_{cco}＝156～320 MHz，这样也就是限制了锁相环的输入和输出频率。其中，f_{osc} 的频率范围为 10～25 MHz，而 cclk 的频率范围为 10～70 MHz。

由于锁相环中电流控制振荡器的可调整频率范围具有限制，所以当进行锁相环输出频率设置时，需要对可调整频率 f_{cco} 进行计算和校验。其计算公式为：

$$f_{cco} = \text{cclk} \times 2 \times P \text{ 或 } f_{cco} = f_{osc} \times M \times 2 \times P$$

用于锁相环控制和参数配置的 4 个寄存器分别为 PLLCON、PLLCFG、PLLSTAT 和 PLLFEED。它们的端口地址及其他情况见表 8－9。

表 8-9 锁相环的寄存器及其配置

寄存器名称	说　明	访问属性	地　址
PLLCON	用于锁相环的允许与连接控制	读/写	0xE01FC080
PLLCFG	用于锁相环分频器参数 *M* 和分频器参数 *P* 的设置	读/写	0xE01FC084
PLLSTAT	用来存储锁相环的工作状态，以便用户读出	只读	0xE01FC088
PLLPEED	使上述设置生效的寄存器	只写	0xE01FC08C

用来对锁相环中的分频器参数 *P* 和倍增器的参数 *M* 进行设置的寄存器为 PLLCFG。PLLCFG 的格式如图 8-19 所示。

用来对锁相环进行控制的寄存器为 PLLCON，其格式如图 8-20 所示。

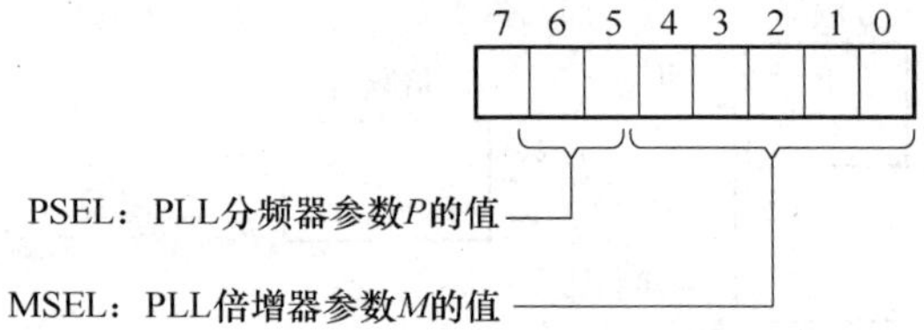

图 8-19 锁相环分频器、倍增器设置寄存器 PLLCFG 的格式

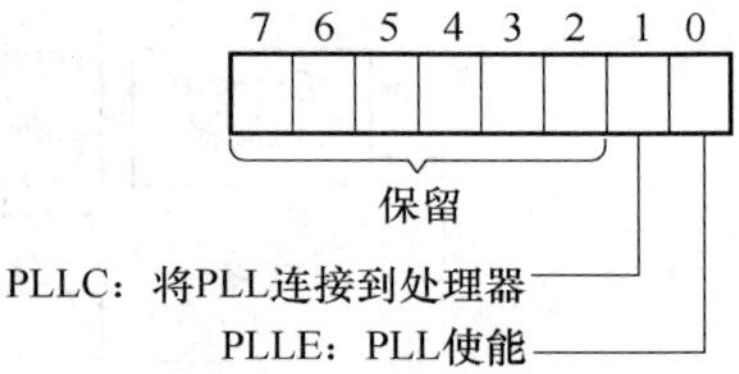

图 8-20 锁相环控制寄存器 PLLCON 的格式

其中，字段 PLLE 为"1"时，锁相环被激活，否则锁相环停止工作。字段 PLLC 为"1"时，处理器以锁相环的输出 cclk 为时钟，否则处理器以时钟信号为时钟。

LPC2000 规定，为使上述两个寄存器的设置生效，程序必须用两条指令不间断、按顺序地向锁相环馈送寄存器 PLLFEED 传送两个 8 位数 0xAA 和 0x55。

为便于用户对 PLL 的工作情况进行查询，锁相环的状态寄存器 PLLSTAT 中记录了锁相环工作状态。PLLSTAT 寄存器的格式如图 8-21 所示。

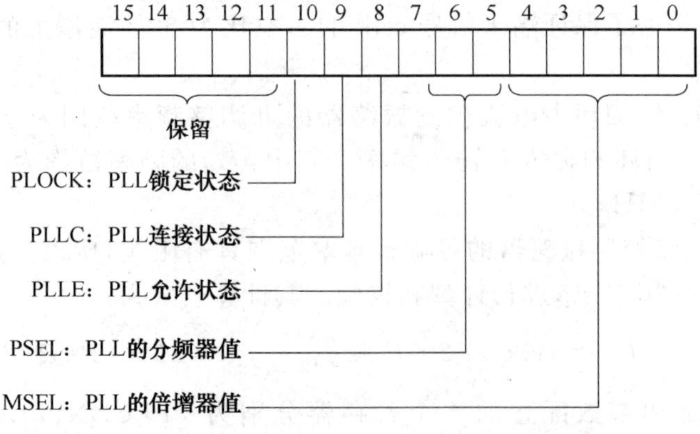

图 8-21 锁相环状态寄存器 PLLSTAT 的格式

由图 8-18 可知，处理器时钟 cclk 的设置就是锁相环的设置。在 MDK 为 LPC21xx 提供的启动代码中，锁相环的初始化代码如下：

```
;为设置锁相环(PLL)定义的符号 =============================
PLL_BASE        EQU     0xE01FC080          ;寄存器 PLLCON 地址(基址)
PLLCON_OFS      EQU     0x00                ;PLLCON 与基址之间的偏移
PLLCFG_OFS      EQU     0x04                ;PLLCFG 与基址之间的偏移
PLLSTAT_OFS     EQU     0x08                ;PLLSTAT 与基址之间的偏移
PLLFEED_OFS     EQU     0x0C                ;PLLFEED 与基址之间的偏移
PLLCON_PLLE     EQU     (1 << 0)            ;PLL 使能设置值
PLLCON_PLLC     EQU     (1 << 1)            ;PLL 连接设置值
PLLCFG_MSEL     EQU     (0x1F << 0)         ;PLL 的 M 参数设置值
PLLCFG_PSEL     EQU     (0x03 << 5)         ;PLL 的 P 参数设置值
PLLSTAT_PLOCK   EQU     (1 << 10)           ;PLL 锁的状态值
PLL_SETUP       EQU     1                   ;编译开关
PLLCFG_Val      EQU     0x00000024          ;寄存器 PLLCFG 的设置值
;其中,M = 4,P = 1
;锁相环设置执行代码 = = = = = = = = = = = = = = = = = = = = = = = = = = = = = = = = = = = = =
;Setup PLL
                IF      PLL_SETUP <> 0
                LDR     R0, = PLL_BASE      ;基址赋 R0
                MOV     R1, #0xAA
                MOV     R2, #0x55
;设置并使能 PLL---------------------------------------------------------
                MOV     R3, #PLLCFG_Val
                STR     R3, [R0, #PLLCFG_OFS]
                MOV     R3, #PLLCON_PLLE
                STR     R3, [R0, #PLLCON_OFS]
                STR     R1, [R0, #PLLFEED_OFS]
                STR     R2, [R0, #PLLFEED_OFS]

;等待频率被锁定 -------------------------------------------------------
PLL_Loop        LDR     R3, [R0, #PLLSTAT_OFS]
                ANDS    R3, R3, #PLLSTAT_PLOCK
                BEQ     PLL_Loop

;打开 PLL 时钟 ---------------------------------------------------------
```

```
            MOV     R3, #(PLLCON_PLLE:OR:PLLCON_PLLC)
            STR     R3, [R0, #PLLCON_OFS]
            STR     R1, [R0, #PLLFEED_OFS]
            STR     R2, [R0, #PLLFEED_OFS]
            ENDIF  ;PLL_SETUP
;=================================================================
```

8.6.3 pclk 时钟参数的设置

从图 8-16 可以看到,外设时钟 pclk 的频率与时钟模块中 VPB 分频器的参数设置有关。该参数由寄存器 VPBDIV 中的最低两位 VPBDIV[1:0]来设置,它们的可选值如下:

- 00——pclk 频率为 cclk 的 1/4;
- 01——pclk 频率与 cclk 的频率相等;
- 10——pclk 频率为 cclk 的 1/2;
- 11——不可用。

VPBDIV 寄存器的端口地址为 0xE01FC100。

在 MDK 为 LPC21xx 提供的启动代码中,外设时钟的初始化代码如下:

```
;有关 VPBDIV 设置的符号定义 ================================
VPBDIV   EQU 0xE01FC100          ;VPBDIV 寄存器地址
VPBDIV_SETUP   EQU  1            ;编译开关
VPBDIV_Val   EQU 0x00000000      ;分频系数 VPBDIV[1:0] = 00
;设置 VPBDIV 执行代码 ========================================
            IF                  VPBDIV_SETUP <> 0
            LDR                 R0, = VPBDIV
            LDR                 R1, = VPBDIV_Val
            STR                 R1, [R0]
            ENDIF
;=============================================================
```

8.7 定时器

LPC2000 配置了两个 32 位可编程通用定时器:T0 和 T1。这两个定时器除地址不同之外,其原理与结构完全相同。它们通过对脉冲信号 pclk 进行计数来实现定时,当定时时间到时会引发一个事件。

8.7.1 定时器的原理和功能

如图 8-22 所示,定时器的核心部件是一个 32 位加法计数器 TC,定时器在开始定时后,加法计数器 TC 对外设时钟 pclk 经分频后的周期脉冲进行计数。TC 的初始值为 0,当 TC 被启动之后,计数器每收到一个计数脉冲(时钟脉冲 pclk 经分频后的脉冲)计数器就加 1,如果在计数过程中一直没有复位信号使之复位,则计数器会一直计到最高值 0xFFFFFFFF,并在再加 1 时回卷到 0x00000000 重新开始计数,如此循环往复。

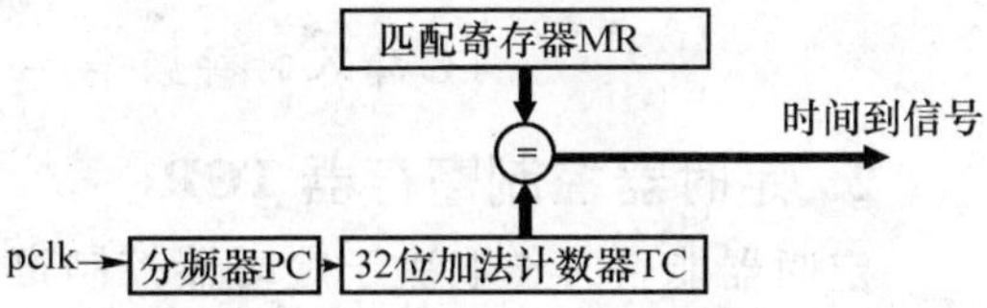

图 8-22 定时器的原理图

与计数器 TC 相配合的是叫做 MR 的匹配寄存器,它存放了由用户设置的一个定时预置值。当计数器的计数值与匹配寄存器 MR 的预置值相等时,定时器产生定时到信号。

定时器内部共配置有 4 个匹配寄存器 MR0~MR3。在计数器 TC 计数过程中,当 TC 的当前值与某个 MR 的预置值相等时,该 MR 会触发一个由匹配控制寄存器 MCR 指定的事件(中断请求、复位、停止计数等)。

为使程序可以读取定时器的当前值,定时器还配有 4 个可以由处理器外部引脚(CAP0~CAP3)触发的捕获寄存器 CR0~CR3,在外部触发信号 CAP 有效时,CR 可以捕获(记录)计数器 TC 的当前值。每个外部触发信号 CAP 都可以通过 LPC2000 的引脚连接模块与芯片外部的一个或多个引脚相连接,该信号的有效形式则由捕获控制寄存器 CCR 的相关位来指定。

从编程的角度看,定时器 T0 和 T1 的逻辑框图如图 8-23 所示。

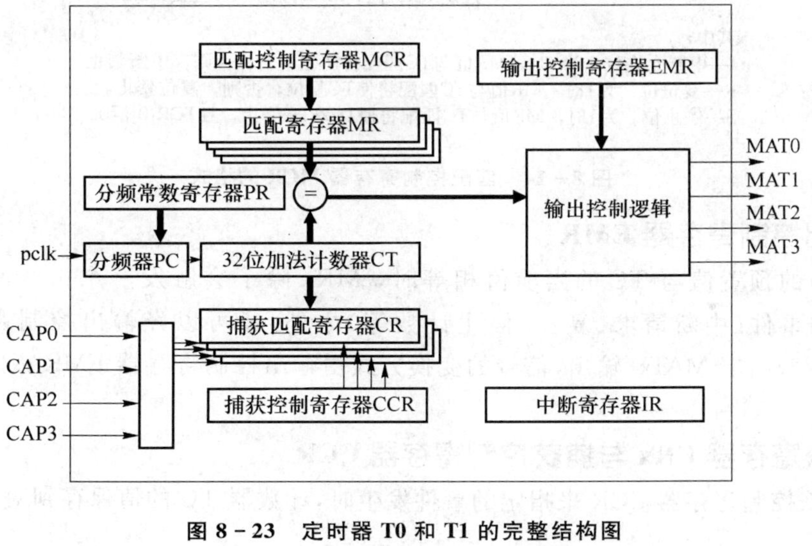

图 8-23 定时器 T0 和 T1 的完整结构图

8.7.2 定时器的寄存器

1. 分频器 PC 与分频常数寄存器 PR

计数器 TC 的输入(计数脉冲)为 pclk 时钟经分频器 PC 分频之后的脉冲信号。分频器 PC 的分频常数用分频常数寄存器 PR 来指定：

TC 输入时钟频率 ＝ pclk 频率/(PR 中的数据＋1)

2. 定时器控制寄存器 TCR

定时器能否工作取决于定时器控制寄存器 TCR[0]的设置：如果 TCR[0] ＝ 0,则允许计数;否则禁止计数。

TCR[1]控制着定时器的复位状态：如果 TCR[1] ＝ 1,则计数器和分频计数器在 pclk 的下一个上升沿同步复位。

3. 匹配寄存器 MRx 与匹配控制寄存器 MCR

匹配寄存器 MRx 随时监视计数器 TC 的计数值,当计数器的计数值与匹配寄存器的预置数值相等时,匹配寄存器 MRx 将按匹配控制寄存器 MCR 的设置发出相应的控制信号。

匹配控制寄存器 MCR 的格式如图 8－24 所示。

其中：
I—中断允许位。为1时，MR值与TC匹配将产生中断；否则，中断禁止。
R—复位位。为1时，MR值与TC匹配将使TC复位；否则，复位禁止。
S—停止位。为1时，MR值与TC匹配将使TC和PC停止，且TCR[0]清0。

图 8－24　匹配控制寄存器 MCR 的格式

4. 输出控制寄存器 EMR

当 MRx 的预置值与 TC 的当前值相等时，MRx 除了会触发一个由匹配控制寄存器 MCR 指定的事件(中断请求、复位、停止计数等)之外,还可以经输出控制逻辑电路变换另一种信号由输出端 MATx 输出,信号的变换方式由输出控制寄存器 EMR 指定,如图 8－25 所示。

5. 捕获寄存器 CRx 与捕获控制寄存器 CCR

当由捕获控制寄存器 CCR 来指定的事件发生时,计数器 TC 的值保存到对应的捕获寄存器 CRx。

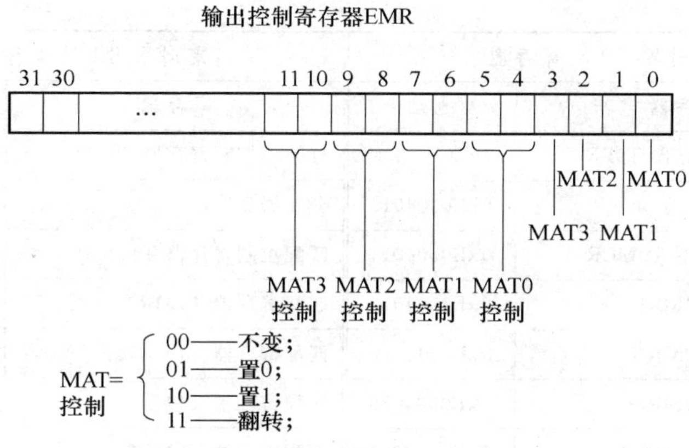

图 8-25 输出控制寄存器 EMR 格式

捕获控制寄存器 CCR 的格式如图 8-26 所示。

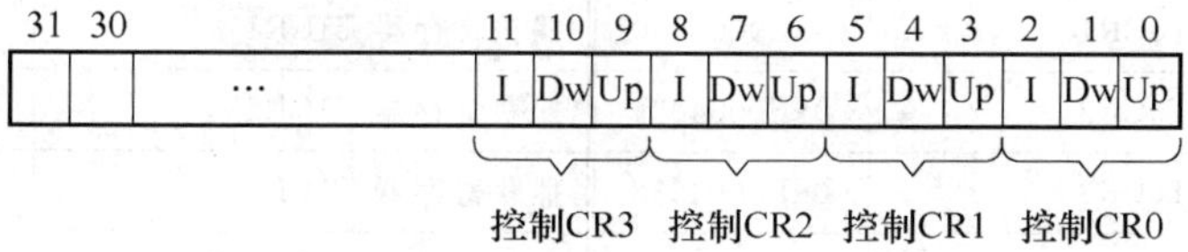

其中:

Up——为1时，上升沿激活捕获；否则，禁止。

Dw——为1时，下降沿激活捕获；否则，禁止。

I——中断允许位。为1时，捕获时产生中断；否则，中断禁止。

图 8-26 捕获控制寄存器 CCR 的格式

6. 中断标志寄存器 IR

中断标志寄存器 IR[0：3]位用来记录 4 个匹配中断状态，IR[4：7]用来记录 4 个捕获中断状态。如果对应位的值为 1，则表示该匹配或该捕获有中断请求；否则，没有中断请求。

7. 定时器各寄存器端口地址

定时器各个寄存器的地址见表 8-10。

表 8-10 定时器寄存器端口地址

定时器 T0 的寄存器		定时器 T1 的寄存器	
寄存器	地址	寄存器	地址
中断寄存器 T0IR	0xE0004000	中断寄存器 T1IR	0xE0008000
定时控制寄存器 T0TCR	0xE0004004	定时控制寄存器 T1TCR	0xE0008004
计数器 T0TC	0xE0004008	计数器 T1TC	0xE0008008

续表 8-10

定时器 T0 的寄存器		定时器 T1 的寄存器	
寄存器	地址	寄存器	地址
分频器控制寄存器 T0PR	0xE000400C	分频器控制寄存器 T1PR	0xE000800C
分频器 T0PC	0xE0004010	分频器 T1PC	0xE0008010
匹配控制寄存器 T0MCR	0xE0004014	匹配控制寄存器 T1MCR	0xE0008014
匹配寄存器 T0MR0	0xE0004018	匹配寄存器 T1MR0	0xE0008018
匹配寄存器 T0MR1	0xE000401C	匹配寄存器 T1MR1	0xE000801C
匹配寄存器 T0MR2	0xE0004020	匹配寄存器 T1MR2	0xE0008020
匹配寄存器 T0MR3	0xE0004024	匹配寄存器 T1MR3	0xE0008024
捕获控制寄存器 T0CCR	0xE0004028	捕获控制寄存器 T1CCR	0xE0008028
捕获寄存器 T0CR0	0xE000402C	捕获寄存器 T1CR0	0xE000802C
捕获寄存器 T0CR1	0xE0004030	捕获寄存器 T1CR1	0xE0008030
捕获寄存器 T0CR2	0xE0004034	捕获寄存器 T1CR2	0xE0008034
捕获寄存器 T0CR3	0xE0004038	捕获寄存器 T1CR3	0xE0008038
外部匹配寄存器 T0EMR	0xE000403C	外部匹配寄存器 T1EMR	0xE000803C

8.7.3 定时器的初始化

下面以例子说明定时器的使用及初始化。

例 8-4 使用定时器进行 1 s 定时，设置定时器为中断方式，在中断服务程序中将对 P0.7 引脚的输出电平进行翻转。

解 依题意，可编写程序代码如下：

```
#include <LPC21xx.H>
#define   SET   ((unsigned long)0x01 << 7)          //第 7 位置 1 信号
#define   P7_CLR() IO0CLR = SET                      // P0.7 引脚输出低电平
#define   P7_SET() IO0SET = SET                      // P0.7 引脚输出高电平
void __irq  IRQ_Time0(void);                         //声明中断服务程序//定时器 0 初始化函数
void  Time0Init(void)
{
    T0PR = 99;                                       //设置定时器 0 分频为 100 分频，得 110 592 Hz
    T0MCR = 0x03;                                    //匹配通道 0 匹配中断并复位 T0TC
    T0MR0 = 110592;                                  //定时比较值
```

```
    T0TCR = 0x03;                     //定时时间到后,启动并复位 T0TC
    T0TCR = 0x01;                     //启动定时器 0
    VICIntSelect = 0x00;              //所有中断通道设置为 IRQ 中断
    VICVectCntl0 = 0x24;              //定时器 0 中断通道分配最高优先级(向量控制器 0)
    VICVectAddr0 = (unsigned long)IRQ_Time0;  //设置中断服务程序地址向量
    VICIntEnable = 0x00000010;        //使能定时器 0 中断
}
//主函数==============================================
int  main(void)
{
    PINSEL0& = ~((unsigned long)0x03 << 14);//将 P0.7 引脚选择为 GPIO 功能
    IO0DIR| = SET;                    //设置 P0.7 为输出
    Time0Init();                      //初始化定时器 0 及使能中断
    while(1) ;                        //等待定时器 0 中断
    return(0);
}
//中断服务程序==========================================
void __irq  IRQ_Time0(void)
{
    if( (IO0PIN&SET) == 0 )           //P0.7 引脚取反
      P7_SET();
    else
      P7_CLR();
    T0IR = 0x01;                      // 清除中断标志
    VICVectAddr = 0x00;               // 通知 VIC 中断处理结束
}
```

程序仿真运行结果如图 8-27 所示。

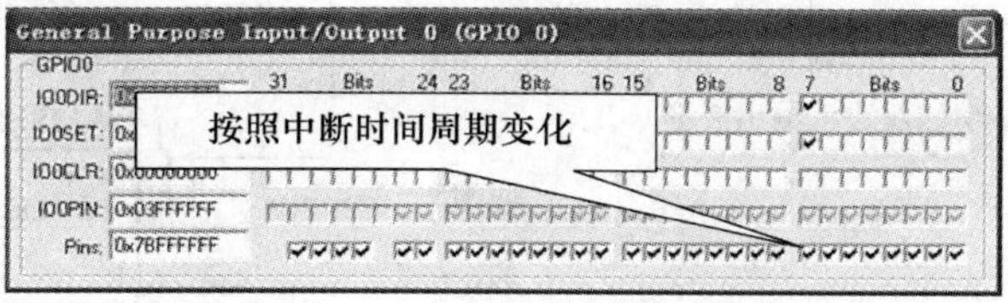

图 8-27 程序仿真运行结果

8.8 LPC2000的脉宽调制器PWM

8.8.1 LPC2000脉宽调制器原理

所谓脉宽调制器，就是能输出如图8-28所示的周期性矩形波的电路或装置。其输出信号的周期T为常量，方波的宽度t_p则与脉宽调制器输入信号有关。也就是说，脉宽调制器是一种能把输入信号的大小转换成输出信号的脉冲宽度的转换电路或装置，即输出脉冲宽度t_p由输入信号调制。

利用前面介绍的定时器，用一个匹配寄存器来控制PWM输出的周期T，用另一个匹配寄存器来控制脉冲宽度t_p，即可以实现脉宽调制器。一个用定时器实现单脉冲脉宽调制器的方案如图8-29所示。

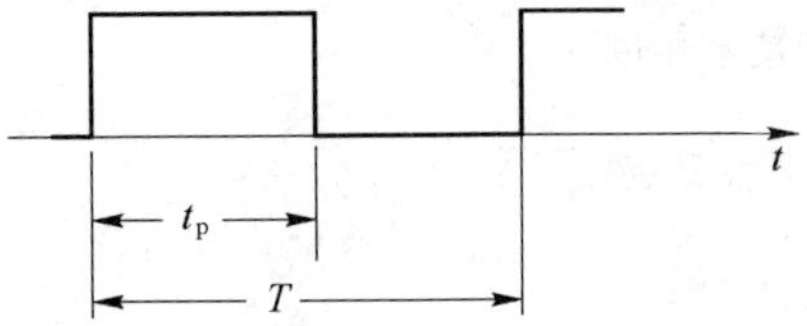

图8-28 PWM的单边沿输出波形

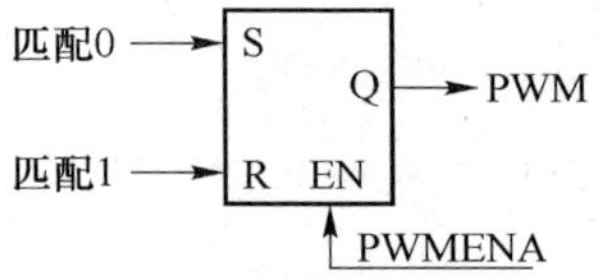

图8-29 定时器实现单脉冲脉宽调制器的方案

图中，用来控制输出信号周期T定时器的是定时器中的匹配寄存器0，而用来控制脉冲宽度t_p的是匹配寄存器1，PWMENB是允许控制位。

如果再添加一个匹配寄存器，就可以实现输出图8-30(a)所示双边沿脉宽信号的脉宽调

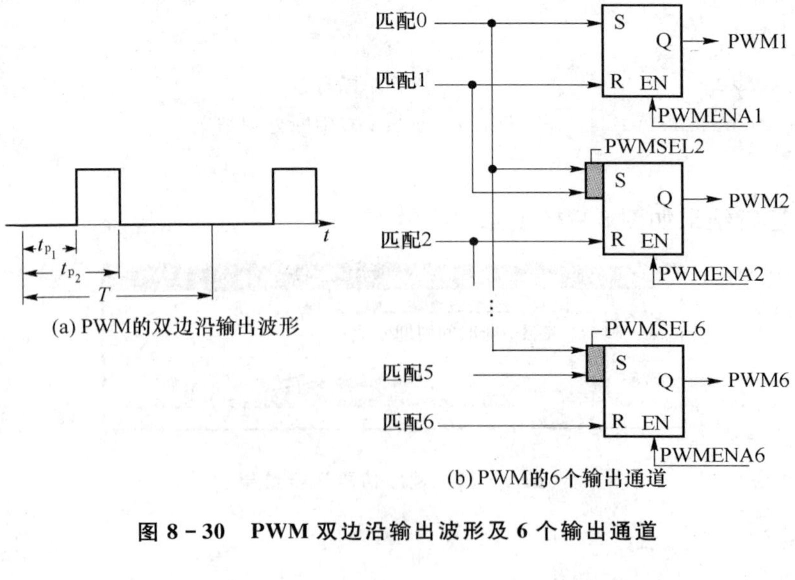

图8-30 PWM双边沿输出波形及6个输出通道

制器。即用一个匹配寄存器来控制 t_{p1}，另一个匹配寄存器来控制 t_{p2}。

LPC2000 的脉宽调制器，一共配备了 7 个匹配寄存器，其中一个用来控制输出信号的周期，另外 6 个用来控制输出信号的脉宽。也就是说，如果输出单边沿脉宽信号，则 LPC2000 脉宽调制器可以输出 6 路信号；如果输出双边沿脉宽信号，则 LPC2000 脉宽调制器可以输出 3 路信号。

LPC2000 脉宽调制器的各个匹配寄存器与单、双边沿实现逻辑电路的结构如图 8－30(b) 所示。

其中，PWMSEL 是用来选择单边沿输出还是双边沿输出的开关信号，该信号由寄存器 PWMPCR 来指定。

另外，不管是单边沿输出还是双边沿输出，脉冲的周期 T 都是由匹配寄存器 0 来设置的，其余匹配寄存器的设置见表 8－11。

表 8－11 单、双边沿输出的寄存器配置

PWM 通道号	边 沿	单边沿输出配置(PWMSEL＝0)	双边沿输出配置(PWMSEL＝1)	
		置 位	置 位	复 位
1	单	配置寄存器 1	—	—
2	单、双	配置寄存器 2	配置寄存器 1	配置寄存器 2
3	单	配置寄存器 3	配置寄存器 2	配置寄存器 3
4	单、双	配置寄存器 4	配置寄存器 3	配置寄存器 4
5	单	配置寄存器 5	配置寄存器 4	配置寄存器 5
6	单、双	配置寄存器 6	配置寄存器 5	配置寄存器 6

8.8.2 脉宽调制器的寄存器

脉宽调制器寄存器的端口地址映射见表 8－12。

表 8－12 脉宽调制器寄存器的端口地址映射表

寄存器名称	说 明	地 址
中断寄存器 PWMIR	中断状态标志寄存器，用户可清除中断标志	0xE0014000
定时控制寄存器 PWMTCR	计数器 TC 的控制寄存器	0xE0014004
定时器/计数器 PWMTC	脉宽调制器的计数器	0xE0014008
分频常量寄存器 PWMPR	存放分频常量的寄存器	0xE001400C
分频器 PWMPC	分频器，分频率取自 PWMPR	0xE0014010
匹配控制寄存器 PWMMCR	控制匹配时输出信号形式的寄存器	0xE0014014
匹配寄存器 PWMMR0～ PWMMR6	用来设定周期、脉冲边沿的寄存器(共 7 个)	0xE0014018～0xE0014048
控制寄存器 PWMPCR	用来设定单、双边沿及输出允许信号的寄存器	0xE001404C
锁存控制寄存器 PWMLER	锁存使能	0xE0014050

除了寄存器 PWMIR、PWMPCR 和 PWMLER 之外，LPC2000 脉宽调制器的其余寄存器与定时器寄存器的作用基本相同。

1. 中断寄存器 PWMIR

LPC2000 脉宽调制器的中断寄存器 PWMIR 的格式如图 8-31 所示。

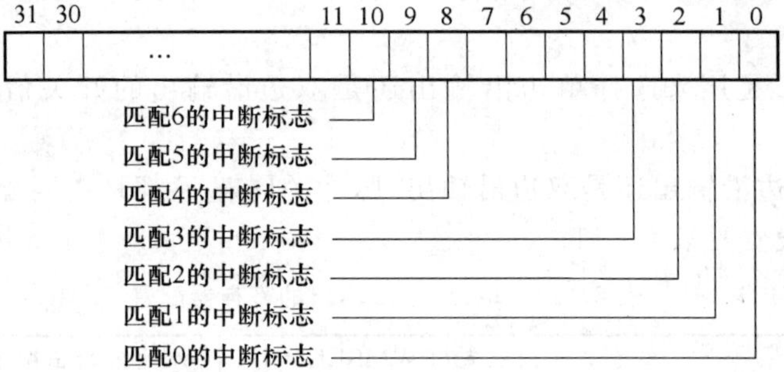

图 8-31 中断寄存器 PWMIR 的格式

2. 控制寄存器 PWMPCR

控制寄存器 PWMPCR 的格式如图 8-32 所示。

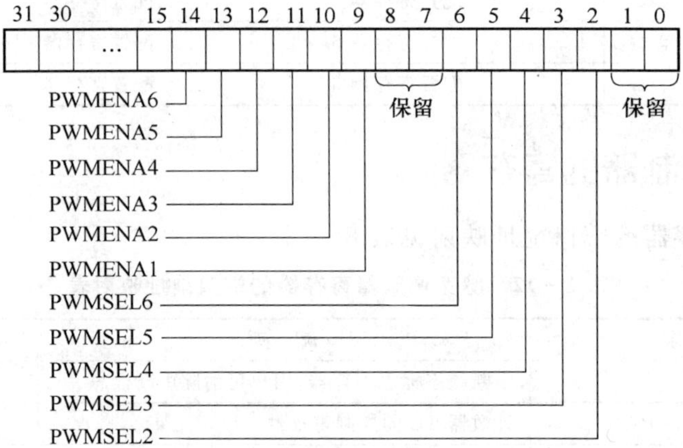

图 8-32 PWM 控制寄存器 PWMPCR 的格式

3. 锁存控制寄存器 PWMLER

在实际应用中经常出现这种情况：当脉宽调制器正在以匹配寄存器的当前值进行脉宽转换时，处理器又向匹配寄存器送来了下一个数据，如果不对这个数据进行暂存，那么它就丢失了。为了防止这种错误的发生，LPC2000 的脉宽调制器为每一个匹配寄存器都配置了一个专门暂存新数据的数据缓冲寄存器，为了对这些数据缓冲寄存器进行控制，又配置了锁存控制寄存器 PWMLER，PWMLER[6∶0]为 6 个数据缓冲器的锁存允许控制位。

8.8.3 LPC2000 脉宽调制器的使用示例

例 8-5 使用 PWM5 实现一个单边脉宽调制器，要求在 P0.21 引脚输出信号。

解 依题意可编写程序代码如下：

```
#include <LPC21xx.H>
//PWM 初始化函数=========================================
void Init_PWM(void)
{
    PWMPCR = 0x404;        //设置输出信号为单边沿信号
    PWMMCR = 0x02;         //当匹配寄存器 0 匹配时复位定时器 TC
    PWMMR0 = 0x4000;       //设置周期 T = 1 000 定时脉冲
    PWMMR5 = 0x1000;       //设置占空比
    PWMLER = 0x21;         //允许匹配寄存器 0、5 锁存
    PWMPCR = 0x2000;       //允许 PWM5 输出，单边沿
    PWMTCR = 0x09;         //启动定时器 TC
}

//主函数=================================================
    int  main(void)
    {   //PWM5 连接到 P0.21 引脚
        PINSEL1& = ((unsigned int)0x03 << 10);
        PINSEL1| = ((unsigned int)0x01 << 10);
        Init_PWM();
        while(1) ;
    }
```

程序启动后，从 MDK 的逻辑分析仪上观察到的 PWM5 的输出波形如图 8-33 所示。

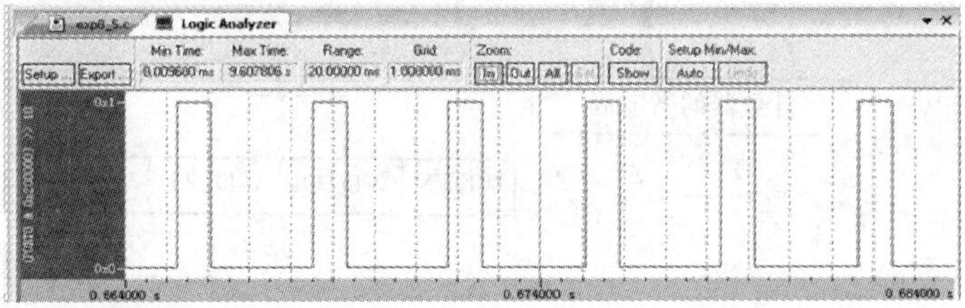

图 8-33 PWM 的输出波形

8.9 看门狗

8.9.1 看门狗的结构及原理

由于计算机在工作时不可避免地会受到各种各样的干扰，所以尽管是设计良好的程序，在运行中也可能因某种原因破坏了程序的正常执行流程而进入死循环，即计算机长时间对激励没有响应，也就是通常所说的“死机”。目前，通常用人工复位的方法来处理这种故障，也就是令程序重新启动。但对于无人值守的设备，则必须依赖某种设备或装置来执行这个复位工作。为此，人们设计了一种可以自动进行复位的硬件电路，这种硬件电路就叫做看门狗(WatchDog，WD)。

看门狗实质上是一个定时器，如果它在一个预定时间内，未接收到一个表示计算机工作正常的信号，则它就会依靠计数器的溢出信号启动复位电路，将系统复位并重新启动；如果再预定时间内收到了工作正常信号，则将定时器本身复位，重新开始新的定时过程。

也就是说，在程序设计时一定要在程序的合适位置向看门狗发送一个表示计算机工作正常的信号，并且必须保证两个信号之间的时间间隔不能超过看门狗定时器的预定时间。这个信号俗称“喂狗”。

反之，当计算机程序的运行不正常(跑飞)时，程序也就不会在定时器的限定时间内发送“喂狗”信号，那么当看门狗达到限定时间时，就会引发复位中断，使计算机重新启动，脱离死循环。

之所以把定时向看门狗发送的表示计算机工作正常的信号叫做“喂狗”信号，意思就是说，要是在规定时间内不“喂狗”，那么“狗”就会采取动作了(将计算机复位)。

LPC2000 看门狗的结构逻辑框图如图 8-34 所示。

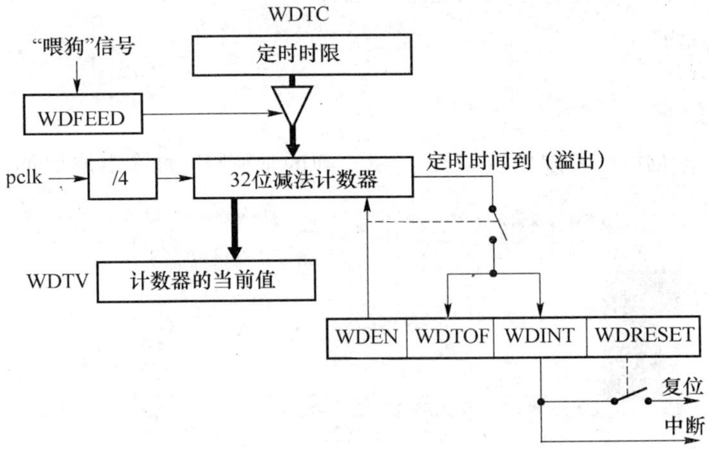

图 8-34 看门狗逻辑框图

8.9.2 看门狗寄存器

1. 看门狗寄存器端口地址映射

看门狗寄存器的端口地址映射见表 8-13。

表 8-13 看门狗寄存器端口地址映射

寄存器名称	说 明	访 问	复位值	地 址
模式寄存器 WDMOD	用来设置看门狗工作方式	读/写	0	0xE0000000
定时常数寄存器 WDTC	用来存放预设定时时限	读/写	0xFF	0xE0000004
喂狗寄存器 WDFEED	当接收喂狗信号(顺序输入 0xAA 和 0x55)时，将 WDTC 中的预设定时时限重装入计数器	只写	NA	0xE0000008
当前值寄存器 WDTV	用户可在本寄存器中读出计数器的当前值	只读	0xFF	0xE000000C

2. 寄存器 WDMODE

看门狗模式寄存器 WDMODE 的格式如图 8-35 所示。

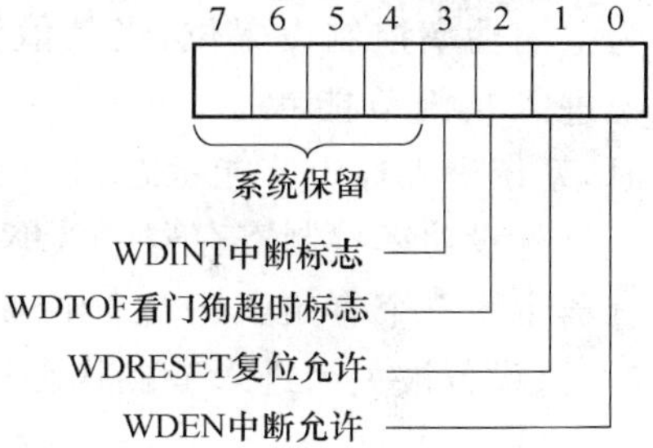

图 8-35 模式寄存器 WDMODE 的格式

8.9.3 看门狗的使用

1. 看门狗初始化

看门狗初始化代码段如下：

```
WDTC = 0x10000;      //设置 TC 时间限定值
WDMODE = 0x03;       //设置工作模式并启动看门狗
```

2. 喂狗代码

喂狗代码段如下：

```
Void WdtFeed( )
{
  WDFEED = 0xAA;
  WDFEED = 0x55;
}
```

8.10 功率控制模块

为了控制系统的功耗，LPC2000 配置了功率控制模块，使用该模块可以在需要时，以停止提供时钟的方法来关闭某些设备,从而达到降低计算机功耗的目的。目前,LPC2000 有掉电和空闲两种功率控制模式。

掉电模式通过禁止 PLL 来冻结处理器和外设的时钟,这时系统的功耗仅取决于电路的漏电流。外部设备的中断请求会将处理器从功率控制状态中醒来。

空闲模式仅停止对处理器的时钟供给,任何中断请求都可以将系统唤醒。

程序可以通过 PCON 和 PCONP 两个寄存器对功率控制模块进行配置,其端口地址映射见表 8-14。

表 8-14 功率控制寄存器端口地址映射

寄存器名称	说 明	访 问	地 址
PCON	功率控制寄存器	读/写	0xE01FC0C0
PCONP	外设功率控制寄存器	读/写	0xE01FC0C4

功率控制寄存器 PCON 的格式如图 8-36 所示。其中,IDL 为空闲功率控制设置位,当其值为 1 时,处理器停止执行程序,系统进入空闲节能状态;PD 为掉电功率控制设置位,当其值为 1 时,系统进入掉电节能状态。

外设功率控制寄存器 PCONP 的格式如图 8-37 所示。该寄存器中每一个有定义的位都控制着系统的一个外设,当其值为 0 时,该设备被关闭进入节能状态;当其值为 1 时,该设备被启动。

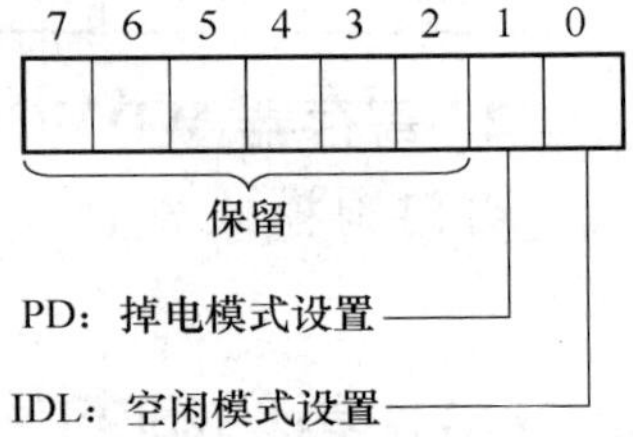

图 8-36 功率控制寄存器 PCON 的格式

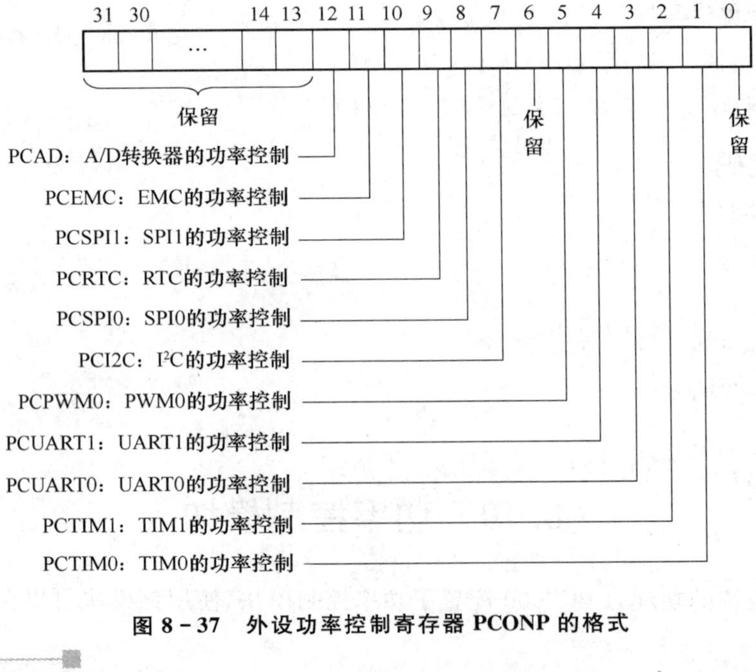

图 8-37 外设功率控制寄存器 PCONP 的格式

8.11 LPC2000 的 UART 接口

在计算机系统中，通用异步收发器 UART 用来提供计算机与其他串行数字设备之间串行通信的支持。由于它操作简单，工作可靠，抗干扰能力强，传输距离远，因此被广泛应用于工业、通信及家电控制等嵌入式领域。

8.11.1 UART 接口的结构

所谓"串行通信"，是指外设和计算机间使用一根数据信号线一位一位地传输多位数据的方式，其中的每一位数据都占据一个固定的时间长度。

1. 异步串行通信的数据格式

异步串行通信的数据格式如图 8-38 所示。

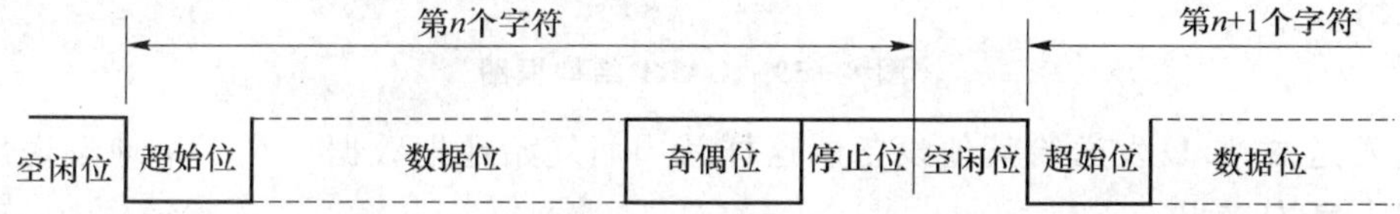

图 8-38 异步串行通信的数据格式

异步串行通信在传送一个数据时，先由一位低电平的起始位开始，接着传送数据位，数据可以是 5 位、6 位、7 位或者 8 位，由程序来指定。在数据位的末尾可以由程序添加一位奇偶校验位，以便使整个数据中的"1"的个数为偶数或奇数来校验数据的正确性。最后，传送一位或两位高电平的停止位，以表示数据结束。在传送两个数据之间的空闲期间，由高电平来填充。

2. UART 的结构

由于处理器与接口之间的数据传输仍然还是并行方式，因此串行接口中必须使用移位寄存器来实现串/并转换和并/串转换。UART 的核心部件为接收和发送两个移位寄存器及一个为移位寄存器提供时钟脉冲的波特率发生器。

UART 的逻辑结构图如图 8-39 所示。

处在发送模块中的移位寄存器，叫做发送移位寄存器；处在接收模块中的移位寄存器，叫做接收移位寄存器。为了对输入/输出的数据进行缓冲，在处理器与两个移位寄存器之间各自还有一个按 FIFO(先进先出)方式工作的数据缓冲寄存器 UxTHR 和 UxRBR。

3. 数据的发送

发送数据时，处理器首先通过状态寄存器检查发送数据寄存器是否为空。如果为空，则将待发送数据由处理器写入发送数据寄存器 UxTHR，由接口自动按照通信格式控制寄存器 UxLCR 的设置给数据加上启动位、奇偶校验位和停止位，最后通过发送移位寄存器将数据串

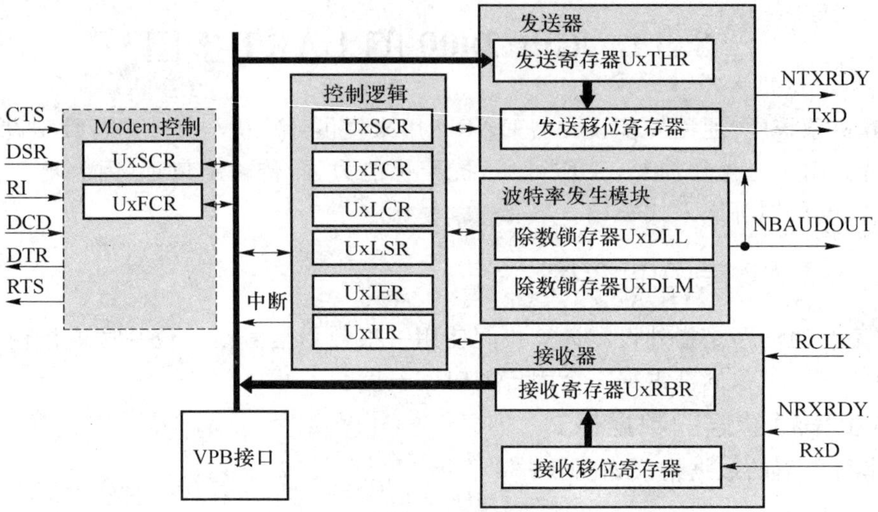

图 8－39　UART 结构框图

行地通过发送端 TxD 发送给其他设备。这样就周而复始地把数据一个一个地发送出去。

4. 数据的接收

接收数据时，自接收端 RxD 接收到的串行数据首先由接收移位寄存器接收，然后将其转换成并行数据暂存到接收寄存器 UxRBR 中。当处理器通过状态寄存器发现接收寄存器为满状态时，处理器就读取该数据，接下来 UART 可以接收下一个数据。这样就周而复始地把数据一个一个地接收进来。

数据接收器在接收过程中检测到错误后，会给通信状态寄存器 UxLSR 的相应错误标志置位。

当处理器未及时将输入数据读入而导致新数据覆盖了旧数据时，就会产生溢出错误。当接收器检测到意外的奇偶校验结果时，就会产生奇偶校验错误。当接收器发现数据没有有效停止位时，会产生帧错误。

8.11.2　UART 接口的寄存器

LPC2000 有 UART0 和 UART1 两个 UART 接口。这两个接口除了 UART1 带有 Modem 之外，在结构上没有什么区别。

1. UART 寄存器端口地址映射

UART0 共有 10 个 8 位寄存器，它们的端口地址映射见表 8－15。

UART1 比 UART0 多了 Modem 状态和 Modem 控制两个寄存器。UART1 的寄存器端口地址映射见表 8－16。

表 8-15 UART0 寄存器端口地址映射

名　称	说　明	访　问	复位值	地　址
接收寄存器 U0RBR	暂存接收数据	只读	—	0xE000C000
发送寄存器 U0THR	暂存发送数据	只写	NA	0xE000C000
中断控制寄存器 U0IER	中断允许	读/写	0	0xE000C004
中断标志寄存器 U0IIR	中断标志	只读	0x01	0xE000C008
FIFO 控制寄存器 U0FCR	FIFO 控制	只写	0	0xE000C008
通信格式寄存器 U0LCR	定义数据及通信格式	读/写	0	0xE000C00C
通信状态寄存器 U0LSR	记录通信当前状态	只读	0x60	0xE000C014
高速缓存 U0SCR	未使用	读/写	0	0xE000C01C
除数锁存器 U0DLL	除数的低 8 位	读/写	0x01	0xE000C000
除数锁存器 U0DLM	除数的高 8 位	读/写	0	0xE000C004

表 8-16 UART1 寄存器端口地址映射

名　称	说　明	访　问	复位值	地　址
接收寄存器 U1RBR	暂存接收数据	只读	—	0xE0010000
发送寄存器 U1THR	暂存发送数据	只写	NA	0xE0010000
中断控制寄存器 U1IER	中断允许	读/写	0	0xE0010004
中断标志寄存器 U1IIR	中断标志	只读	0x01	0xE0010008
FIFO 控制寄存器 U1FCR	FIFO 控制	只写	0	0xE0010008
数据格式寄存器 U1LCR	定义数据及通信格式	读/写	0	0xE001000C
Modem 控制寄存器 U1MCR	Modem 控制设置	读/写	0	0xE0010010
通信状态寄存器 U1LSR	记录通信当前状态	只读	0x60	0xE000C014
Modem 状态寄存器 U1MCR	记录 Modem 状态	只读	0	0xE0010018
高速缓存 U1SCR	未使用	读/写	0	0xE001001C
除数锁存器 U1DLL	除数的低 8 位	读/写	0x01	0xE0010000
除数锁存器 U1DLM	除数的高 8 位	读/写	0	0xE0010000

2. 除数锁存器 UxDLL 和 UxDLM

UART 波特率发生器为数据的传输提供串行移位时钟。该时钟由 pclk 经 16 分频，再除以一个存放在寄存器 UxDLL 和 UxDLM 中的 16 位数获得。其中 UxDLL 为除数的低 8 位，UxDLM 为除数的高 8 位，这两个寄存器也叫做除数锁存器。

3. 数据格式控制寄存器 UxLCR

UxLCR寄存器用来指定传送数据格式,也叫做线控制寄存器。该寄存器的格式如图8-40所示。

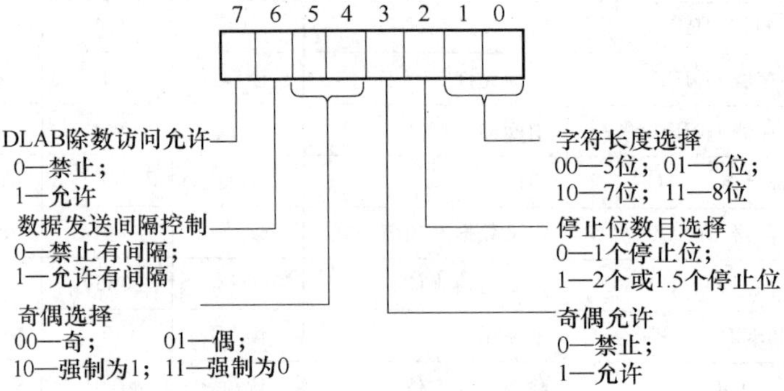

图8-40 数据格式控制寄存器 UxLCR 的格式

4. 数据状态寄存器 UxLSR

数据状态寄存器UxLSR也叫做线状态寄存器。程序通过读取数据状态寄存器UxLSR可以了解数据传送过程中的一些状态信息。数据状态寄存器UxLSR的格式如图8-41所示。

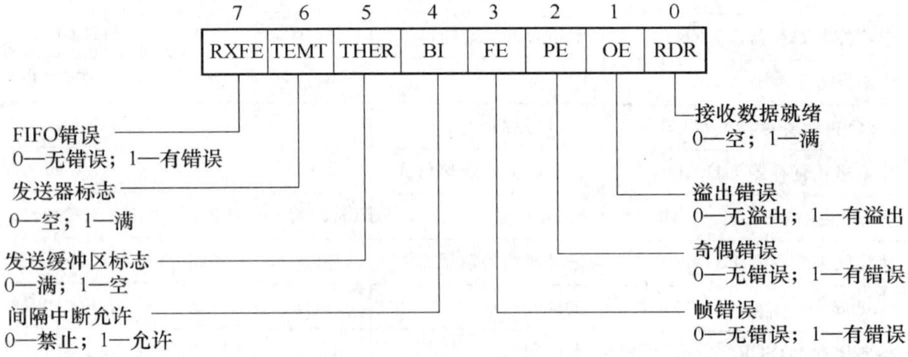

图8-41 数据状态寄存器 UxLSR 的格式

5. FIFO 控制寄存器 UxFCR

FIFO控制寄存器UxFCR格式如图8-42所示。

只有UxFCR的第0位为1时,才允许应用程序对该寄存器的其他位进行访问,并且能使输入和输出移位寄存器正确地进行操作。

UxFCR的第7位和第6位用来定义UART在输入数据时的中断时机,即接收器接收了

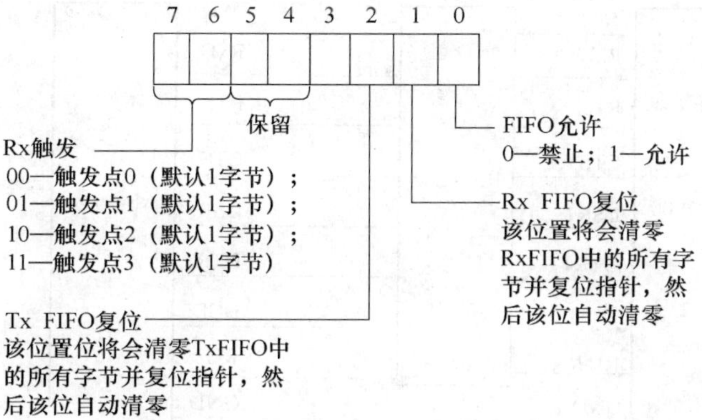

图 8-42 FIFO 控制寄存器 UxFCR 的格式

多少个字符时触发中断。

6. 中断控制寄存器 UxIER

中断控制寄存器 UxIER 的格式如图 8-43 所示。

7. 中断标志寄存器 UxIIR

中断标志寄存器 UxIIR 的格式如图 8-44 所示。

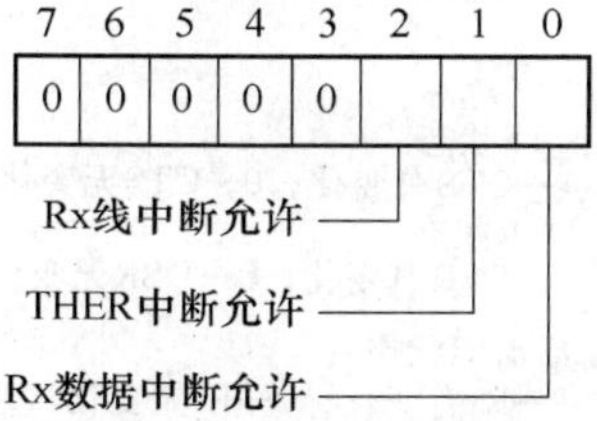

图 8-43 中断控制寄存器 UxIER 的格式

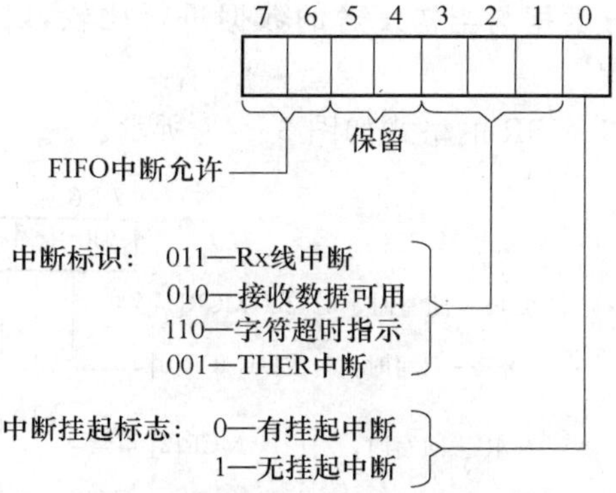

图 8-44 中断标志寄存器 UOIIR 的格式

8.11.3 UART1 接口与 Modem

UART1 可以与处理器芯片外的调制解调器配合实现远距离数据传输，但在 UART1 和 Modem 之间要使用 RS-232 接口进行电平转换，其电路连接如图 8-45 所示。

UART1 中，有两个与 Modem 相关的寄存器：Modem 控制寄存器 U1MCR 和 Modem 状态寄存器 U1MSR，如图 8-46 所示。

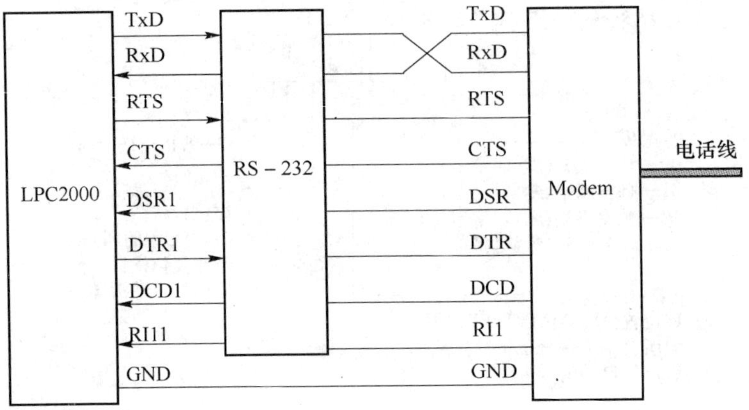

图 8－45　UART1 与 Modem 的连接

UART 为测试内部的发送和接收功能，提供了一种回写模式。在回写模式下，UART 的发送端和接收端与外部的连接均被断开，而在内部相互连接起来，这样 UART 发送的数据，会被 UART 自身立即接收，程序可以通过 Modem 状态寄存器 U1MSR 来读取回写数据，并用该数据与当初发送的数据进行比较，以判断设备是否有误。

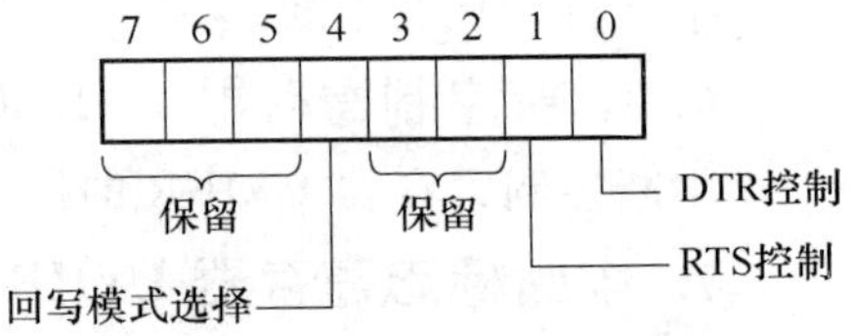

图 8－46　Modem 控制寄存器 U1MCR 的格式

U1MSR 的格式如图 8－47 所示。

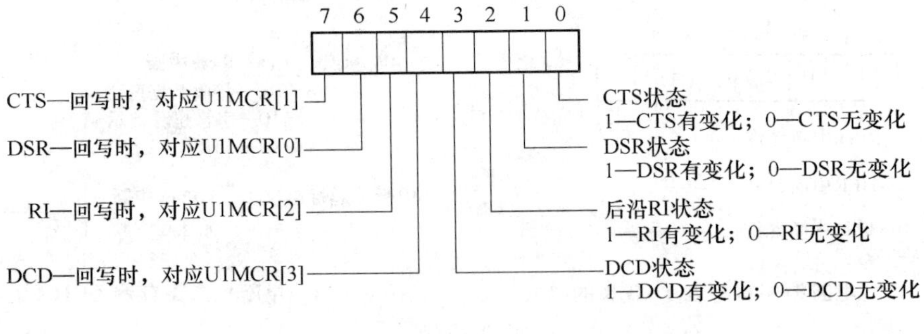

图 8－47　Modem 状态寄存器 U1MSR 的格式

8.11.4　UART 接口的初始化及其应用

例 8－6　请编写程序，使用 UART0 连续发送字符串“Philips LPC”。

解

(1) 程序清单

```
#include <LPC21xx.H>
#define TEMT (1<<6)
#define LINE_FEED 0xA          //定义换行符
#define CARRIAGE_RET 0xD       //定义回车符
//UART0 初始化函数 ==========================================
void Initialize( )
{
    PINSEL0 = 0x5;       //将 P0.0 和 P0.1 分别设置为 UART 的 Tx 和 Rx 引脚
    U0FCR = 0x7;         // FIFO 使能,TxFIFO 和 RxFIFO 复位
    U0LCR = 0x83;        // DLAB 置 1,字长度选择为 8 位
    U0DLL = 0x10;        //设置波特率的低位
    U0DLM = 0x0;         //设置波特率的高位
    U0LCR = 0x3;         // DLAB 置 0
}
//主函数 ==================================================
int main( )
{
    int i;
    char c[] = "Philips LPC";
    Initialize( );
    while(1)
    {
        while(!(U0LSR & TEMT)){}    //等待 U0THR 与 U0TSR 为空
        i = 0;
        while(c[i])                 //自 UART0 输出数据直到数据为'\0'
        {
            U0THR = c[i];           //写数据
            i++;
        }
        U0THR = CARRIAGE_RET;       //输入回车符
        U0THR = LINE_FEED;          //输入换行符
    }
}
//=========================================================
```

(2) 仿真运行

因为 UART 是一种常用的串行接口,所以为了方便用户对 UART 程序的调试,MDK 专

门提供了可显示 UART 输出数据的“串行窗口”供用户使用。使用它的方法为：在调试环境中，按下工具栏的 Serials Windows 按钮，并在其下拉列表中选中合适的 UART＃x，就可以打开“串行窗口”了(这里的 x 是一个数字)。对于本程序来说，选择打开 UART＃1 窗口，然后按下全速运行按钮之后，便可在窗口上看到如图 8－48 所示的程序运行结果。

图 8－48　程序运行结果

8.12　LPC2000 的 SPI 接口

SPI(Serial Peripheral Interface)是一种高速、全双工、同步串行通信总线。其接口只占用芯片的 4 个引脚，节省空间，使用及维护方便，所以现在越来越多的芯片集成了这种通信协议。

LPC2000 配置了两个 SPI 接口：SPI0 和 SPI1。

8.12.1　SPI 简介及 LPC2000 的 SPI 接口逻辑

SPI 以主从方式工作，有一个主设备和一个或多个从设备。但每一次通信只能在主设备和一个由主设备片选信号 SSEL 选中的从设备之间进行，SPI 不能以广播方式工作。

主设备移位寄存器的数据输出端 MOSI(主出从入)和数据输入端 MISO(主入从出)与从设备移位寄存器连接成了如图 8－49(a)所示的环形结构。通信时，一个脉冲传送一位数据。在事先约定的正脉冲或负脉冲作用下，在前沿时刻完成数据的输出，在后沿时刻完成数据的输入，如图 8－49(b)和(c)所示。

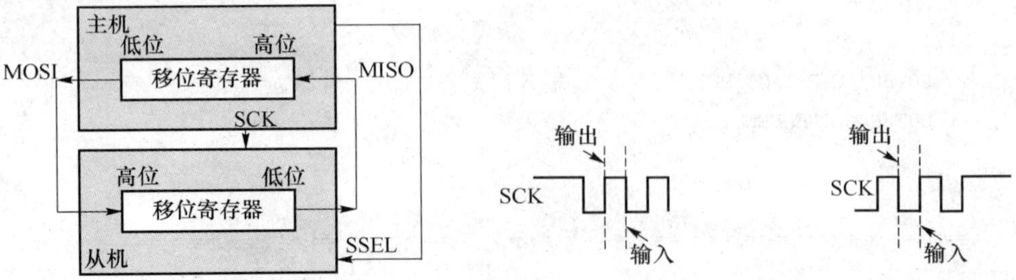

(a) SPI通信原理　　(b) 正脉冲数据传输　　(c) 负脉冲数据传输

图 8－49　SPI 通信原理

从图中可以看出,SPI 实质上是一个数据交换协议。

这种传输方式的另一个优点是,主设备可以通过对 SCK 时钟线的控制来实现对通信的控制。因为当没有时钟跳变时,从设备必然会暂停数据的传输。

不同的 SPI 设备的实现方式不尽相同,具体请参考相关器件的文档。LPC2000 的 SPI 接口逻辑框图如图 8－50 所示。

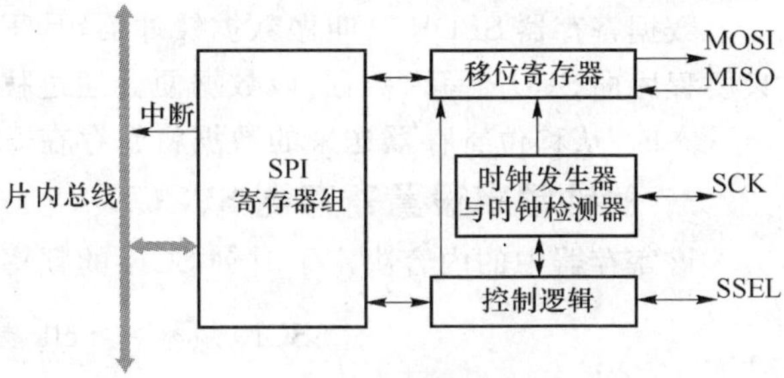

图 8－50　SPI 接口逻辑框图

图中,MOSI 为主出从入数据端,MISO 为主入从出数据端,SCK 为时钟脉冲端,SSEL 为片选之类的控制端。

8.12.2　LPC2000 SPI 接口的寄存器

1. SPI 接口的寄存器端口地址

SPI 接口寄存器的端口地址见表 8－17 和表 8－18。

表 8－17　SPI0 接口寄存器端口地址

名　称	说　明	访　问	复位值	地　址
控制寄存器 S0SPCR	控制 SPI 接口的操作方式	读/写	0	0xE0020000
状态寄存器 S0SPSR	显示 SPI 接口状态	只读	0	0xE0020004
数据寄存器 S0SPDR	暂存输出或输入数据	读/写	0	0xE0020008
时钟计数寄存器 S0SPCCR	用于控制主机时钟频率	读/写	0	0xE002000C
中断标志寄存器 S0SPINT	SPI 中断标志寄存器	读/写	0	0xE002001C

表 8－18　SPI1 接口寄存器端口地址

名　称	说　明	访　问	复位值	地　址
控制寄存器 S1SPCR	控制 SPI 接口的操作方式	读/写	0	0xE0030000
状态寄存器 S1SPSR	显示 SPI 接口状态	只读	0	0xE0030004
数据寄存器 S1SPDR	暂存输出或输入数据	读/写	0	0xE0030008
时钟设置寄存器 S1SPCCR	用于控制主机时钟频率	读/写	0	0xE003000C
中断标志寄存器 S1SPINT	SPI 中断标志寄存器	读/写	0	0xE003001C

2. 数据寄存器SPDR

数据寄存器SPDR又叫做数据缓冲器,是程序所面对的寄存器。当SPI处于输出状态时,只要程序向SPDR写入数据,该数据便会通过移位寄存器一位一位地向外输出;当SPI处于输出状态时,从移位寄存器送来的数据将暂存在SPDR中,程序可通过SPDR读入数据。

3. 时钟频率设置寄存器SPCCR

该寄存器中的内容决定了时钟SCK的频率。寄存器中的数据必须为大于8的偶数。

SCK频率= pclk频率/SPCCR数据

4. 控制寄存器SPCR

控制寄存器SPCR的格式如图8-51所示。

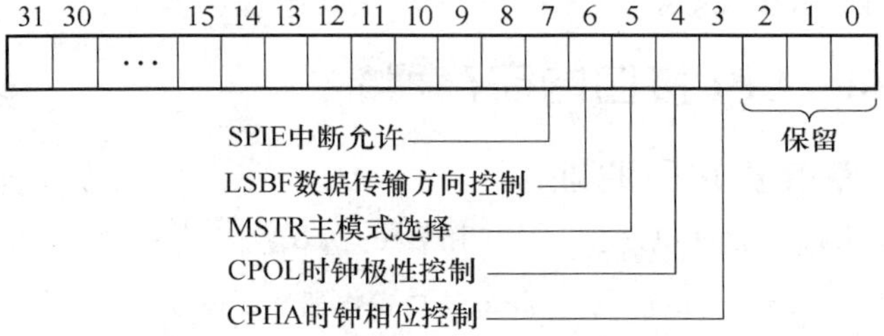

图8-51 SPI控制寄存器SPCR的格式

当CPHA为0时,SPI在SSEL有效后的第一个时钟边沿采集数据;反之,SPI在SSEL有效后的第二个时钟边沿采集数据。

当CPOL为0时,时钟SCL高电平为有效;反之,时钟SCL低电平为有效。

当MSTR为0时,SPI接口所在的器件为从模式设备(从设备);反之,为主设备。

当LSBF为0时,数据从高位开始传输;反之,数据从低位开始输出。

SPIE为中断允许控制位,当其值为1时,允许SPI产生中断,否则不允许产生中断。

5. 状态寄存器SPSR

状态寄存器SPSR格式如图8-52所示。

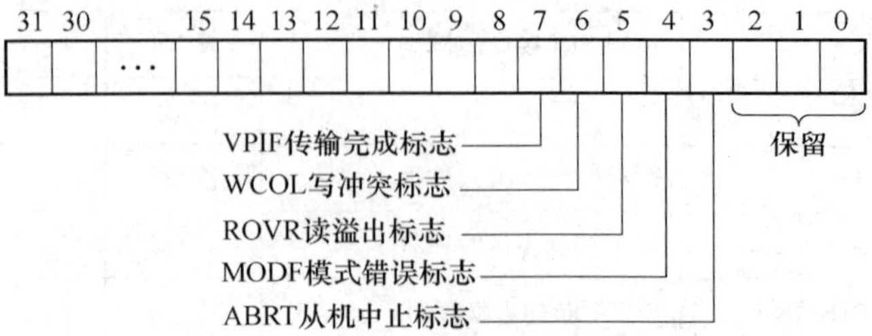

图8-52 SPI状态寄存器SPSR的格式

当 ABRT 为 1 时，表示从机处在中止状态(从机的 SSEL 为高电平)。

当 MODE 为 1 时，表示出现了模式错误。在运行中，当主模块的 SSEL 企图被置为低电平时，出现此错误。这也意味着有另外的主模块希望当前主模块为从模块，因此当前主模块会自动将自己变为从模块。

当 ROVR 为 1 时，表示发生了读溢出。当数据缓冲器中数据还未读出，接口又接收了新的数据时，接口产生溢出错误。

当 WCOL 为 1 时，表示发生了写冲突。当数据缓冲器中数据还未输出，又向缓冲器写入新的数据时，接口产生写冲突错误。

当 VPIF 为 1 时，表示一次数据传输完毕。

上述各标志位，在被读操作后，该位自动复位。

8.12.3 LPC2000 SPI 接口应用实例

例 8-7 使用 LPC2104 的 SPI 向外串行输出数字 0～F。要求：

- 在处理器外部使用两套显示装置分别显示奇数和偶数；
- 使用 74HC595 芯片将串行数据转换为并行数据后，使用 7 段数码管中显示。

解

(1) 学习 74HC595 并查看 LPC 引脚

74HC595 芯片为一种常用的可将 8 位串行输入数据转换为并行数据的移位寄存器芯片。74HC595 的优点在于，它除了具有移位寄存器之外，还有一个数据锁存寄存器，于是可以保证在移位过程中输出端的数据保持不变，从而使后面的数码管没有闪烁感。

图 8-53(a)为 74HC595 与 SPI 接口的连接原理图。在 74HC595 输出方，引脚 Q0～Q7 分别连接 LED 数码管的 8 个段。在与 SPI 接口连接的输入方，SCK 与移位时钟相连接，SI 与 SPI 接口的主出从入数据输出端(MOSI)相连接。当在 SPI 接口输出 1 字节的数据时，需要接口在 74HC595 的 SSEL 产生 1 个低电平，以允许 SPI 主机数据串行地依次输入到 74HC595 的移位寄存器中；当 1 字节的数据传输完成后，SSEL 由低电平变为高电平，从而使 74HC595 的移位寄存器的值被锁存到 74HC595 的锁存器并从其 Q0～Q7 引脚输出。

根据题意可知，本系统中的 LPC2104 应为主设备，两个显示器应为从设备。从附录 A 的 LPC2100 引脚表中可见，为使 LPC2103 工作在 SPI 主模式下，应使用 P0.4 引脚和 P0.6 引脚的第 2 功能，即选 P0.4 作为时钟 SCK0，P0.6 作为主出从入 MOSI0。于是，可得系统电路简图如图 8-53 所示。

图中，P0.8 和 P0.9 设置为输出，分别用来作为两个 74HC595 芯片的选通/锁存信号控制端。

(2) 编写程序

依题意，编写程序如下：

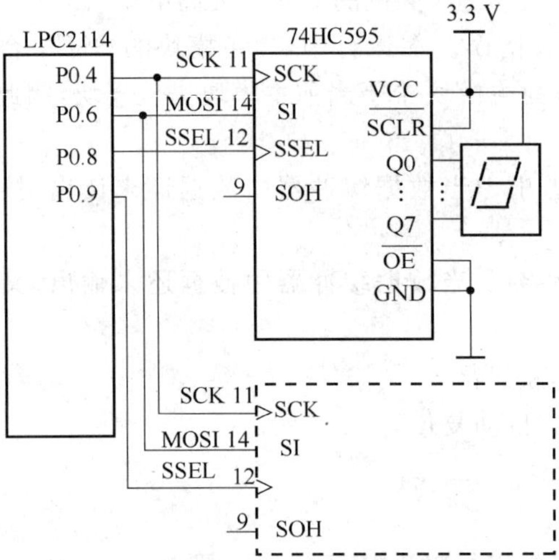

(a) 数码显示系统简图

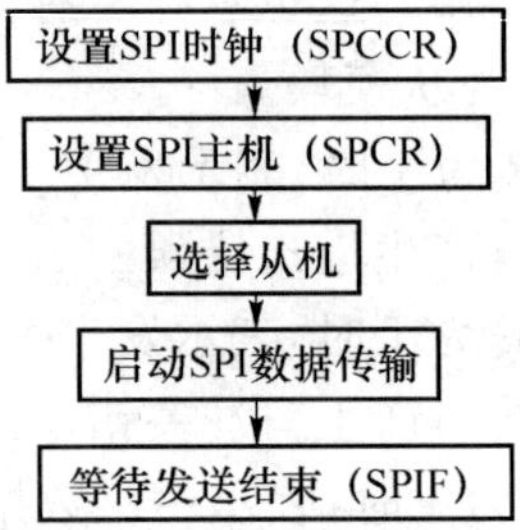

(b) 程序流程图

图 8－53　SPI 数码显示系统

```
#include <LPC21XX.H>
//设置 74HC595 选通与锁存信号的初值
#define   HC595_CS      0x1 << 8
//74HC595－1 与 74HC595－2 选通与锁存信号切换开关
unsigned char key = 0;
//74HC595－1 与 74HC595－2 选通与锁存信号
unsigned int se;
//7 段数码字模表
unsigned char const DISP_TAB[16] =
    {0xC0,0xF9,0xA4,0xB0,0x99,0x92,0x82,
    0xF8,0x80,0x90,0x88,0x83,0xC6,0xA1,0x86,0x8E};
//时间延迟函数------------------------------------------------------
void delay(void)  {
    unsigned volatile long i,j;
    for(i = 0;i<1000;i++)
        for(j = 0;j<600;j++);
}
//SPI 初始化函数---------------------------------------------------
void spiInit(void){
    S0SPCR = (0 << 3)|            //CPHA = 0,数据从 SCK 的第一时钟沿采样
            (1 << 4)|             //CPOL = 1,SCK 为低电平有效
```

```
        (1 << 5)|                           //MSTR = 1,SPI 处于主模式
        (0 << 6)|                           //LSBF = 0,SPI 数据传输 MSB(位 7)在先
        (0 << 7);                           //SPIE = 0,SPI 中断被禁止
    S0SPCCR = 0x98;                         //设置 SPI 时钟分频
}
//数据发送函数------------------------------------------------------
unsigned char spiChar(unsigned char data){
    if(key == 0){                           //开关值为 0,选通 74HC595 - 1
        key++;
        se = HC595_CS;
    }else{
        key--;
        se = HC595_CS << 1;                 //开关值为 0,选通 74HC595 - 2
    }
    IO0CLR = se;                            //选通 HC595_CS
    S0SPDR = data;                          //发送数据
    while(0 == (S0SPSR&0x80));              //等待数据发送完毕
    IO0SET = se;                            //锁存 HC595_CS
    return(S0SPDR);
}
//主函数-----------------------------------------------------------
int main(void){
    unsigned char i;
    PINSEL0  = 0x11 << 8;                   //选择 P0.4 与 P0.6 为串口 SPI0 引脚
    PINSEL1  = 0x00000000;
    IO0DIR = 0x3 << 8;                      //选择 P0.8 和 P0.9 为 HC595_CS 选通输出引脚
    spiInit();                              //初始化 SPI 接口
    while(1) {
        for (i = 0;i<16;i++) {
            spiChar(DISP_TAB[i]);           //发送显示数据
            delay();                        //延迟
        }
    }
}
```

8.13 LPC2000的I^2C接口

8.13.1 I^2C总线简介

I^2C总线是Philips公司推出的一种二线制串行总线，主要用于微控制器及其外围电路模块的连接。I^2C总线具有占用空间小，引脚少，可以大大降低互联成本的优点，它被广泛地应用于嵌入式系统。

1. I^2C总线的构成

I^2C总线只有两条线，其中SCL线为串行时钟线，SDA线为串行数据线。

具有符合I^2C总线协议接口的器件叫做I^2C器件或I^2C设备，这些器件或设备可以直接挂接在总线上。理论上说，I^2C总线可以连接设备的最大数目以总线上所有器件的电容总和不超过400 pF为限。

I^2C总线的两条线SCL和SDA，既要承担传送信号的任务，也要承担向所有I^2C器件供电的任务，它不仅要求所有的I^2C器件必须具有开漏输出级，而且还要在SCL线和SDA线上分别配接上拉电阻R，如图8-54所示。根据总线与器件的这种连接方式可以看到，总线上的信号是各个器件输出信号“线与”的结果：只有当所有连接在同一根总线上的器件输出都为高电平“1”时，总线上的信号才能是高电平“1”；否则，为低电平“0”。

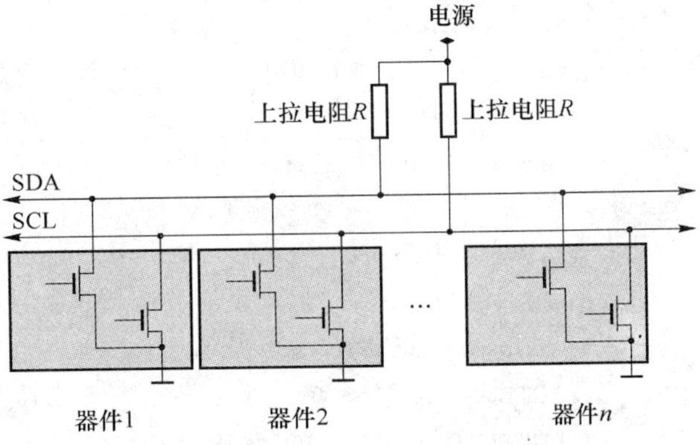

图8-54 I^2C总线与I^2C器件

在I^2C总线上，对总线具有控制权的器件叫做主器件。主器件是数据传送活动的发起者，它负责产生和发送时钟脉冲、启动和终止信号，以及对其他器件进行寻址等任务。I^2C总线允许总线上的所有器件通过竞争来获得总线控制权而成为主器件，但在任何时刻，I^2C总线只能有一个主器件，而其他器件则叫做从器件。

在I^2C总线上，无论是主器件还是从器件都可以作为数据的发送方或接收方，所以I^2C总线有主发送/从接收和从发送/主接收两种数据传送方式，但发送活动必须由主器件来控制，如图8-55所示。

主器件使用地址来识别从器件，并用读/写信号来控制数据传送方向。但是，由于I^2C总线没有地址线和读/写控制线，所以地址及读/写控制信息只能由主器件在启动后像发送普通

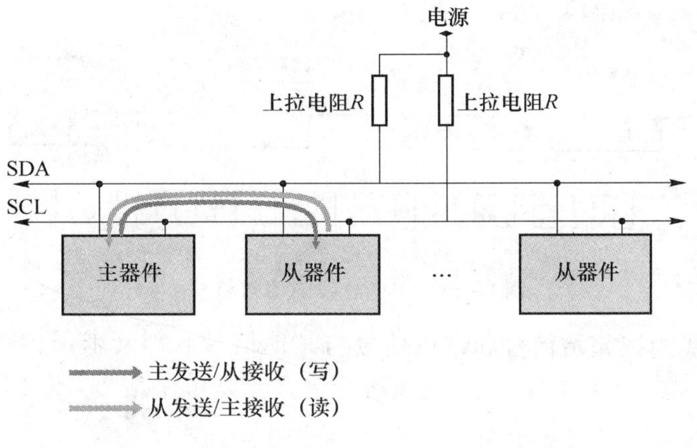

图 8-55 I²C 总线的 I²C 数据传送方式

数据那样通过串行数据线 SDA 来传输。

2. I²C 总线通信协议

对于数据线 SDA 上的信号来说，I²C 总线协议规定：只有当 SCL 脉冲存在且其为高电平期间的 SDA 信号才为有效数据，时钟脉冲线 SCL 上没有时钟脉冲信号时的状态叫做空闲状态。I²C 总线协议的主要内容如下：

(1) 必须由主器件发送的信号

主器件负责发送通信起始信号、结束信号和从器件寻址控制信息。

当 SCL 脉冲存在且其为高电平期间，SDA 上的一个下跳变信号为通信起始信号；当 SCL 脉冲存在且其为高电平期间，SDA 上的一个上跳变信号为通信结束信号。

在起始信号与结束信号之间，当 SCL 脉冲存在且其为高电平期间，SDA 上的高电平为数据“1”，低电平为数据“0”。每一个 SCL 脉冲传输一位二进制信息，字节格式的数据要从高位到低位依次进行传输。

由于 I²C 总线没有地址线，所以在主器件发出起始信号之后，要立即发出长度为一字节的寻址及控制信息。其中，前 7 位为从器件地址，最后一位为读/写控制位(“1”为读操作；“0”为写操作)。

另外，为了实现数据的广播式传送，规定 0x00 为总线上所有器件的通用地址。

(2) 数据及应答信号

如果把主器件发送的寻址控制信息看成是对通信对方的呼叫，那么被呼叫的从器件接收到这个呼叫后，必须向主器件返回一个应答信号，应答信号为 SCL 高电平期间在 SDA 上的一个低电平。

出现应答信号之后，通信双方就立即按读/写控制位指定的数据传输方向开始进行数据通信。在通信期间，数据发送方负责数据的发送，而接收方除了负责数据的接收之外，还要在每接收一字节后向发送方返回一个低电平的应答信号。如果器件在接收数据时，在字节的结尾处发送的是高电平，则表示接收方要主动结束数据通信，该信号叫做非应答信号。

I^2C 总线的信号格式如图 8－56 所示。

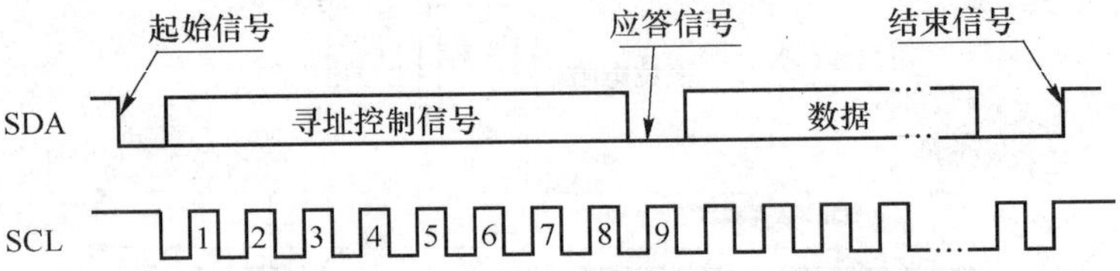

图 8－56　I^2C 总线的信号格式

要切记，I^2C 总线为把起始信号和结束信号与其他信号区别开来，只有起始信号和结束信号是 SCL 的高电平期间的跳变信号，而其他所有信号都是电平信号，不允许在 SCL 的高电平期间发生任何跳变。

3. 总线仲裁

前面讲过，总线上的所有器件都具有获得总线控制权而成为主器件的权力，所以常常会由于发生两个或多个器件同时企图获得总线控制权而发生所谓的总线竞争，这时总线就会发生一个以某种规则确定主器件的过程，这个过程就叫做仲裁。

I^2C 总线的仲裁规则为：以总线上的现有电平为标准，把所有参与竞争器件的输出电平按先地址后数据的顺序，依次把每位信号与总线的电平相比较，在比较过程中，凡是其输出电平与总线当前电平不相符的器件，则关闭其输出电路淘汰出局，这样逐次淘汰最终选定主器件。显然，这种利用 I^2C 总线上信息进行仲裁方法不会因影响总线数据而造成总线信息的丢失，从而确保了竞争仲裁的可靠性。

8.13.2　LPC2000 的 I^2C 总线接口

LPC2000 的 I^2C 总线接口功能框图如图 8－57 所示。

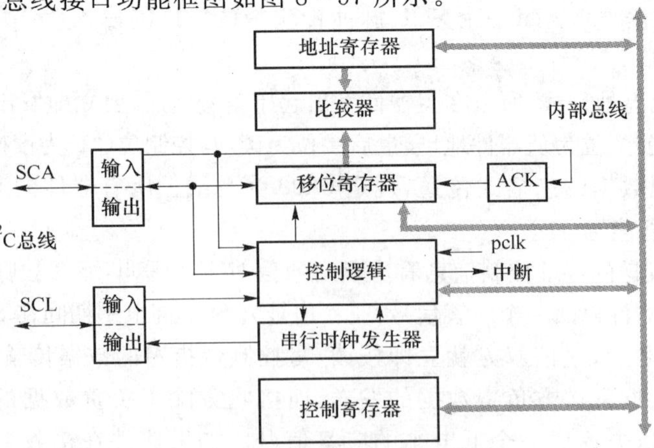

图 8－57　I^2C 总线接口功能框图

LPC2000 的 I^2C 总线接口共有 7 个用户可以操作的寄存器，这些寄存器的作用及端口地址见表 8－19。

表 8－19　I^2C 总线接口的寄存器端口地址映射

名　称	说　明	访　问	复位值	地　址
控制置位寄存器 I2CONSET	为控制寄存器的各位置位	读/写	0	0xE001C000
状态寄存器 I2STAT	接口状态信息	只读	0xF8	0xE001C004
数据寄存器 I2DAT	存放发送数据或接收数据	读/写	0	0xE001C008
从地址寄存器 I2ADR	地址寄存器	读/写	0	0xE001C00C
占空比寄存器(高)I2SCLH	占空比的高位部分	读/写	0x04	0xE001C010
占空比寄存器(低)I2SCLL	占空比的低位部分	读/写	0x04	0xE001C014
控制复位寄存器 I2CONCLR	为控制寄存器的各位复位	只清零	NA	0xE001C018

当一个 LPC2000 处理器作为 I^2C 总线上的一个从器件时应该有一个地址，该地址可以由程序设置在地址寄存器 I2ADR 中，其格式如图 8－58 所示。

地址寄存器 I2ADR 的高 7 位为 LPC2000 处理器在 I^2C 总线上的从地址，而 I2ADR 的最低位为通用调用允许位，当该位置"1"时，通用调用地址(00H)被识别。

接口的待发送数据及已接收的数据被存放在数据寄存器 I2DAT 中，该寄存器格式如图 8－59 所示。

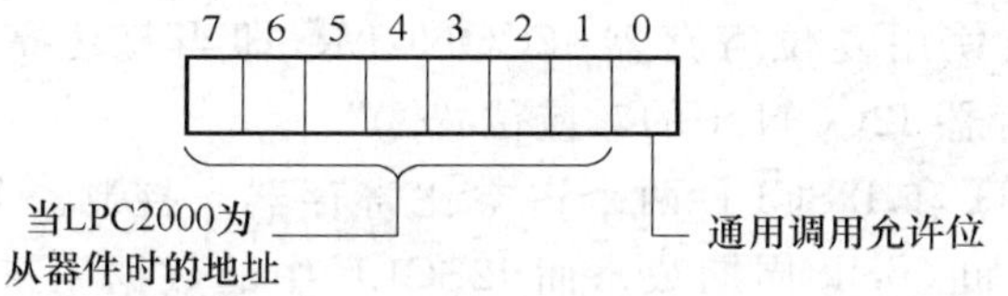

图 8－58　地址寄存器 I2ADR 的格式

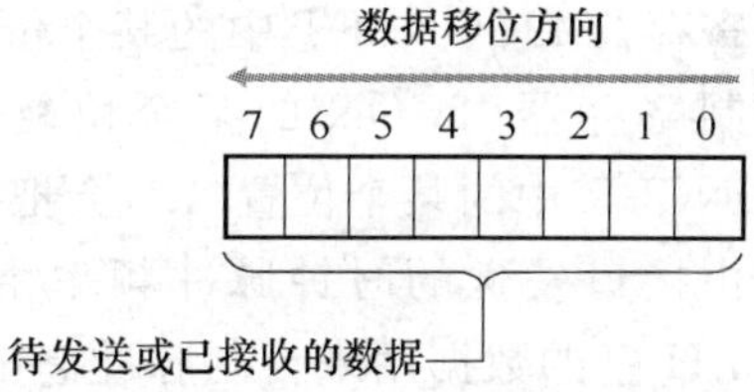

图 8－59　数据寄存器 I2DAT 的格式

无论是发送还是接收，寄存器 I2DAT 中数据的移动方向均为高端出、低端入。

寄存器 I2DAT 的数据可在寄存器 I2CONSET 中的 SI 置位时由用户程序读出。

LPC2000 的 I^2C 接口有一个用于接口控制的控制寄存器 I2CON，该寄存器中的各个位不能由用户直接来设置，只能通过另外的控制设置寄存器 I2CONSET 和控制复位寄存器 I2CONCLR 的对应位来操作。

上述 3 个寄存器的格式如图 8－60 所示。

控制寄存器 I2CON 的格式如图 8－60(a)所示。其中，将应答标志(AA)置为"1"时，意味着接口在通信时的应答周期会在 SCA 线上发送一个低电平(应答信号)；接口使能 I2EN 被置

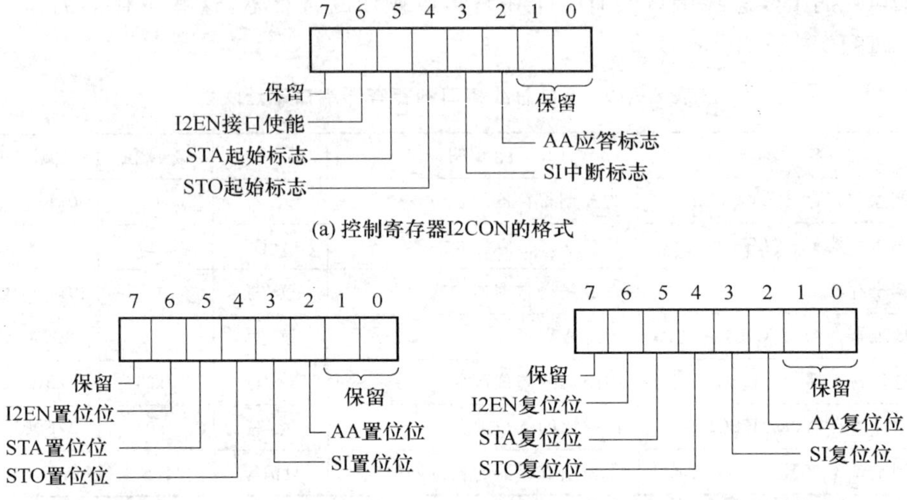

(a) 控制寄存器I2CON的格式

(b) 控制置位寄存器I2CONSET的格式

(c) 控制复位寄存器I2CONCLR的格式

图 8-60　控制寄存器 I2CONSET 与控制复位寄存器 I2CONCLR 的格式

为“1”时,接口可用;起始控制位 STA 为“1”时,接口进入主模式;终止控制位 STO 为“1”且接口为主模式时,接口向总线发送终止信号;SI 为中断标志位。

从图 8-60 中可以看到,置位寄存器 I2CONSET 和复位寄存器 I2CONCLR 的格式完全相同,但置位寄存器 I2CONSET 只是用来对控制寄存器 I2CON 对应位置位而不能复位,即当置位寄存器 I2CONSET 中的某个位为 1 时,会使控制寄存器 I2CON 的对应位置“1”。如果要对控制寄存器 I2CON 的某个位复位,则应使用复位寄存器 I2CONCLR,即当复位寄存器 I2CONCLR 中的某个位置“1”,会把控制寄存器 I2CON 中的对应位置“0”。

由接口发送的时钟脉冲频率由 I2SCLH 和 I2SCLL 两个占空比寄存器来控制。其中,I2SCLH 中的数据用来控制脉冲高电平的时间(pclk 周期数);而 I2SCLL 中的数据用来控制脉冲低电平的时间(pclk 周期数),同时要求这两个寄存器中的数据必须都大于或等于 4。

占空比寄存器 I2SCLH 和 I2SCLL 的格式如图 8-61 所示。

8.13.3　I²C 接口的工作过程

I²C 总线上的器件以主/从方式进行数据的通信。

由于主器件是获得总线控制权并发起一次通信活动的器件,因此它要负责本次通信期间的总线管理工作,即产生串行时钟并发送到 SCL 线、产生并发送起始信号、发送与其通信的从器件寻址控制信号和产生并发送停止信号。

从器件是由主器件通过地址而选定的通信对象,它要根据主器件发来的读/写控制信息,被动地向总线提供或接收数据信息。

在通信过程中，无论是主器件还是从器件，在接收到数据后都必须向发送方返回一个信号。如果该信号是应答信号(低电平)，则表示数据已收到并准备接收下一个数据；如果返回的是非应答信号(高电平)，则被认为接收方要主动停止通信。

为使程序可以随时了解总线的通信情况，LPC2000 的 I^2C 总线接口提供了状态寄存器 I2STAT。状态寄存器 I2STAT 的格式如图 8-62 所示。

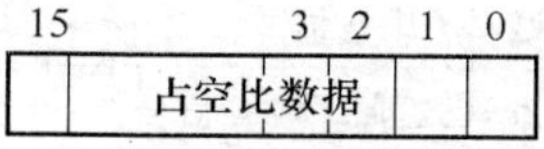

图 8-61 占空比寄存器 I2SCLH(I2SCLL)的格式

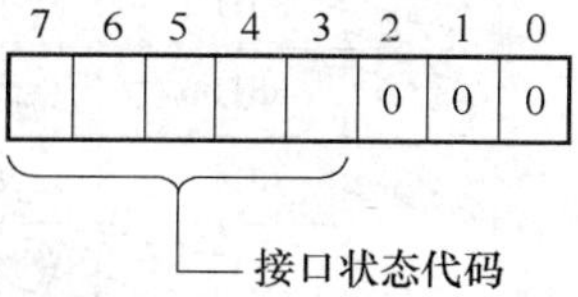

图 8-62 状态寄存器 I2STAT 的格式

状态寄存器 I2STAT 的低 3 位必须为 0，而高 5 位则是接口工作状态代码。

当 LPC2000 处理器作为主器件时，其工作模式叫做主模式；当处理器作为从器件时，其工作模式叫做从模式。

在接口控制寄存器 I2CON 的接口使能位 I2EN=1 的条件下，如果程序将 STA 位置“1”，I^2C 逻辑在总线空闲后，那么接口会立即向总线发送一个起始信号并进入主模式。

在接口以主模式通信期间，寄存器 I2STAT 各状态的代码及其含义见表 8-20。

表 8-20 主模式时的状态

状态代码	说　明
08H	已发送了起始信号
10H	在本次通信过程结束之前，又发送了一个新的起始信号
18H	已发送了寻址及写信号，并接收到了应答信号
20H	已发送了寻址及写信号，并接收到了非应答信号
28H	已发送了一个数据信号，并接收到了应答信号
30H	已发送了一个数据信号，并接收到了非应答信号
38H	在寻址控制信号中丢失了仲裁(即失去了总线控制权)
40H	已发送了寻址及读信号，并接收到了应答信号
48H	已发送了寻址及读信号，并接收到了非应答信号
50H	已接收了一个数据信号，并返回了应答信号
58H	已接收了一个数据信号，并返回了非应答信号

I^2C 总线在每个状态上都会使中断标志 SI 自动置位，所以用户可以在对应的中断服务程序中复位 SI 及对当前状态的事务进行处理。

I^2C 总线允许主器件在一次通信的中途发送新的起始信号来改变数据的传送方向(例如，

由读操作改为写操作)，当这个操作成功时，状态码为 10H。

在接口以从模式通信期间，寄存器 I2STAT 各状态的代码及其含义见表 8－21。

表 8－21 从模式时的状态

状态代码	说 明
60H	已接收了寻址控制信号，并返回了应答信号
68H	总线申请失败，已返回了应答信号
70H	已接收了通用调用地址(00H)，并返回了应答信号
78H	总线申请失败，并收到通用调用地址，已返回了应答信号
80H	前一次使用自身地址，已接收到数据，并返回应答信号
88H	前一次使用自身地址，已接收到数据，并返回非应答信号
90H	前一次使用通用地址，已接收到数据，并返回应答信号
98H	前一次使用通用地址，已接收到数据，并返回非应答信号
A0H	接收到停止条件或重复的起始条件
A8H	已接收了寻址控制信号，并返回了应答信号
B0H	总线申请失败，并收到自身地址，已返回了应答信号
B8H	已发送了数据信号，并返回了应答信号
C0H	已发送了数据信号，并返回了非应答信号
C8H	已发送了最后的数据信号，并返回了应答信号
F8H	无可用信息
00H	发生错误

8.14 A/D 转换器

为将外部模拟信号转换成数字信号，LPC2000 在芯片内部配置了一个 8 通道的逐次逼近式 10 位 A/D 转换接口电路。该电路的功能框图如图 8－63 所示。

A/D 转换器的寄存器端口地址映射如表 8－22 所列。

表 8－22 A/D 转换器的寄存器端口地址映射

寄存器名称	说 明	访问属性	复位值	端口地址
控制寄存器 ADCR	工作模式的选择	读/写	0x00000001	0xE0034000
数据寄存器 ADDR	转换数据及标志的暂存	读/写	NA	0xE0034004

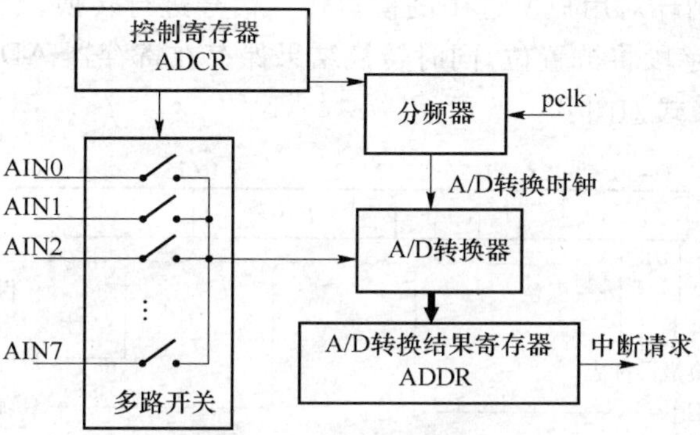

图 8-63 A/D 转换器功能框图

控制寄存器 ADCR 的格式如图 8-64 所示。

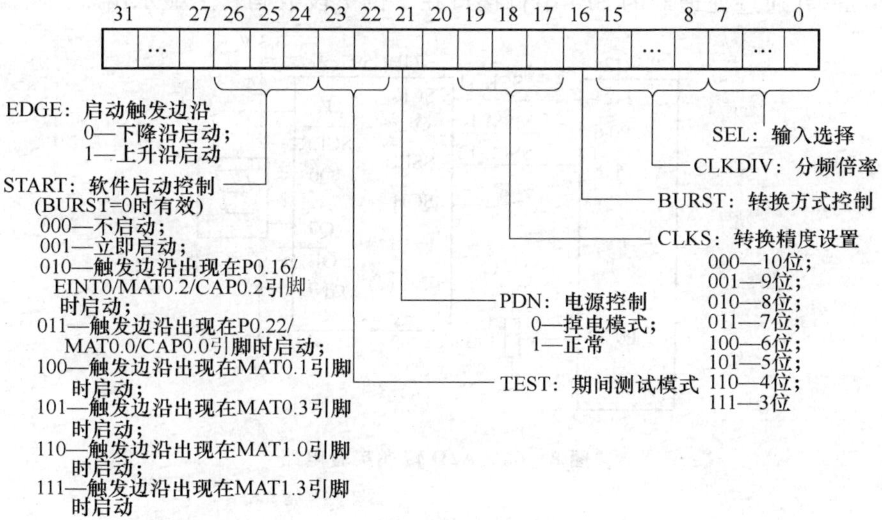

图 8-64 控制寄存器 ADCR 的格式

A/D 转换器有 8 个模拟信号输入通道 AIN7～AIN0，ADCR 寄存器 SEL 段的 8 个二进制位，每一位都对应一个通道并控制该通道的接通与断开。即当某通道的对应位的值为“0”时，该通道为断开状态；当对应位的值为“1”时，该通道为接通状态。

逐次逼近型 A/D 转换的精度(输出信号的位数)与每次转换所需的时钟数有关。LPC2000 的 A/D 转换器的输出位数可用 ADCR 寄存器的 CLKS 字段在 10～3 位区间内来选择。

LPC2000 允许用户选择程序或硬件来控制 A/D 转换器的转换。当 ADCR 寄存器 BURST 位为“0”时，为程序控制方式，在这种方式下，转换器将用 11 个时钟周期来进行 A/D 转换；当 BURST 位为“1”时，为硬件控制方式，这时转换器将按照 CLKS 字段设置的转换精度,按小序号向大序号循环对用户所选中的模拟输入信号进行转换。当每一次转换结束时,寄存器 ADDR 的 DONE 字段将被置位,同时转换结果保存在寄存器 ADDR 的 V/V_{DDV} 字段。

寄存器 ADDR 的格式如图 8－65 所示。

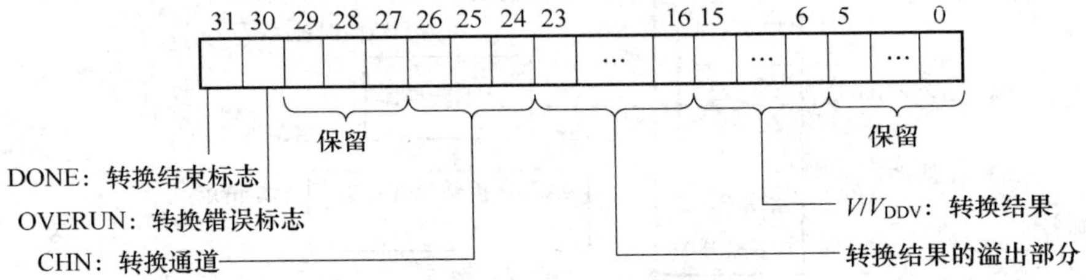

图 8－65　数据寄存器 ADDR 的格式

例 8－8　使用 LPC2124 的 A/D 转换器将图 8－66 中 1 kΩ 可变电阻抽头的电压转换成 0～F 的数字量,并通过处理器的 SPI 串行接口在 1 位 7 段数码管上显示出来。

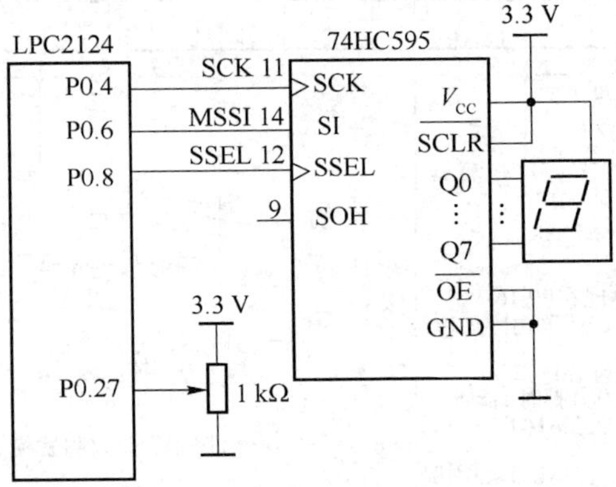

图 8－66　A/D 转换实验电路

解

(1) 电路图

依题意,并根据例 8－7 的经验,画出硬件电路如图 8－66 所示。

(2) ADC 初始化函数

可编写 ADC 初始化函数如下：

```
void adcInit(void){
    ADCR = 0x1 << 21|        //电源模式：正常
        0x1 << 17|           //转换精度：9 位
        0x4 << 8|            //分频倍率为 4
        0x1;                 //选择 AIN0
 }
```

(3) 完整程序代码

结合例 8－7,可写出本例题完整程序代码如下:

```
#include <LPC21XX.H> //2124
#define   HC595_CS     0x1 << 8
//7 段数码字模表
unsigned char const DISP_TAB[16] =
    {0xC0,0xF9,0xA4,0xB0,0x99,0x92,0x82,
    0xF8,0x80,0x90,0x88,0x83,0xC6,0xA1,0x86,0x8E};
//ADC 初始化函数-------------------------------------------------------------
void adcInit(void){
    ADCR = 0x1 << 21|         //电源模式:正常
        0x1 << 17|            //转换精度:9 位
        0x4 << 8|             //分频倍率为 4
        0x1;                  //选择 AIN0
}
//A/D 转换读取函数-------------------------------------------------------
unsigned int adcRead (void) {
    unsigned int val;
    ADCR |=  0x01000000;                                 //开始 A/D 转换
    do {
        val  =  ADDR;                                    //读取 A/D 转换数据寄存器
    } while ((val & 0x80000000)  ==  0);                 //等待 A/D 转换结束
    ADCR &=  ~0x01000000;                                //结束 A/D 转换
    val = (val >> 6)&0x3FF;                              //取 16 位数中的高 10 位
    val  =  val * 16/0x3FF;                              //转换为一位十六进制数
    return val;
}
//SPI 初始化函数-----------------------------------------------------------
void spiInit(void){
    S0SPCR = (0 << 3)|                                   //CPHA = 0,数据从 SCK 的第一时钟沿采样
        (1 << 4)|                                        //CPOL = 1,SCK 为低电平有效
        (1 << 5)|                                        //MSTR = 1,SPI 处于主模式
        (0 << 6)|                                        //LSBF = 0,SPI 数据传输 MSB(位 7)在先
        (0 << 7);                                        //SPIE = 0,SPI 中断被禁止

    S0SPCCR = 0x98;                                      //设置 SPI 时钟分频
}
```

```
//数据发送函数------------------------------------------------------------
unsigned char spiChar(unsigned char data){
    IO0CLR = HC595_CS;                     //选通 HC595_CS
    S0SPDR = data;                         //发送数据
    while(0 == (S0SPSR&0x80));             //等待数据发送完毕
    IO0SET = HC595_CS;                     //锁存 HC595_CS
    return(S0SPDR);
}
//延时函数------------------------------------------------------------
void delay(void)  {
    unsigned volatile long i,j;
    for(i = 0;i<10000;i++)
    for(j = 0;j<50;j++);
}


//主函数------------------------------------------------------------
int  main(void)
{
    adcInit();                             //ADC 初始化
    PINSEL0 = 0x11 << 8;                   //选 P0.4 与 P0.6 为串口 SPI0 引脚
    IO0DIR = 0x3 << 8;                     //选择 P0.8 和 P0.9 为 HC595_CS 选通引脚
    spiInit();                             //初始化 SPI 接口
    while(1) {
        adcRead();                         //A/D 转换
        spiChar(DISP_TAB[adcRead()]);//发送显示数据
        delay();
    }
}
```

8.15 LPC2000 的中断管理

为了对中断进行管理，LPC2000 处理器内置了中断控制器 VIC。为把芯片外部的外设中断引入芯片，并在引入过程中对外部中断进行管理，LPC2000 还设置了外部中断通道。这样，LPC2000 的中断管理就形成了由外部中断通道、VIC 和中断向量表所组成的三层结构，如图 8－67 所示。

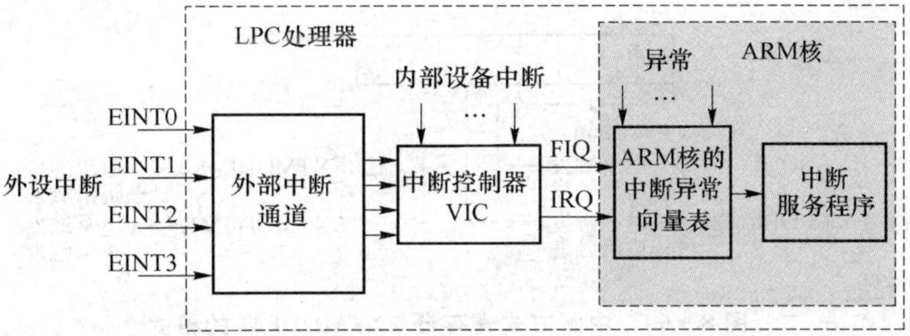

图 8-67 LPC2000 中断管理的三个层次

8.15.1 外部中断通道

LPC2000 的外部中断管理模块共有 4 个外部外设中断通道，这些中断信号除了要被送到处理器的中断控制器之外，还被送到中断唤醒定时器，以唤醒为节能降耗而挂起的外设。

外部中断管理模块的示意图如图 8-68 所示。

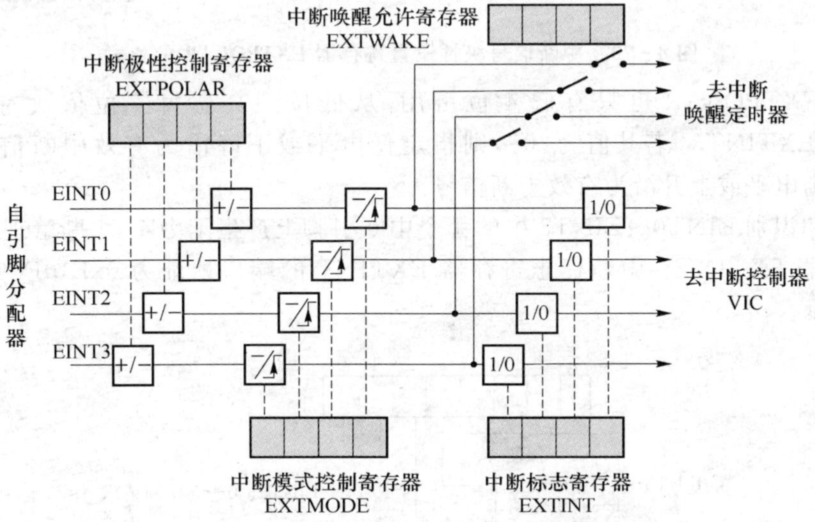

图 8-68 受系统控制的 4 个外部中断

其中，中断模式寄存器 EXTMODEM 用来设定外部中断信号的有效形式。该寄存器端口地址为 0xE10FC148，格式如图 8-69 所示。中断的有效信号可以是电平，也可以是边沿。

寄存器 EXTMODEM 只有低 4 位可用，从低位到高位每一位依次对应中断输入 EXTINT0～EXTINT3。当与通道对应位的值为“0”时，有效中断信号为电平，而值为“1”，则有效中断信号为边沿。至于信号的有效极性则由中断信号极性设置寄存器 EXTPOLAR 来指

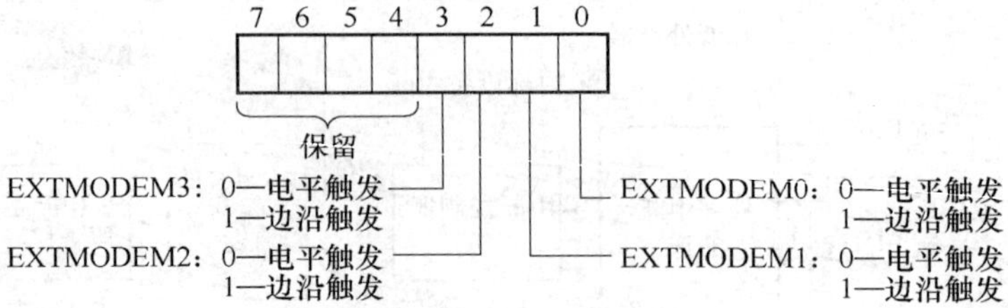

图 8-69 中断方式寄存器 EXTMODEM 的格式

定,其端口地址为 0xE10FC14C,格式如图 8-70 所示。

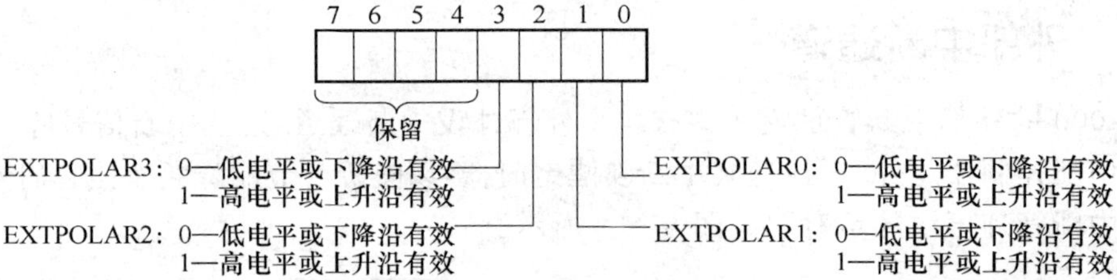

图 8-70 中断信号极性设置寄存器 EXTPOLAR 的格式

寄存器 EXTPOLAR 也只有低 4 位可用,从低位到高位每一位依次对应中断输入 EXTINT0～EXTINT3。若其值为"0",则指定低电平或下降沿为有效中断信号;若其值为"1",则指定高电平或上升沿为有效中断信号。

为记录和识别 EINT0～EINT3 中的哪个中断引脚上产生了中断,中断管理系统配备了中断标志寄存器 EXTINT。中断标志寄存器 EXTINT 的端口地址为 0xE10FC140,其格式如图 8-71 所示。

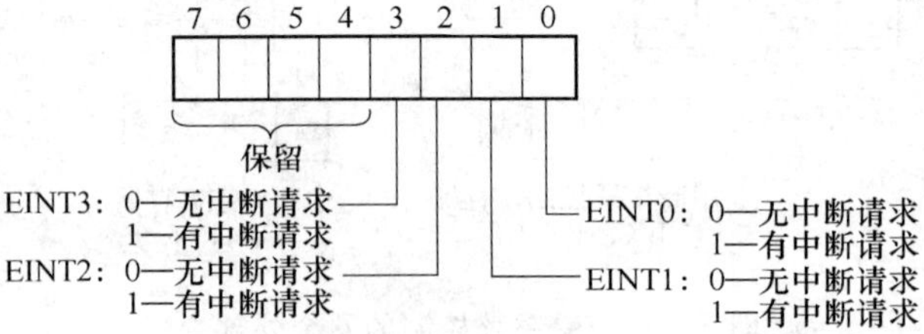

图 8-71 中断标志寄存器 EXTINT 的格式

当 EINT0～EINT3 中的某一个引脚发生了有效中断请求时,中断标志寄存器 EXTINT 中与该引脚对应的位将被置"1",否则该位为"0"。如果用户希望该引脚还能响应以后的中断请求,那么应该在中断服务程序中的合适位置通过对标志位写"1"的方法将该位清零。

前面曾经讲过,为了节能降耗,可以通过功率控制模块将一些外设挂起,使之处于睡眠状态，并可以通过该外设的中断来将其唤醒。为了对唤醒进行控制，在4个外设通道中都有一个由中断唤醒控制寄存器EXTWAKE控制的开关，该寄存器的端口地址为0xE10FC144，格式如图8-72所示。

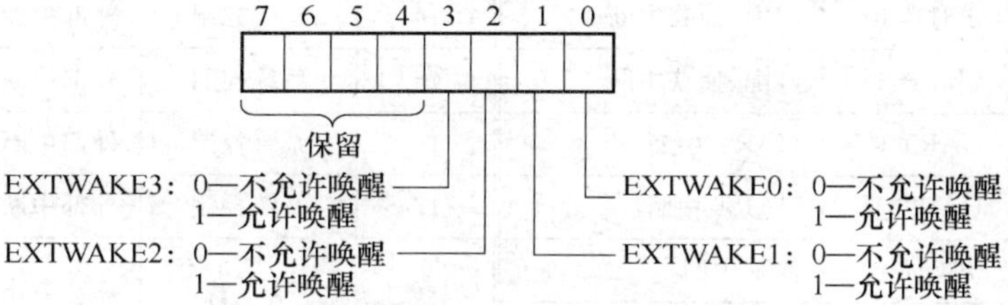

图8-72　中断唤醒控制寄存器EXTWAKE的格式

中断唤醒控制寄存器EXTWAKE，只有低4位可用，从低位到高位，每一位依次对应中断输入EXTINT0～EXTINT3。若其值为"0"，则开关断开，不允许唤醒；若其值为"1"，则开关接通，允许唤醒。

8.15.2　中断控制器VIC

中断控制器VIC是中断的统一管理机构，外部中断、内部中断、软中断统统由它管理和控制。由于该中断控制器还允许为部分中断源设置中断向量，所以这个中断控制器也叫做向量中断控制器。

1. 中断控制器的结构

LPC2000的中断控制器VIC可以对32个中断请求进行管理。由于ARM系统的中断向量表只有FIQ和IRQ两个外设中断入口，所以VIC把32个中断请求输入分成了FIQ组和IRQ组两组。

LPC2000的中断控制器VIC的组成如图8-73所示。

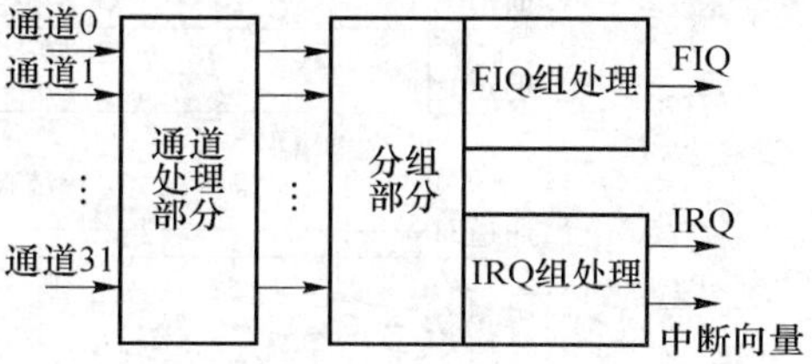

图8-73　VIC的组成

目前，VIC的32个中断通道只使用了其中的18个，其余备用。已使用的18个中断通道的分配情况见表8-23。

表8-23　中断通道的分配情况

通道号	中断源模块	说　明	通道号	中断源模块	说　明
0	WDT	看门狗中断	10	SPI 0	SPIF和MODF中断
1	—	保留给软中断	11	SPI 1	SPIF和MODF中断
2	ARM内核	系统调试中断	12	PLL	PLOCK中断

续表 8-23

通道号	中断源模块	说　明	通道号	中断源模块	说　明
3	ARM 内核	系统调试中断	13	RTC	RTCCIF、RTCALF
4	定时器 0	匹配、捕获中断	14	系统控制	外部中断 EINT 0
5	定时器 1	匹配、捕获中断	15	系统控制	外部中断 EINT 1
6	UART 0	UART 中断	16	系统控制	外部中断 EINT 2
7	UART 1	UART 中断	17	系统控制	外部中断 EINT 3
8	PWM 0	匹配中断	18	A / D	转换器中断
9	I^2C	SI 中断			

2. 中断通道处理部分

VIC 的中断通道处理部分如图 8-74 所示。

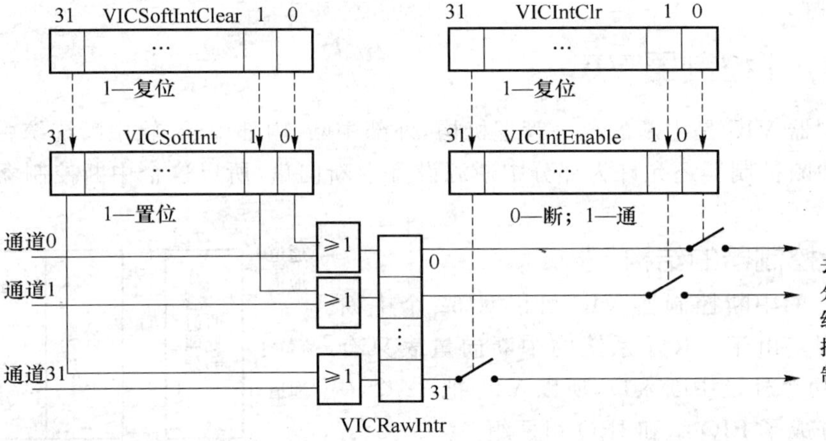

图 8-74　VIC 中断通道输入部分的逻辑

中断状态寄存器 VICRawIntr(32 位)记录了 32 个通道的中断状态，对应位的值为“1”表示该通道有中断请求，否则无中断请求。

从图 8-74 可以看到，中断状态寄存器 VICRawIntr 的各位数值等于各个中断请求输入与寄存器 VICSoftInt 各位的“或”。因为 VICSoftInt 寄存器的值可以由程序来设置，所以 VICSoftInt 叫做软中断寄存器。为对软中断寄存器的各位进行复位操作，VIC 又配备了软中断复位寄存器 VICSoftIntClear，即当 VICSoftIntClear 的某位为“1”时，可以对 VICSoftInt 的对应位清零。

32 位中断允许寄存器 VICIntEnable 的每一位都对应一个中断通道，当该位的值为“1”时，允许对应的通道中断，否则禁止中断。为对中断允许寄存器 VICIntEnable 的允许进行复位,VIC 配备了 32 位的中断禁止寄存器 VICIntClr,当该寄存器的某位的值为“1”时,可将中断允许寄存器 VICIntEnable 的对应位复位,禁止对应通道的中断。

3. 分组控制部分

32 位中断分组寄存器 VICIntSelect 的每一位都控制一个开关,根据开关的位置可将中断通道分成 FIQ 中断和 IRQ 中断两组。VIC 中断控制器的分组部分如图 8-75 所示。

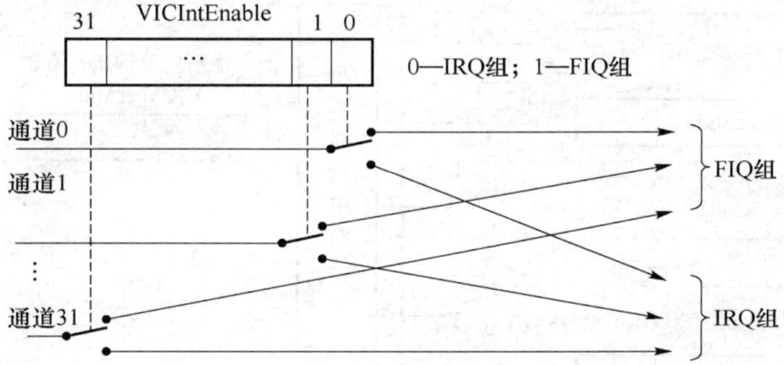

图 8-75 分组控制部分

中断分组寄存器 VICIntSelect 值为“1”的位所对应的中断通道被分配到 FIQ 组,值为“0”的位所对应的中断通道被分配到 IRQ 组。

4. FIQ 组处理部分

FIQ 组的若干个中断请求经逻辑“或”向 ARM 处理器发出 FIQ 请求信号,在中断服务程序中通过读取 FIQ 中断状态寄存器 VICFIQStatus 的值来识别中断源。

FIQ 组处理部分如图 8-76 所示。

FIQ 中断执行流程如图 8-77 所示。

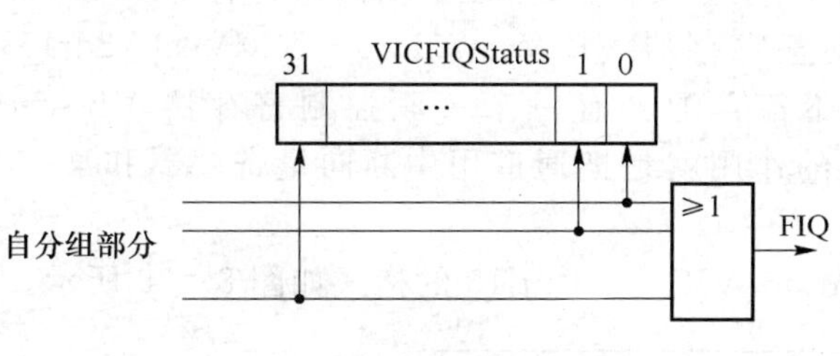

图 8-76 FIQ 组处理部分

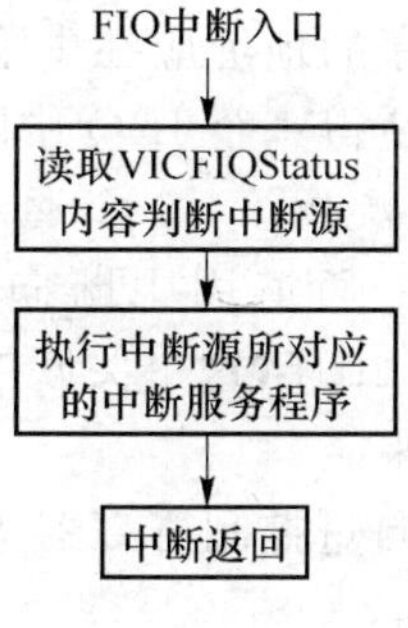

图 8-77 FIQ 中断执行流程

5. IRQ 组处理部分

IRQ 组处理部分如图 8-78 所示。

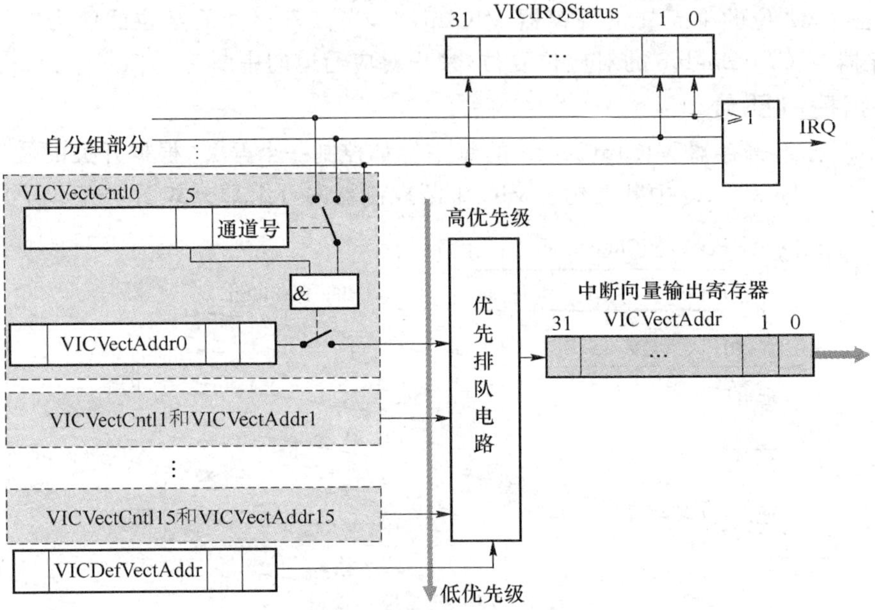

图 8-78 IRQ 组处理部分

VICIRQStatus 为中断状态寄存器，它保存了 IRQ 组所有中断请求标志。VICIRQStatus 中的中断请求标志经逻辑“或”后，向 ARM 核发出 IRQ 请求，并在中断硬件作用下将程序流程指向中断向量表。从 LPC 处理器启动代码中的中断向量表中可见，在 IRQ 中断向量表项处为指令

```
LDR PC, [PC, #-0x0FF0]
```

而该指令中的转移目标地址正是中断向量寄存器 VICVectAddr 的地址。这就是说，IRQ 中断服务程序的地址应在中断发生之前就存放到 VICVectAddr 之中了。

为了使得一个 IRQ 中断输入端可以响应多个中断，在中断向量寄存器 VICVectAddr 之外，VIC 还配置了 16 个通道用中断向量寄存器 VICVectAddr0～VICVectAddr15。不仅如此，这 16 个通道用中断向量寄存器还各自配套有一个关联控制寄存器 VICVectCntl0～VICVectCntl15，这个关联控制寄存器的作用就是把通道用中断向量寄存器和某一个中断通道绑定起来。

中断向量控制寄存器 VICVectCntl0～VICVectCntl15 的格式如图 8-79 所示。

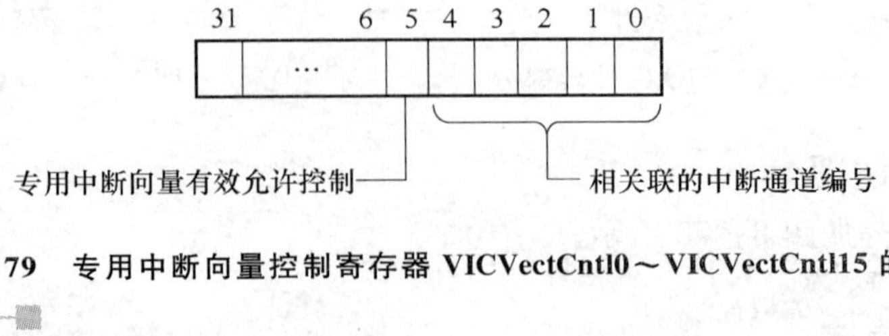

图 8-79 专用中断向量控制寄存器 VICVectCntl0～VICVectCntl15 的格式

当中断通道定义为矢量中断而需要保存中断向量时，这个中断向量就保存到与该中断通道绑定的通道用中断向量寄存器之中，而当系统响应该中断时，系统会自动将中断向量再传送到中断向量寄存器 VICVectAddr 中。这样，在中断向量表中的转移指令

```
LDR PC，[PC，#-0x0FF0]
```

就等价于

```
LDR PC，[VICVectAddr]
```

从而使程序跳转到中断服务程序上。

IRQ 组中，各中断的优先权按通道用中断向量寄存器序号排列，序号越小，优先权越高。也就是说，寄存器 VICVectAddr 中存放的总是序号最小的有效中断向量寄存器中的向量。

使用专用中断向量寄存器的中断处理流程如图 8-80 所示。

除了上述 16 个可以具有自己的中断向量且具有优先级别的中断外，对于那些不需要自己的专用中断向量的中断，VIC 提供了默认的中断向量寄存器 VICDefVectAddr。凡是没使用专用中断向量寄存器的 IRQ 中断通道，则与默认中断向量寄存器 VICDefVectAddr 相关联，该寄存器中断优先级别最低。在有多个中断通道使用该向量时，可根据中断状态寄存器 VICIRQStatus 的状态来进一步识别中断源。

使用默认中断向量寄存器 VICDefVectAddr 的 IRQ 中断执行流程如图 8-81 所示。

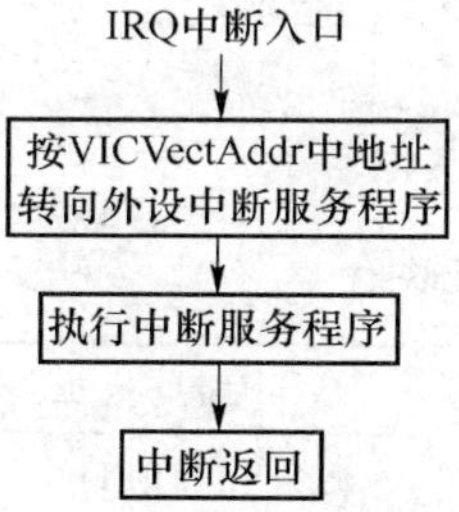

图 8-80　使用通道用中断向量寄存器时 IRQ 中断执行流程

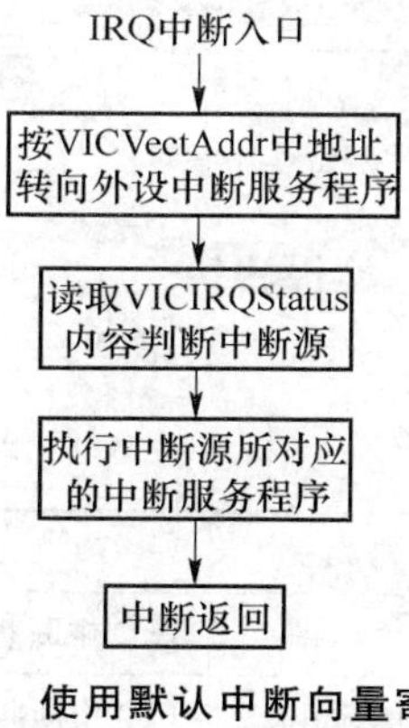

图 8-81　使用默认中断向量寄存器时 IRQ 中断执行流程

6. VIC 寄存器的端口地址

VIC 寄存器端口地址见表 8-24。

例 8-9　使用 LPC2104 处理器的电路如图 8-82 所示。现要求用一个按钮开关产生外部中断，在中断处理程序中将发光二极管熄灭和点亮，试编写程序。

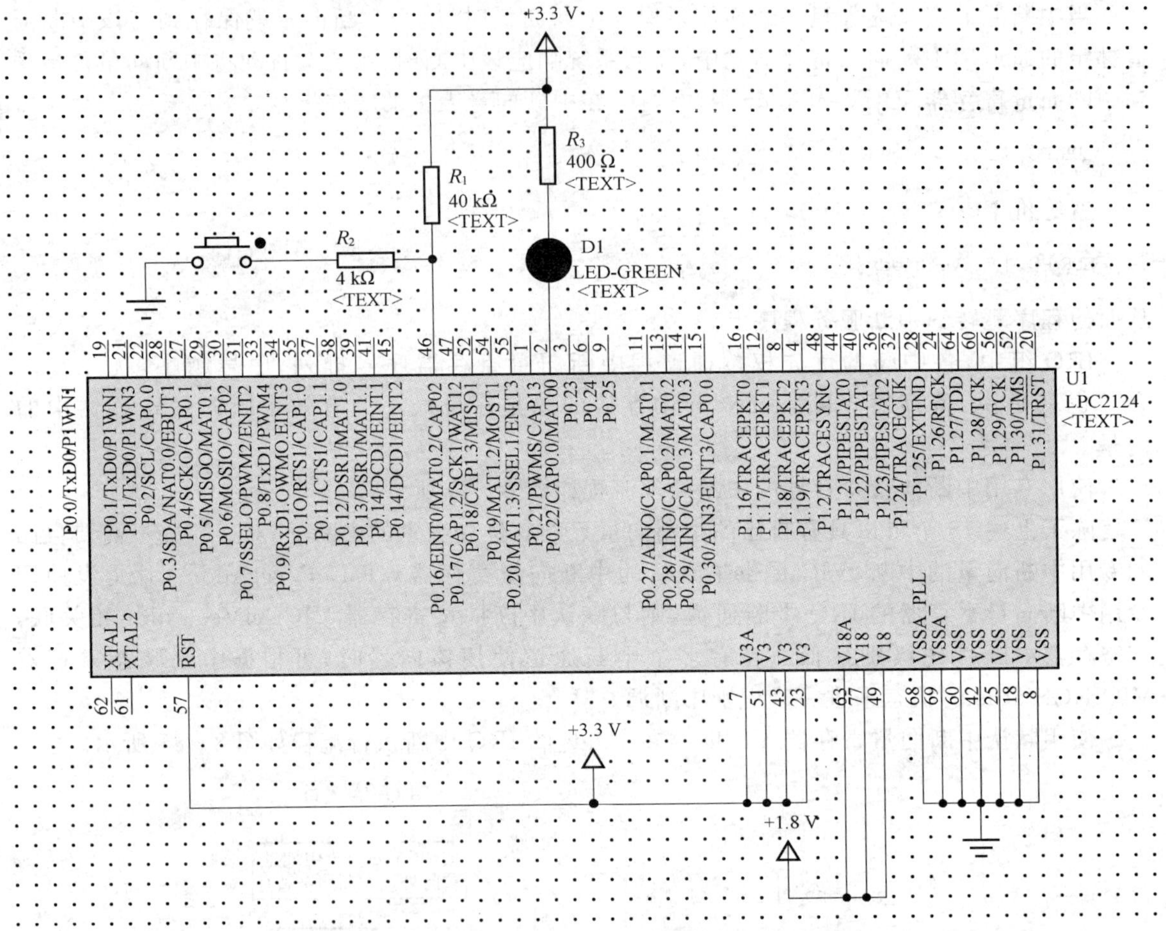

图 8-82　例 8-9 的 Protues 仿真电路

表 8-24　VIC 寄存器端口地址映射

寄存器名称	说　明	访问属性	端口地址
VICIRQStatus	IRQ 中断状态	只读	0xFFFFF000
VICFIQStatus	FIQ 中断状态	只读	0xFFFFF004
VICRawIntr	全部中断状态	只读	0xFFFFF008
VICIntSelect	中断通道分组寄存器	读/写	0xFFFFF00C
VICIntEnable	中断允许寄存器	读/写	0xFFFFF010
VICIntEnClr	中断禁止寄存器	只写	0xFFFFF014

续表 8－24

寄存器名称	说　明	访问属性	端口地址
VICSoftInt	软件中断允许寄存器	读/写	0xFFFFF018
VICSoftIntClear	软件中断禁止寄存器	读/写	0xFFFFF01C
VICProtection	VIC 访问保护允许寄存器	读/写	0xFFFFF020
VICVectAddr	中断向量输出寄存器	读/写	0xFFFFF030
VICDefVectAddr	默认中断向量寄存器	读/写	0xFFFFF034
VICVectAddr0～15	专用中断向量寄存器	读/写	0xFFFFF104～0xFFFFF13C
VICVectCntl0～15	专用中断向量控制寄存器	读/写	0xFFFFF200～0xFFFFF23C

解　编写程序代码如下：

```
#include <LPC21xx.h> //2124
//设置 P0.22 引脚为 LED 控制端
#define LED1CON (1 << 22)
//声明中断服务程序
void __irq IRQ_Eint0(void);
//中断初始化函数--------------------------------------------------------------
void irq_init(void){
    PINSEL0 = 0x0;
    PINSEL1 = 0x1;                           //将 P0.16 设置为 EINT0 模式
    EXTMODE = 0x00;                          //设置 EINT0 为电平触发模式
    VICIntSelect = 0x00000000;               //设置所有中断为 IRQ 中断
    VICVectCntl0  =  0x0000002E;             //将 EINT0 与 VICVectAddr0 相关联
    VICVectAddr0 = (int)IRQ_Eint0;           //设置中断服务程序首地址
    EXTINT = 0x01;                           //清除 EINT0 中断标志
    VICIntEnable = 0x00004000;               //使能 EINT0 中断
}
//中断服务程序----------------------------------------------------------
void __irq IRQ_Eint0(void)
{
    int i;
    i = IO0SET;
    if((i&LED1CON) == 0)
    {
        IO0SET = LED1CON;                    //熄灭 LED
```

```
    }
    else
    {
        IO0CLR = LED1CON;                  //点亮 LED
    }
    while((EXTINT&0x01) != 0)              //等待外部中断信号恢复为高电平
    {
        EXTINT = 0x01;                     //清除 EINT0 中断标志
    }
    VICVectAddr = 0;                       //清空中断向量寄存器
}
//主函数------------------------------------------------------
int main (void)
{
    IO0DIR = LED1CON;                      //设置 P0.22 引脚为控制 LED1 输出信号
    irq_init();                            //中断初始化
    IO0CLR = LED1CON;                      //点亮 LED
    while(1) ;                             //等待中断
}
```

习　题

1. LPC2000 处理器是依靠什么模块实现引脚多功能的?
2. 如何使用引脚控制模块?
3. 什么叫做 GPIO? 它有什么用途?
4. 如何对 GPIO 的输入/输出进行设置?
5. 如何用 GPIO 输入数字信号? 如何用 GPIO 输出数字信号?
6. LPC2114 晶振的频率范围是多少? 如何根据实际应用对其进行设置?
7. 存储器加速模块有什么用途?
8. 如何对存储器加速模块进行设置?
9. 内部存储空间高端的 8 KB 空间有什么用途?
10. 哪段空间是重映射区?
11. 若 LPC2210 的 Bank0 使用的是 32 位存储芯片,那么地址线 A1 和 A0 应如何处置?
12. LPC2000 有几种功率控制模式? 如何进行设置?
13. 什么叫做定时器? LPC2000 处理器定时器的核心部件是什么? 定时器有什么用途?

14. 把 LPC2000 的定时器与我们生活中用的闹表进行比较，理解定时器中匹配寄存器和捕获寄存器的应用。

15. 什么叫做 PWM？LPC2000 是如何来实现 PWM 的？

16. 什么叫做看门狗？它有什么用途？它的核心部件是什么？

17. 为什么要定时“喂狗”？不“喂”的话会出现什么问题？

18. LPC2000 有几种串行通信接口？各有什么特点？

19. LPC2000 芯片内部配置的中断控制器由几部分组成？各承担什么任务？

20. 中断控制器中的寄存器 VICVectAddr0～15 里应该存放什么数据？寄存器 VICVectAddr 有什么用途？

21. 哪些中断源使用寄存器 VICDefVectAddr？当有多个中断请求发生时，应如何对中断源进行识别？

22. 中断分组寄存器 VICIntSelect 有什么用途？

第9章　LPC2000 外部电路

作为一个完整的计算机系统，在处理器外部配接人机交互设备和必要的外部电路总是必需的。LPC2000 的良好扩展功能为用户完成上述任务提供了强有力的支持。

本章的主要内容有：

- LPC2000 的复位电路；
- 键盘、触摸屏；
- LCD 显示器。

9.1　复位电路

LPC2000 有一个外部引脚 $\overline{\text{RST}}$，当它为高电平时，处于正常工作状态；当它接收一个低电平信号时，会强制处理器内部的各个电路变为初始（原始）状态，这个初始状态就是所谓的复位状态。能产生复位信号的电路叫做复位电路。

最简单的复位电路及复位信号波形如图 9－1 所示。

由图 9－1(b)的波形图可以看出，这种电路依靠系统上电之后，电源通过电阻向电容充电

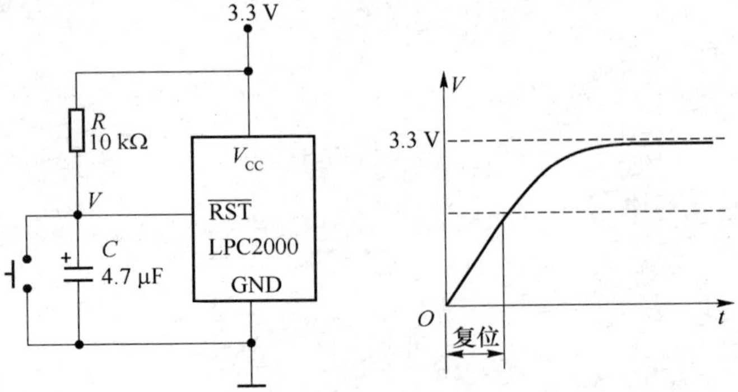

(a) 复位电路　　(b) 复位信号波形

图 9－1　最简单的外部复位电路

而产生先低后高的信号波形，达到了使处理器引脚$\overline{RST}$在上电初始的一小段时间内接收低电平进行复位，而复位之后又能自动达到使处理器正常工作的高电平的目的。

另外，从图 9-1(a)的电路图中也可以看到，利用跨接在电容两端的按钮开关也可以实现手动复位。

这种电路结构简单，价格低，但由于该电路在复位期间的信号不是一个稳定的低电平，且其波形受电路中器件参数影响较大，从而导致这种复位电路的稳定性不好，可靠性较差。

为提高复位电路的可靠性及使用上的灵活性，通常使用专用的复位芯片来实现复位电路。一个使用了复位专用芯片 SP708S 的复位电路如图 9-2 所示。

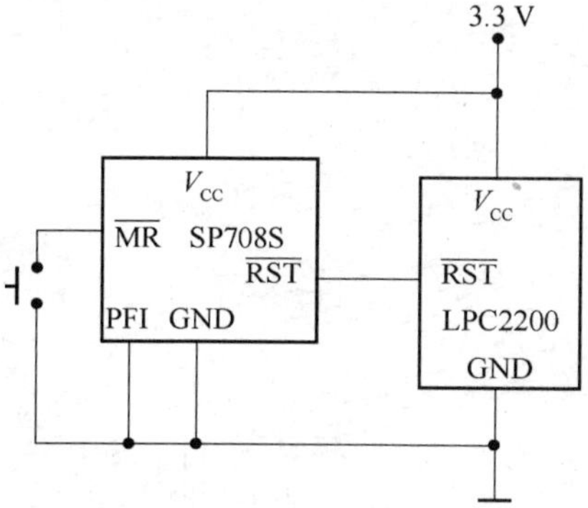

图 9-2 PLC2200 处理器使用专用复位芯片的外部复位电路

9.2 人机交互设备

人机交互设备是人与计算机进行沟通和联系的重要渠道。人机交互设备主要分为两类：输入设备和输出设备。输入设备有键盘、鼠标、手写板、触摸屏等，输出设备有显示器、打印机、绘图仪等。

9.2.1 键盘与触摸屏

1. 按键基本电路

键盘是人向计算机系统输入信息的最基本手段，把一个按键事件转换成电平信号的原理电路如图 9-3 所示。

由图 9-3(a)可以看到，当按键未按下时，电路与地之间为开路状态，未形成电路回路，故串联电路中没有电流存在，键输出信号等于 V_{DD}，为高电平，如图 9-3(b)所示；当按键被按下时，电路已形成回路，键输出信号为低电平，如图 9-3(c)所示。这样，该电路就把按键的释放和按下状态转换成了计算机系统可以识别的电平信息“1”或“0”，于是，用户程序就可以通过读取键盘输出状态来判断按键的状态，并根据按键的状态来执行不同的程序段。

但这种简单的按键有一个缺点，即按键被按下(被释放)，触点被接通(断开)的一瞬间，电路有一个持续 5～30 ms 的若通若断的抖动阶段，如图 9-4 所示。

显然没有办法在这个抖动阶段来确定按键的状态，所以必须想办法忽略这个阶段的信息。解决这个问题的办法有两种：一种是使用硬件消抖电路(例如 RC 电路)滤掉抖动波形；另一种是当发现键盘输出电平有变化时，通过延时的方法躲过按键的抖动，待电路状态稳定之后再来检测键盘的输出电平，从而达到正确读取键盘信息的目的。

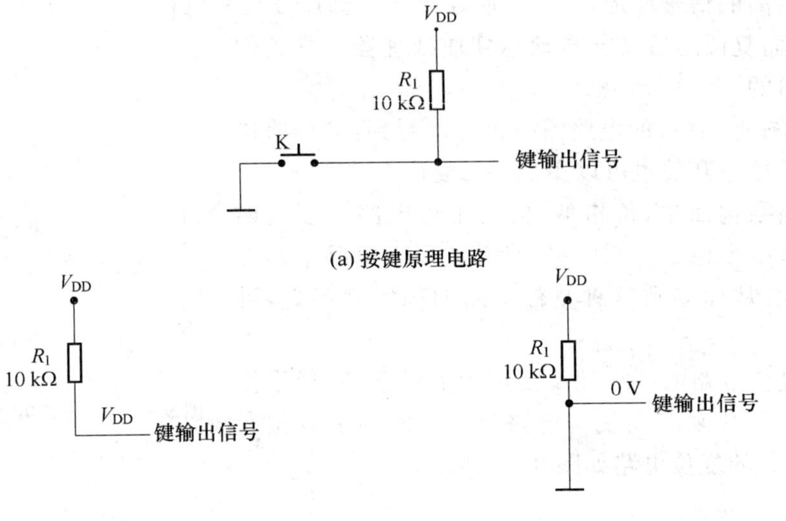

(a) 按键原理电路

(b) 按键未按下时的等效电路

(c) 按键按下时的等效电路

图 9-3　按键原理

用软件进行消抖的流程如图 9-5 所示。

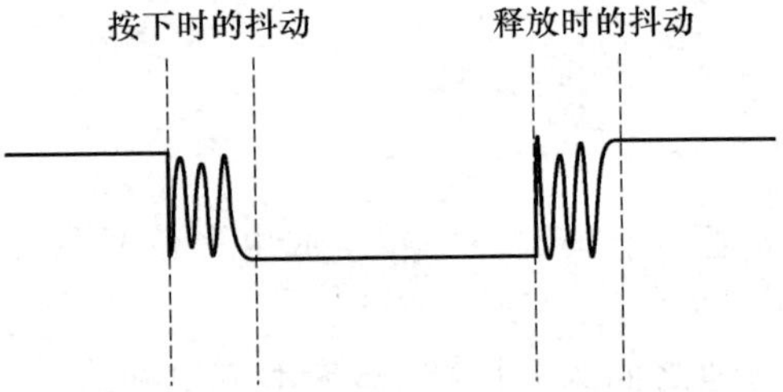

图 9-4　按键的抖动现象

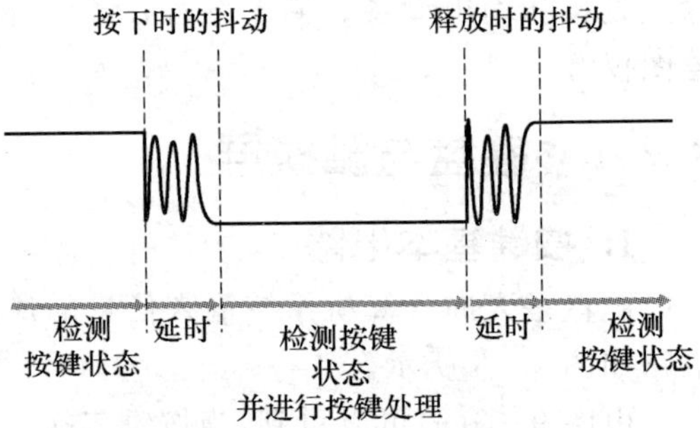

图 9-5　用程序进行按键的消抖

2. 独立按键键盘

如果使用多个如图 9-3 所示的按键电路就可以形成如图 9-6 所示的独立式按键键盘。而各个按键的输出可以通过 LPC2000 的并行接口 GPIO 输入到处理器,程序通过查询接口线的状态来判断各个按键的状态。

独立按键式键盘也叫做单线键盘,其特点是每一个键都占用一条接口线,所以这种键盘简单可靠,但在键数目较多时,占用接口线也较多。

3. 矩阵式键盘

当键盘的按键数目较大时,为了减少键盘占用接口线的数目,人们常常采用图 9-7 所示

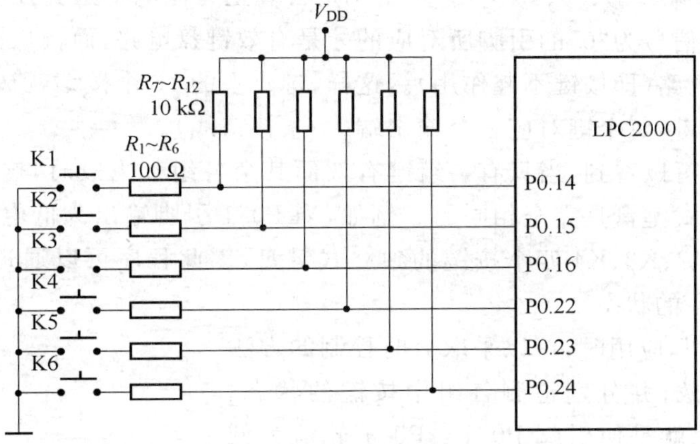

图 9-6　独立按键式键盘

的矩阵式键盘。

图 9-7 所示是一个具有 16 个按键的键盘，每个按键都被安排在行线和列线的交叉处，这样 16 个键就占用 8 条接口线，显然比独立式键盘占用的接口线少。可以看出，这种矩阵式键盘占用接口线的数目为键数目的开平方。因此，键盘中键的数目越大，占用的接口线相对越少。

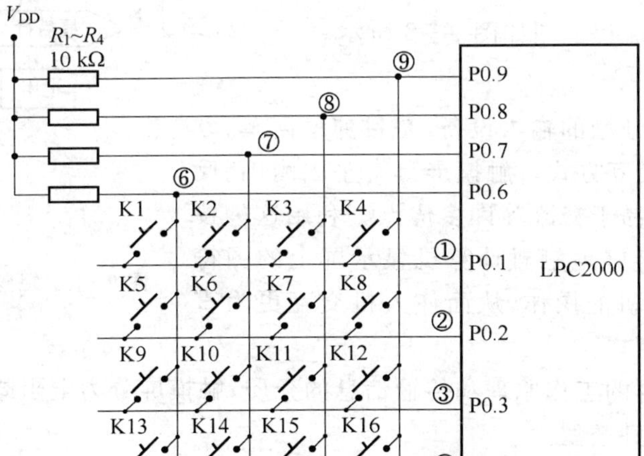

图 9-7　4×4 矩阵式键盘

把图 9-7 与图 9-6 比较一下就会看到，图 9-7 键盘电路的列线⑥、⑦、⑧、⑨是键盘电路的输出信号，并输入到处理器芯片引脚 P0.6～P0.9；而图 9-7 键盘电路的行线①、②、③、④则对应着图 9-6 键盘电路的接地端，但在这里它们没有接地而是接到了处理器的引脚

P0.1～P0.4，这就意味着①、②、③、④这些端子是否真正为低电平是受控于引脚 P0.1～P0.4 的。显然，只有输出信号为“0”的引脚所对应的才是有效键盘电路，而输出信号为“1”的引脚所对应则是无效键盘电路(即按键不起作用)。这样，键盘上的 16 个按键就被行线分成了 4 个受控组，每个组有 4 个键，每个键对应一个输出端(一条接口线)。

从图 9-7 中还可以看到，当只有一组键有效而其余各组都无效时，这个矩阵键盘的等效电路与图 9-6 独立式键盘是完全相同的。例如，当 P0.1 引脚输出为低电平“0”时，矩阵键盘就是一个只有 K1、K2、K3、K4 四个按键的独立式键盘，因此程序可以通过 P0.6～P0.9 检测按键 K1、K2、K3、K4 的状态。

这就是说，在实际应用时，可以采取分时控制的方法来使各个组分时有效，并分别检测各组中按键的状态。这里所谓分时控制，就是使引脚 P0.1～P0.4 轮流为低电平“0”。例如，在引脚 P0.4～ P0.1 上按时间顺序输出 0111→1011→1101→1110。当 P0.4～P0.1 引脚的输出为 1011 时，那么就可以判断出一定是第③线上有键按下，如果这时程序检测到引脚 P0.9～P0.6 的值为 1101，那么被按下的键一定在第⑦线上，综合起来判断可知，被按下的按键一定是 K11。这种键的识别方法叫做行扫描法。

行扫描法程序的流程框图如图 9-8 所示。

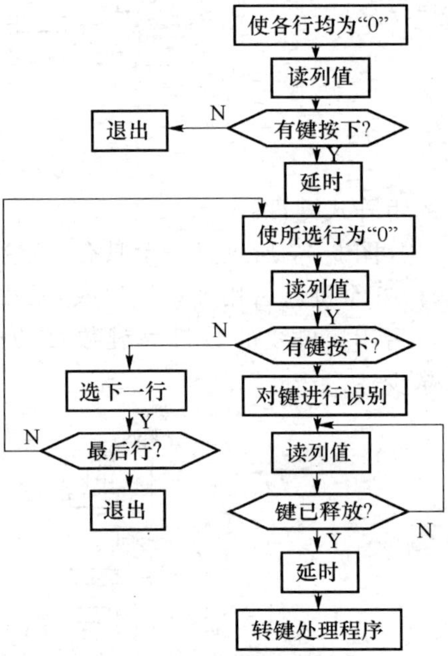

图 9-8　矩阵式键盘程序流程框图

4. 触摸屏

触摸屏作为一种新型的输入设备，是目前最简单、方便、自然的一种人机交互方式。触摸屏具有坚固耐用、反应速度快、节省空间、易于交流等许多优点。利用这种技术，用户只要用手指轻轻地触碰计算机显示屏上的图符或文字就能实现对主机的操作，从而使人机交互更为直截了当，大大方便了用户。

目前，根据触摸屏的工作原理和传输信息的介质，触摸屏分为电阻式、电容感应式、红外线式以及表面声波式四种类型。

电阻式触摸屏根据引出线数多少，分为四线和五线型两种。一个四线式触摸屏的结构示意图如图 9-9 所示。

电阻式触摸屏的主要部分是一块与显示器表面非常配合的薄膜屏，该薄膜由两层用空气绝缘的导电层组成，每个导电层都可以看成是一个电阻，所以触摸屏可以看成是一个相互交叉的电阻，如图 9-10 所示。

由于面向用户的导电层具有一定的弹性，当用户用手指或工具触压这个具有弹性的导电

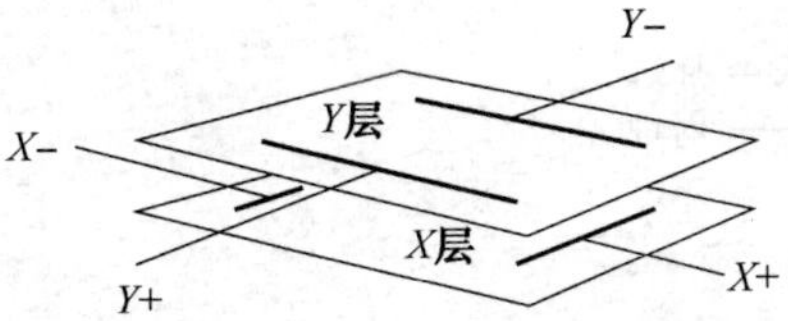

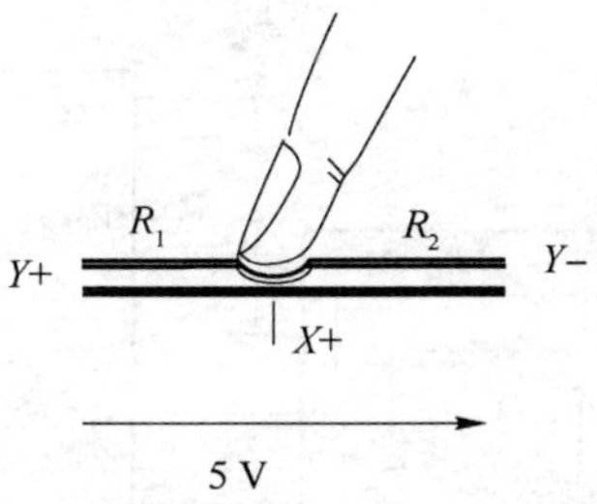

图 9-9　四线式触摸屏结构示意图

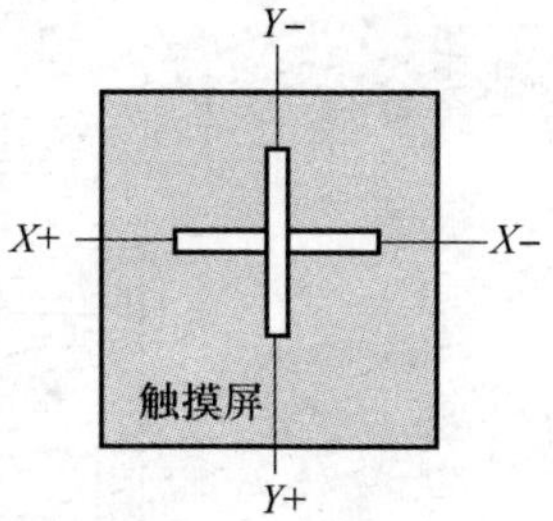

图 9-10　触摸屏相当于两个交叉的电阻

层时,该导电层会在触摸点位置与另一个导电层产生接触而形成电路。例如,如果在图 9-10 的触摸屏中两个电极 Y+和 Y−之间加电源 V_{CC},那么当 Y 层某个位置被触压时就会形成图 9-11(a)所示的电路,在 X+端会产生与触压点在 Y 轴位置相关的电压信号 $V_{CC}\times R_2/(R_1+R_2)$;同理,在 X+和 X−之间加电源 V_{CC},那么 Y 层某个位置被触压之后会形成图 9-11(b)所示的电路,在 Y+端会产生与触压点在 X 轴位置相关的电压信号 $V_{CC}\times R_4/(R_3+R_4)$。如果把这两个信号经 A/D 转换,就可以变成数字信号后送入处理器了。

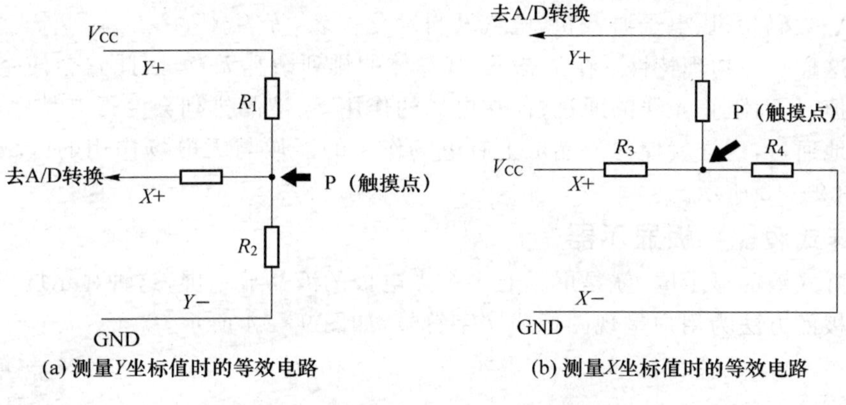

图 9-11　四线式触摸屏触摸位置测量原理

目前,一个完整的触摸屏由触摸检测部件和触摸屏控制器两部分组成:触摸检测部件安装在显示器屏幕前面,用于将用户触摸位置变换为电信号;而触摸屏控制器的主要作用是从触摸点检测装置上接收电信号,并将它转换成数字量形式的触点坐标信息馈送给处理器,如图 9-12 所示。

9.2.2　显示器

显示器是计算机系统向操作者提供信息的重要输出设备。常用的显示器有 CRT 显示

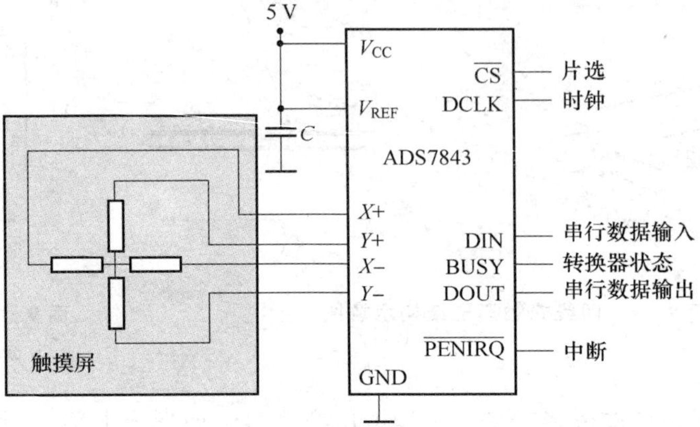

图 9-12　触摸屏与控制器的连接

器、LED 显示器、液晶显示器，等等。

1. 液晶显示器原理

液晶显示器 LCD 是基于液晶电光效应的显示器件。液晶显示屏是一种平板显示器，它以其体积小、功耗低、无辐射等优点被人们所青睐，从而被广泛应用于各种嵌入式产品中，例如移动电话、PDA、数码相机、电子游戏机、电气及自动化仪表，等等。

液晶有这样一种物理特性：在常态下，其晶体的排列杂乱无章，因此它会使企图通过它的光线被散射掉，从而阻止光线的通过；而在电场的作用下，液晶排列会变得有秩序，从而使光线可以很容易地通过，这样就使得液晶屏上有电场作用的区域与无电场作用的区域形成了可见的对比，如图 9-13 所示。

2. 点阵式液晶平板显示器

所谓点阵式液晶显示屏，就是屏上有多个点电极的液晶显示屏，这种显示屏可以通过点亮相应的点电极的方法为用户呈现图像或文字符号，如图 9-14 所示。

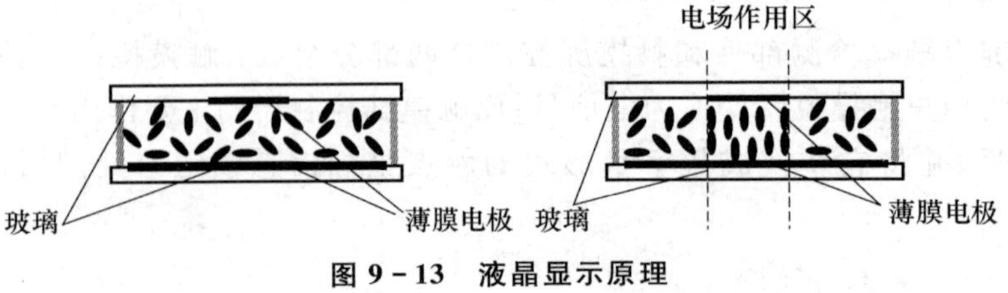

图 9-13　液晶显示原理

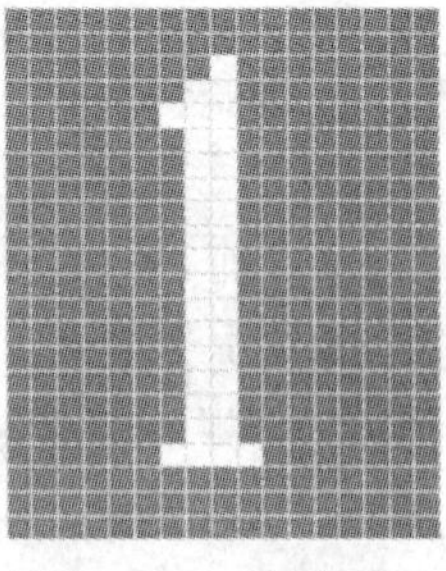

图 9-14　点阵式显示屏的显示

显然，同等面积的显示屏具有的点越多，其显示文字或图像的细节就越多，也就是其分辨率就越高。目前，在分辨率上，已实现了 VGA(640×480)、SVGA(800×600)、XGA(1 024×768)、SXGA(1 280×1 024)和 UXGA(1 600×1 200)等级别。

点阵式液晶显示屏是应用最为广泛的一种液晶显示器，它为各种电子产品提供了友好的人机界面。点阵式液晶显示屏的外观如图 9－15 所示。

图 9－15　液晶显示器外观示意图

从显示色彩上来看，目前有黑白屏和彩色屏两种。其中，黑白屏有单色屏、4 级灰度屏、16 级灰度屏、64 级灰度屏、256 灰度屏等；彩色屏有 16 色屏、256 伪彩色屏和 TFT 真彩色屏等。

由于点阵式液晶显示屏的引脚相当多，因此生产厂家通常会将液晶显示屏和驱动电路及其控制器装配在一起形成液晶模块(LCD Module，LCM)来销售，用户只要将其与系统进行相应的连接，即可进行图形或符号的显示控制。

图 9－16 所示是 SMG240128A(像素点为 240×128)，黑色前景、白色背景的点阵式液晶显示模块原理框图。其中，T6963C 为显示器控制器，该控制除了与显示屏和系统总线连接之外，还连接了一个 SRAM 存储器。

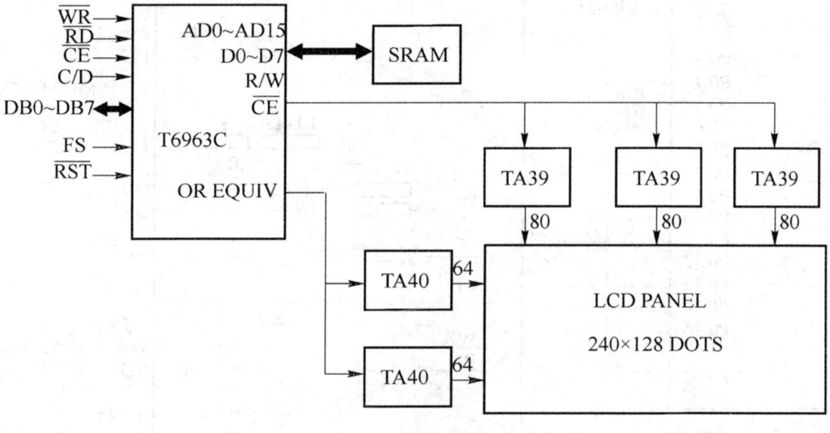

图 9－16　SMG240128A 点阵式图形液晶模块原理框图

显示存储器与显示屏的对应关系如图 9－17 所示。从图中可以看到，显示存储器中的每一位二进制信息控制显示屏上的一个点。显示屏每行 240 个点需要 30 字节的存储单元，128 行共需要 30×128 个存储单元。

存储单元中二进制位的值为“1”，点为黑色；否则，点为白色。

习惯上，把存储显示数据的存储器叫做显示存储器(显存)，而存储显示数据的存储区域叫做显示缓冲区。

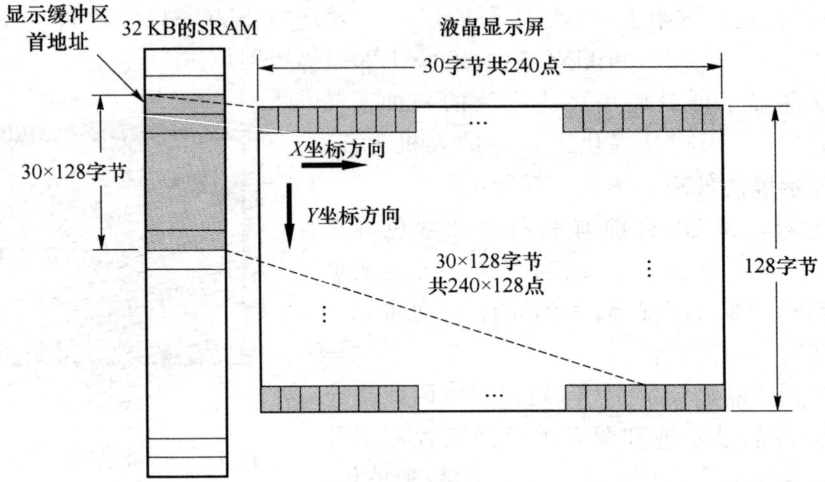

图 9-17　显示存储器与显示屏的对应关系

SMG240128A 液晶显示模块与 LPC2100 的连接如图 9-18 所示。

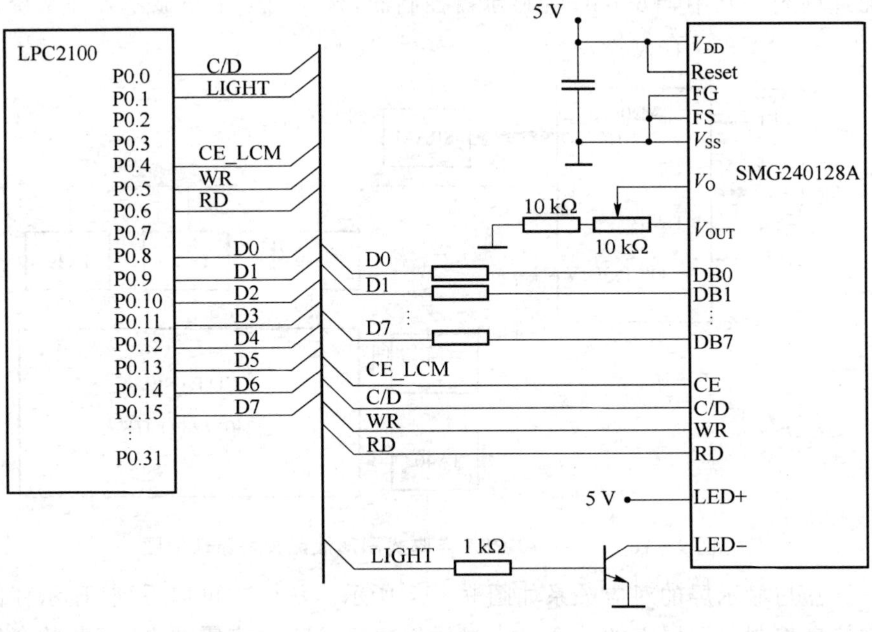

图 9-18　SMG240128A 液晶显示模块与 LPC2100 处理器连接电路图

3. 蜂鸣器

在应用中为了产生声音报警，常常使用蜂鸣器，图 9-19 就是在 LPC2000 中使用蜂鸣器的电路接线图。

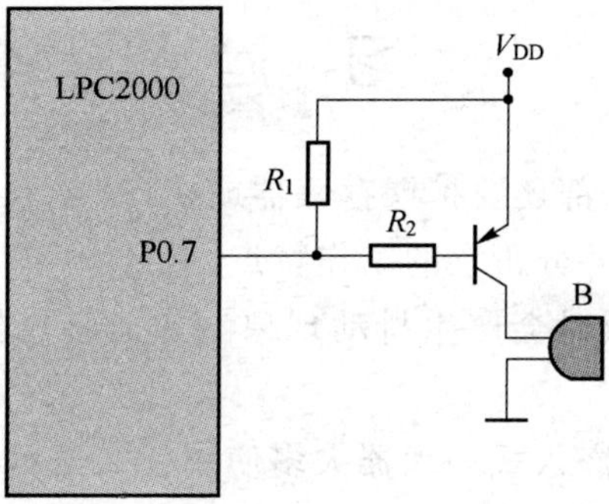

图 9-19　蜂鸣器电路图

使蜂鸣器可以产生鸣叫的代码如下：

```
#include  "config.h"
#define    BEEPCON   0x00000080   // P0.7 引脚控制 B1,低电平蜂鸣
/********************** 延时程序 ***********************/
void  DelayNS(uint32  dly)
{  uint32  i;
    for(; dly>0; dly--)
        for(i=0; i<5000; i++);
}
/********************* 蜂鸣程序 ***********************/
int  main(void)
{  PINSEL0 = 0x00000000;          //设置引脚连接 GPIO
   IO0DIR = BEEPCON;              // 设置 I/O 为输出
   while(1)
   {  IO0SET = BEEPCON;           // BEEPCON = 1
      DelayNS(10);
      IO0CLR = BEEPCON;           // BEEPCON = 0
      DelayNS(10);
   }
    return(0);
}
/****************************************************/
```

习　题

1. 为什么在处理器芯片外部还要扩展存储器或接口？

2. 试画出基本按键电路，并分析它的工作特点。

3. 为什么按键按下及释放时会产生抖动现象？如何避免抖动对按键状态的判断所引起的干扰？

4. 到网上查找一下，现在嵌入式处理器大多使用什么显示器？它们都有什么特点？

5. 在LPC2000处理器外部连接其他部件是如何来设置处理器的端口的？

第10章　LPC2000 的固件

为了在 LPC2000 处理器中使用 ISP 技术及引导用户程序，LPC2000 处理器芯片提供了一个固件，并利用存储重映射技术巧妙地解决了引导程序与用户程序地址重叠等问题，极大地方便了用户。

本章的主要内容有：

- 用户程序的引导和固件；
- ISP 和 IAP；
- LPC2000 的 Boot Block 和存储器重映射；
- 用户应用程序的重映射。

10.1　LPC2000 的重映射存储区

为了灵活地使用各类存储器中的程序和数据，LPC2000 在内部存储空间的低端自 0x00000000～0x0000003F 划出了一个 64 字节的重映射区。用户可根据需要，把重映射区的空间分配给 4 个具有同样大小(64 字节)的区域之一。这 4 个存储区域分别为：内部 Flash 高端的 64 字节空间、内部 Flash 低端的 64 字节空间、内部 RAM 低端的 64 字节空间和外部 RAM 低端的 64 字节空间，如图 10－1 所示。

为了存储器映射进行控制，处理器设置了存储器映射控制寄存器 MEMMAP，其格式如图 10－2 所示。

存储器映射控制寄存器 MEMMAP 中最低两位的含义如图 10－1 所示。这两位可以由程序来设置：当使 MEM[1：0] ＝ 00 时，系统把内部 Flash 高端的 64 字节映射到存储空间 0x00000000～0x0000003F，也就是说，这 64 字节空间，除了它原来的地址之外，又被分配了新的地址 0x00000000～0x0000003F；当使 MEM[1：0] ＝ 01 时，系统把内部 Flash 的低端 64 字节映射到 0x00000000～0x0000003F；当设置 MEM[1：0] ＝ 10 时，系统把内部 RAM 的低端 64 字节映射到 0x00000000～0x0000003F；当设置 MEM[1：0] ＝ 11 时，系统把外部 RAM 的低端 64 字节映射到 0x00000000～0x0000003F。其中，MEM[1：0] ＝ 01 是系统上电后的默认状态。

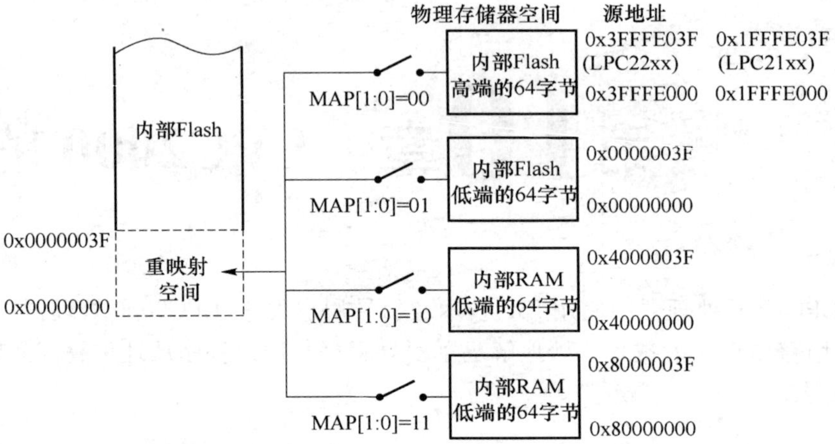

图 10-1 可映射到重映射空间的4个物理存储空间及MAP[1:0]的含义

所谓重映射,说到底,就是通过MEM[1:0]的开关作用在同一个地址空间中安置不同的物理存储空间,从而使系统可以在同一个地址空间使用不同物理存储器中的代码或数据。

图 10-2 存储器映射控制寄存器 MEMMAP 的格式

另外,当MEM[1:0] = 11,重映射区安置的物理存储器为外部RAM时,为了适应具有不同字长(8位、16位或32位)的外部RAM,处理器使用了两个外部引脚BOOT1和BOOT0对其进行控制。这两个引脚的意义见表10-1。

表 10-1 当 MEM[1:0] = 11 时外部引脚 BOOT1 和 BOOT0 的意义

P2.27/D27/BOOT1	P2.26/D26/BOOT0	外部存储器的字长
0	0	8
0	1	16
1	0	32
1	1	内部 Flash

10.2 LPC2000的固件及其作用

作为半导体器件提供商,用硬件来实现系统功能是它的主要责任,但出于各方面的考虑,事实上也常常把一些系统功能用硬件和软件结合的方式来解决。所以,有些半导体器件提供商在提供芯片的同时,经常还为用户提供一个存有实现某种系统功能软件的只读存储器。由于这种带有软件且能完成一定系统功能的只读存储器既不像真正软件那样可以随时加载和卸载，也不像一般硬件那样制造出来之后就具有某种功能，所以人们把这种软件和硬件结合的产物叫做固件。

通常，固件在系统一上电便可以被执行，以完成一些系统任务，它的主要任务大体上为：

① 对系统中的最基本硬件进行初始化，为软件的运行提供最基本的硬件环境；

② 将处理器的执行流程引导到用户程序上；

③ 需要时，把后续要执行的软件映像装载到系统内存。

例如，PC 机中的 BIOS 就是一种功能比较齐全的系统固件。

Philips 公司在 LPC2000 处理器的片内 Flash 的高端地址空间固化了一个只在系统复位启动时起作用的小型系统软件，这个小型软件叫做引导块(Boot Block)。

Boot Block 的主要任务有两项：一项是根据用户的需要，对 Flash 进行所谓的在线系统编程(ISP)；另一项是正确引导(Boot)用户程序。

1. Flash 的 ISP 和 IAP

以往，在对非易失性存储器(EPROM 或 Flash)进行编程时，编程器是必不可少的装置，程序设计人员只有借助于编程器才能进行程序的仿真试验以及把最终程序烧写到内部或外部非易失性存储器中。在这种做法中，程序的每一次修改，都会导致把存储器芯片从电路板上拔下一次，而且重新编程后还要再插回到电路板上，这是一个极其繁琐的过程，而且特别容易对存储器芯片和电路板造成一些不必要的损伤。除此之外，作为商品来说，当程序需要升级或修改时，还必须将设备返厂或者派技术人员到现场去进行处理，既费时费力，也给用户造成很多不必要的麻烦。所以，长期以来，人们希望有一个能对 EPROM 或 Flash 这类存储器进行在线编程的技术，目前广泛使用的 ISP 和 IAP 就是这样两种在线编程技术。

ISP 叫做在系统编程，意思就是说，不需要从系统上拔下存储器芯片就可以对它进行编程；而 IAP 叫做在应用编程，它允许在应用程序运行中由应用程序对存储器芯片进行编程。

在使用 ISP 编程时，先把带有 ISP 程序和存有待烧入程序的上位机(通常是 PC 机)通过串口与开发板连接起来，然后启动上位机的 ISP 程序，把待烧入程序通过串行通信的方式传输到目标系统并将其烧制到系统中的 EPROM 或 Flash 上，程序一旦调试结束该电路板即为成品，从而免去了调试时频繁地插拔芯片的麻烦。

为方便用户使用，Philips 公司把目标系统与 ISP 相关的功能已编写在所谓的引导块(Boot Block)中，并将该引导块固化在了片内 Flash 的高端位置。对于片内 Flash 为 128 KB 的 LPC21xx 处理器来说，引导块占用了片内 Flash 的 0x1FFFE000～0x1FFFFFFF 共 8 KB 空间；对于片内 Flash 存储器为 256 KB 的 LPC22xx 处理器来说，引导块占用了片内 Flash 的 0x3FFFE000～0x3FFFFFFF 共 8 KB 空间。

2. 用户程序的引导

所谓用户程序的引导，就是系统启动之后将处理器的执行流程正确地引领到用户程序上去的过程。用来完成这项任务的程序叫做引导程序(Booter)，在 LPC2000 中叫做 Boot

Block。

从前面讲过的内容已经知道,系统复位启动之后是从 0x00000000 处开始取指令并执行程序的。同时也知道,按照 ARM 系统的规定,存储空间的最底端只能用来存放中断向量表,而不能用来存放用户程序(除非用户程序不使用中断)。由于上述两个限制,就决定了如下两个做法:一是在系统上电瞬间,从地址 0x00000000 处开始的一段存储器必须为非易失性存储器,以使系统上电之后即能获得可执行代码;二是为了防止用户程序空间与中断向量表空间的冲突,用户只能避开中断向量表所占用的存储空间而把用户程序存放到存储器的其他位置。这也就是说,为了在系统启动之后能从 0x00000000 处进入用户程序,非易失性存储器中的中断向量表的第一项必须能把处理器的执行流程引导到用户程序上去,或者能引导到另一个具有引导用户程序功能的程序上去。所以,在地址 0x00000000 处存放的通常是一条可以跳转到一个程序上的跳转指令,其跳转目标可能是用户程序本身,也可能是一个能把执行流程引导到用户程序的中间程序。前者通常用在简单的系统中,是最简单的引导方法;而后者则根据用户程序的具体需要,可能很简单,也可能很复杂,但不管其复杂与否,这个将处理器执行流程引领到用户程序的程序就叫做引导程序(Booter)。

用户程序的两种引导方法如图 10－3 所示。

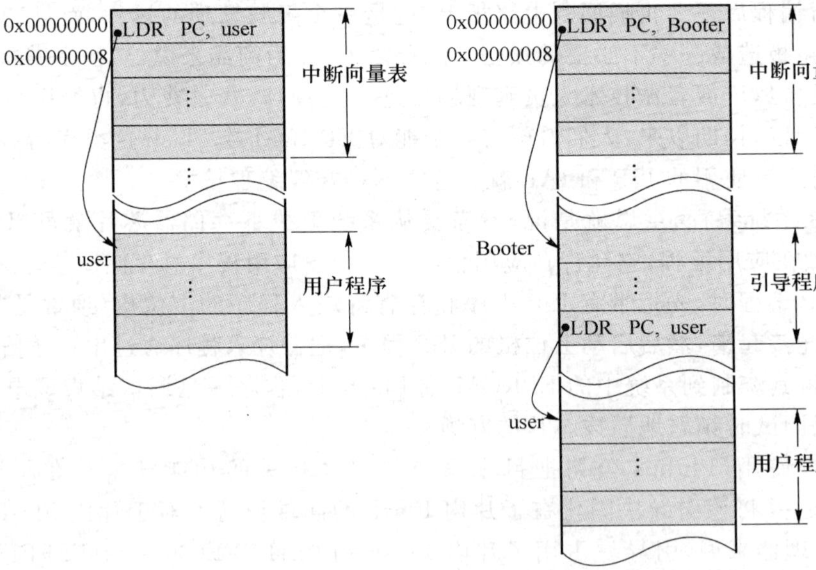

(a) 用户程序的直接引导方式　　(b) 用户程序的间接引导方式

图 10－3　用户程序的引导方式

图 10－3(a)所示为用户程序的直接引导方式,存储器 0x00000000 处的跳转指令直接跳转到用户程序;图 10－3(b)所示则是用户程序的间接引导方式,即存储器 0x00000000 处的跳

转指令不直接跳转到用户程序，而是跳转到一个叫做引导程序(Booter)的程序，然后由引导程序再引导用户程序。通常，在引导程序中要做一些系统硬件的检查、存储器检查等初始化工作，在更复杂的系统中，可能在引导用户程序之前还要把用户程序的代码从速度比较慢的非易失性存储介质里复制（装载）到速度更快的 RAM 中，这种引导程序叫做引导装载程序(Boot Loader)。

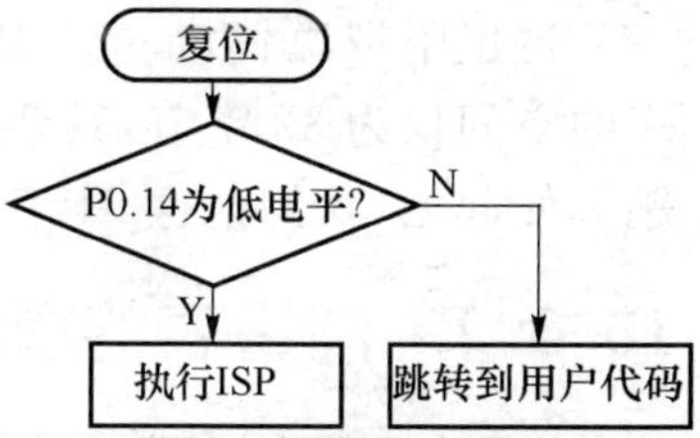

图 10－4　LPC2000 固件的基本功能

3. LPC2000 引导块的基本功能

LPC2000 中提供的固件就是引导块，该引导块也就是一个引导程序，它的基本功能如图 10－4 所示。该固件可以根据处理器芯片外部引脚 P0.14 的状态分别进行 Flash 的 ISP 编程或引导用户程序。

10.3　LPC2000 引导块

10.3.1　LPC2000 引导块的地址映射

由于 Boot Block 也是一个需要处理中断的程序，所以它与一般的应用程序一样，也需要一个自身所使用的异常向量表（即 Boot Block 异常向量表），并且作为先于用户程序运行的引导块，其异常向量表理应占用 Flash 从 0x00000000 处开始的存储空间。但遗憾的是，作为一种惯例，这个空间已经为用户程序中断向量表及其扩展区域所占用，所以生产商只能把引导块 Boot Block 装在 Flash 的其他位置。Philips 公司把 8 KB 的 Boot Block 存放了在片内 Flash 的高端位置，而 Flash 的低端位置则仍留给用户中断向量表，如图 10－5 所示。

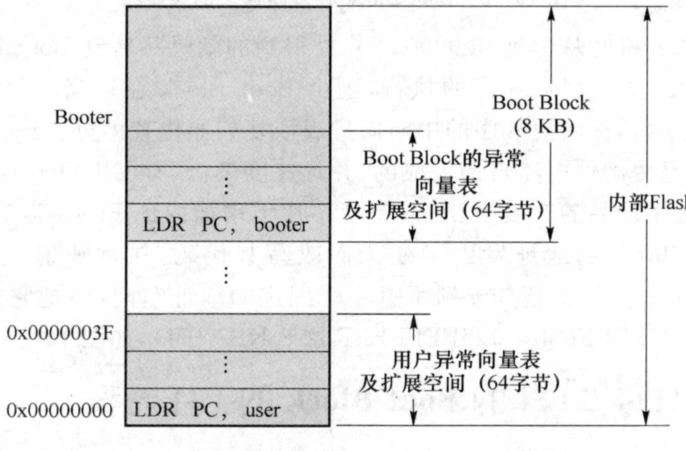

图 10－5　装有引导块的 Flash

这里附带说一句，虽然用户程序中断(异常)向量表及其扩展空间占用了 64 字节，但向量表的空间仅为 32 字节，其余的 32 字节是为快中断服务程序准备的预留空间。下面为说明问题方便起见，我们把这 64 字节暂称为向量表。

10.3.2 向量表的重映射

前面谈到，为了不与用户程序的向量表相冲突，理应被存放在从 0x00000000 开始空间的 Boot Block，被迫固化在了 Flash 的高端。于是，为了能在系统启动后使 Boot Block 先于用户程序被执行，LPC2000 采用了存储器重映射技术。即在系统启动后，依靠硬件使 MEM[1：0] = 00，暂时注销用户程序向量表的地址空间(即这时未给用户向量表分配任何地址)，而把 Boot Block 的向量表暂时映射到从 0x00000000 开始的 64 字节空间，如图 10-6①所示。

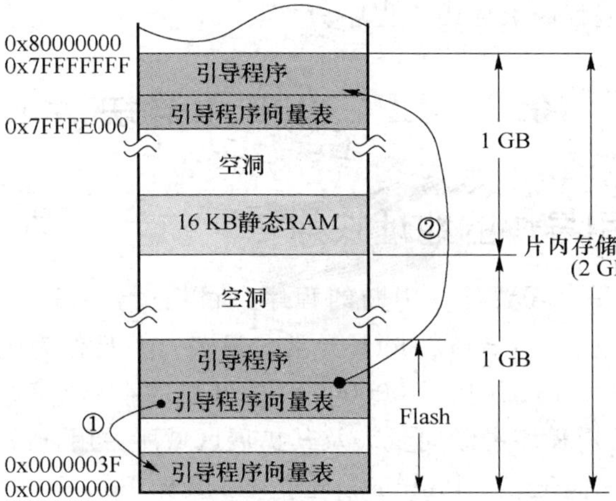

图 10-6 Boot Block 异常向量表的重映射

这样，处理器在开机时从地址 0x00000000 处得到的就是跳转到 Boot Block 的指令，而先执行 Boot Block 了。至于用户程序的执行，则由 Boot Block 在适当时机再通过修改 MEM[1：0]进行地址重映射，把用户程序的中断向量表恢复到原位置即可。

由于上述过程是由硬件电路自动完成的，并且速度极快，所以用户不会感知这个过程。

另外，生产商为了产品的升级换代，在新型芯片中增加内部 Flash 容量时，不至于因位于 Flash 高端的 Boot Block 的地址发生了变化而改写其代码，在重映射过程中，处理器还把 Flash 中的 Boot Block 整体重新分配到了另一个固定的地址空间，即把它重映射到了内部存储空间的高端(从 0x7FFFE000～0x7FFFFFFF 这 8 KB 空间)，如图 10-6②所示。

10.3.3 LPC2114/2124 的 Boot Block 的工作流程

根据是否可以在芯片外部扩展存储器，LPC2000 处理器分为两类。这两类处理器的 Boot

Block 工作流程也有所不同。

不支持在外部扩充存储器的 LPC2114/2124 处理器 Boot Block 的工作流程如图 10－7 所示。

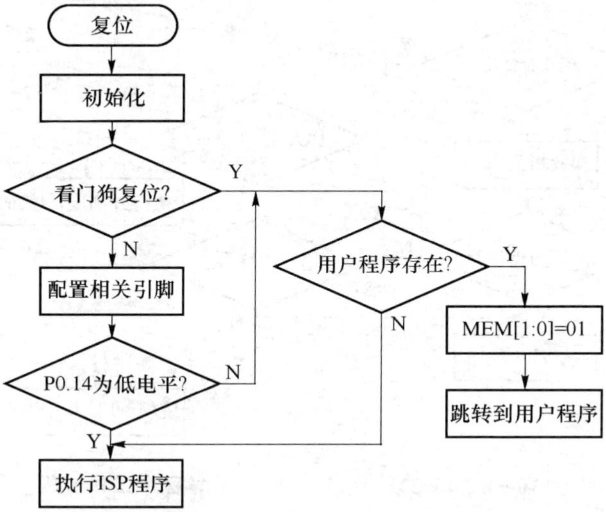

图 10－7　LPC2114/2124 引导程序工作流程

LPC2000 有两个可以引起系统复位的装置：一个是外部复位电路，另一个是监视程序运行的看门狗。Boot Block 程序首先检查看门狗溢出标志是否置位，若看门狗溢出标志置位，则表明当前的系统复位是看门狗复位。下一步将对 Flash 块中的用户异常向量表进行加和校验：如果加和检验结果为零（意味着用户程序存在），引导程序将撤销 Boot Block 异常向量表在 0x00000000～0x00000003F 地址空间上的映射，并置 MEM[1：0]＝01，恢复用户异常向量表在这 64 字节地址空间上的映射关系，然后跳转到用户异常向量表地址 0x00000000 处转入用户程序的执行；如果加和校验结果不为零（意味着用户程序不存在），引导程序将对串口 UART1 进行侦测，随时响应 ISP 宿主机（上位机）的编程请求，以执行处理器芯片中对 Flash 的 ISP 编程工作。

若不是看门狗复位，则表明当前的系统复位是外部硬复位，CPU 将采样 P0.14 引脚的外部逻辑状态：如果为“0”，则 Boot Block 对串口 UART1 进行侦测，随时响应 ISP 宿主机的 ISP 编程请求；如果为“1”，则 Boot Block 的后续动作将与前面检测到看门狗复位时的工作流程完全相同。

可以配置外部存储器的 LPC2210/2212/2214 处理器的 Boot Blok 程序工作流程如图 10－8 所示。

从图 10－8 中可知，LPC2210/2212/2214 与 LPC2114/2124 的区别不大。

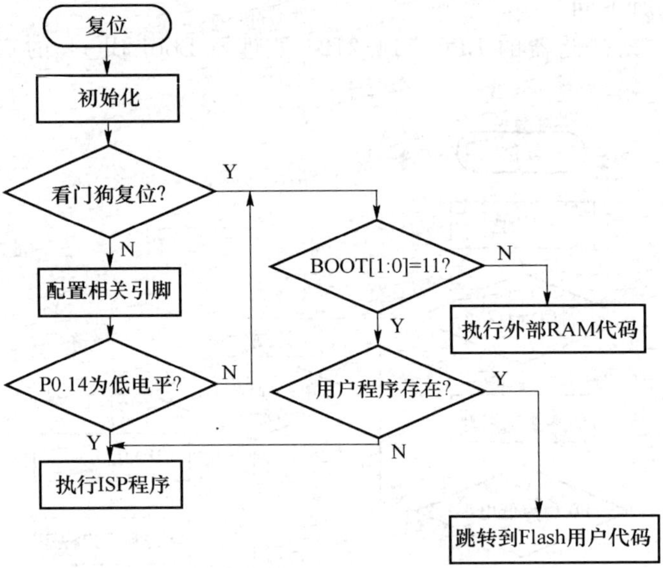

图 10－8　LPC2210/2212/2214 引导程序工作流程

10.3.4　有效用户程序的识别

从图 10－8 中知道，在执行用户程序之前，Boot Block 要判断用户程序是否存在：如果存在，则运行用户程序；如果不存在，则做其他工作。所以，为了识别用户程序的有效性，LPC2000 要求有效用户程序的中断(异常)向量表的所有指令的机器码相加之和必须为 0，否则认为存储器中没有有效用户程序。

下面就是一个有效用户程序的中断(异常)向量表定义：

```
LDR PC , ResetAddr          ;该指令的机器码为 0xE59FF018
LDR PC , UndefineAddr       ;该指令的机器码为 0xE59FF018
LDR PC , SWI_Addr           ;该指令的机器码为 0xE59FF018
LDR PC , PrefetchAddr       ;该指令的机器码为 0xE59FF018
LDR PC , DataAbortAddr      ;该指令的机器码为 0xE59FF018
DCD 0xB9205F80              ;0xB9205F80 为使和为 0 的数据
LDR PC , [PC,# - 0xFF0]     ;该指令的机器码为 0xE51FFFF0
LDR PC , FIQ_Addr           ;该指令的机器码为 0xE59FF018
```

可以看到，为了满足引导程序对有效用户中断(异常)向量表的要求，这里利用了向量表的保留项(地址为 0x00000014)，即为该项定义了一个能使表中所有代码之和为 0 的数据。

10.4 RAM 空间的重映射

众所周知，处理器访问 Flash 的速度要比访问 RAM 的速度慢得多，所以在外设中断请求较多，对中断（异常）向量表访问比较频繁的应用程序中，为提高系统的效率，经常需要将放在 Flash 中的用户程序中断（异常）向量表及后续的 FIQ 服务程序转存到速度较高的 RAM 中，然后再把这块 RAM 空间重映射到 0x00000000 开始的空间上。简单地说，就是要通过重映射把存有用户程序中断（异常）向量表的 RAM 区安置到 0x00000000 开始的空间上。

为此，LPC2000 处理器配备了两个外部引脚 BOOT1 和 BOOT0 以及一个用户可编程的寄存器 MEMMAP（存储器映射控制寄存器，端口地址为 0xE01FC040），从而可以使用户在适当时机在 MEMMAP 与外部引脚 BOOT1 和 BOOT0 的配合下，实现上述的 RAM 重映射。

例 10－1 试编写能把 Flash 中的用户程序异常向量表复制到片内 RAM 的 0x40000000～0x4000003C 空间，并将该空间重映射到空间 0x00000000～0x0000003C 的代码。

解

```
uint32 *cp1;                    //定义源数据块指针
 uint32 *cp2;                   //定义目标数据块指针
 uint8 i;                       //循环变量
 cp1 = (uint *)0x00000000;
 cp2 = (uint *)0x40000000;
 for (i = 1; i<16; i++ )
     *cp2++ = *cp1;             //复制数据块到 RAM
 MEMMAP = 0x00000002;           //地址重映射
```

习 题

1. 什么叫做重映射区？哪个空间是 LPC2000 的重映射区？
2. LPC2000 依靠什么对重映射区进行控制？
3. LPC2000 处理器配备的两个外部引脚 BOOT1 和 BOOT0 有什么用途？
4. 如果要把内部 Flash 低端 64 字节空间映射到重映射区，存储器映射控制寄存器 MEMMAP 中 EM[1：0]的值应该是什么？
5. 如果要把外部 RAM 低端 64 字节空间映射到重映射区，存储器映射控制寄存器 MEMMAP 中 MEM[1：0]的值应该是什么？
6. 什么叫做引导程序？为什么必须使用引导程序？
7. 为什么 LPC2000 处理器上电后要把存在内部 Flash 高端引导块的低端 64 字节映射到

重映射区？内部 Flash 高端引导块的低端 64 字节中都有一些什么内容？

8. 什么是上电复位？什么是看门狗复位？什么时候会发生看门狗复位？

9. LPC2000 是如何解决引导块向量表与用户程序向量表的冲突的？

10. LPC2000 为什么又把引导块整体映射到了内部存储空间的高端位置？

11. 请上网查一下，什么叫做 ISP？什么叫做 IAP？

12. 引导块是靠什么信息来判断用户程序存在与否的？

13. 表明一个用户程序存在的规则是什么？

14. 为什么有时要把 Flash 中的用户中断(异常)向量表复制到 RAM，再把该 RAM 区映射到内部存储空间的低端？

第11章 嵌入式操作系统基础

随着科技的进步，嵌入式处理器的规模已可与PC相比较，随之而来的就是应用上的需求也变得越来越大，传统的在前后台系统已越来越不能满足要求，借助于操作系统在一个友好平台上开发系统的方式已越来越普及。

本章简单介绍Realview MDK提供的小型操作系统RTX在ARM体系结构处理器上的应用。

本章的主要内容有：

- 操作系统的概念；
- RTX及其简单应用。

11.1 基本概念

操作系统(Operating System，OS)是计算机的一种重要系统软件，它在底层负责计算机软硬件资源的管理工作，通过提供应用程序接口(Application Programming Interface, API)向用户提供通用服务，从而屏蔽了计算机硬件的一些细节，使应用程序设计人员得以在一个友好的平台上进行应用程序的设计和开发，大大提高了开发效率。

11.1.1 什么是操作系统

众所周知，稍微大一些的单位或部门，除了顶层的决策人员之外，还需要有或大或小的基层单位来处理底层那些琐细、繁杂、常规的具体业务事务，因为只有这样，才能使顶层决策部门能够在一个比较超脱的环境中处理更高级的业务逻辑。如果把一个单位的房屋、设备及其他有形资产看做硬件，那么这些基层管理部门和上层决策机构之间的关系便如图11-1所示。

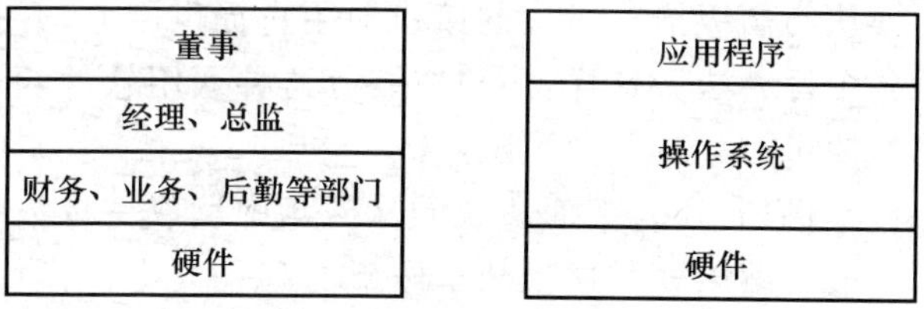

图 11-1 操作系统概念

如果把应用程序看做董事之类的顶层人员，那么计算机的操作系统就相当于董事和硬件之间的中层及基层人员，因为作为一种功能强大的数字运算装置，为了能完成大型运算，计算机除了需要中央微处理器(CPU)、存储器、接口及外部设备等这些硬件之外，还需要一些基础性的软件来支持。例如，前面介绍的启动代码以及为了执行高级语言程序而运行的运行库初始化代码，等等。如果这些基础软件可以承担内存、外设、文件以及应用程序的管理等复杂任务，那么这种软件便叫做操作系统，因为应用程序可以依靠这种软件方便地对底层的设备及软件进行操作。例如，人们的计算机上有时需要安装Windows，如果没有它，那么无论是Microsoft Word还是Microsoft Excel就都不能运行，因为这两种软件是依赖Windows操作计算机底层硬件的。

大体上来说，可以从两方面来认识操作系统的功能：一是对计算机硬件的封装和功能的扩充；二是它是计算机各种资源的管理者和分配者。

1. 操作系统是计算机硬件的封装和功能的扩充

通常，计算机用户是用高级语言来编写应用程序的，但计算机的硬件却是按照机器码指令来执行操作的。于是，就出现了这样一个问题：用户如何才能用高级语言指示一台只能识别机器码指令的机器工作。显然，在高级语言程序和机器硬件之间，必须有一个中介来完成高级语言与低级语言对接工作。

为了说明问题，先看一下当一个用户面对一台裸机时，它会面对什么样的问题及困难。在使用计算机时，如果用户面对的是一台只由硬件组成的裸机，那么用户就不得不使用低级语言来编写指挥硬件的程序。例如，如果需要从磁盘中读取一批数据，那么凡是涉及读取磁盘数据工作的每一个步骤和细节，包括给出磁头号、启动驱动步进电机并命令磁头移动到给定的磁道位置、给出扇区号、等待磁头和扇区移动到合适位置、读出数据等一系列的繁杂动作，就都需要由用户自己来编写程序。诸如此类的事情，在计算机应用中还有很多。例如，键盘数据的读取、鼠标状态的读取、向打印机输出数据、向磁盘输出数据、向显示器输出数据、计算机硬件异常的处理，等等。显然，上述这些程序的设计工作对于普通计算机用户来讲，是极其困难和艰巨的。因为他必须既通晓计算机硬件的所有技术细节，又要精于汇编语言程序设计。

但是，人们发现，这些实现硬件操作的汇编语言程序模块都有一个共同的特点，即它们都具有很强的通用性，也就是说，它们是大多数应用程序都是要用到的通用功能。于是，请一些通晓计算机硬件工作机理，并精于汇编语言程序设计的人来编写这些程序功能模块，通过这些模块与高级语言对接的接口向用户提供服务，并把这些模块作为一种通用软件提供给用户是一个好办法。这样，用户在装有这种通用软件的计算机上，编写高级语言程序也就非常容易和方便了。

例如，还是上面所说的从磁盘中读取一批数据这项工作，如果系统中已经有了三个具有接口的汇编语言程序模块——磁头移动并定位模块、读磁盘数据模块和写入磁盘模块，那么用户的工作就简单得多了，只要在自己的应用程序中通过接口调用所需要的模块就行了。

可以看到，如果系统中对所有硬件进行操作的程序功能模块都具备的话，那么应用程序设计人员所面对的，就再也不是那些陌生的硬件电路，而是一些见到后就会备感亲切的软件接口了。

这种提供了一些例程接口，从而使应用程序可以通过这些接口对计算机硬件进行操作的软件，就叫做计算机硬件的抽象层 HAL。这个层次作为操作系统的最底层，是对计算机硬件的第一次软件封装。

更进一步，如果在硬件抽象层与应用程序之间再添一层，或者说，在硬件抽象层的基础上再加一层，即使用高级语言再编写一些程序模块(例如 C 函数)，并在这些模块中，通过调用诸如磁头移动、定位、读磁盘数据和写入磁盘等这些底层程序模块，把这些繁杂的硬件操作根据需要适当地组合封装起来，形成一些有通常意义的模块，那么用户就更方便了。

例如，可以在函数 read( )中调用两个汇编例程：磁头移动并定位和读磁盘数据，那么用户应用程序在需要读取磁盘数据时，就可以简单地提出类似如下请求：

```
read(fp,buf,count);
```

并提供必要的参数(fp 是要读取的文件句柄，buf 是内存存放所读取的数据的缓冲区，count 是要读取数据的字节数)就可以了。

事实正是如此，现在应用程序设计人员在编写程序时使用的 read( )、write( )等功能更为综合、强大的函数，就是系统软件在硬件抽象层 HAL 的基础上为用户提供的高级语言编写的程序功能模块。

正因为应用程序是使用这些程序模块来操作计算机硬件工作的，所以这些模块的集合就叫做操作系统。

当然，为了方便用户，操作系统还提供了一些与硬件操作无关的通用程序模块(例如，开方、取整等一些数学运算函数)，并把它们与上述的 read( )、write( )等模块组织成函数库供应用程序来调用。这些函数(模块)也叫做 API(Application Programming Interface)函数。

从计算机应用程序的角度来看，API 中与硬件相关的那些函数就是对计算机硬件的第二次抽象和封装。

从用户的角度来看，计算机的功能更为强大了，这是因为它能够接受意义更为抽象的高级语言指令来工作了，原来用户必须用几十条甚至几百条汇编语言指令，或者多个汇编语言程序模块来完成的任务，现在只用一条或很少几条高级语言指令就可以完成了。

这样一来，应用程序对计算机硬件进行操作的工作，就变得十分简单了：当应用程序需要硬件系统的某种服务时，只需以软件的方式提出要求就可以了。至于硬件是如何提供这个服务的，那是操作系统的事情，应用程序对此则可以完全不予理会。这就像在饭店吃饭一样，客人只要按照菜单点自己需要的饭菜，然后就是等着吃了，至于饭菜是如何制作的，那就是饭店的事情了。如果把灶房看做饭店的硬件，那么厨师就是对灶房的第一次抽象和封装，而服务员和菜单就是对厨师的抽象和封装，是对灶房的第二次抽象和封装。于是，经过这两次抽象和封装，就使得客人到饭店吃饭变得极为简单和方便了。

当应用程序读取磁盘数据时,用户应用程序、计算机操作系统和计算机硬件的关系如图11-2所示。

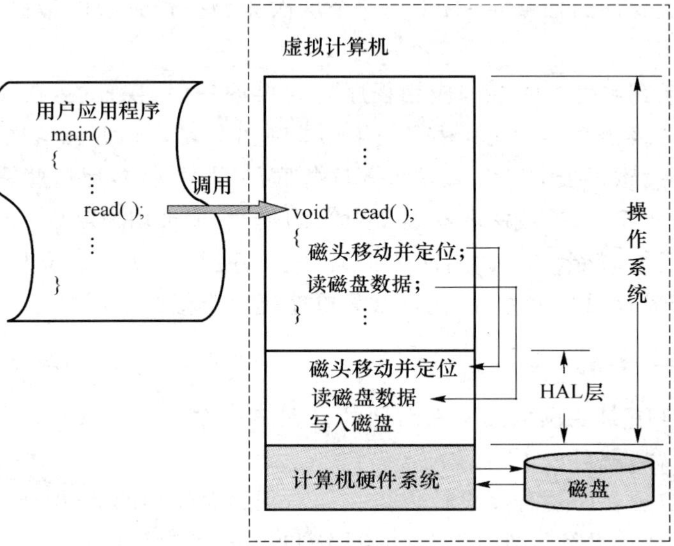

图11-2 在读磁盘数据时,用户应用程序、操作系统与计算机硬件之间的关系

从计算机的角度来看,操作系统扩充了计算机硬件的功能,使得带有操作系统的计算机比只有硬件的计算机的功能更强、更容易编程。

从应用程序设计人员的角度来看,操作系统是计算机硬件系统与应用程序之间的接口。所以人们又说,计算机操作系统是对计算机硬件的一个软件包装,它为应用程序设计人员提供了一个更便于使用的虚拟计算机(Virtual Machine)。

2. 操作系统是计算机资源的管理者

由计算机提供的,因应用程序的存在和运行所消耗或占用的物质条件,叫做计算机的资源,例如处理器的时间、内存空间、外部设备,等等。为有效利用计算机的各种资源,操作系统必须为用户承担起对计算机资源的管理任务。

例如,为了使应用程序能合理地使用处理器这个资源,就需要有一个管理者在各个应用程序之间对处理器进行分配和调度。

程序是由处理器来运行的,换句话说,程序的运行是需要占用处理器的时间的,而处理器的时间就是计算机的重要资源,这个资源是否能被有效利用,就取决于系统在运行程序时如何组织了。设想有三个应用程序,它们每一个都需要从某一个输入设备读取数据,并在数据处理之后还要把结果在同一个输出设备上输出。当然,这三个应用程序可以按照图11-3所示的方式,一个接着一个地顺序运行。

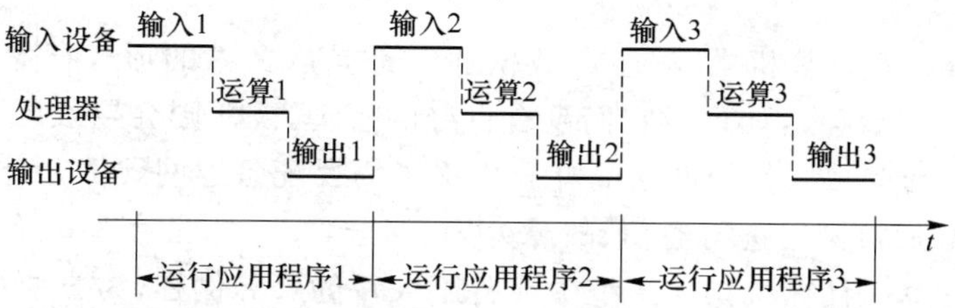

图 11－3　顺序运行三个应用程序的示意图

但是这种运行方式有一个明显的缺点，就是计算机的处理器、输入设备、输出设备会经常处在空闲状态，从而导致这些设备的利用率极为低下。但是，如果把这三个应用程序的运行方式改为图 11－4 所示的方式，那么就可以使处理器、输入设备和输出设备都处于满负荷状态了，从而大大地提高了计算机资源的利用率。

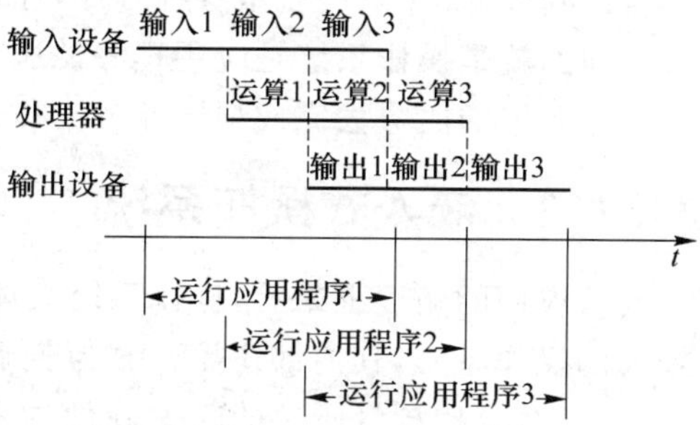

图 11－4　并发运行三个应用程序的示意图

仔细观察图 11－4 的运行方式，可以看到，处理器的这种工作方式还带来了另外一个好处，就是这三个应用程序的总运行时间也大大地缩短了，或者说，计算机的工作速度好像更快了。

从图 11－4 还可以看到，从宏观的角度来看，计算机似乎在同时运行三个程序。于是为了讨论问题方便，人们就把程序的这种执行方式叫做程序的并发执行方式，或简称并发方式。

类似地，如何把计算机所提供的存储器、I/O 设备等其他公用资源，被应用程序合理地使用，也是操作系统必须承担的一项重要管理任务。所以操作系统的另一项重要功能就是对计算机的资源进行管理。其管理功能主要有如下几个方面：

① 处理器的管理。操作系统对处理器的管理工作主要有两项：一是对中断的管理；二是对处理器在各个并发应用程序之间进行调度。

处理器硬件只能发现外部事件的中断申请，而不能对中断事务进行管理和处置。因此，对中断的管理和处置工作必须由操作系统来承担。

现代计算机应用程序大多是可并发的，因此要求操作系统应该能按照某种策略，对处理器在系统中的并发程序之间进行合理的调度，从而保证系统中的并发程序能协调、有秩序地执行。

② 存储器存储空间的管理。存储器是计算机的重要资源，如何合理地为并发程序分配和使用该资源，更是计算机操作系统责无旁贷的责任。

③ I/O 设备的管理。计算机系统一般都配有外部设备，因此计算机操作系统还必须具有管理这些外部设备的功能，以便完成用户提出的 I/O 请求，加快输入/输出的速度，提高 I/O

设备的利用率。

④ 文件的管理。在计算机中,程序和数据通常都是以文件的形式存储于硬盘、光盘等外存储器的。由于文件量巨大,如果对它们没有良好的管理方法,则会导致严重的后果。

⑤ 网络和通信的管理。使用网络的计算机除了需要配备连网硬件之外,操作系统还必须具有管理网上资源、通过网络进行通信、故障处理、安全管理、性能管理等网络功能。

⑥ 提供用户接口。计算机操作系统中配备了大量的服务例程,为方便用户有效地使用这些例程,操作系统应该提供良好的用户接口,从而使程序设计人员能有效地组织应用程序。

所以,从应用程序设计和运行的角度来看,计算机中的处理器、存储器及 I/O 设备,均是应用程序完成任务所需要的资源。这些资源的管理者就是计算机的操作系统。

说到底,操作系统就是一种程序,而且通常是由高级语言编写的程序。与应用程序相比,所不同的就是操作系统是应用程序的服务者,而应用程序是这些服务的享用者。应用程序依赖操作系统的服务去完成顶层业务工作。

11.1.2 嵌入式操作系统

从应用的角度上来看,操作系统大体上分为通用操作系统和嵌入式操作系统。通用的、比较大的操作系统,其内部还需要分为若干层次,但大体上有如图 11-5 所示的 3 个层次。

图中,直接接触硬件的叫做硬件抽象层,通常用汇编语言编写;人们可以看到的是操作系统的“壳(shell)”,即所谓的人机界面。去掉壳和硬件抽象层,剩下的那些用来实现 11.1.1 小节所述各项功能的部分叫做操作系统的核心,简称为内核。

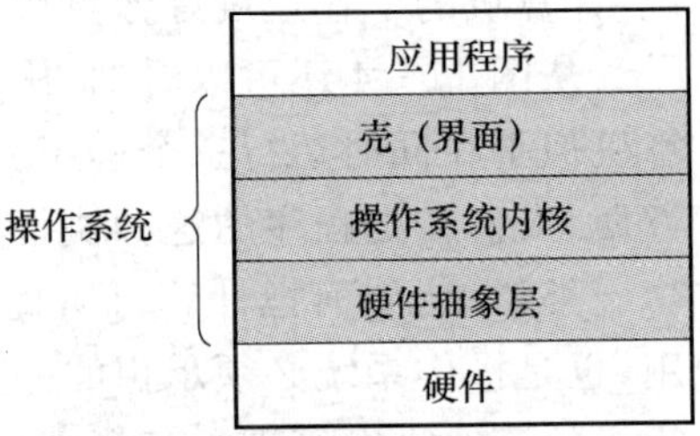

图 11-5 操作系统内部的分层

作为使用在专门设备上的嵌入式系统,它通常不会提供通用界面,因为不同的设备有不同的界面,这也是嵌入式操作系统与通用操作系统的重大区别之一。

另外,由于嵌入式系统硬件的差异巨大,因此嵌入式操作系统往往还不提供硬件抽象层,人们拿到的只是一个操作系统的内核,需要自己来设计硬件抽象层。

从程序流程上来看,作为公共服务的提供者,操作系统必须先于应用程序启动。又因为操作系统是一种高级语言程序,所以它又必须启动于启动代码之后。言外之意,操作系统需要在启动代码之后有入口点。对于需要运行多个应用程序的通用操作系统,由于标识 main()已经被指定成了应用程序的入口点,因此操作系统的入口点就必须为__main 或者__start 之类的非 main()入口点。

对于一些嵌入式小型操作系统来说,由于它的应用具有专门性,只有一个应用程序,所以也可以在进入 main()入口之后,先启动操作系统,再启动应用程序,这样也可以满足操作系统与应用程序的启动顺序,只不过这里的应用程序就没有 main()函数了。或者说,对于嵌入式小型操作系统，从代码的形式上没有对操作系统与应用程序进行严格的区分。

大型操作系统和小型操作系统在程序流程上的区别如图 11-6 所示。

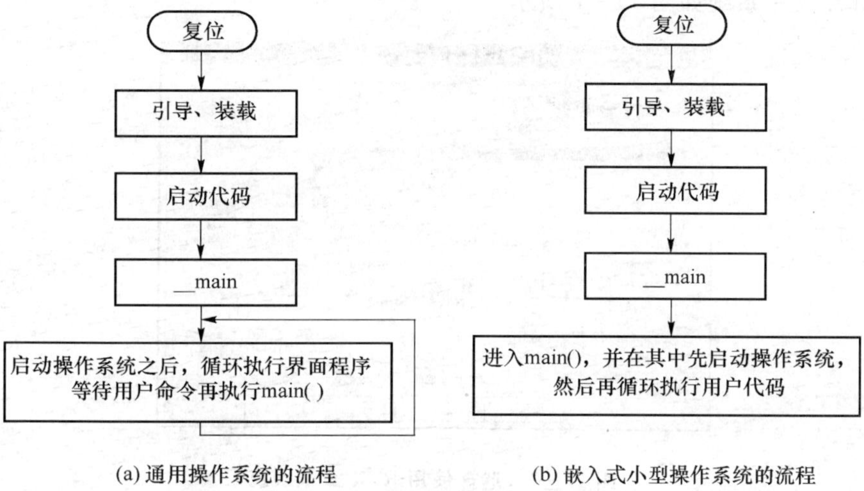

图 11-6　两种操作系统的区别

当然，随着嵌入式应用规模的变大，目前也有将通用操作系统作为嵌入式系统的趋势，例如 Linux、Windows 等。现今的大型操作系统与小型操作系统在结构和应用上有趋同的倾向。

11.2　RTX 构成及其应用基础

为了方便，Realview MDK 为用户提供了一个实时操作系统(RTOS) 内核 RTX。操作系统内核和操作系统之间的关系特别像 ARM 核与以 ARM 体系结构为核心部件的 LPC 之类的处理器之间的关系。因为内核 RTX 或 ARM 核，它们只是为一个大系统提供了相应的核心功能，真正在使用时还需用户根据自己的特殊需要增加一个功能。作为内核，RTX 可提供的服务(功能)有：任务调度、任务通信和简单内存管理。其中，任务调度是核心功能，是系统并发的基础。

RTX 内核适用于 ARM7TDMI、ARM9 或 Cortex-M3 CPU 内核的微控制器。

11.2.1　RTX 中的任务

RTX 是一个多任务并发系统，任务是这种系统的最基本的概念。下面用一个例子来说明任务在代码形式方面的基本特点。

例 11-1　一个具有两个任务的例子。

解

(1) 创建工程

选用 RTX 操作系统如图 11－7 所示。

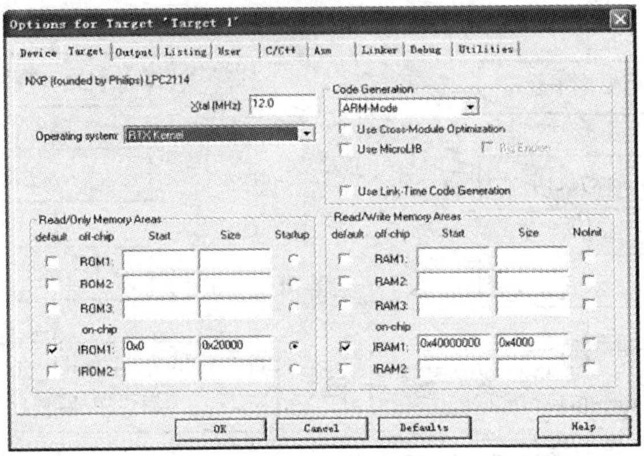

图 11－7　选择使用 RTX 操作系统

(2) 修改中断向量表

```
                IMPORT  SWI_Handler
Undef_Handler   B       Undef_Handler
;SWI_Handler    B       SWI_Handler     ; Part of RTL
PAbt_Handler    B       PAbt_Handler
DAbt_Handler    B       DAbt_Handler
IRQ_Handler     B       IRQ_Handler
FIQ_Handler     B       FIQ_Handler
```

(3) 复制配置文件

从目录中复制一个配置文件，文件的内容大致如下：

```
/*----------------------------------------------------------------------
 *      R T L  -  K e r n e l
 *----------------------------------------------------------------------
 *      Name:    RTX_CONFIG.C
 *      Purpose: Configuration of RTX Kernel for Philips LPC21xx
 *      Rev.:    V4.01
 *----------------------------------------------------------------------
 *      This code is part of the RealView Run-Time Library.
 *      Copyright (c) 2004-2009 KEIL - An ARM Company. All rights reserved.
 *---------------------------------------------------------------------*/

#include <RTL.h>
#include <LPC21xx.H>                    /* LPC21xx definitions */
```

```
/*------------------------------------------------------------------------
 *        RTX User configuration part BEGIN
 *-----------------------------------------------------------------------*/

//-------- <<< Use Configuration Wizard in Context Menu >>> ----------------
//配置文件中的内容
…
#include <RTX_lib.c>

/*------------------------------------------------------------------------
 * end of file
 *-----------------------------------------------------------------------*/
```

(4) 编写自己的代码

```
#include<LPC21xx.h>
#include <RTL.h>  //含有 RTX 内核函数和相关定义的头文件
#define TEMT (1 << 6)
OS_TID id1, id2;
__task void task1 (void);
__task void task2 (void);
//UART0 初始化函数 ========================================
void Initialize( )
{
    PINSEL0 = 0x5;      //将 P0.0 和 P0.1 分别设置为 UART 的 Tx 和 Rx
    U0FCR = 0x7;        // FIFO 使能,TxFIFO 和 RxFIFO 复位
    U0LCR = 0x83;       // DLAB 置 1,字长度选择为 8 位
    U0DLL = 0x10;       //设置波特率的低位
    U0DLM = 0x0;        //设置波特率的高位
    U0LCR = 0x3;        // DLAB 置 0
}
//任务 1 代码 ================================================
__task void task1 (void) {
    int i;
    char c1 = 'A';                              //任务 1 显示的字符
    char c2 = 'B';
    id1 = os_tsk_self();                        //将任务 1 自己赋予 id1
    id2 = os_tsk_create (task2, 0);             //将任务 2 赋予 id2
    for (;;)
```

```
  {
      for(i = 0; i<100;i++)
      {
          while(! (U0LSR & TEMT)){}              //等待 U0THR 与 U0TSR 为空
          U0THR = c1;                            //写数据
      }
      for(i = 0; i<100;i++)
      {
          while(! (U0LSR & TEMT)){}              //等待 U0THR 与 U0TSR 为空
          U0THR = c2;                            //写数据
      }
  }
}
//任务 2 代码 ==========================================================
__task void task2 (void) {
    int i;
    char c[4] = {'-','-','-','-'};              //任务 2 显示的字符
    for (;;)
    {
        while(! (U0LSR & TEMT)){}                //等待 U0THR 与 U0TSR 为空
        for(i = 0; i<4;i++)
        {
            U0THR = c[i];                        //写数据
        }
    }
}
//主函数 ==============================================================
int main (void) {
    Initialize( );                 //UART 初始化
    os_sys_init(task1);            //以任务 1 为参数对进行操作系统 RTX 初始化
}
```

(5) 仿真运行结果

仿真运行结果如图 11－8 所示。

从用户的应用逻辑上来看，所谓操作系统概念上的一个任务(task)，就是用户需要用程序来完成的总任务中的一个子任务，该子任务与其他子任务之间一般没有硬性的时序关系，它们可以异步同时进行。

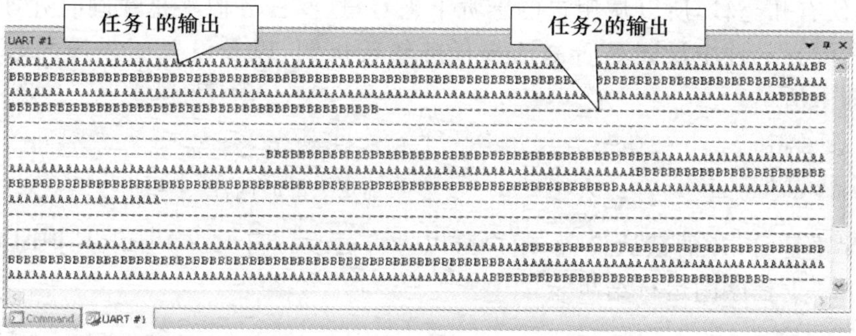

图 11-8 仿真运行结果

从代码上来看，任务就是一个函数，例如例 11-1 中的 task1 ()和 task2 ()，只不过为了强调，在 RTX 中，任务函数的前面需要使用关键字__task。

从内容上来看，任务中的业务逻辑通常是一个 for (;;)或 while(1) 形成的死循环，因为在嵌入式系统中的工作通常是这种周而复始需要重复做的工作，除非机器停机。

从程序实体的存在形式上来看，任务的函数是一个结构体对象的一个成员，并且该对象接受操作系统中任务调度器的调度。

从占有内存资源的情况来看，任务除了函数代码和结构体对象占用内存空间之外，每一个任务对象还有一个私有堆栈空间。因此，任务的抽象描述的是一个数据结构，而在内存中的运行实体是这个结构的对象。

```
static U64 stack[800/8];                                    //定义堆栈的大小
 os_tsk_create_user (task2,0,&stack,sizeof(stack)); //使用自定义堆栈创建任务
```

例 11-1 中的“OS_TID id1, id2;”就是定义了两个任务对象。在例 11-1 中任务 1 的代码中“id1 = os_tsk_self();”就是把该语句所在的任务代码赋予了对象 id1。

11.2.2 时间片、优先级及调度

1. 时间片与优先级

在 RTX 中，任务按照某种规则轮流占用处理器运行。在诸多种占用处理器的规则中，最基本的规则就是所谓的基于时间片的轮转规则。在这种时间片规则中，每个待运行的任务都由系统分配一个时间片，在多个任务轮转的一轮中，每个任务只能在自己的时间片内运行，如果时间片已耗尽，那它在这一轮中就再也没有运行机会，只能等待下一轮重新获得时间片后再接着运行了。通常，为了公平起见，每个任务在一轮中的时间片是相等的。这种时间片规则也是大型通用操作系统的规则。

综上所述可知，任务实质上是在断断续续执行的，但也是对所有任务最公平的，之后由于

时间片很短，仅有几毫秒，所以从用户的感觉上来看，这些任务似乎是在同时并连续执行的。

用户可在配置文件中设置是否激活多任务轮转机制，以及设置所采用的时间片的大小。其配置语句如下所示：

```
#define OS_ROBIN              1              //是否激活多任务轮转
#define OS_ROBINTOUT          5              //当前定义的时间片
```

上面的配置是 RTX 的默认设置，用户可以进行更改。图 11－9 所示是把时间片的值设置为 1 之后例 11－1 程序的运行结果。

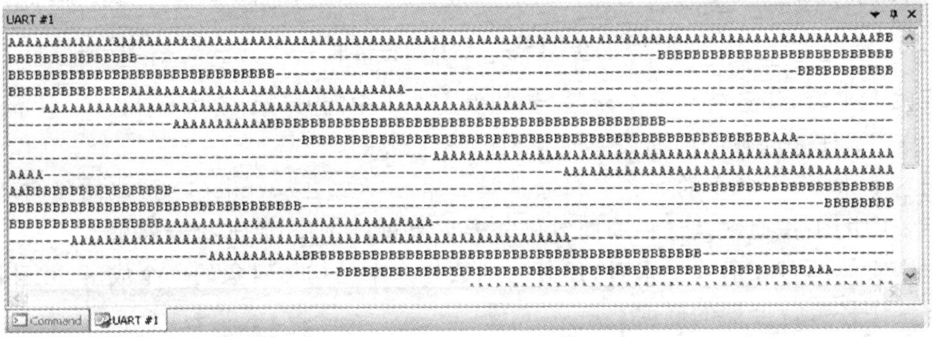

图 11－9　时间片设置为 1 之后例 11－1 程序运行结果

可见，每个任务的运行时间明显变短了。

在实时系统中，子任务的重要及紧迫程度通常是不同的，因此上面那种对所有任务都公平分配时间片的做法并不完全适用。所以，RTX 在时间片规则的基础上还提供了按照任务紧迫程度来确定谁先占用处理器的规则，这就是所谓的优先级规则。

用户可以按照任务的紧迫或重要程度，为任务赋予一个用数字表示的优先级。优先级共有 256 个，为 0～255，数值越大，优先级越高。在创建任务时，在函数 os_tsk_create ()中用参数指定任务的优先级。例如，例 11－1 中的语句：

```
os_tsk_create (task2, 1);
```

其中的第二个参数就指定了任务的优先级。

多个待运行的任务中，系统总是先执行优先级高的任务。

在 RTX 中，共可以有 256 个任务，其中用户可以创建 255 个任务，系统还自动生成一个。系统生成的那个任务叫做空闲任务，这是一个在系统中没有任务可执行时来执行的任务。

由于 RTX 共有 256 个任务优先级，所以每个任务可以有一个唯一的优先级。当然，RTX 也允许多个任务具有同一个优先级，在运行时，这些具有同一个优先级的任务将按照时间片的规则占用处理器。

例 11－2 将例 11－1 中任务 2 的优先级设置为 2，试观察程序的运行结果。

解

(1) 修改后代码

修改后任务 1 的代码如下：

```
//任务 1 代码 ==============================================================
__task void task1 (void) {
    int i;
    char c1 = 'A';                              //任务 1 显示的字符
    char c2 = 'B';
    id1 = os_tsk_self();                        //将任务 1 自己赋予 id1
    id2 = os_tsk_create (task2, 2);             //将任务 2 优先级改为 2
    for (;;)
    {
        for(i = 0; i<100;i ++ )
        {
            while(! (U0LSR & TEMT)){}           //等待 U0THR 与 U0TSR 为空
            U0THR = c1;                         //写数据
        }
        for(i = 0; i<100;i ++ )
        {
            while(! (U0LSR & TEMT)){}           //等待 U0THR 与 U0TSR 为空
            U0THR = c2;                         //写数据
        }
    }
}
```

其余代码未变，与例 11－1 相同。

(2) 程序运行结果

程序运行结果如图 11－10 所示。

图 11－10　例 11－2 程序运行结果

可见，优先级高的任务 2 一直霸占着处理器运行，优先级比它低的任务 1 根本没有运行机会。为了使优先级别较低的任务也有运行机会，RTX 提供了两个可以修改任务优先级的函数 os_tsk_prio_self()和 os_tsk_prio ()，前者在任务中用于对自身优先级的修改，后者用于对其他任务优先级的修改。这两个函数的原型分别为：

```
os_tsk_prio_self(prio);
```

和

```
os_tsk_prio(tskid,prio);
```

其中,参数 tskid 为任务的 id;prio 为优先级。

例 11-3 设计一个程序,在程序中使用上面两个任务优先级修改函数改变任务的优先级,观察程序的运行结果。

解

(1) 程序代码

依照题意,在任务 1 中使用了上述两个优先级修改函数。当程序运行后,在起始的一个阶段,任务 1 与任务 2 同为优先级 1,按照时间片交替运行,过一段时间后,任务调用 os_tsk_prio_self()把自身的优先级提高到 2,然后运行一段时间后,调用 os_tsk_priof()把任务 2 的优先级提升到 3。

程序代码如下:

```
#include<LPC21xx.h>
#include <RTL.h>   //含有 RTX 内核函数和相关定义的头文件
#define TEMT (1<<6)
OS_TID id1, id2;
__task void task1 (void);
__task void task2 (void);
//UART0 初始化函数==========================================
void Initialize( )
{
    PINSEL0 = 0x5;                //将 P0.0 和 P0.1 分别设置为 UART 的 Tx 和 Rx
    U0FCR = 0x7;                  //.FIFO 使能,TxFIFO 和 RxFIFO 复位
    U0LCR = 0x83;                 // DLAB 置 1,字长度选择为 8 位
    U0DLL = 0x10;                 //设置波特率的低位
    U0DLM = 0x0;                  //设置波特率的高位
    U0LCR = 0x3;                  // DLAB 置 0
}
//任务 1 代码==============================================
__task void task1 (void) {
    int i,j = 0;
    char c1 = 'A';                //任务 1 显示的字符
    char c2 = 'B';
```

```
    id1 = os_tsk_self();                  //将任务 1 自己赋予 id1
    id2 = os_tsk_create (task2, 0);       //将任务 2 赋予 id2
    for (;;j++)
    {
        for(i=0; i<100;i++)
        {
            while(! (U0LSR & TEMT)){}     //等待 U0THR 与 U0TSR 为空
            U0THR=c1;                     //写数据
        }
        for(i=0; i<100;i++)
        {
            while(! (U0LSR & TEMT)){}     //等待 U0THR 与 U0TSR 为空
            U0THR=c2;                     //写数据
        }
        if(j==6)
            os_tsk_prio_self(2) ;         //将自身优先级提升到 2
        if(j==8)
            os_tsk_prio_self(1) ;         //恢复自身原优先级
        if(j==10)
            os_tsk_prio(id2,2);           //将任务 2 的优先级提升为 2
        ;
    }
}
//任务 2 代码==========================================
__task void task2 (void) {
    int i;
    char c[4]={'-','-','-','-'};          //任务 2 显示的字符
    for (;;)
    {
        while(! (U0LSR & TEMT)){}         //等待 U0THR 与 U0TSR 为空
        for(i=0; i<4;i++)
        {
            U0THR=c[i];                   //写数据
        }
    }
}
//主函数==============================================
```

```
int main (void) {
    Initialize( );                    //UART 初始化
    os_sys_init(task1);               //以任务 1 为参数对进行操作系统 RTX 初始化
}
```

(2) 观察运行结果

从图 11－11 的运行结果中可以看到，调整任务的优先级可以调整任务的运行情况，并且还可以看到，在优先级规则中，高优先级任务可以无条件地抢占处理器，因此这种内核也叫做抢占式内核。

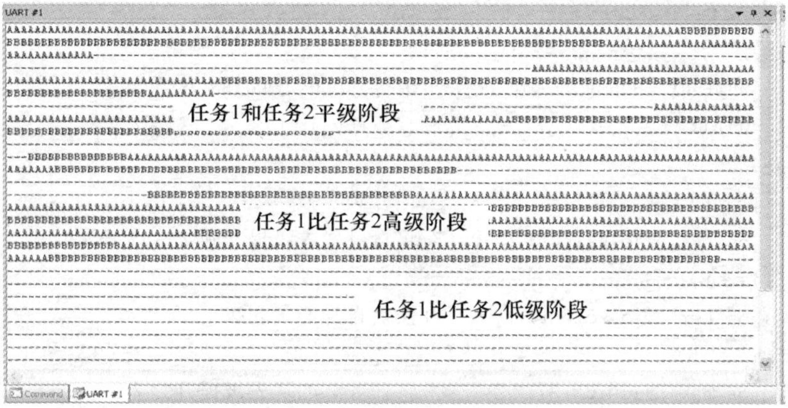

图 11－11　例 11－3 程序运行结果

2. 调　度

无论是时间片机制还是优先级规则，究竟是谁在按照这个规则为任务分配处理器呢？是操作系统中的一个叫做调度器的模块。之所以称之为调度器，是因为它的工作性质与火车站中为列车分配道线的调度员极为类似。对应地，调度器所采用的处理器分配规则也就叫做调度规则。

在 RTX 中，还有一些函数影响任务的执行，例如函数 os_tsk_pass()，这个函数是使同级的任务轮流占用处理器运行，任务每获得处理器一次，就把任务的循环体中的内容执行一次，然后将处理器交给下一个等待运行的任务。

例 11－4　编写一个使用 os_tsk_pass()函数的程序，并观察程序执行效果。

解

(1) 程序代码

本例程序含有两个任务，其中任务 1 输出 1 个字符，任务 2 输出 4 个字符，且这两个任务都使用了 os_tsk_pass()函数，以便在自己的程序执行完毕后，将处理器交给下一个任务。

由于程序是由例 11－1 修改而来的，因此这里仅列出两个任务的程序代码。代码如下：

```
//任务1代码==============================================
__task void task1 (void) {
    int i;
    char c1 = 'A';                              //任务1显示的字符
    char c2 = 'B';
    id1 = os_tsk_self();                        //将任务1自己赋予id1
    id2 = os_tsk_create (task2, 0);             //将任务2赋予id2
    for (;;)
    {
        for(i = 0; i<100;i++)
        {
            while(! (U0LSR & TEMT)){}           //等待U0THR与U0TSR为空
            U0THR = c1;                         //写数据
        }
        for(i = 0; i<100;i++)
        {
            while(! (U0LSR & TEMT)){}           //等待U0THR与U0TSR为空
            U0THR = c2;                         //写数据
        }
    os_tsk_pass();
    }
}
//任务2代码==============================================
__task void task2 (void) {
    int i;
    char c[4] = {'-','-','-','-'};                   //任务2显示的字符
    for (;;)
    {
        while(! (U0LSR & TEMT)){}                    //等待U0THR与U0TSR为空
        for(i = 0; i<4;i++)
        {
            U0THR = c[i];                            //写数据
        }
        os_tsk_pass();
    }
}
```

(2) 仿真运行结果

本程序的仿真运行结果如图 11-12 所示。

图 11-12　例 11-4 程序运行结果

RTX 用于任务管理的函数如表 11-1 所列。

表 11-1　RTX 用于任务管理的函数

程　序	描　述
os_sys_init	初始化并启动 RL-RTX
os_sys_init_prio	初始化并启动 RL-RTX,指定给开始任务优先级
os_sys_init_user	初始化并启动 RL-RTX,指定给开始任务优先级和自定义栈
os_tsk_create	创建和启动一个新任务
os_tsk_create_ex	创建、启动以及传递一个参数指针给新任务
os_tsk_create_user	创建、启动以及指定一个自定义栈给新任务
os_tsk_create_user_ex	创建、启动,指定一个自定义栈以及传递一个参数指针给新任务
os_tsk_delete	停止并移除任务
os_tsk_delete_self	停止并移除当前运行任务
os_tsk_pass	传递控制信息给下一个相同优先级的任务
os_tsk_prio	改变任务的优先级
os_tsk_prio_self	改变当前运行任务的优先级
os_tsk_self	获取当前运行任务的 ID

11.2.3　任务的状态

由上述可见,RTX 中的所有任务都具有状态,而且还可知,处在 RTX 中的任务最起码会有运行和停止运行两种状态。其实,任务的停止运行状态还可因导致其停止的原因分为若干种状态。

总之,在 RTX 中的任务在某一个时刻一定会处在表 11-2 所列的某个状态上。

表 11-2　RTX 中任务的状态

状　态	描　述
RUNNING	运行态。任意时刻只能有一个任务处于该状态。调用函数 os_tsk_self()可返回当前运行任务的任务号(TID)
READY	就绪状态。正在等待运行的任务所处的状态
WAIT_DLY	因等待定时时间未到而导致的等待状态。一旦定时时间到,该等待任务立即切换到就绪状态。调用函数 os_dly_wait()可以使任务处于 WAIT_DLY 状态
WAIT_ITV	因等待延时启动时间到而导致的等待状态。一旦时间到,任务切换到就绪状态。调用函数 os_itv_wait()可以使任务处于 WAIT_IVL 状态
WAIT_OR	因等待事件发生而导致的等待状态。一旦所等待的事件发生,任务转换到就绪状态。调用函数 os_evt_wait_or()可以使任务处于 WAIT_OR 状态

续表 11-2

状　态	描　述
WAIT_AND	因等待所等待的事件都发生而导致的等待状态。当这些事件都发生后，任务切换到就绪状态。调用函数 os_evt_wait_and() 可以使任务处于 WAIT_AND 状态
WAIT_SEM	因等待信号量有效而导致的等待状态。当信号量有效时，任务切换到就绪状态。调用函数 os_sem_wait()可以使任务处于 WAIT_SEM 状态
WAIT_MUT	因等待互斥量有效而导致的等待状态。当对应的互斥量有效时，任务切换到就绪状态。调用函数 os_mut_wait()可以使任务处于 WAIT_MUT 状态
WAIT_MBX	因等待信箱有消息而导致的等待状态。一旦获得消息，任务切换到就绪状态。函数 oos_mbx_wait()可以使任务处于 WAIT_MBX 状态。另外，当信箱已满时，等待发送消息的任务也处于 WAIT_MBX 状态。当有任务从信箱中读出消息后，该发送任务切换到就绪状态。调用函数 os_mbx_send()可以使任务处于 WAIT_MBX 状态
INACTIVE	被撤消了运行资格的任务所处的状态。调用函数 os_tsk_delete()可以撤消由 os_tsk_create()创建的任务的运行资格，从而使之处于 INACTIVE 状态

在任务的状态中有两个与时间相关的等待状态：WAIT_DLY 和 WAIT_ITV，使任务处于这两种状态的原因是它们调用了函数 os_dly_wait()或 os_itv_wait()，调用前者可使任务进入 WAIT_DLY 状态，调用后者可使任务进入 WAIT_ITV。

如果在一个任务中调用了函数 os_dly_wait()，那么就是在向调度器表示，从函数调用时间开始，本任务要中止运行一段时间而处于等待状态，这个等待的时间长度由函数参数指出，时间单位为 system_ticks(见后面的介绍)，其范围为 1～0xFFFE。其实，程序的这种做法就是在请调度器在函数参数所指定的时间内不要启动本任务。在实际工程应用中，人们常常利用函数 os_dly_wait()使高优先级的任务可以出让一部分运行时间，以使低优先级任务也有运行机会。

os_dly_wait()的原型定义在文件 rtl. h 中，其格式为：

```
extern void os_dly_wait (U16 delay_time);
```

其中，参数 delay_time 为等待时间。

例 11-5　编写一个具有两个任务的程序，任务 1 的优先级高于任务 2，为使任务 2 有运行机会，要求在任务 1 中调用 os_dly_wait()函数，使任务 1 每调用一次该函数后暂停一段时间，以使任务 2 得以运行，待暂停时间结束时任务 1 再恢复运行。

解

(1) 创建工程

创建工程方法与例 11-1 相同。

(2) 编写程序

这里仅列出任务 1 和任务 2 的程序，其余代码与例 11-1 相同。

程序代码如下：

```
//任务 1 代码 ==================================================
__task void task1 (void) {
    int i;
    char c1 = 'A';                            //任务 1 显示的字符
    char c2 = 'B';
    id1 = os_tsk_self();                      //将任务 1 自己赋予 id1
    id2 = os_tsk_create (task2, 1);           //将任务 2 设置为 2
    os_tsk_prio_self(2) ;                     //将自身优先级提升到 2
    for (;;)
    {
        for(i = 0; i<100;i ++ )
        {
            while(! (U0LSR & TEMT)){}         //等待 U0THR 与 U0TSR 为空
            U0THR = c1;                       //写数据
        }
        for(i = 0; i<100;i ++ )
        {
            while(! (U0LSR & TEMT)){}         //等待 U0THR 与 U0TSR 为空
            U0THR = c2;                       //写数据
        }
        os_dly_wait(2) ;                      //每调用一次任务中止一段时间
    }
}
//任务 2 代码 ==================================================
__task void task2 (void) {
    int i;
    char c[4] = {'-','-','-','-'};            //任务 2 显示的字符
    for (;;)
    {
        while(! (U0LSR & TEMT)){}             //等待 U0THR 与 U0TSR 为空
        for(i = 0; i<4;i ++ )
        {
            U0THR = c[i];                     //写数据
        }
    }
}
```

(3) 程序运行结果

例 11 - 5 程序运行结果如图 11 - 13 所示。

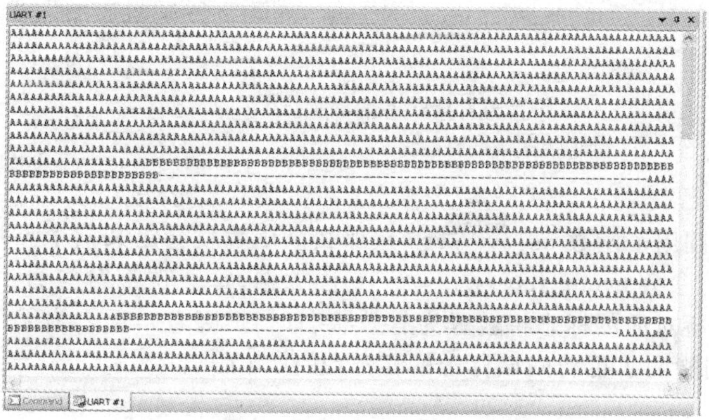

图 11-13　例 11-5 程序运行结果

11.2.4　RTX 的任务间通信

虽然大多数任务之间不会有什么关联，在大多数情况下，它们可以各自运行各自的代码，一直采用异步工作方式。但由于它们毕竟是一个大任务的子任务，而且共同运行在同一台机器上，所以有时有些任务之间还是会有些关联的。例如，有些任务必须等待某个任务把前期工作做完了，它的程序才能运行，即任务的执行有时需要有一个正确的顺序。再如，计算机上只安排了一台打印机，但同时有多个任务要打印，这就出现了所谓的共享资源竞争的问题。总之，上述所有问题都是一个任务间的同步问题，而实现同步的手段就是通信。于是，作为为任务服务的操作系统，RTX 为任务之间的通信提供了事件标志、信号量、互斥量和信箱 4 种通信设施。

1. 事件标志

与谍战片中两个不见面的谍报人员接头的方法类似，为了相互联络，通常在接头地点放一个标志，不用太复杂，一个扫把头即可，如果把扫把横放定义为不需要接头，那么竖放就是可以接头。可见标志就是一个二进制位，如果以“1”作为允许标志，那么“0”就是禁止标志，当然，愿意的话也可以反过来用。

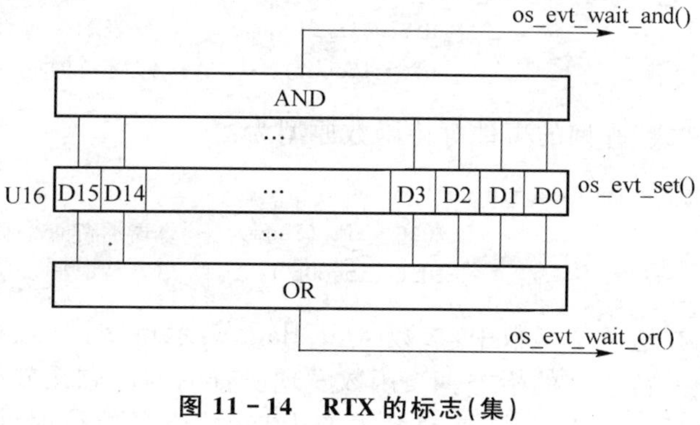

图 11-14　RTX 的标志(集)

RTX 中的标志实质上是一个标志集，因为它有一个如图 11-14 所示的 U16 类型数据。如果一位数据作为一个标志，那么 RTX 的标志集中就具有 16 个标志。

在程序中创建一个标志的函数为 void os_evt_set ()，该函数原型在头文件 rtl.h 中：

```
void os_evt_set (
    U16 event_flags,    //置标志为有效状态的数据
    OS_TID task         //使用标志的任务
    );
```

如果在程序中调用了函数 os_evt_set (),那么该函数就会定义一个 U16 类型的变量作为标志。其中,函数的参数 event_flags 为一个 16 位数据,每一位都对应着一个标志,如果该位的值为“1”,那么其所对应的标志将被置为有效状态(扫把竖着),反之为无效状态(扫把横着);函数的参数 task 则指明了可访问该标志的任务(接头方)。

例如下面代码段：

```
__task  void  task1 (void) {
    ⋮
    os_evt_set (0x0003, tsk2);
    ⋮
}
```

上面的语句 os_evt_set (0x0003, tsk2) 就定义了一个标志集,其中有效标志位 D0 和 D1,可以访问该标志集的任务为 tsk2。

用来访问(查询)标志的函数有两个：os_evt_wait_and ()和 os_evt_wait_or ()。这两个函数都可用来查询标志是否有效,只不过一个是查询多个标志是否都有效(“与”查询),另一个是查询是否有标志有效(“或”查询)。由于这种函数在发现所查询的标志无效时会暂停任务的执行而使之进入等待状态,直至标志有效,所以这种函数也叫做事件等待函数。

“与”查询的事件等待函数原型为：

```
OS_RESULT os_evt_wait_and (
                    U16 wait_flags,        //表示待查询标志的掩码
                    U16 timeout);          //等待时间
```

“或”查询的事件等待函数原型为：

```
OS_RESULT os_evt_wait_or (
                    U16 wait_flags,       //表示待查询标志的掩码
                    U16 timeout );        //等待时间
```

在这两个函数中,参数 wait_flags 表示待查询标志的数据,其中置为“1”的位所对应的标志便是待查询的标志。当函数发现所查询的标志无效时,它将使任务进入等待状态而不执行函数后面的代码,一直到标志变为有效,或者等待时间超过了参数 timeout 所表示的等待时间。需要注意的是,当标志接收方发现标志有效后,除了开始执行暂停的代码之外,它会立即自动将标志置为无效状态。

显然，标志的主要用途就是处理任务之间业务上的同步，使一段依赖于其他任务代码执行结果的代码能够正确地在它所依赖的代码执行后来执行。

例 11-6 任务 1 中有一段代码需要在任务 2 代码执行后执行，试使用标志实现这两个任务间的同步。

解

(1) 分析题意并提出解决思路

根据题意可知，任务 2 应该在代码执行后创建一个标志，等待这个标志应该是任务 1。由于任务 2 只需传达"代码执行结束与否"这样一个简单的信息，因此使用一个标志(即标志集中的一位)即可，而作为标志的访问方，任务 1 可以调用等待函数 os_evt_wait_and ()也可以调用 os_evt_wait_or ()，因为只使用了一个标志，不存在着"与"和"或"的问题。

显然，创建标志函数为 os_evt_set(0x0004, id1)且放在任务 2 代码末尾；等待标志函数为 os_evt_wait_or ()，放在任务 1 需要任务 2 代码执行结束再执行的那段代码前面。

(2) 设计程序

程序代码如下：

```
#include<LPC21xx.h>
#include <RTL.h>                          //含有 RTX 内核函数和相关定义的头文件
#define TEMT (1 << 6)
OS_TID id1, id2;
__task void task1 (void);
__task void task2 (void);
//UART0 初始化函数 ==========================================
void Initialize( )
{
    PINSEL0 = 0x5;                        //将 P0.0 和 P0.1 分别设置为 UART 的 Tx 和 Rx
    U0FCR = 0x7;                          //FIFO 使能,TxFIFO 和 RxFIFO 复位
    U0LCR = 0x83;                         //DLAB 置 1,字长度选择为 8 位
    U0DLL = 0x10;                         //设置波特率的低位
    U0DLM = 0x0;                          //设置波特率的高位
    U0LCR = 0x3;                          //DLAB 置 0
}
//任务 1 代码 ================================================
__task void task1 (void) {
    int i;
    char c1 = 'A';                        //任务 1 显示的字符
    char c2 = 'B';
    id1 = os_tsk_self();                  //将任务 1 自己赋予 id1
    id2 = os_tsk_create (task2, 1);       //将任务 2 设置为 1
    for (;;)
```

```
{
    for(i = 0; i<200;i ++ )
    {
        while(! (U0LSR & TEMT)){}             //等待 U0THR 与 U0TSR 为空
        U0THR = c1;                          //写数据
    }
    //需要在任务 2 代码执行后再执行的代码
    os_evt_wait_or(0x0004, 0xFFFE);          //等待任务 2 发送来的标志
    for(i = 0; i<10;i ++ )
    {
        while(! (U0LSR & TEMT)){}             //等待 U0THR 与 U0TSR 为空
        U0THR = c2;                          //写数据
    }
  }
}
//任务 2 代码 ==========================================
__task void task2 (void) {
  int i;
  char c ='-';                              //任务 2 显示的字符
  for (;;)
  {
    //os_evt_wait_or(0x0004, 0xFFFE);        //等待任务 1 发送来的标志
    for(i = 0; i<1000;i ++ )
    {
        while(! (U0LSR & TEMT)){}             //等待 U0THR 与 U0TSR 为空
        U0THR = c;                           //写数据
    }
    os_evt_set(0x0004, id1);                 //向任务 1 发送标志
  }
}
//主函数 ==========================================
  int main (void) {
    Initialize( );                           //UART 初始化
    os_sys_init(task1);                      //以任务 1 为参数对进行操作系统 RTX 初始化
  }
```

例 11-6 程序运行结果如图 11-15 所示。

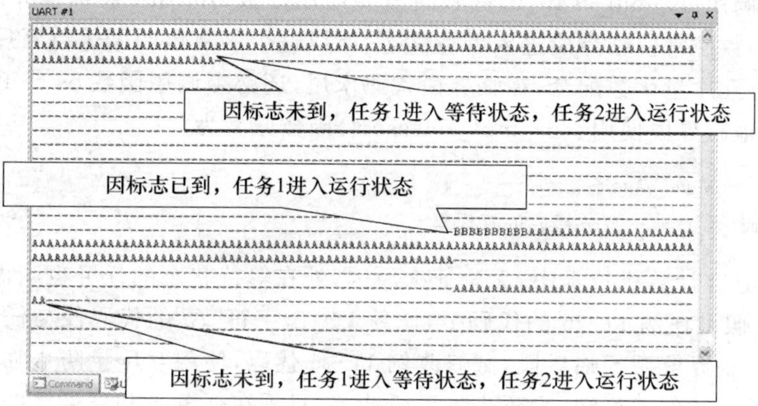

图 11-15　例 11-6 程序运行结果

2. 互斥量

在并发系统中，有一种资源叫做临界资源，这种资源往往会使任务的执行产生冲突，因为这种资源虽然是共享的，但还具有使用上的独占性。例如，打印机就是一种典型的独占式共享资源，因为只要有任务正在使用打印机，其他任务就不能在中间插入，除非前一个任务的工作已经完成。这就是说，多个任务中的打印代码不能同时运行，否则就会产生冲突。为了讨论问题方便，人们把这种需要访问同一个独占式共享资源的代码段叫做临界段，而这个资源就叫做临界资源。

生活中常见的临界资源便是火车列车上的卫生间，为了防止冲突，卫生间房门上需要配置一把锁，并有相应的标志显示锁的开关状态。互斥量就特别像这把锁，只不过是程序为临界资源配置的锁，谁控制了这把锁，谁就具有对临界资源的访问权，而当访问结束时把锁释放，以便其他临界代码获得锁来访问临界资源。

RTX 中的互斥量其实就是一个 OS_MUT 数据类型的标志，只不过在使用之前需要声明一个互斥量对象并调用函数 os_mut_init ()创建（初始化）它，具体方法如下：

```
OS_MUT mutex;
os_mut_init (mutex);
```

在程序中，为了防止临界代码段冲突，在临界段之前要调用获取互斥量对象的函数 os_mut_wait ()，其原型为：

```
OS_RESULT os_mut_wait (
    OS_ID mutex,              //待要获得的互斥量
    U16   timeout );          //等待时间长度
```

当临界段在企图获取某个互斥量时，可能会因该互斥量正在被其他临界段所控制，所以需

要等待，因此在调用 os_mut_wait ()函数时需要使用参数 timeout 表示临界段所能忍受的等待时间。由于函数经常使临界段进入等待状态，所以这个函数也叫做等待互斥量函数。

与上述等待互斥量函数配套，在临界段代码末尾，还必须调用函数 os_mut_release ()释放互斥量，以使其他临界段使用。os_mut_release ()函数原型为：

```
OS_RESULT os_mut_release (
     OS_ID mutex );     //被释放的互斥量
```

附带说一句，在计算机技术中，无论什么原因，处在等待状态的任务也叫做被阻塞的任务。

例 11－7 假设在例 11－6 的代码中，任务 1 输出字符“A”的代码段与任务 2 中输出“－”的代码段是同一临界资源的临界段，试修改例 11－6 代码，使用互斥量防止临界段的冲突。

解 依照前面的叙述可知，为防止临界段冲突，只需在任务 1 和任务 2 的临界段前后分别调用互斥量等待函数 os_mut_wait ()和释放函数 os_mut_release ()即可。于是，修改后的任务 1、任务 2 和主函数代码如下：

```
OS_MUT mutex;  //声明互斥量
//任务 1 代码 =============================================
__task void task1 (void) {
     int i;
     char c1 = 'A';
     char c2 = 'B';
     id1 = os_tsk_self();
     id2 = os_tsk_create (task2, 1);
     for (;;)
     {
          //临界段代码
          os_mut_wait (mutex,0xFFFF);//等待互斥量
          for(i = 0; i<200;i ++ )
          {
               while(! (U0LSR & TEMT)){}
               U0THR = c1;
          }
          os_mut_release (mutex );     //释放互斥量

          for(i = 0; i<10;i ++ )
          {
               while(! (U0LSR & TEMT)){}
               U0THR = c2;
```

```
            }
        }
    }
    //任务2代码==================================================
    __task void task2 (void) {
        int i;
        char c ='-';
        for (;;)
        {
            //临界段代码
            os_mut_wait (mutex,0xFFFF);//等待互斥量
            for(i = 0; i<1000;i ++ )
            {
                while(! (U0LSR & TEMT)){}
                U0THR = c;
            }
            os_mut_release (mutex );        //释放互斥量
        }
    }
    //主函数==================================================
    int main (void) {
        os_mut_init (mutex);                //创建一个互斥量
        Initialize( );
        os_sys_init(task1);
    }
```

3. 信号量

信号量也是用来解决临界段冲突的一种通信设施，它与互斥量的区别在于信号量允许多个任务同时持有。为此，信号量中含有一个减法计数器，每当有一个任务获取信号量后，这个计数器的计数值便减 1，当其值为零后便不再允许新的任务获取它，除非有任务释放了它。因此，如果在初始化时将信号量的计数初值设为了 1，那么它的作用就与互斥量就完全相同。

在信号量机制中，RTX 提供的主要函数如表 11－3 所列。

表 11－3　RTAX 的信号量操作函数

函　数	属　性
os_sem_init	初始化信号量对象
os_sem_send	发送一个信号(标志)给信号量
os_sem_wait	等待信号量

其中,初始化信号量函数的原型为:

```
void os_sem_init (
    OS_ID semaphore,        //信号量名称
    U16   token_count );    //信号量计数器初值
```

与其他通信设施相比,信号量初始化函数多了一个设置信号量计数器初值的参数。

例 11-8 修改例 11-7 程序,首先使用计数初值为 1 的信号量取代互斥量,观察信号量的作用,然后再将信号量计数初值设置为 2,再观察信号量的作用。

解 依题意修改的任务 1 和任务 2 代码如下:

```
OS_SEM semaphore;  //声明信号量
            ⋮
//任务 1 代码 ==================================================
__task void task1 (void) {
    int i;
    char c1 = 'A';
    char c2 = 'B';
    id1 = os_tsk_self();
    id2 = os_tsk_create (task2, 1);
    for (;;)
    {
        //临界段代码
        os_sem_wait (semaphore,0xFFFF);         //等待信号量
        for(i = 0; i<200;i ++ )
        {
            while(! (U0LSR & TEMT)){}
            U0THR = c1;
        }
        os_sem_send(semaphore);                 //释放信号量

        for(i = 0; i<10;i ++ )
        {
            while(! (U0LSR & TEMT)){}
            U0THR = c2;
        }
    }
}
//任务 2 代码 ==================================================
__task void task2 (void) {
    int i;
    char c = '-';
```

```
    for (;;)
    {
        //临界段代码
        os_sem_wait (semaphore,0xFFFF);          //等待信号量
        for(i = 0; i<1000;i ++ )
        {
            while(! (U0LSR & TEMT)){}
            U0THR = c;
        }
        os_sem_send(semaphore );                 //释放信号量
    }
}
//主函数==========================================
int main (void) {
    os_sem_init (semaphore,2);                   //创建一个信号量
    Initialize( );
    os_sys_init(task1);
}
```

4. 信 箱

如果说上述的标志、互斥量和信号量是一类仅能在任务之间交换简单信息的设施,那么信箱就是能在任务之间交换一个较为复杂信息段落的设施。这个比标志大一些的复杂信息叫做消息。

显然,为了容纳消息,在信箱中就必须包含一个内存块或内存块指针,这一点是信箱与其他通信设施在结构上的重大区别。从工作方式的角度来看,信箱与其他通信设施的区别不大,如果接收任务需要接收的消息不存在,它将被挂起,直到该消息被发送任务发送到信箱。另外,在发信时,如果信箱已满,发信任务也会被挂起,除非它事先已通过查询已知信箱的空闲状态。信箱的操作函数如表 11-4 所列。

表 11-4 信箱的操作函数

函 数	属 性
os_mbx_check	可再加入信箱的消息数
os_mbx_declare	创建信箱对象
os_mbx_init	初始化信箱
os_mbx_send	给信箱发送消息
os_mbx_wait	取下一条消息,或者在信箱空的情况下等待
isr_mbx_receive	可再加入信箱的消息数
isr_mbx_send	创建信箱对象

在使用信箱之前需调用宏 os_mbx_declare 来声明一个信箱。在文件 rtl.h 中，该宏的定义为：

```
#define os_mbx_declare ( \
    name,               \  //信箱名
    cnt )               \  //可容纳的消息个数
U32 name [4 + cnt]
```

可见，该宏是定义了一个数组 name [4 + cnt]。

接下来就应该调用函数 os_mbx_init ()初始化一个信箱。函数 os_mbx_init ()函数的原型为：

```
void os_mbx_init (
    OS_ID mailbox,       //定义信箱
    U16   mbx_size );    //信箱的大小(字节)
```

其余信箱操作函数与其他通信设施操作函数的调用方法基本相同。

例 11-9　修改例 11-8 程序，在任务 1 和任务 2 之间使用一个信箱通信。

解　程序代码如下：

```
#include<LPC21xx.h>
#include <RTL.h>
#define TEMT (1<<6)
os_mbx_declare (mailbox1, 20);  //声明信箱
OS_TID id1, id2;
__task void task1 (void);
__task void task2 (void);
//UART0 初始化函数 ==========================================
void Initialize( )
{
    PINSEL0 = 0x5;          //将 P0.0 和 P0.1 分别设置为 UART 的 Tx 和 Rx
    U0FCR = 0x7;            // FIFO 使能,TxFIFO 和 RxFIFO 复位
    U0LCR = 0x83;           // DLAB 置 1,字长度选择为 8 位
    U0DLL = 0x10;           //设置波特率的低位
    U0DLM = 0x0;            //设置波特率的高位
  U0LCR = 0x3;              // DLAB 置 0
}
//任务 1 代码 ===============================================
__task void task1 (void) {
    int i;
```

```
    char * msg;  //消息指针
     char c1 ='A';
     id1  =  os_tsk_self();
     id2  = os_tsk_create (task2, 1);
     for (;;)
     {
         msg = "   the massage from task1   ";
         //发送消息
         os_mbx_send (mailbox1, msg, 0xFFFF);
         for(i = 0; i<10;i ++ )
         {
             while(! (U0LSR & TEMT)){}
             U0THR = c1;
         }
     }
}
//任务 2 代码 ==================================================
__task void task2 (void) {
     int i;
     char c;
     void * msg;
     for (;;)
     {
         //接收消息
         os_mbx_wait (mailbox1, &msg, 1000);
         i = 0;
         while( * ((char * )msg + i))
         {
             c = * ((char * )msg + i);
             while(! (U0LSR & TEMT)){}
             U0THR = c;
             i ++ ;
         }
     }
}
//主函数 ==================================================
int main (void) {
```

```
    os_mbx_init (mailbox1, sizeof(mailbox1));//创建一个信箱
    Initialize( );
    os_sys_init(task1);
}
```

例 11－9 程序运行结果如图 11－16 所示。

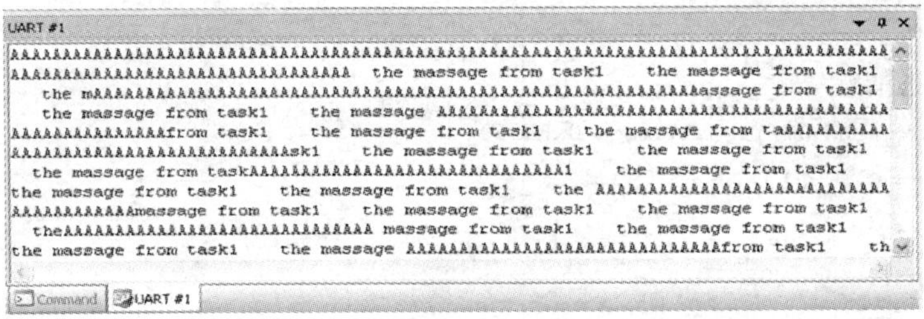

图 11－16　例 11－9 程序运行结果

11.2.5　RTX 的数据类型

为了便于移植，操作系统中的数据类型都是“虚拟”类型。这种类型在命名上都有一个特点，会显式地注明数据的长度，例如 U8、S16 等。之所以如此，是因为不同的硬件平台或编译器，同样的标准数据类型名称的数据长度有可能不相同，因此，在编写程序时如果使用标准数据类型名称来定义数据或变量在不是开发平台的系统中运行时就有可能出现问题，因为实际运行平台与开发平台的数据长度不同。所以在设计希望移植性强的软件时，人们往往在程序中使用的是自己定义的虚拟类型，在确定了实际运行平台之后，再使用 typedef 指令将实际运行平台的真实数据类型与虚拟类型关联起来。

ARM 数据类型与 RTX 的虚拟数据类型之间的关联定义在了头文件 rtl.h 中。其中，对于基本数据类型的定义如下：

```
typedef signed char          S8;
typedef unsigned char        U8;
typedef short                S16;
typedef unsigned short       U16;
typedef int                  S32;
typedef unsigned int         U32;
typedef long long            S64;
typedef unsigned long long   U64;
typedef unsigned char        BIT;
typedef unsigned int         BOOL;
```

另外，在软件设计过程中，为了提高程序的可读性，人们也常常为一些特定的数据结构或特定含义的数据类型定义了一些别名，在头文件 rtl.h 中，这些别名定义如下：

```
/*信号量定义*/
typedef U32 OS_SEM[2];

/*邮箱定义*/
#define os_mbx_declare(name,cnt)     U32 name [4 + cnt]
typedef U32 OS_MBX[];

/*互斥量定义*/
typedef U32 OS_MUT[3];

/*任务 ID*/
typedef U32 OS_TID;

/*系统调用 ID*/
typedef void *OS_ID;

/*系统调用返回值*/
typedef U32 OS_RESULT;
```

习 题

1. 嵌入式系统的软件大体上由哪几部分组成？

2. 试叙述启动代码部分的基本功能。

3. 什么叫做嵌入式操作系统？到网上查找一下，常用的嵌入式操作系统有哪些？

4. 什么叫做操作系统的移植？操作系统的哪些部分在移植时是必须根据所应用的硬件平台进行修改的？

5. 为什么最好把程序复制到 RAM 中来运行？

附录A　LPC2148 引脚说明

LPC2148 一共有如图 A－1 所示，包括 P0.0～P0.31、P1.0～P1.31 在内的 64 个引脚。其中 P1.0～P1.15 在 LPC2148 中没有定义成引脚，但是被定义成了其他功能。

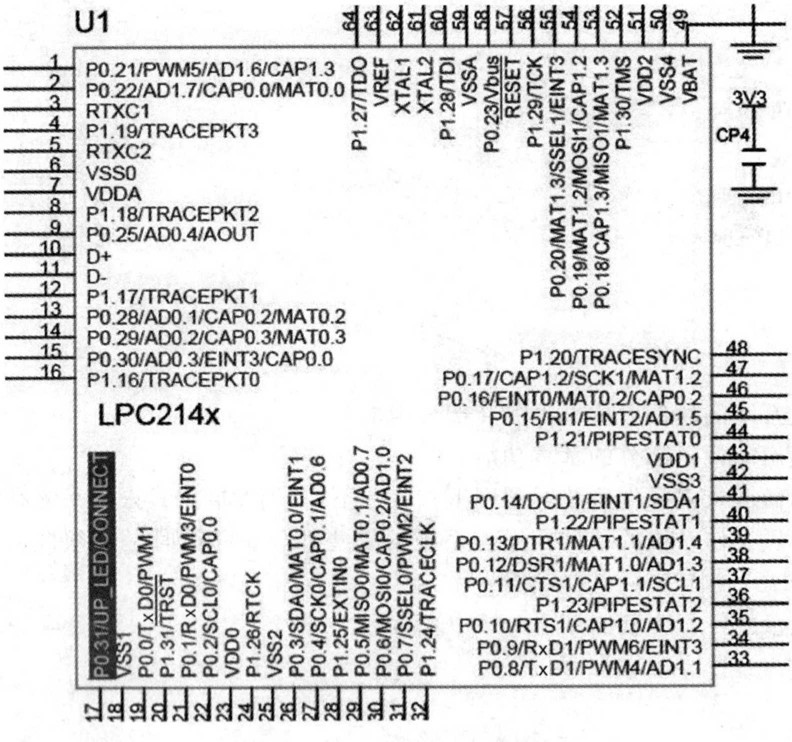

图 A－1　LPC214x 引脚图

按照 P 口的顺序说明的引脚见表 A－1。

表 A－1　LPC2148 引脚说明

引脚名	功　能	引脚号
P0.0/TxD0/PWM1	I/O 口，异步串口 0 通信数据传输，脉宽调节器 1 输出	19

续表 A-1

引脚名	功 能	引脚号
P0.1/RxD0/PWM3/EINT0	I/O 口,异步串口 0 通信数据接收,脉宽调节器 3 输出,外部中断 0	21
P0.2/SCL0/CAP0.0	I/O 口,IIC0 时钟,时钟 0 的捕获单元 0	22
P0.3/SDA0/MAT0.0/EINT1	I/O 口,IIC0 数据,时钟 0 的匹配 0	26
P0.4/SCK0/CAP0.1/AD0.6	I /O 口,同步串口 0 时钟,时钟 0 的捕获单元 1,A/D 转换 0 输入口 6	27
P0.5/MISO0/MAT0.1/AD0.7	I/O 口,同步串口 0 主控输入或从控输出,时钟 0 的匹配 1,A/D 转换 0 输入 7	29
P0.6/MOSI0/CAP0.2/AD1.0	I/O 口,同步串口 0 主控输出或从控输入,时钟 0 的捕获 2,A/D 转换 1 输入 0	30
P0.7/SSEL0/PWM2/EINT2	I/O 口,同步串口 0 从控选择,脉冲宽度调节器 2,外部中断 2	31
P0.8/TxD1/PWM4/AD1.1	I/O 口,异步串口 1 数据输出,脉冲宽度调节器 4,A/D 转换 1 输入 1	33
P0.9/RxD1/PWM6/EINT3	I/O 口,异步串口 1 数据接收,脉冲宽度调节器 6,外部中断 3	34
P0.10/RTS1/CAP1.0/AD1.2	I/O 口,异步串口 1 数据输出请求,时钟 1 捕获输入 0 ,A/D 转换 1 输入 2	35
P0.11/CTS1/CAP1.1/SCL1	I/O 口,异步串口 1 清除并输入,时钟 1 的捕获单元 1,IIC1 的时钟线	37
P0.12/DSR1/MAT1.0/AD1.3	I/O 口,异步串口 1 数据输入已准备好,时钟 1 的匹配 0,A/D 转换 1 输入 3	38
P0.13/DTR1/MAT1.1/AD1.4	I/O 口,异步串口 1 数据输出已准备好,时钟 1 匹配 1,A/D 转换 1 输入 4	39
P0.14/DCD1/EINT1/SDA1	I/O 口,异步串口 1 载波检测输入,外部中断 1,IIC1 的数据线	41
P0.15/RI1/EINT2/AD1.5	I/O 口,异步串口 1 的铃声提示,外部中断 2,A/D 转换 1 输入 5	45
P0.16/EINT0/MAT0.2/CAP0.2	I/O 口,外部中断 0,时钟 0 的匹配 2 输出,时钟 0 的捕获单元 2	46
P0.17/CAP1.2/SCK1/MAT1.2	I/O 口,时钟 1 的捕获单元 2,同步串口 1 时钟,时钟 1 的匹配单元 2	47
P0.18/CAP1.3/MISO1/MAT1.3	I/O 口,时钟 1 的捕获单元 3,同步串口 1 主控输出从控输入,时钟 1 的匹配单元 3	53
P0.19/MAT1.2/MOSI1/CAP1.2	I/O 口,时钟 1 的匹配单元 2,同步串口 1 主控输入从控输出,时钟 1 的捕获单元 2	54
P0.20/MAT1.3/SSEL1/EINT3	I/O 口,时钟 1 的匹配单元 3,同步串口 1 从控选择,外部中断 3	55
P0.21/PWM5/AD1.6/CAP1.3	I/O 口,脉冲宽度调节器 5,A/D 转换 1 输入 6 ,时钟 1 的捕获单元 3	1

续表 A-1

引脚名	功　能	引脚号
P0.22/AD1.7/CAP0.0/MAT0.0	I/O口,A/D转换1输入7,时钟0捕获单元0,时钟0的匹配输出0	2
P0.23/Vbus	I/O口,USB的电源	58
P0.24		
P0.25/AD0.4/AOUT	I/O口,A/D转换0输入4,D/A转换输出	9
P0.26		
P0.27		
P0.28/AD0.1/CAP0.2/MAT0.2	I/O口,A/D转换0输入1,时钟0的捕获单元2,时钟0的匹配单元2	13
P0.29/AD0.2/CAP0.3/MAT0.3	I/O口,A/D转换0输入2,时钟0的捕获单元3,时钟0的匹配单元3	14
P0.30/AD0.3/EINT3/CAP0.0	I/O口,A/D转换0输入3,外部中断3,时钟0捕获单元0	15
P0.31/UP_LED/CONNECT	I/O口,USB连接成功指示灯	17
P1.16/TRACEPKT0	I/O口,跟踪包位0,带内部上拉的标准I/O口	16
P1.17/TRACEPKT1	I/O口,跟踪包位1,带内部上拉的标准I/O口	12
P1.18/TRACEPKT2	I/O,跟踪包位2,带内部上拉的标准I/O口	8
P1.19/TRACEPKT3	I/O口,跟踪包位3,带内部上拉的标准I/O口	4
P1.20/TRACESYNC	I/O口,跟踪同步	48
P1.21/PIPESTAT0	I/O口,流水线状态位0	44
P1.22/PIPESTAT1	I/O口,流水线状态位1	40
P1.23/PIPESTAT2	I/O口,流水线状态位2	36
P1.24/TRACECLK	I/O口,跟踪时钟	32
P1.25/EXTIN0	I/O口,外部脉冲输入0	28
P1.26/RTCK	I/O,RTCK为返回的测试时钟输出,JTAG端口的额外信号,当处理器频率变化时帮助调试器保持同步,带内部上拉的双向口	24
P1.27/TDO	I/O口,JTAG接口的测试数据输出	64
P1.28/TDI	I/O口,JTAG接口的测试数据输入	60
P1.29/TCK	I/O口,JTAG接口的测试时钟	56
P1.30/TMS	I/O口,JTAG接口的测试功能模式选择位	52

续表 A-1

引脚名	功　能	引脚号
P1.31/$\overline{\text{TRST}}$	I/O 口,JTAG 接口的测试重启	20
D+	USB 的双向数据线	10
D−	USB 的双向数据线	11
$\overline{\text{RESET}}$	外部复位输入	57
XTAL1	外部晶振输入	62
XTAL2	振荡器输出	61
RTCX1	脉冲时钟输入	3
RTCX2	脉冲时钟输出	5
VSS	数字地线 0 V 参考线	6,18,25,42,50
VSSA	模拟地线	59
VDD	数字电源线 3.3 V	23,43,51
VDDA	模拟电源线	7
VREF	A/D 转换参考电压	63
VBAT	RTC 电源	49

附录B　MDK 中的文件

Realview MDK 的默认安装目录一般为 C:\Keil，而 C:\Keil\ARM 目录下有图 B-1 所示的一些文件夹。

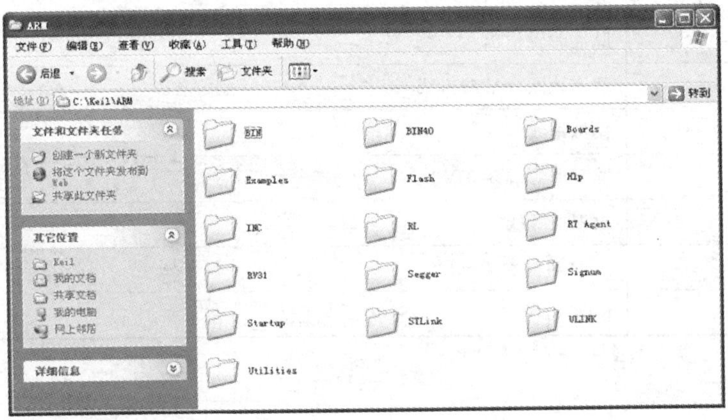

图 B-1　MDK 中的文件夹(目录)

其中：

- BIN 目录中一般是一些动态链接文件。
- BIN40 目录中放置的是一些编译器和链接器。
- Boards 和 Examples 目录中放置的是一些例程。其中 Boards 目录下放置的是根据一些知名厂商所设计的一些开发板的例子，而 Examples 下面则是一些不基于任何开发板的例程。
- Flash 目录中放置的是一些厂商的 Flash 芯片所用到的驱动算法，用户可以其中的例程为模板来实现自己的驱动。
- GNU 目录中放置的是 GNU 编译器所使用到的一些资源。
- Hlp 目录中放置的是帮助文档，3.22 版本的帮助文档是经过汉化的，非常方便。
- INC 目录包含的是 ADI、Atmel、ST、KOI、philips 等芯片厂商自己所写的一些库文件。
- RL 和 RT Agent 两个目录中放置的是一些免费的操作系统。
- RV31 目录放置的是 Realview 编译器所使用的编译器包含的一些库文件。

- Segger 和 Signum 两个目录下面是 USB 驱动。如果用户使用硬件仿真并使用 U-link 仿真器，硬件插上后找不到硬件，那么可以在这里面来重新安装驱动。
- Startup 目录中放置的是各个芯片厂商的各种启动代码，用户在创建工程时编译器会自动提示是否要添加启动文件到工程下面。

附录C S3C44B0X处理器简介

Samsung S3C44B0X 微处理器是三星公司专为手持设备和一般应用提供的高性价比和高性能的微控制器解决方案。

本章的主要内容有：

- S3C44B0X 的体系结构；
- 存储器管理；
- 时钟和功耗管理；
- 中断控制器及中断管理；
- DMA、LCD 控制器、IIS 总线接口；
- I/O 端口及其控制。

C.1 S3C44B0X 的结构

S3C44B0X 是基于 ARM7TDMI 体系结构的嵌入式处理器，片内集成 ARM7TDMI 核，并在 ARM7TDMI 核基本功能的基础上集成了丰富的外围功能模块，特别适用于低成本嵌入式应用系统。

其体系结构如图 C-1 所示。

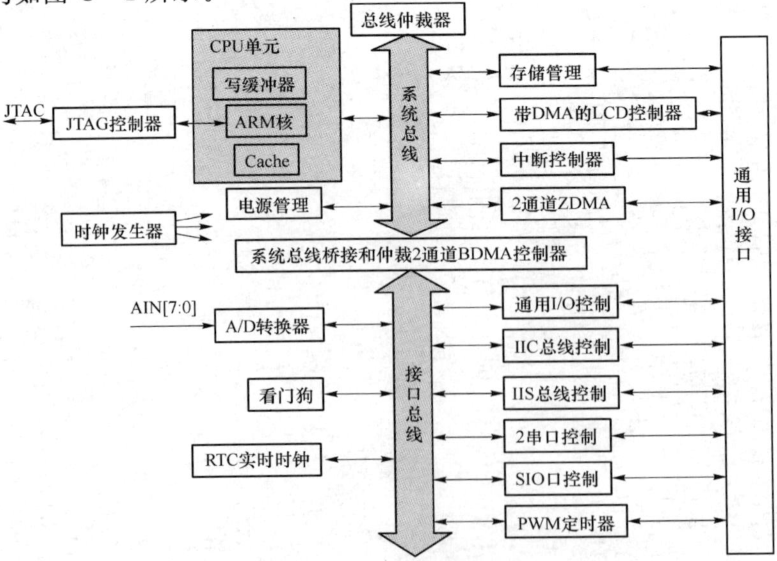

图 C-1 S3C44B0X 结构

C.2 S3C44B0X 的存储器

C.2.1 S3C44B0X 存储映射

S3C44B0X 芯片内部地址为 28 位，即总共可寻址 256 MB。28 位地址中的高 3 位在芯片内部经译码器在芯片外部输出了 8 个片选信号 nGCS0～nGCS7，每一个片选信号可以选通一个存储体，片外地址线为 ADDR[24：0]，为 25 位，可寻址 32 MB。这也就是说，S3C44B0X 把整个 256 MB 地址空间分成了 8 个区域，每个区域可以配置一个存储体（Bank）的最大容量为 32 MB。但其中的 Bank0，由于分出了 4 MB 空间用来作为接口地址，所以 Bank0 的最大容量只能为 28 MB。

各个 Bank 所支持的存储器种类有所不同，Bank0～Bank5 可支持 ROM、SRAM，而 Bank6、Bank7 可支持 ROM、SRAM 和 FP/EDO/SDRAM 等。

S3C44B0X 复位后，存储器的映射如图 C-2 所示。

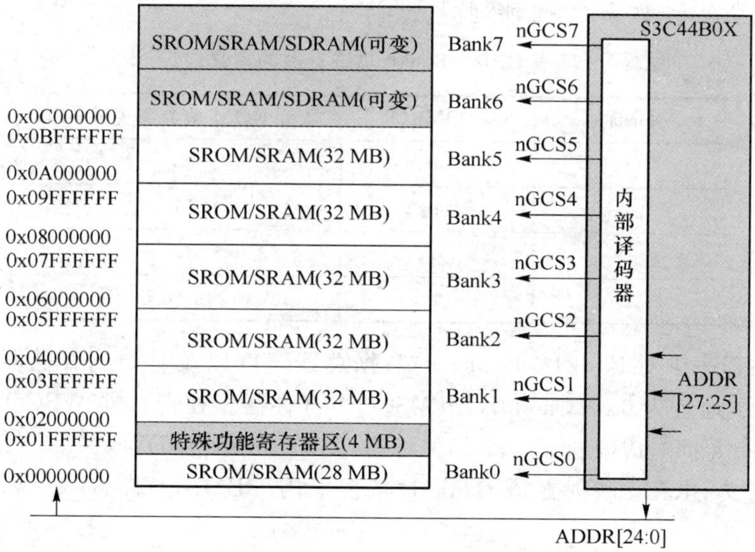

图 C-2 S3C44B0X 的存储器映射

从地址分配来看，Bank0～Bank6 这 7 个存储体的起始地址为固定地址，Bank7 的起始地址则可根据配置改变。并且在配置时，必须保持 Bank6 和 Bank7 具有大小相同的存储容量。

Bank6 和 Bank7 存储体的地址如表 C-1 所列。

表 C-1 Bank6 和 Bank7 存储器的地址表

存储体	地址	2 MB	4 MB	8 MB	16 MB	32 MB
Bank6	起始地址	0xC000000	0xC000000	0xC000000	0xC000000	0xC000000
	结束地址	0xC1FFFFF	0xC3FFFFF	0xC7FFFFF	0xCFFFFFF	0xCDFFFFFF
Bank7	起始地址	0xC200000	0xC400000	0xC800000	0xC000000	0xE000000
	结束地址	0xC3FFFFF	0xC7FFFFF	0xCFFFFFF	0xCDFFFFFF	0xCFFFFFF

S3C44B0X 使用芯片引脚 ENDIAN 来控制存储器的存储模式，当其值为“1”时，存储器为大端存储模式，否则为小端存储模式。

C.2.2 S3C44B0X 用于存储管理的寄存器

1. 总线宽度和等待状态寄存器 BWSCON

S3C44B0X 除了 Bank0 之外的所有存储体所使用的数据宽度均可由程序控制。因为 Bank0 是系统自举 ROM 存储体，所以必须在硬件接线时就用引脚 OM1 和 OM0 来定义 Bank0 的数据总线宽度，如表 C-2 所列。

表 C-2 Bank0 总线宽度的定义

OM1	OM0	启动 ROM 的数据宽度/位
0	0	8
0	1	16
1	0	32
1	1	测试模式

为了可以在程序中对 Bank1～Bank7 的数据总线宽度以及对访问存储器时序进行控制，S3C44B0X 配备了地址为 0x01C8000B 的 WSCON 寄存器。在寄存器 WSCON 中为 Bank1～Bank7 的每个 Bank 都对应安排了 3 个相关标志：STx、WSx 和 DWx。

STx 用来定义 SRAM 映射在该 Bank 时是否采用 UB/LB。若 STx=0，则不采用；否则采用。

WSx 用来定义对应 Bank 上的等待状态。若 WSx=0，则禁止等待；否则使能等待。

DWx 用来定义对应 Bank 的数据总线宽度。若 DWx=00，则总线宽度为 8 位；若 DWx=01，则总线宽度为 16 位；若 DWx=10，则总线宽度为 32 位。当然对应 Bank0 的 DW0，程序只能读，而不能写。

使用不同数据总线宽度时，有效地址线是不同的，在不同的数据总线宽度下，存储器的地址连接如表 C-3 所列。

表 C-3 存储器的地址引脚连接

存储地址引脚	8 位数据总线下的 S3C44B0X 地址引脚	16 位数据总线下的 S3C44B0X 地址引脚	32 位数据总线下的 S3C44B0X 地址引脚
A0	A0	A1	A2
A1	A1	A2	A3
A2	A2	A3	A4
A3	A3	A4	A5
⋮	⋮	⋮	⋮

2. 存储体控制寄存器 BANKCONn

S3C44B0X 允许用程序通过 8 个存储体控制寄存器 BANKCONn 对访存时序进行控制。BANKCON0～BANKCON5 这 6 个寄存器的格式如图 C-3 所示。

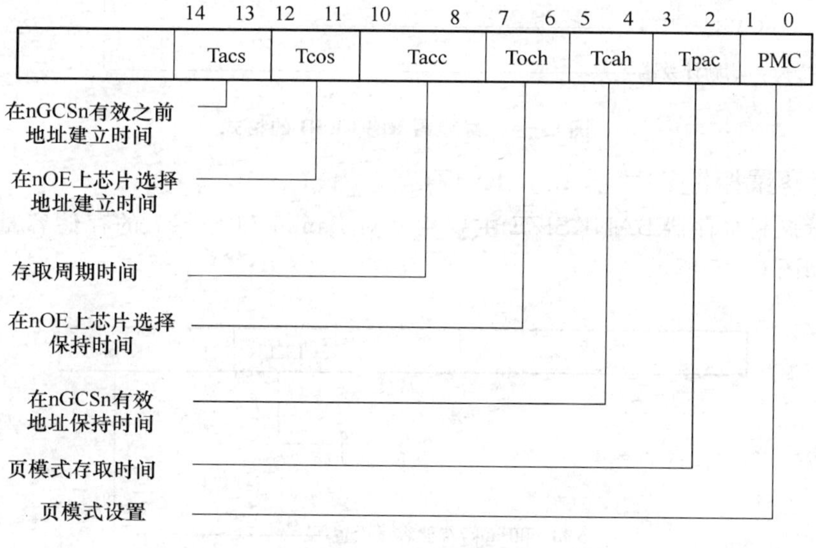

图 C-3 寄存器 BANKCON0～BANKCON5 的格式

由于 Bank6 和 Bank7 可以作为多种存储器的映射空间，所以 S3C44B0X 为它们配置了专门的寄存器 BANKCON6 和 BANKCON7。这两个寄存器中都有一个占用了两位（16 位和 15 位）的 MT 标志，其含义如下：

- 00——可配置 ROM 或 SRAM；
- 01——可配置 FP DRAM；
- 10——可配置 EDO DRAM；

● 11——可配置 Sync. DRAM。

当配置不同存储器时，寄存器 BANKCON6 和 BANKCON7 其他各位的含义也有所不同，详细情况请参阅 S3C44B0X 使用手册。

3. 刷新控制寄存器

如果在存储体上配置的是动态存储器，为对动态存储器的刷新进行控制，S3C44B0X 配置了刷新控制寄存器，其格式如图 C-4 所示。

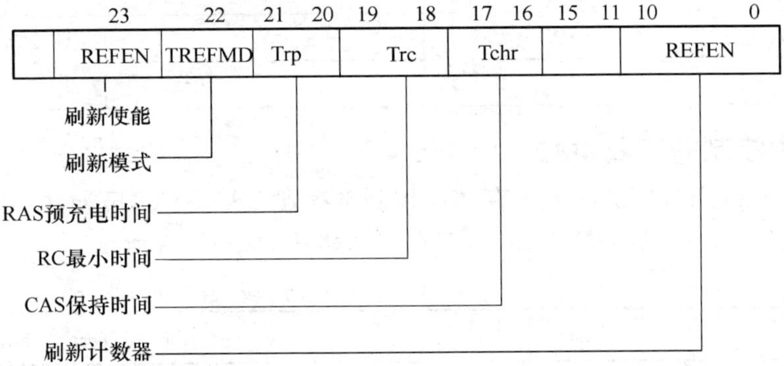

图 C-4 寄存器 REFRESH 的格式

4. 存储容量控制寄存器 BANKSIZE

存储容量控制寄存器 BANKSIZE 主要用来对 Bank6 和 Bank7 的存储容量进行设置，该寄存器格式如图 C-5 所示。

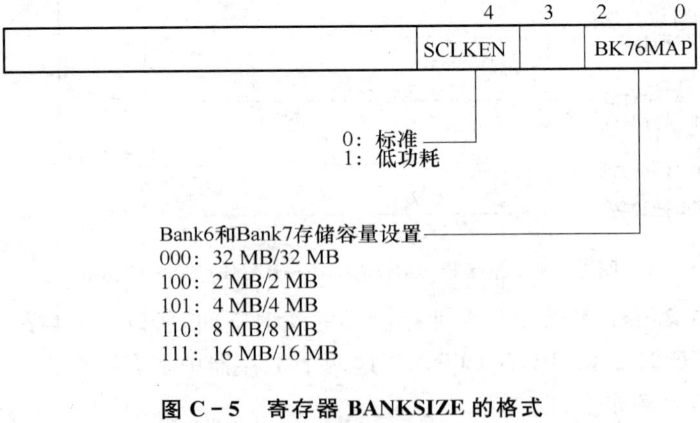

图 C-5 寄存器 BANKSIZE 的格式

5. SDRAM 模式设置寄存器 MRSR

模式设置寄存器 MRSR 用来对动态随机存储器 SDRAM 的工作模式进行设置，该寄存器格式如图 C-6 所示。

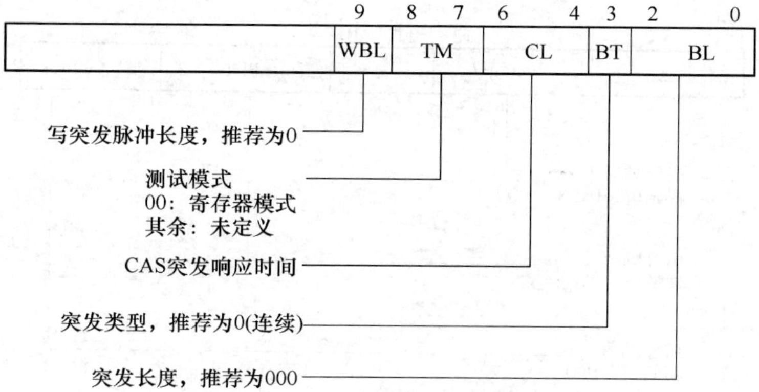

图 C-6 寄存器 MRSR 的格式

C.3 时钟和功耗管理

C.3.1 时钟设置

S3C44B0X 的时钟信号可以取自晶体振荡器，也可以取自某个外部时钟。为方便用户的选择，处理器芯片外部提供了两个引脚 OM[3：2]，处理器在复位信号 nRESET 的上升沿将采样 OM3 和 OM2 引脚的电平，并按其设置决确定时钟源。

处理器芯片外部引脚 OM[3：2]的状态与时钟源的关系见表 C-4。

表 C-4 处理器芯片外部引脚 OM[3：2]的状态与时钟源的关系

M[3：2]	时钟源
00	外部晶体振荡器为时钟源
01	直接输入外部时钟

时钟源的时钟脉冲经 PLL 的分频后输出，其各个分频值由 PLL 控制寄存器来设置。PLL 控制寄存器的格式如图 C-7 所示。

PLL 输出频率计算公式如下：

$$f_{\text{pllo}} = (m \times f_{\text{in}})/(p \times 2s)$$

其中：

$m = (\text{MDIV} + 8)$；$p = (\text{PDIV} + 2)$；$s = \text{SDIV}$。

f_{pllo}必须大于 20 MHz 且小于 66 MHz，$f_{\text{pllo}} \times 2s$ 必须小于 170 MHz，f_{in}/p 推荐为 1 MHz 或大于 1 MHz，但小于 2 MHz。

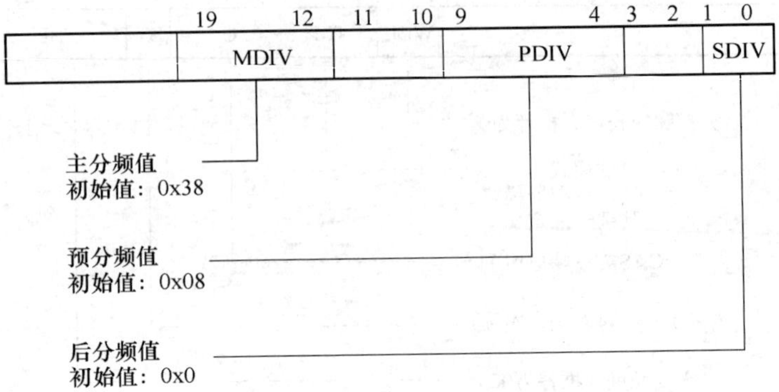

图 C-7　寄存器 PLL 的格式

C.3.2　功耗管理控制

S3C44B0X 有 5 种功耗管理模式。

1. 正常模式

正常模式下，时钟发生器为 CPU 和所有外设提供时钟脉冲。所以在这种情况下，所有的外设都处在工作状态时，处理器所消耗的功耗最大。

2. 慢速模式

所谓慢速模式，就是直接采用外部时钟作为 S3C44B0X 的主工作时钟，而不使用内部倍频器。这样，除了由于停掉的 PLL 部件不再消耗能量之外，同时由于时钟的频率大大降低也会使系统的功耗大大降低。

3. 空闲模式

空闲模式仅断开对 CPU 内核的时钟供给，而保留所有对于外部设备的时钟供给。这样，CPU 内核的功耗可以减去。当然，任何中断请求都会使 CPU 从空闲模式中醒来。

4. 停止模式

停止模式是通过禁止 PLL 来冻结所有 CPU 内核、外设的时钟方法使系统进入所谓的休眠状态。这时系统的功耗仅取决于 S3C44B0X 内部的漏电流大小。

通过外部中断可以使 CPU 从停止模式中醒来。

5. LCD 的 SL 空闲模式

如果停止除了 LCD 控制器以外的 CPU 内核和其他外设的工作，系统将进入 SL 空闲模式。

C.3.3 功耗管理控制寄存器

1. 时钟控制寄存器 CLKCON

时钟控制寄存器 CLKCON 的格式如图 C-8 所示。使用寄存器 CLKCON 可对外设的时钟供给进行单独设置。

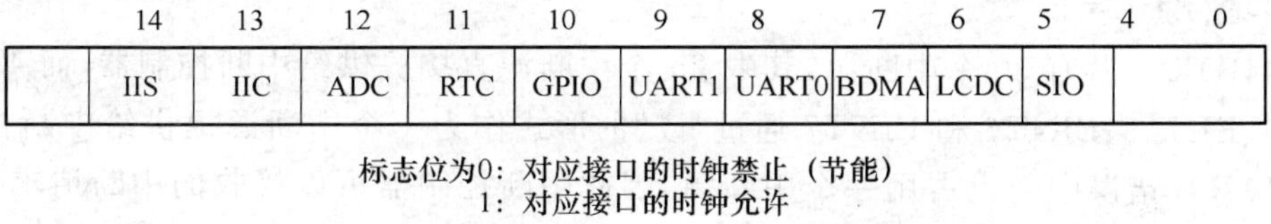

图 C-8 时钟控制寄存器 CLKCON 的格式

2. 慢时钟控制寄存器 CLKSLOW

慢时钟控制寄存器 CLKSLOW 如图 C-9 所示。使用寄存器 CLKSLOW 可以选择正常工作和慢时钟工作模式，在慢时钟模式上还可以选择有分频和无分频模式，且分频值可设置。

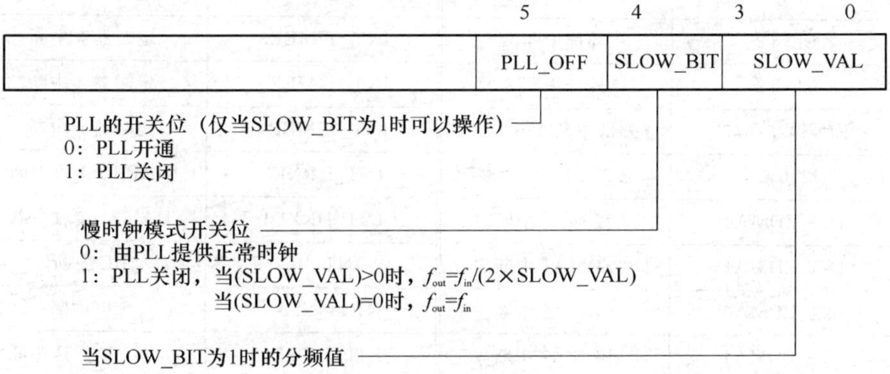

图 C-9 慢时钟控制寄存器 CLKSLOW 的格式

3. 时间计数值锁定寄存器 LOCKTIME

时间计数值锁定寄存器 LOCKTIME 的格式如图 C-10 所示。

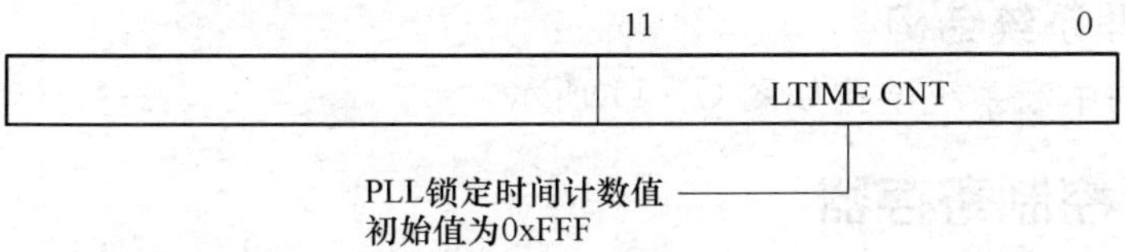

图 C-10 时间计数值锁定寄存器 LOCKTIME 的格式

C.4 中断管理

C.4.1 中断源与中断系统结构

1. 中断源

S3C44B0X一共有30个中断源，其中25个中断源直接提供给中断控制器，而4个外部中断EINT4、EINT5、EINT6和EINT7通过"或"的形式作为1个中断源提供给中断控制器，另外2个UART错误中断也占用一个中断源，因此中断控制器可以接收的中断请求信号为26个，见表C-5。

表C-5 S3C44B0X的中断源

中断源	描述	中断源	描述
EINT0	外部中断0	INT_TIMER1	定时器1中断
EINT1	外部中断1	INT_TIMER2	定时器2中断
EINT2	外部中断2	INT_TIMER3	定时器3中断
EINT3	外部中断3	INT_TIMER4	定时器4中断
EINT4/5/6/7	外部中断4/5/6/7	INT_TIMER5	定时器5中断
TICK	RTC时间片中断	INT_URXD0	UART0接收中断
INT_ZDMA0	ZDMA0中断	INT_URXD1	UART1接收中断
INT_ZDMA1	ZDMA1中断	INT_IIC	IIC中断
INT_BDMA0	BDMA0中断	INT_SIO	SIO中断
INT_BDMA1	BDMA1中断	INT_UTXD0	UART0发送中断
INT_WDT	看门狗中断	INT_UTXD1	UART1发送中断
INT_UERR0/1	UART0/1错误中断	INT_RTC	RTC报警中断
INT_TIMER0	定时器0中断	INT_ADC	ADC转换结束中断

2. 中断管理系统结构

S3C44B0X的中断系统结构如图C-11所示。

C.4.2 中断控制寄存器

1. 中断请求寄存器 INTPND

寄存器INTPND用来记录中断源的中断状态。寄存器中的26个位，每一位都对应着一

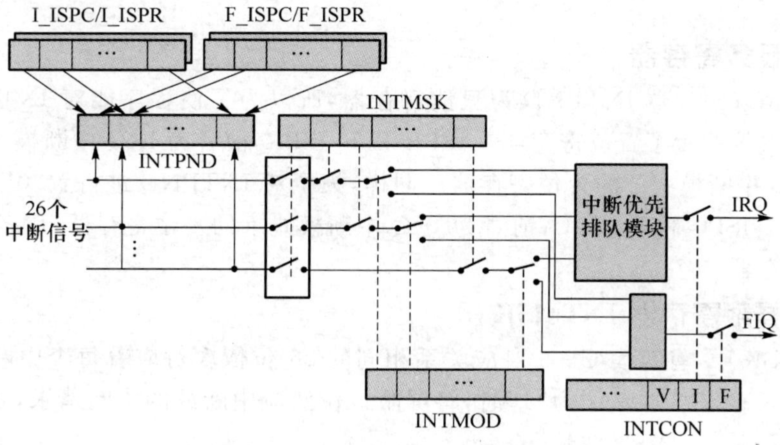

图 C-11 S3C44B0X 中断系统

个中断源,见表 C-6。

表 C-6 中断请求寄存器 INTPND

中断源	对应控制位	中断源	对应控制位
外部中断 0	[25]	定时器 1 中断	[12]
外部中断 1	[24]	定时器 2 中断	[11]
外部中断 2	[23]	定时器 3 中断	[10]
外部中断 3	[22]	定时器 4 中断	[9]
外部中断 4/5/6/7	[21]	定时器 5 中断	[8]
RTC 时间片中断	[20]	UART0 接收中断	[7]
ZDMA0 中断	[19]	UART1 接收中断	[6]
ZDMA1 中断	[18]	IIC 中断	[5]
BDMA0 中断	[17]	SIO 中断	[4]
BDMA1 中断	[16]	UART0 发送中断	[3]
看门狗中断	[15]	UART1 发送中断	[2]
UART0/1 错误中断	[14]	RTC 报警中断	[1]
定时器 0 中断	[13]	A/D 转换结束中断	[0]

当有中断发生时,中断源在 INTPND 中相应的登记位就会置“1”,程序可以通过读取 INTPND来了解各中断源的中断状态。由于在响应了中断后 INTPND 不能自动清除中断状态,所以用户要在中断服务程序的适当位置清除该登记位,从而避免系统重复响应同一次

中断。

2. 中断服务寄存器

由于中断请求寄存器 INTPND 为只读寄存器，所以为了使程序能对 INTPND 寄存器进行置“1”操作，系统配置了置位寄存器 I_ISPR 和 F_ISPR，前者为 IRQ 中断模式下的置位寄存器，后者为 FIQ 中断模式下的置位寄存器。同样，为了对 INTPND 进行置“0”操作，系统配置了复位寄存器 I_ISPC 和 F_ISPC，前者为 IRQ 中断模式下的复位寄存器，后者为 FIQ 中断模式下的复位寄存器。

3. 中断屏蔽寄存器 INTMSK

在 INTMSK 中，有与表 C-5 对应关系相同的 26 位依次对应着每个中断源的屏蔽标志位，当 INTMSK 的某个屏蔽位为“1”时，将屏蔽该位对应中断源的中断请求，否则允许该中断源中断请求。

除了上述的 26 个屏蔽标志位之外，INTMSK 还有一个全局屏蔽位(INTMSK[26])， 如果全局屏蔽位为“1”，则所有的中断请求都被屏蔽。

4. 中断模式寄存器 INTMOD

中断模式寄存器 INTMOD 用来定义中断源的中断模式，即为 FIQ(快速中断)还是 IRQ(普通中断)。

与表 C-5 所列的对应关系一样，INTMOD 中的 26 个位，每一位都对应着一个中断源。对于一个中断源来说，如果它在 INTMOD 中的位被设置为“1”，则该中断源将为 FIQ(快速中断)模式；否则，为 IRQ(普通中断)模式。

C.4.3 中断源优先排队模块

S3C44B0X 的中断优先模块仅对 IRQ(普通中断)模式的中断信号进行优先排队管理。

1. 中断优先排队基本单元

中断优先排队基本单元有 6 个输入端和 1 个输出端，该单元的作用就是按照预先设计的排队原则从 6 个输入信号中选择 1 个作为输出。中断优先排队基本单元如图 C-12 所示。

中断优先排队基本单元将 6 个输入分成了两组：G 组和 GK 组。其中，G 组接收 4 个输入；GK 组接收 2 个输入。从优先顺序来看，G 组高于 GK 组。从各组内部组织来看，G 组 4 个输入信号的优先顺序为可编程的；而 GK 组 2 个输入信号的优先顺序为固定的(信号 A 的优先权高于信号 B)。

2. 中断优先排队模块

对于总数为 26 个的中断源，S3C44B0X 使用 5 个如图 C-13 所示的基本单元进行级联，形成了一个两级中断排队的中断优先排队模块。

从图中可见，S3C44B0X 的中断优先排队模块由 1 个主单元 m 和 4 个辅单元 s 组成。对应地，主单元的 G 部分也就叫做 mG，GK 部分叫做 mGK，而辅单元的 G 部分也就叫做 sG，GK 部分叫做 sGK。

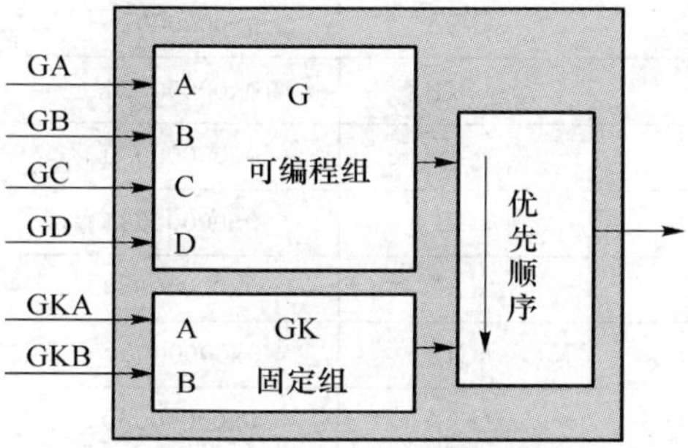

图 C-12 优先排队单元

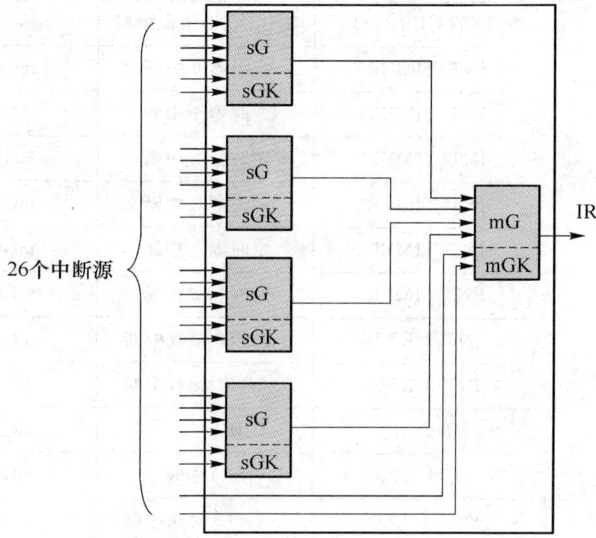

图 C-13 S3C44B0X 的中断优先排队模块

每个辅单元管理 6 个中断源。主单元管理 4 个辅单元和另外 2 个中断源。

S3C44B0X 中的各中断源与中断优先排队模块输入端子的连接是固定的，其对应关系见表 C-7。

表 C-7 中断源与中断优先排队模块连接对照表

中断源	描 述	主组端子	从组端子	中断向量地址
EINT0	外部中断 0	mGA	sGA	0x00000020
EINT1	外部中断 1	mGA	sGB	0x00000024
EINT2	外部中断 2	mGA	sGC	0x00000028
EINT3	外部中断 3	mGA	sGD	0x0000002C
EINT4/5/6/7	外部中断 4/5/6/7	mGA	sGKA	0x00000030
TICK	RTC 时间片中断	mGA	sGKB	0x00000034
INT_ZDMA0	ZDMA0 中断	mGB	sGA	0x00000040
INT_ZDMA1	ZDMA1 中断	mGB	sGB	0x00000044
INT_BDMA0	BDMA0 中断	mGB	sGC	0x00000048
INT_BDMA1	BDMA1 中断	mGB	sGD	0x0000004C
INT_WDT	看门狗中断	mGB	sGKA	0x00000050

续表 C-7

中断源	描　述	主组端子	从组端子	中断向量地址
INT_UERR0/1	UART0/1 错误中断	mGB	sGKB	0x00000054
INT_TIMER0	定时器 0 中断	mGC	sGA	0x00000060
INT_TIMER1	定时器 1 中断	mGC	sGB	0x00000064
INT_TIMER2	定时器 2 中断	mGC	sGC	0x00000068
INT_TIMER3	定时器 3 中断	mGC	sGD	0x0000006C
INT_TIMER4	定时器 4 中断	mGC	sGKA	0x00000070
INT_TIMER5	定时器 5 中断	mGC	sGKB	0x00000074
INT_URXD0	UART0 接收中断	mGD	sGA	0x00000080
INT_URXD1	UART1 接收中断	mGD	sGB	0x00000084
INT_IIC	IIC 中断	mGD	sGC	0x00000088
INT_SIO	SIO 中断	mGD	sGD	0x0000008C
INT_UTXD0	UART0 发送中断	mGD	sGKA	0x00000090
INT_UTXD1	UART1 发送中断	mGD	sGKB	0x00000094
INT_RTC	RTC 报警中断	mGKA	—	0x000000A0
INT_ADC	A/D 转换结束中断	mGKB	—	0x000000C0

每个辅单元可编程的 4 个中断源优先级由 I_PSLV 寄存器来决定；主单元的 4 个可编程中断源优先级由 I_PMST 寄存器来决定。

3. 中断向量

S3C44B0X 中各中断源的中断向量为固定值，详细情况见表 C-7。

C.5　DMA 控制器

在网络语音终端系统中，对从网络接收的音频流进行实时播放是占用 CPU 资源比较多的任务。如果采用普通的数据传送方式就会大大占用 CPU 资源，使得 CPU 来不及响应其他的任务。为完成类似的任务，S3C44B0X 共配置了 4 路 DMA 控制器，其中 2 路称为 ZDMA(General DMA)被连到 SSB(Samsung System Bus)总线上，另外 2 路称为 BDMA(Bridge DMA)。

C.5.1　ZDMA 和 BDMA

ZDMA 在处理器中的位置如图 C-14 所示。

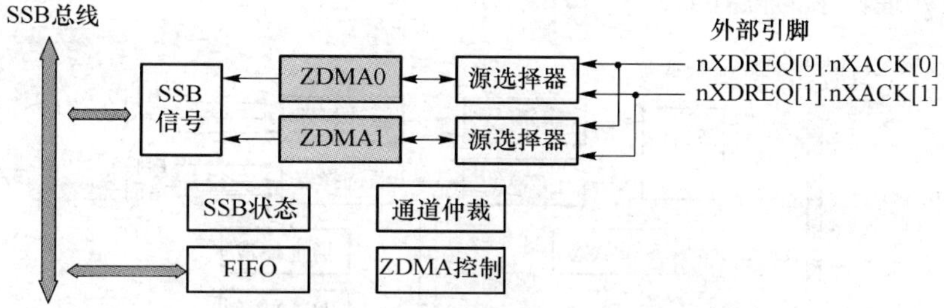

图 C-14 SSB 总线与 ZDMA 的关系

ZDMA 用来实现存储器-存储器、存储器-I/O 存储器、I/O 装置-存储器之间的大批量数据传输。

ZDMA 与普通 DMA 不同，它有一个 4 字的 FIFO 缓冲来支持 4 字突发 DMA 传输，并采用了具有不可分割读/写周期的 on-the-fly 数据传输模式，从而大大地减少进行 DMA 操作的周期数，提高了大块数据的传输速度。

对于 ZDMA，有 4 种类型的外部 DMA 请求/应答协议。

(1) 握手模式

在该模式下，DMA 操作期间的读/写周期不可分割，因此在一次 DMA 操作完成前，不能把总线让给其他总线控制器使用。一次 nXDREQ 请求引起一次 DMA 传输(可以是一字节、一个半字或一个字)。

(2) 单步模式

在单步模式下的一次 DMA 传输中有两个 DMA 应答周期，即产生两个应答信号 nXDACK，其中一个指示 DMA 读周期，另一个指示写周期。在读/写周期之间，总线控制权可以让给其他总线控制器。本模式主要应用于测试和调试。

(3) 连续模式

在该模式下，一次 DMA 请求将产生连续的 DMA 传输，直到规定的 DMA 传输数据传输完，在 DMA 传输期间，DMA 请求信号被释放，nXDACK 一直有效。并且在每次传输一个数据单元后，释放一次总线控制权，以便其他总线控制器有机会可以占用总线。

(4) 手动模式

在该模式下，只要 DMA 请求信号一直有效，DMA 传输就持续进行，并且一直占用总线控制权。

由于 S3C44B0X 处理器内部有两条总线：系统总线 SSB 和接口总线 SPB，因此，为了将两条总线连接起来，从而使连接在 SPB 总线上的 I/O 外设(如 UART、IIS 和 SIO)与存储器之间可以进行数据传输，S3C44B0X 在系统总线 SSB 和接口总线 SPB 之间采用了两路 DMA 控制器作为接口。因此，这两路 DMA 称为桥 DMA(Bridge DMA)，简称 BDMA。

BDMA 在处理器中的位置如图 C-15 所示。

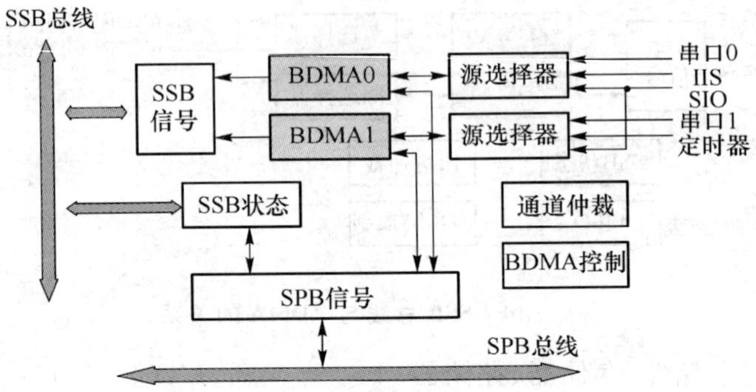

图 C-15　SSB 总线、SPB 总线与 BDMA 的关系

ZDMA 和 BDMA 都可以由指令、内部外设或外部外设请求引脚启动。

C.5.2　与 ZDMA 相关的寄存器

1. 控制寄存器 ZDMAx

ZDMA0 和 ZDMA1 各有一个通道控制寄存器，分别为 ZDCON0 和 ZDCON1，这两个寄存器格式完全相同，如图 C-16 所示。

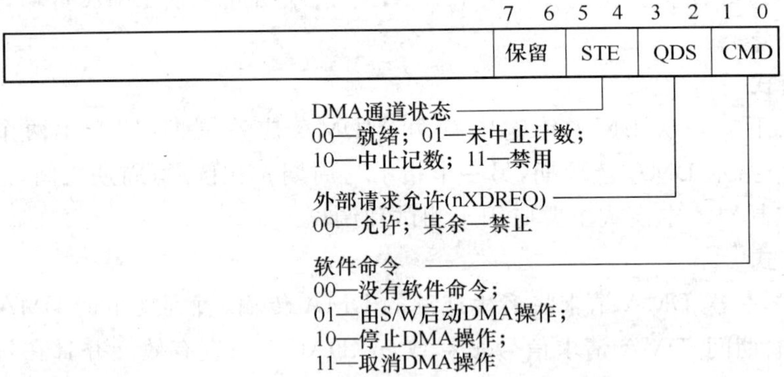

图 C-16　控制寄存器 ZDMAx 格式

2. 初始源地址寄存器 ZDISRCx 和当前源地址寄存器 ZDCSRCx

ZDMA0 和 ZDMA1 各有一个初始源地址寄存器，分别为 ZDISRC0 和 ZDISRC1，该寄存器的低 28 位用于存储源地址的初始值，该地址在 DMA 传送中是不变的。

为了指示数据传送过程中的当前源地址，ZDMA0 和 ZDMA1 还各有一个当前源地址寄存器，分别为 ZDCSRC0 和 ZDCSRC1。它们的格式与初始源地址寄存器完全相同，如图 C-17 所示。

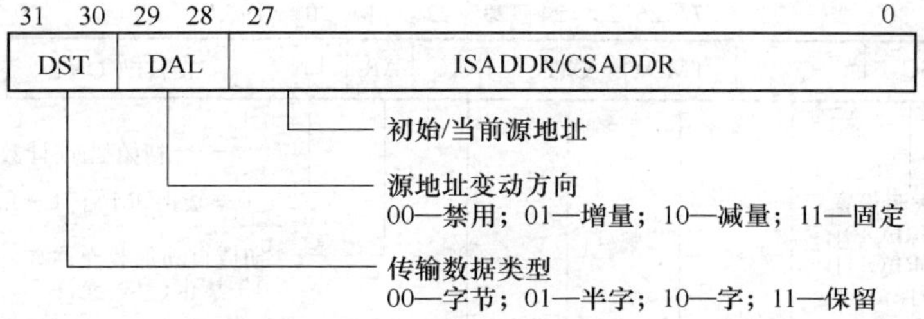

图 C-17 寄存器 BDISRCx 和 BDCSRCx 的格式

3. 初始目标地址寄存器 ZDIDESx 和当前目标地址寄存器 ZDCDESx

ZDMA0 和 ZDMA1 各有一个初始目标地址寄存器，分别为 ZDIDES0 和 ZDIDES1，该寄存器的低 28 位用于存储目标地址的初始值，该地址在 DMA 传送中是不变的。

为了指示数据传送过程中的当前目标地址，ZDMA0 和 ZDMA1 还各有一个当前目标地址寄存器，分别为 ZDCDES0 和 ZDCDES1。它们的格式与初始目标地址寄存器完全相同，如图C-18所示。

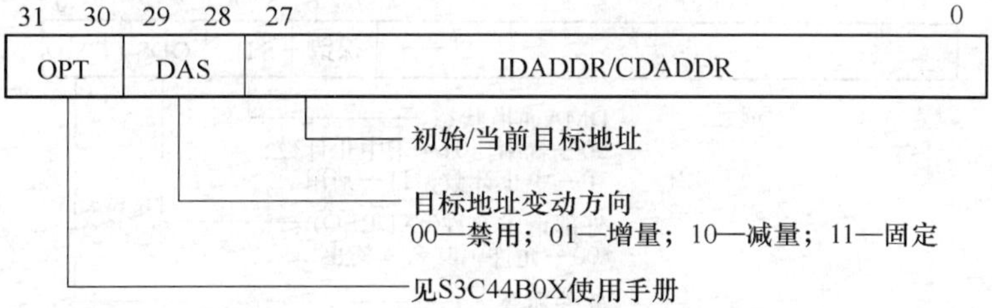

图 C-18 寄存器 ZDIDESx 和 ZDCDESx 的格式

4. 初始计数寄存器 ZDICNTx 和当前计数寄存器 ZDCCNTx

为了表示传输数据的总量，ZDMA0 和 ZDMA1 各有一个初始计数寄存器，分别为 ZDICNT0 和 ZDICNT1。

为了记录数据传送工作的进程，ZDMA0 和 ZDMA1 还各有一个当前计数寄存器，分别为 ZDCCNT0 和 ZDCCNT1。它们的格式如图 C-19 所示。

C.5.3 与 BDMA 相关的寄存器

类似地，BDMA 也有一套与 ZDMA 功能基本相同的寄存器。

BDMA 控制寄存器 BDCONx 的格式如图 C-20 所示。

BDMA 的初始源地址寄存器 BDISRCx 和当前源地址寄存器 BDCSRCx 的格式如图 C-21 所示。

BDMA 的初始目标地址寄存器 BDIDESx 和当前目标地址寄存器 BDCDESx 的格式如图 C-22 所示。

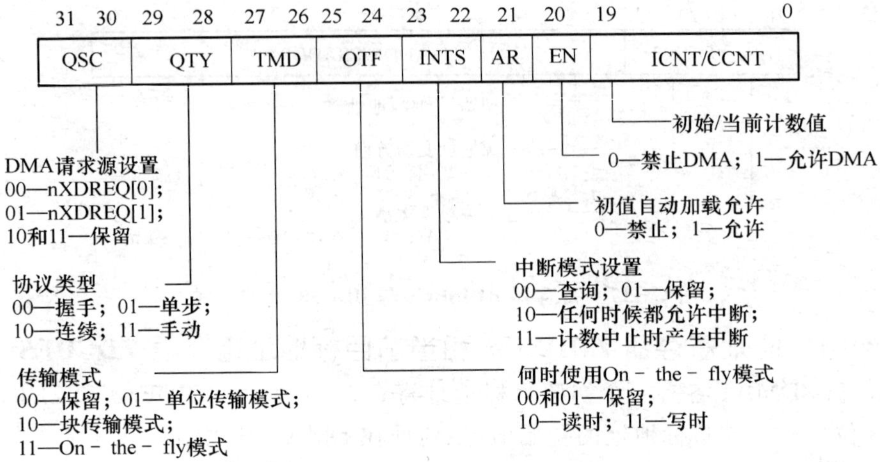

图 C－19　寄存器 ZDICNTx 和 ZDCCNTx 的格式

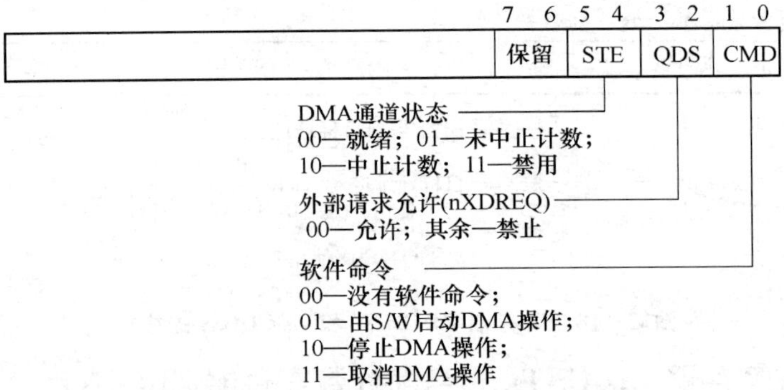

图 C－20　控制寄存器 BDCONx 的格式

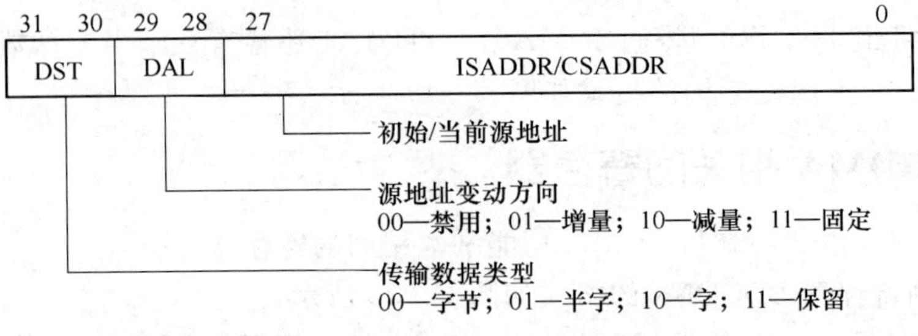

图 C－21　寄存器 BDISRCx 和 BDCSRCx 的格式

BDMA 的初始计数寄存器 BDICNTx 和当前计数寄存器 BDCCNTx 的格式如图 C－23 所示。

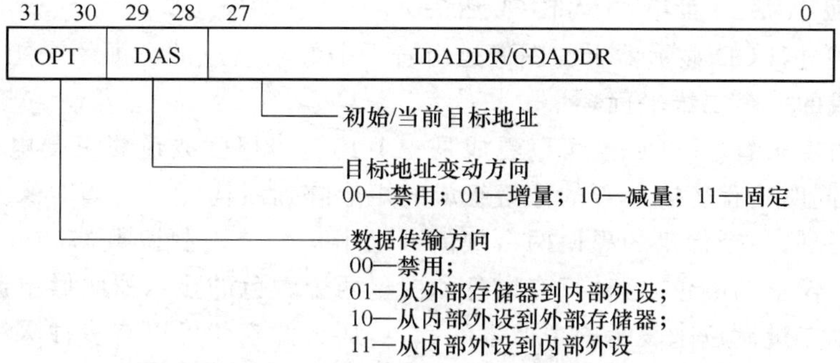

图 C-22　寄存器 BDIDESx 和 BDCDESx 的格式

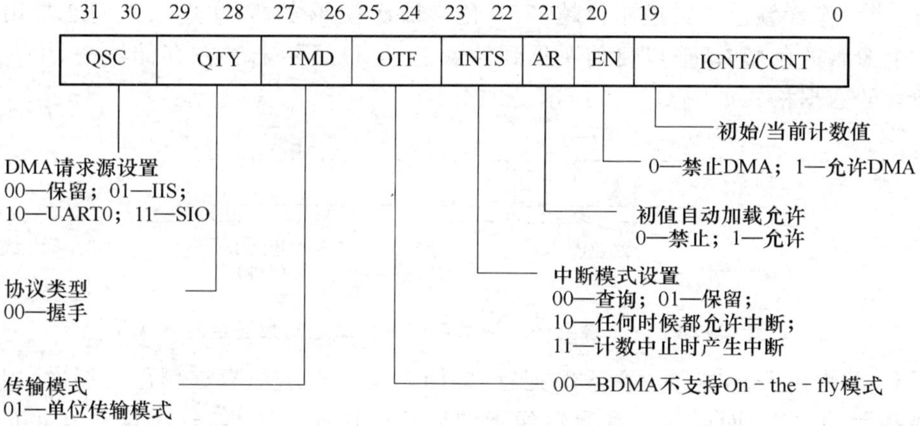

图 C-23　寄存器 BDICNTx 和 BDCCNTx 的格式

C.6　LCD 控制器

S3C44B0X 微处理器内部集成的 LCD 控制器能自动产生 LCD 驱动控制所需的控制信号，因此 S3C44B0X 可以与黑白灰度和 STN 型彩色 LCD 显示模块直接相连，而不需要另外添加 LCD 控制器，使用起来极为方便。

C.6.1　概　述

S3C44B0X 内置的 LCD 控制器主要有两个作用：一是将存储在系统存储器显示缓存中的待显示数据进行格式转换，并传输到外部 LCD 形式模块的驱动器；二是产生 LCD 显示模块所必需的控制信号。

1. LCD显示器的显示方式和数据格式

前面已经讲过,LCD显示器上的图像是由若干个像素组成的。即一个矩形图像实质上是由众多像素组成的一个二维平面。

从应用的角度来看,一个像素可以看成是一个其明暗程度或色彩可受电信号控制的小电灯,具有各种不同明暗程度或色彩的像素组成的矩形阵列就构成了一幅图像。

可以想象得到,一个像素的黑白两个颜色可以用一个二进制位数据(0/1)来表示,即一个字节能表达8个像素的颜色,这种只有黑色和白色两个颜色的显示器叫做单色显示器。

如果用多个二进制位来表示一个像素的颜色,那么像素就可以有多种深浅不同的黑白色,这种显示器叫做灰度显示器。根据灰度层次的多少,灰度显示器又分为4级灰度、16级灰度等。4级灰度的像素需要两位二进制位,16级灰度需要4位二进制位。

显然,表示像素颜色的二进制位越多,其色彩层次就越多,因此现在人们通常用一个字节来表示一个像素的色彩,即形成目前所见到的彩色LCD显示器。在存储器中,用一个字节表示一个像素的数据格式如图C-24所示。

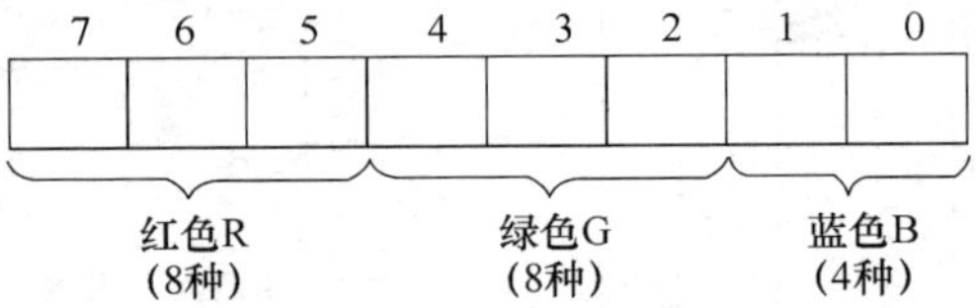

图C-24　一个像素的三种基色在8位二进制数据中的表示

从图C-24中可知,这是一种332配置,即用3位来表示像素红颜色的层次,用3位来表示像素绿颜色的层次,而用2位来表示像素蓝颜色的层次。这样,这个像素就共有256个颜色,这样的显示器也叫做256色彩色显示器。

总之,总是可以用数字来表达像素的灰度或者颜色;反过来说,就是可以把一幅要显示的图像用数字的形式存放在存储器中,当需要显示时,把这些数字转换成显示其所需要的格式传送给LCD显示器就可以了。因此,LCD控制器的作用就是把显示缓冲存储器中待显示的图像数据转换成各个像素要求的电信号,并按照规定的顺序依次传送到LCD显示器上去。通常,这个传送顺序与人们写字的顺序相同,即由左向右,从上到下,一行一行地把电信号依次传送到像素上,这种传送方式叫做扫描。每一屏信号叫做一帧。

2. LCD控制器

从上面的介绍中可知,显示器除了需要图像数据之外,还需要表示一幅图像开始(结束)和表示一行开始(结束)以及显示其所需要的一些其他控制信息。所以,内存中的图像数据还要经过一个接口电路才能送到显示器,这个接口电路就叫做LCD控制器。

S3C44B0X的LCD控制器的地位和作用如图C-25所示。

LCD控制器的逻辑框图如图C-26所示。

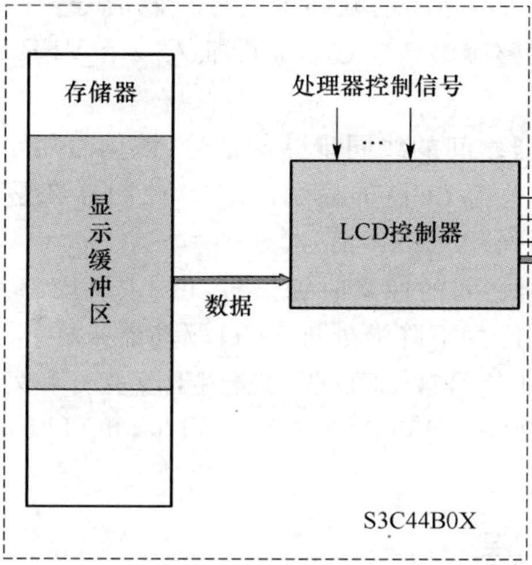

图 C-25　S3C44B0X 的 LCD 控制器的地位和作用

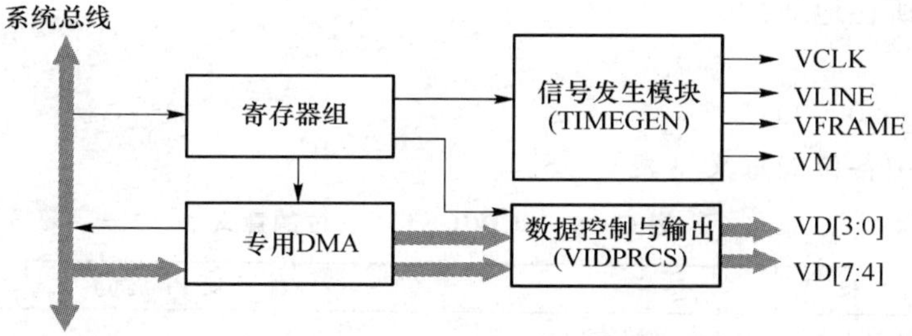

图 C-26　S3C44B0X 的 LCD 控制器框图

LCD 控制器的核心部件为数据控制与输出模块（VIDPRCS），它通过专用 DMA（LCD-DMA）从存储器中的显示缓冲区接收数据，并将其转换成相应格式后通过两条 4 位的输出线 VD[3：0]和 VD[7：4]输出。

之所以把 S3C44B0X 的 LCD 控制器的数据输出分成 VD[3：0]和 VD[7：4]两部分，就是为了配合显示器不同数据格式的要求，即 S3C44B0X 的 LCD 控制器可以支持 4 位单扫描、4 位双扫描和 8 位单扫描方式。所谓 4 位单扫描，就是只用 VD[3：0]4 根线输出数据；4 位双扫描则用 VD[3：0]负责上半区扫描而用 VD[7：4]负责下半区扫描；8 位单扫描则是在彩色显示器中用全部输出线支持显示的方式。用户可以用 S3C44B0X 的 LCD 控制器的控制寄存器对扫描方式进行控制。

LCD 控制器的信号发生模块（TIMEGEN）负责产生帧同步（起始）信号 VFRAME、行同步（起始）信号 VLINE、像素时钟信号 VCLK 和 LCD 像素所需要的交流信号 VM 等。各信号的作用如下：

- VFRAME：LCD 控制器和 LCD 驱动器之间的帧同步信号。该信号告诉 LCD 屏新的一帧开始了。LCD 控制器在一个完整帧显示完成后立即插入一个 VFRAME 信号，开始新一帧的显示。
- VLINE：LCD 控制器和 LCD 驱动器之间的线同步脉冲信号，该信号用于 LCD 驱动器将水平线(行)移位寄存器的内容传送给 LCD 屏显示。LCD 控制器在整个水平线(整行)数据移入 LCD 驱动器后，插入一个 VLINE 信号。
- VCLK：LCD 控制器和 LCD 驱动器之间的像素时钟信号，由 LCD 控制器送出的数据在 VCLK 的上升沿处送出，在 VCLK 的下降沿处被 LCD 驱动器采样。
- VM：LCD 驱动器的 AC 信号。VM 信号被 LCD 驱动器用于改变行和列的电压极性，从而控制像素点的显示或熄灭。VM 信号可以与每个帧同步，也可以与可变数量的 VLINE 信号同步。

C.6.2 LCD 控制器的控制寄存器

1. 控制寄存器 LCDCON1

LCDCON1 所在地址：0x01F00000。

属性：R/W。

复位值：0x00000000。

LCDCON1 中各位的意义见表 C-8。

表 C-8 LCDCON1 中各位的意义

位名称	位	描　述
LINECNT(只读)	[31：22]	反映行计数值
CLKVAL	[21：12]	确定 VCLK 的频率公式为：VCLK＝MCLK/(CLKVAL×2)(CLKVAL2)
WLH	[11：10]	确定 VLINE 高电平的宽度：00＝4 clocks；01＝8 clocks；10＝12 clocks；11＝16 clocks
WDLY	[9：8]	确定 VLINE 和 VCLK 之间的延时：00＝4 clocks；01＝8 clocks　10＝12 clocks；11＝16 clocks
MMODE	[7]	确定 VM 的改变速度：0＝Each Frame；1＝The rate defined by the MVAI
DISMODE	[6：5]	选择显示模示：00＝4 位双扫描显示模式；01＝4 位单扫描显示模式；10＝8 位单显示模式；11＝不用
INVCLK	[4]	控制 VCLK 的极性：0＝The video data is fetched at VCLK falling edge；1＝The video data is fetched at VCLK rising edge
INVLINE	[3]	指示行脉冲的极性：0＝normal；1＝inverted
INVFRAME	[2]	指示帧脉冲的极性：0＝normal；1＝inverted
INVVD	[1]	指示(VD[7：0])的极性：0＝normal；1＝VD[7：0] output is inverted
ENVID	[0]	LCD 视频输出和逻辑的允许与否：0＝不允许；1＝允许

2. 控制寄存器 LCDCON2

LCDCON2 的地址：0x01F00004。

属性：R/W。

复位值：0x00000000。

LCDCON2 中各位的意义见表 C－9。

表 C－9 LCDCON2 中各位的意义

位名称	位	描述
LINEBLANK	[31：21]	确定行扫描的返回时间，LINEBLANK 的单位是 MCLK
HOZVAL	[20：10]	确定 LCD 屏的水平尺寸，HOZVAL 值的确定必须满足一行总的字节数是 2 的倍数，如 120 点的 LCD 的水平尺寸 $X=120$ 不支持，因为一行包含 15 字节，而 $X=128$ 可以被支持(16 字节)，额外的 8 点将被 LCD 驱动器放弃。 公式：HOZVAL＝(Horizontal display size/Number of the valid VD data line)－1 彩色模式：Horizontal display size＝3×Number of Horizontal Pixel
LINEVAL	[9：0]	确定 LCD 屏的垂直尺寸。公式： LINEVAL＝(Vertical display size)－1：单扫描类型 LINEVAL＝(Vertical display size/2)－1：双扫描类型

3. 控制寄存器 LCDCON3

LCDCON3 的地址：0x01F00040。

属性：R/W。

复位值：0x00。

LCDCON3 中各位的意义见表 C－10。

表 C－10 LCDCON3 中各位的意义

位名称	位	描述
Reserved	[2：1]	保留
SELFREF	[0]	LCD 刷新模式允许位： 0＝LCD self refresh mode disable；1＝LCD self refresh mode enable

C.6.3 帧缓冲区起始地址寄存器

1. 帧缓冲区起始地址寄存器 1(LCDSADDR1)

LCDSADDR1 的地址：0x01F00008。

属性：R/W。

复位值：0x000000。

LCDSADDR1 中各位的意义见表 C-11。

表 C-11　LCDSADDR1 中各位的意义

位名称	位	描　述
MODESEL	[28：27]	选择显示模式： 00=monochrome mode；01=4-level gray mode；10=16-level gray mode；11=color mode
LCDBANK	[26：21]	指示视频缓冲区在系统存储器的段地址 A[27：22]，LCDBANK 在视点移动时不能变化，LCD 帧缓冲区应当与 4M 区域对齐，因此在分配存储区应当注意
LCDBASEU	[20：0]	指示帧缓冲区或在双扫描 LCD 时的上帧缓冲区的开始地址 A[21：1]。 注：1=LCDBANK 在 ENVID=1 时不能变化；2=如果 LCDBASEU、LCDBASEL 在 ENVID=1 时变化，则新的量将在下一帧起作用

2. 帧缓冲区起始地址寄存器 2(LCDSADDR2)

LCDSADDR2 的地址：0x01F0000C。

属性：R/W。

复位值：0x000000。

LCDSADDR2 中各位的意义见表 C-12。

表 C-12　LCDSADDR2 中各位的意义

位名称	位	描　述
BSWP	[29]	字节交换控制位 1=Swap Enable；0=Swap Disable LCD DMA 以 4 个字的突发模式预取帧存储区数据，在 little endian 模式和 BSWP=0，帧存储区数据以 $4n+3$th、$4n+2$th、$4n+1$th、$4n-$th 次序显示；否则 BSWP=1 次序为 $4n-$th、$4n+1$th、$4n+2$th、$4n+3$th。如果 CPU 在 little endian 模式，帧存储区可以字节存取模式存取，因为 BSWP=1，存取的数据也将在 little endian 模式正常显示，否则 BSWP 必须为 0
MVAL	[28：21]	MMODE=1，定义 VM 信号速度变化值。公式为 VM Rate= VLINE Rate/(2×MVAL)
LCDBASEL	[20：0]	指示在使用双扫描 LCD 时的下帧存储区的开始地址 A[21：1]。 公式如下：LCDBASEL=LCDBASEU+(PAGEWIDTH+OFF-SIZE)×(LINEVAL+1)

3. 帧缓冲区起始地址寄存器 3(LCDSADDR3)

LCDSADDR3 的地址：0x01F00010。

属性：R/W。

复位值：0x000000。

LCDSADDR3 中各位的意义见表 C-13。

表 C-13 LCDSADDR3 中各位的意义

位名称	位	描 述
OFFSIZE	[19:9]	虚拟屏幕偏移量(半字的数量),定义前一显示行的最后的半字和新的显示一行首先的半字之间的距离
PAGEWIDTH	[8:0]	虚拟屏幕宽度(半字的数量),定义帧的观察区域的宽度

除了上述这些寄存器之外,LCD 控制还有与颜色相关的红、蓝、绿查找表寄存器、抖动模式寄存器等,详细情况请参阅 S3C44B0X 使用手册。

C.7 IIS 总线接口

为了支持音频播放,S3C44B0X 内部集成了 IIS(内部声音集成电路)总线接口,其主要特性为:

- 兼容 IIS,MSB-Justified 格式数据;
- 每通道 8/16 位数据;
- 每通道 16 fs、32 fs、48 fs(采样频率)串行位时钟;
- 256 fs、384 fs 主设备采样时钟频率;
- 可编程的分频器提供给主设备时钟和编解码时钟;
- 供给发送和接收用的 32 字节(2×16)的 FIFO;
- 普通传输模式和 DMA 传输模式。

C.7.1 IIS 总线接口框图

简单地说,S3C44B0X 的 IIS 实质上就是一个音频播放接口,它对外部音频设备有 4 条信号线:串行数据输入端(IISDI)、串行数据输出端(IISDO),左/右通道选择端(IISLRCK)和串行时钟(IISCLK)。其中,IISLRCK 和 IISCLK 信号由主设备产生。

IIS 接口的原理框图如图 C-27 所示。

IIS 接口的工作原理很简单,代表声音信号的数字量仍然是以串行方式传输,但由于它要处理立体声信号,所以与普通串行口相比,IIS 接口多了用来表示当前传送的信号为左声道还是右声道的信号,这个信号叫做声道选择信号 LRCK,如图 C-28 所示(这个信号在 S3C44B0X 的 IIS 接口中叫做 IISLRCK)。

作为串行接口,16 位的移位寄存器 SFTR 为核心部件,它承担着数据的输入和输出任务。在接口的输入/输出通道上各有一个 16 字节的总线接口 FIFO(TxFIFO 和 RxFIFO 作为 SFTR 与处理器总线之间的输入/输出数据缓冲装置。

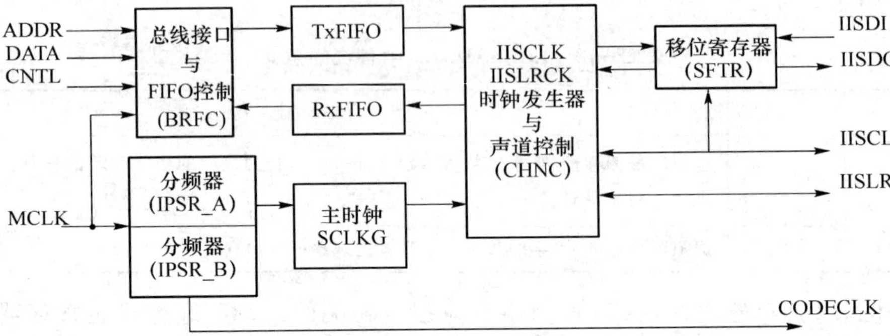

图 C-27　IIS 总线接口结构图

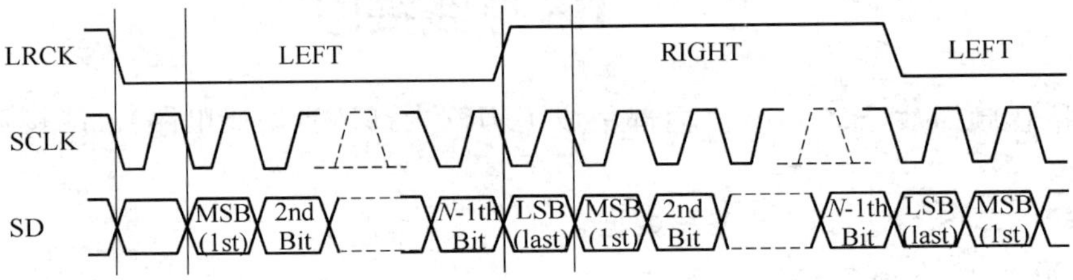

图 C-28　IIS 总线格式的信号

处理器时钟经两个 3 位的预分频器 IPSR_A 和 IPSR_B IISCLK 分频后，形成了两路时钟，其中一路送到 IIS 总线接口的主时钟发生器 SCLKG 后，再送入时钟发生器与声道控制模块 CHNC，产生串行移位脉冲 IISCLK 和声道选择信号 IISLRCK；另一路则直接输出用做外部编码解码时钟 CODECLK。

它支持 IIS 和 MSB-Justified 两种数据格式，如图 C-28 和图 C-29 所示。

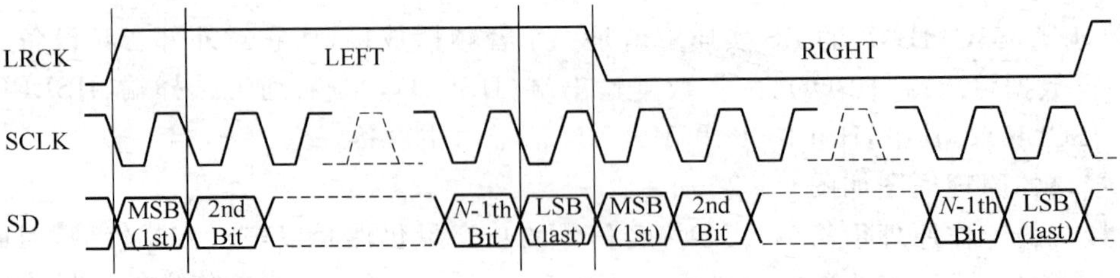

图 C-29　MSB-Justified 格式的信号

MSB-Justified 格式和 IIS 格式有相同的信号线，所不同的是，当 IISLRCK 改变时，发送器总是发送一个字的 MSB。

C.7.2 IIS 接口工作模式

1. 正常传输模式

对于发送与接收 FIFO,IIS 控制寄存器有队列(FIFO)就绪标志位。如果发送队列非空,当队列发送数据准备就绪时,就绪标志位置 1;如果发送队列为空,就绪标志位置 0。在接收队列未满的情况下,队列接收数据的就绪标志位置 1,指示队列可以接收数据;如果接收队列满,就绪标志位置 0。这些标志位决定了 CPU 读或写队列的时间。通过这种方式,当 CPU 访问发送或接收队列(FIFO)时,串行数据能够被发送或接收。

2. DMA 传输模式

在 DMA 传输模式中,发送或接收队列(FIFO)的访问是由 DMA 控制器来完成的。在发送或接收模式中,DMA 服务请求由队列的就绪标志位自动给出。

3. 发送和接收模式(同时)

在发送和接收模式中,IIS 总线接口能够同时发送和接收数据。因为一个 DMA 资源已被分配,正常的队列(FIFO)写操作在发送通道中完成,而 DMA 接收队列读操作在接收通道中完成,反之也是这样。

因为只有一个 DMA 资源,所以在该模式,只能是一个通道(如发送通道)用正常传输模式,另一个通道(接收通道)用 DMA 传输模式,反之也是如此,从而实现同时工作。

C.7.3 IIS 接口的特殊功能寄存器

在利用 IIS 总线进行音频数据的传输之前,须根据要求对 IIS 的特殊功能寄存器进行相应的设置。

1. IIS 控制寄存器 IISCON

IIS 控制寄存器 IISCON 各位的含义见表 C-14。

表 C-14 IIS 控制寄存器 IISCON 各位的含义

位	位名称	描 述
[8]	Left/Right Channel Index	(只读) 0=左通道;1=右通道
[7]	Transmit FIFO Ready Flag	(只读) 0=发送 FIFO 没有准备好(空); 1=发送 FIFO 准备好(不空)
[6]	Receive FIFO Ready Flag	(只读) 0=接收 FIFO 没有准备好(满); 1=接收 FIFO 准备好(不满)

续表 C-14

位	位名称	描　述
[5]	Transmit DMA service Request Enable	0=发送 DMA 请求禁止； 1=发送 DMA 请求使能
[4]	Receive DMA service Request Enable	0=接收 DMA 请求禁止； 1=接收 DMA 请求使能
[3]	Transmit Channel Idle Command	在发送空闲状态，IISLRCK 不激活(暂停发送)，该位仅在 IIS 是 Master 时有效：0=IISLRCK 产生；1=IISLRCK 不产生
[2]	Receive Channel Idle Command	在接收空闲状态，IISLRCK 不激活(暂停接收)，该位仅在 IIS 是 Master 时有效：0=IISLRCK 产生；1=IISLRCK 不产生
[1]	IIS Prescaler Enable	0=预分频器禁止； 1=预分频器使能
[0]	IIS Interface Enable	0=IIS 禁止(停止)； 1=IIS 使能(启动)

2. IIS 模式寄存器 IISMOD

IIS 控制寄存器 IISMOD 各位的含义见表 C-15。

表 C-15　IIS 控制寄存器 IISMOD 各位的含义

位	位名称	描　述
[8]	Master / Slave Mode Select	0=主模式(IISLRCK 和 IISCLK 输出)； 1=从模式(IISLRCK 和 IISCLK 输入)
[7:6]	Transmit / Receive Mode Select	00=不传输；　01=接收模式； 10=发送模式；　11=发送/接收模式
[5]	Active Level of Left / Right Channel	0=左通道为低(右通道为高)； 1=左通道为高(右通道为低)
[4]	Serial Interface Format	0=IIS 格式； 1=MSB (Left)-Justified 格式
[3]	Serial Data Bit Per Channel	0=8 位； 1=16 位
[2]	Master Clock (CODEECLK) Frequency Select	0= 256 fs； 1= 384 fs　(fs：采样频率)
[1:0]	Serial Bit Clock Frequency Select	00= 16 fs；　01= 32 fs； 10= 48 fs；　11= N/A

3. IIS 比例因子寄存器 IISPSR

IIS 控制寄存器 IISSPSR 各位的含义见表 C-16。IISPSR[3:0]/[7:4]的取值与比例因子的关系见表 C-17。

表 C-16 IIS 控制寄存器 IISSPSR 各位的含义

位	位名称	描 述
[7:4]	Prescaler Value A	预分频器 A 的比例因子 Clock_prescaler_A = MCLK/<division factor>
[3:0]	Prescaler Value B	预分频器 B 的比例因子 Clock_prescaler_B= MCLK/<division factor>

表 C-17 IISPSR[3:0]/[7:4]的取值与比例因子的关系

IISPSR[3:0]/[7:4]	比例因子	IISPSR[3:0]/[7:4]	比例因子
0000B	2	1000B	1
0001B	4	1001B	—
0010B	6	1010B	3
0011B	8	1011B	—
0100B	10	1100B	5
0101B	12	1101B	—
0110B	14	1110B	7
0111B	16	1111B	—

4. IIS 队列控制寄存器 IISFCON

IIS 控制寄存器 IISFCON 各位的含义见表 C-18。

表 C-18 IIS 控制寄存器 IISFCON 各位的含义

位	位名称	描 述
[11]	发送 FIFO 存取模式选择	0=正常存取模式;1=DMA 存取模式
[10]	接收 FIFO 存取模式选择	0=正常接收模式;1=DMA 接收模式
[9]	发送 FIFO 使能位	0=FIFO 禁止;1=FIFO 使能
[8]	接收 FIFO 使能位	0=FIFO 禁止;1=FIFO 使能
[7:4]	发送 FIFO 数据计数值	数据计数值=0~8(只读)
[3:0]	接收 FIFO 数据计数值	数据计数值=0~8(只读)

5. IIS 队列寄存器 IISFIF

IIS 的总线接口在传输和发送模式下有两个 16 字节的队列。每个队列都是 16 位宽、8 位深的形式，这允许队列以半字方式处理数据而不用考虑合法的数据大小。发送和接收队列的访问通过队列入口完成。队列入口的地址为 0x01D18010。

IIS 控制寄存器 IISFIF 各位的含义见表 C－19。

表 C－19　IIS 控制寄存器 IISFIF 各位的含义

位	位名称	描　述
[15：0]	FENTRY	IIS 的发送/接收数据

C.8　S3C44B0X 的引脚与 I/O 端口

S3C44B0X 具有 71 个多功能输入/输出引脚。它们包含在如下 7 组端口中：

- 2 个 9 位输入/输出端口(端口 E 和 F)；
- 2 个 8 位输入/输出端口(端口 D 和 G)；
- 1 个 16 位输入/输出端口(端口 C)；
- 1 个 10 位输出端口(端口 A)；
- 1 个 11 位输出端口(端口 B)。

每组端口都可以通过软件配置寄存器来满足不同系统和设计的需要，在运行程序之前必须先对每一个用到的引脚的功能进行设置，如果某些引脚的复用功能没有使用，那么可以将该引脚设置成 I/O 口。

C.8.1　端口配置寄存器 PCON

由于多数端口都是多功能口，因此，需要用端口配置寄存器 PCONn 来对各个引脚的功能进行设置。

端口配置寄存器各位的含义见表 C－20。

表 C－20　端口配置寄存器 PCONA～PCONG

寄存器名称	每个引脚在寄存器中所占的位数	描　述
PCONA[9：0]	1	0＝功能 1；1＝功能 2
PCONB[10：0]	1	0＝功能 1；1＝功能 2

续表 C-20

寄存器名称	每个引脚在寄存器中所占的位数	描述
PCONC[31:0]	2	00=输出；01=输出； 10=功能 2;11=功能 3
PCOND[15:0]	2	00=输入;01=输出； 10=功能 2;11=功能 3
PCONE[17:16]	2	00=ENDIAN;01=输出； 10=CODECLK;11=保留
PCONE [15:0]	2	00=输入;01=输出； 10=功能 2;11=功能 3
PCONF[21:10]	3	000=输入;001=输出； 010=功能 2;011=功能 3; 100=功能 4;其他=保留
PCONF[9:0]	2	00=输入；01=输出； 10=功能 2;11=功能 3
FCONG[15:0]	2	00=输入；01=输出； 10=功能 2;11=功能 3

C.8.2 端口数据寄存器 PDATA～PDATG

S3C44B0X 的端口数据寄存器为 PDATA～PDATG。寄存器的每一位都对应着一个引脚，当引脚被设置为输出引脚时，输出数据的方法就是将数据写入到该引脚对应 PDATn 的位中；反之，当端口被设置位输入引脚时，读入数据的方法就是将 PDATn 中的相应位读出。

C.8.3 上拉寄存器 PUPC～PUPG

PC～PG 这几组端口可以用编程的方法内接电阻，因此为了用程序来控制，S3C44B0X 为这几组端口专门配置了配套的上拉寄存器 PUPC～PUPG。当 PUPn 的对应位设置为“0”时，该引脚上的上拉使能；反之，当为“1”时，该引脚上的上拉禁止。

习 题

1. 简述 S3C44B0X 的结构，并比较 S3C44B0X 与 LPC2000 之间主要有什么区别。

2. S3C44B0X 的存储空间是如何分配的？它们之间有什么区别？
3. 说明 S3C44B0X 的 5 种功耗控制方式。
4. S3C44B0X 有几个 DMA 控制器？它们是如何配置的？各起什么作用？
5. 试说明 S3C44B0X 的中断管理机制及特点。
6. 试说明 S3C44B0X 的 LCD 控制器的作用及其输出信号的作用。
7. 试说明 S3C44B0X 的 IIS 总线接口与普通串行总线接口的区别。

附录D ARM 高级存储管理

目前，相当一些嵌入式系统都需要安装操作系统，在系统中常常有多个任务在并发地运行。为了使这些任务能顺利地完成各自的工作，就必须对系统资源以及各个任务空间进行必要的保护。为此，高端 ARM 处理器大多数都配置了相应的存储保护单元 MPU（Memory Protection Unit）或 MMU（Memory Management Unit）。

本章的主要内容有：

- Cache 的基本概念和工作原理；
- 协处理器及协处理器操作指令；
- ARM 的保护区和存储器保护单元 MPU；
- 虚拟存储管理的概念；
- ARM 的存储管理单元 MMU。

D.1 高速缓冲存储器

为了提高处理器访问主存中指令或数据的速度，ARM 在主存和处理器之间设置了一个小容量的高速存储器作为主存与处理器的缓冲装置，这个缓冲装置叫做高速缓冲存储器 Cache。

D.1.1 Cache 的基本概念和工作原理

所谓 Cache，就是在处理器与内存中间设置的一个小容量高速中间存储装置，在这个存储装置中存放了自主存复制来的，处理器当前正在使用或近期将要使用的指令和数据，这种装置叫做高速缓冲存储器。设置这种装置的目的是提高处理器的工作速度。

1. Cache 的工作原理

一般来说，构成主存的存储器件的工作速度远低于处理器内核的工作速度，这样就使得处理器内核在执行完一条指令后，常常需要“等待”一些时间才能再次访问内存，从而使高速的处理器内核发挥不出其应有的效率。当然，解决这个问题的最好办法是采用工作速度更高的存储器器件。但遗憾的是，高速器件的价格相当高，整个主存都采用这样的器件将是难以承受的。

在长期的实践过程中人们发现，处理器内核访问内存时有一个特点，即在较短的一段时间内处理器内核访问的指令和数据往往集中在内存的某个局部区域。那么是否可以用一个容量较小的高速存储器，作为处理器内核和内存之间的一个中间环节来暂存处理器内核当前正在使用的代码和数据，从而使处理器内核不会出现因速度上的不匹配而产生的等待现象呢？实践证明，这个做法是可行的。这个小容量快速中间存储装置就叫做高速缓冲存储器 Cache。

处理器内核、Cache 和内存之间的关系见图 D-1 所示。

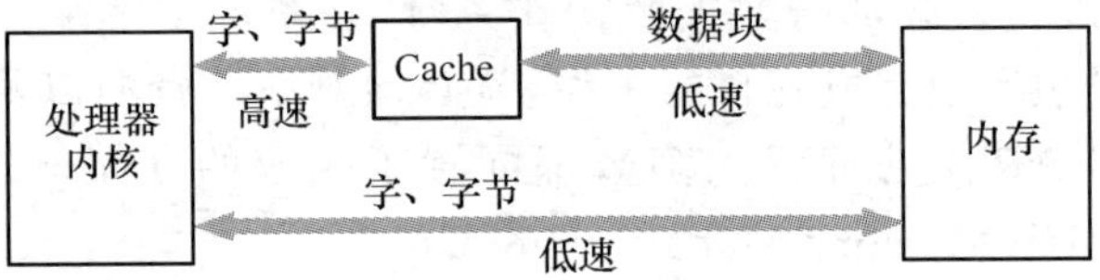

图 D-1　处理器内核、Cache 和内存之间的关系

工作时，处理器首先访问 Cache，如果 Cache 中有需要的指令或数据，则读取它；否则通过总线到内存中去读取，在处理器处理这些信息时，内存利用这段总线的空闲时间以数据块为单位，批量地把内存中处理器正在访问的一段信息传递给 Cache，以使 Cache 中保有处理器近期待访问的指令和数据。这样，通常情况下处理器面对的是高速 Cache，而不是低速的内存，从而大大提高了访问指令和数据的速度。

简单地说，内存相当于批发商，而 Cache 相当于零售商。

更完善的 Cache 如图 D-2 所示。

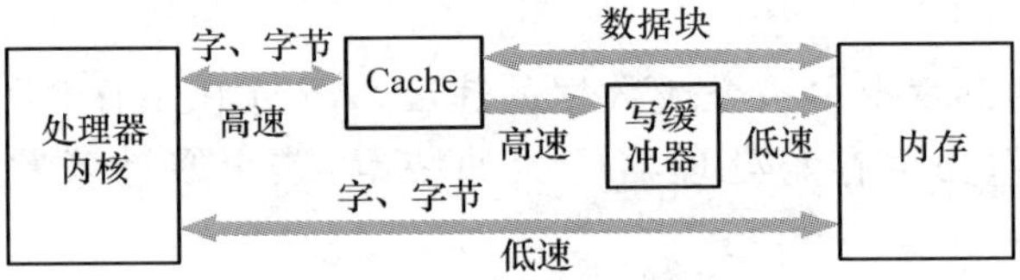

图 D-2　更完善的 Cache

从图 D-2 中可以看到，Cache 与内存之间又增加了一个写缓冲器，这也是一个高速存储器。因为有时 Cache 中的数据被处理器进行了修改，当然这些已被修改的数据还要从 Cache 中写回主存中，但是对主存的写操作要比读操作慢得多，所以在这里又使用了上述方法，即在主存与 Cache 之间又增加一个小型高速存储器来作为写缓冲器，以使 Cache 从较慢的内存写操作中解脱出来。

2. Cache 的结构

通过图 D-3 可以了解 Cache 的一般结构。Cache 大体上可以分为两个组成部分：Cache 存储器和 Cache 控制器。

Cache 存储器是一个存储阵列，其基本存储单位叫做 Cache 行。一个 Cache 行除了要存

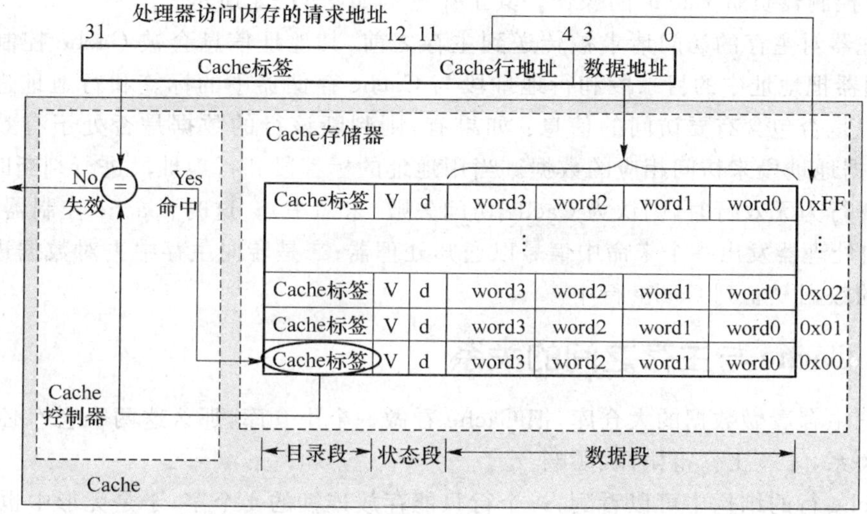

图 D-3 拥有 256 行，每行存放 4 个 32 位字的 4 KB Cache 的示意图

放从主存复制来信息之外，还要存储一些其他信息，所以每一个 Cache 行又被分为若干段。例如，在图 D-3 中，Cache 行被分为了三段：Cache 标签（目录段）、状态段和数据段。

数据段用来存放从主存复制来的指令或数据。

Cache 标签用来表示数据源地址。即该行数据来自主存的哪个存储区域（数据所在区域的高位地址）。

状态段用来表示数据的状态。即 Cache 行中的数据是否为有效数据及是否为"脏"数据。

凡是真正从主存复制来的指令或数据都是有效数据。为了表明数据段中的数据是否有效，在 Cache 行中设置了 V 标志。如果处理器访问了无效行，则被 Cache 控制器认为这是一个空行，并产生一个"未命中"异常以通知处理器，这样处理器就可以在对应的中断服务程序中对这个异常进行适当的处理（这个处理程序常常是操作系统的一部分）。

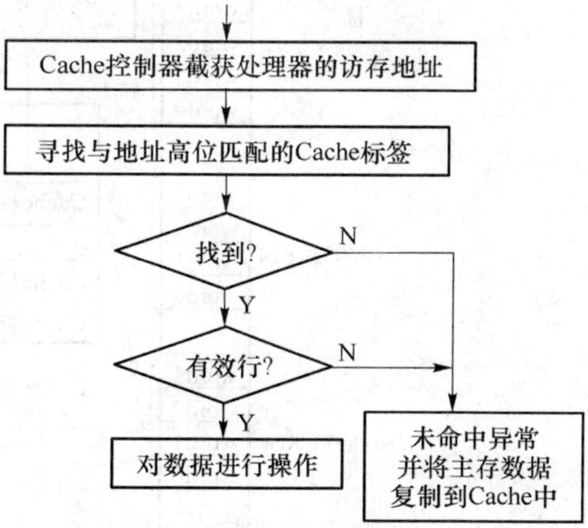

图 D-4 Cache 控制器的操作

人们把被修改过的数据叫做被"污染"了的数据，或者"脏"数据，该数据所在的 Cache 行也叫做"脏"行。所以为保持主存数据与对应 Cache 行的数据的一致性，在适当的时候要由 Cache 回写装置把被修改的数据写回主存。为了表示"脏"行；在 Cache 行中设置了 d 标志。d 标志有效，则意味着该 Cache 行为"脏"行；否则就未被修改过。

Cache 控制器负责 Cache 的操作。其工作过程如图 D-4 所示。

在处理器对主存的访问请求被传送到主存之前,其地址信息会被 Cache 控制器所截获。Cache 控制器把地址中的目录段和行地址段与 Cache 存储器中的标签和行地址进行比较,判断 Cache 中是否包含有要访问的信息:如果有,则判断该行的数据是否处于有效状态;如果是,则用数据地址段来访问相应的数据。当用地址的标签段和行地址段进行判断时,发现待访问的 Cache 行为无效行时,则认为 Cache 访问失败(未命中)。这时,Cache 控制器要做两项工作:一是向处理器发出一个未命中信号以通知处理器;二是转向主存中去对数据进行访问,并把主存中的数据复制到 Cache 行中。

D. 1. 2 Cache 与主存之间的关系

如果把主存看做数据的大仓库,把 Cache 看做一个小仓库,那么这两个仓库必须有一个良好的配合关系,才能工作得协调、顺畅。

从 Cache 行的结构中可以看到,一个行只能存放连续的 4 个字,于是无形中也就把主存分为了若干个块,每个块的大小为 4 个字。如果把主存中这样的块叫做内存块,那么由于 Cache 存储器的容量比主存容量要小得多,所以就使得主存中的每个内存块不能唯一对应 Cache 存储器中的一个 Cache 行,而是多个内存块共享同一个 Cache 行。例如,图 D-5 中行地址为 0x82 的 Cache 行就对应了主存中行地址为 0x82 的 1M 个内存块。这也就是说,在某一个具体时刻,这 1M 个内存块中只能有一个块的数据被复制到 Cache 中。

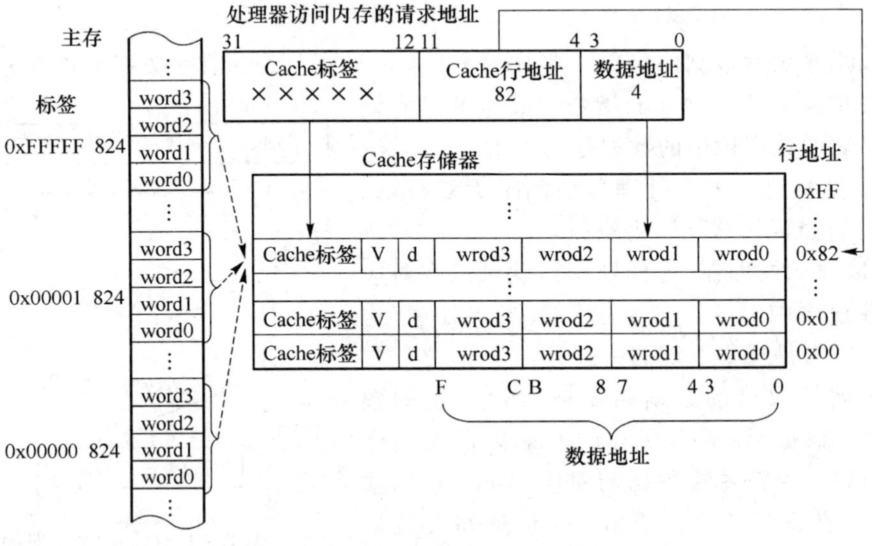

图 D-5 直接映射 Cache 的示意图

显然,图 D-5 所示的直接映射式 Cache 有一个致命的弱点,即当应用程序需要连续访问与同一个 Cache 行所共享的多个主存块中的数据时，会使 Cache 频繁地进行内存块的替换操作，即发生了所谓的 Cache 颠簸现象。

解决颠簸现象的一个办法就是多设置几个相同的 Cache 存储器，这样就会有多个具有相同行地址的 Cache 行，使原来只有一个 Cache 行的内存块群就会有多个 Cache 行可以使用，从而颠簸现象减少了。这种技术叫做 Cache 的组相联。一个采用了组相联技术分为 4 个路组的 Cache 存储器如图 D－6 所示。

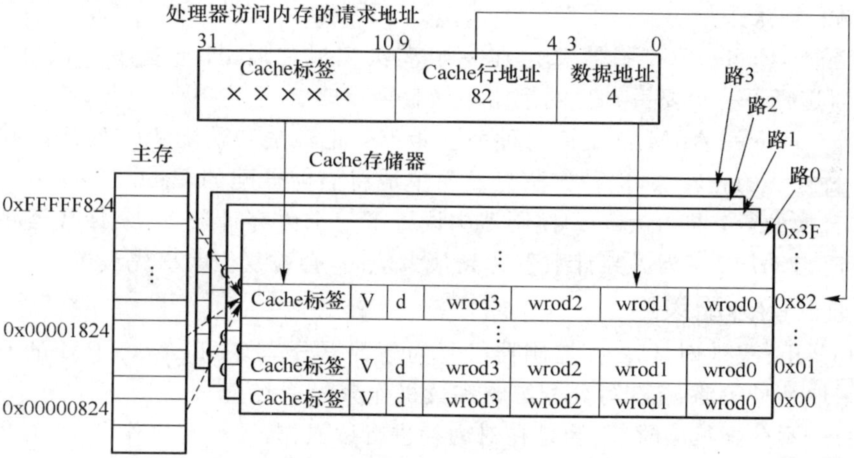

图 D－6　分为 4 路组的 Cache 示意图

评价 Cache 性能的关键指标是 Cache 的命中率。

D. 1. 3　Cache 的写缓冲器

写缓冲器是一个容量很小的高速 FIFO 缓冲存储器，用来暂存 Cache 存储器将要回写到主存的数据。

1. 写策略

处理器核可以采用两种策略对存储器进行写操作：一种是同时向 Cache 存储器和内存同时写入数据，将两处的数据同时进行更新，这种做法叫做“直写法”；另一种方法就是处理器核只把数据写入 Cache 行，只有当相应的 Cache 行需要替换时，再把数据写入内存，这种做法叫做“回写法”。

当处理器核采用直写法时，处理器核每次写操作既要写 Cache 行，还要写内存，因此这种做法的速度要慢一些。

如果处理器采用回写策略，则处理器核写 Cache 命中时，只向 Cache 行写数据，而不立即写入内存，这样速度会快一些，但是内存块中的数据可能要与相应 Cache 行中的数据出现不一致的现象。即 Cache 行中的数据是新的，而内存中的数据却是旧的。为了能够保证 Cache 行在替换或清除时,Cache 行中的数据可以写入内存块,在 Cache 行中要设立一个表明数据是否被修改过的标志(脏位)。如果被修改过,则该标志位被置 1;否则置 0。

2. 行替换策略

当处理器核访问一个 Cache 行未命中时,Cache 控制器必须按处理器核给出的地址去访问内存,但在把从内存中获得的数据存放到 Cache 中之前,Cache 控制器必须在 Cache 当前有效的组中腾空一个 Cache 行,于是该 Cache 行中的原数据叫做丢弃行。控制器选择丢弃行的工作过程叫做“淘汰”。

一般情况下,Cache 的控制器总是在一个淘汰完成之后,即准备下一次需要淘汰的行,Cache 控制器选择下一个要丢弃行的策略叫做替换策略。

目前,带 Cache 的 ARM 核支持两种替换策略:轮转法和伪随机替换法。其中最简单的是叫做循环替换法的轮转法,这种方法只是简单地将当前分配的 Cache 行的下一行作为下一次淘汰时被替换的行。即在 Cache 控制器中设置了一个丢弃计数器,该计数器每一次在分配新 Cache 行时自动加 1。当丢弃计数器达到最大值时,会被复位为事先设置的一个基值。

3. 失败时的分配策略

在访问 Cache 失效时,Cache 控制器必须为新数据分配 Cache 行,ARM 的 Cache 在分配行时,可以采取两种策略:读/写分配策略和读操作分配策略。

当采用读/写分配策略时,不管是在对内存进行读操作,还是写操作,只要被操作对象未在 Cache 中,Cache 控制器都要为操作对象分配 Cache 行。而当采用读操作分配策略时,Cache 控制器只为处理器核对内存的读操作对象分配 Cache 行,而写操作则只直接更新内存内容,不分配 Cache 行。

D.2 协处理器

ARM 处理器中的 ALU 和相关寄存器只能完成一些通用运算,从理论上说,使用这些通用运算功能完全可以用软件来实现其他各种复杂运算。但这些软件不但编写困难,而且运行起来也相当耗时。为此,人们常常设计一些可以挂接到处理器上的专用硬件运算电路协助处理器完成一些专门运算以提高执行速度。这些专用运算电路就叫做协处理器。

D.2.1 ARM 的协处理器

ARM 的协处理器与处理器相仿,也有指令流水线、指令译码、内部寄存器组和数据通路处理逻辑。即协处理器使用独立的、与处理器不同的指令。

一个 ARM 系统允许挂接 16 个协处理器,每个协处理器都具有一个唯一的编号。

有些 ARM 处理器自带协处理器,例如 ARM7TDMI 就在其内部挂接了通信通道协处理器 CP14 和系统控制协处理器 CP15。如果还需要其他协处理器,则可由芯片生产商另行挂接。

ARM7TDMI 的协处理器见表 D－1。

表 D－1　ARM7TDMI 的协处理器

协处理器编号	功　能
CP15	系统控制
CP14	通信通道协处理器
CP13～CP8	系统保留
CP7～CP4	由处理器芯片生产商挂接
CP3～CP0	系统保留

D.2.2　协处理器操作指令

由于运算是由协处理器硬件完成的，所以协处理器通常没有什么运算指令，通常只是一些在协处理器寄存器、处理器寄存器和存储器之间的数据传送指令。

1. 协处理器内部数据传送指令 CDP

CDP 为协处理器在内部寄存器之间进行数据传递的指令，其格式为：

CDP{cond}　<Pn>，<opcode1>，<CRd>，<CRn>，<CRm>，{<opcode2>}

其中：

Pn 为协处理器名称，其中 n 为序号，为 0～15；

opcode1 为由协处理器定义的特定操作码 ；

CRd 为目标寄存器的协处理器寄存器；

CRn 为第 1 操作数的协处理器寄存器；

CRm 为第 2 操作数的协处理器寄存器；

Opcode2 为可选的特定操作码。

CDP 指令用于 ARM 处理器通知 ARM 协处理器执行特定的操作，若协处理器不能成功地完成特定的操作，则产生未定义指令异常。

2. 存储器与协处理器之间的数据传送

LDC 指令用于将源寄存器所指向的存储器中的字数据传送到协处理器的寄存器，其格式为：

LDC{cond}{L}　<Pn>，<CRd>，<addr>

其中：

Pn 为协处理器名称；

CRd 为目标协处理器寄存器；

addr 为源操作数地址；

L 表示长整数传送（可选项），用于双精度数据的传输。

例如：

```
LDC P3,C4,[R0] ;将寄存器 R0 所指向的存储器中的字数据传送到协处理器 P3 的寄存器 C4 中
```

STC 指令用于完成与 LDC 指令相反的操作，其格式为：

STC{cond}{L}　<Pn>,<CRd>,<addr>

例如：

```
STC P3,C4,[R0] ;将协处理器 P3 的寄存器 C4 中的字数据传送到 ARM 处理器的寄存器 R0 所指向的存储器中
```

3. 处理器与协处理器之间的数据传送指令

MCR 指令用于将 ARM 处理器寄存器中的数据传送到协处理器寄存器中，其格式为：

MCR{cond}　<Pn>,<opcode1>,<CRd>,<CRn>,<CRm>,{<opcode2>}

若协处理器不能成功地完成操作，则产生未定义指令异常。其中，协处理器操作码 1 和协处理器操作码 2 为协处理器将要执行的操作；源寄存器为 ARM 处理器的寄存器；目的寄存器 1 和目的寄存器 2 均为协处理器的寄存器。

指令示例：

```
MCR P3,3,R0,C4,C5,6;该指令将 ARM 处理器寄存器 R0 中的数据传送到协处理器 P3 的寄存器 C4 和 C5 中
```

MRC 指令用于将协处理器寄存器中的数据传送到 ARM 处理器寄存器中，其格式为：

MRC{cond}　<Pn>,<opcode1>,<CRd>,<CRn>,<CRm>,{<opcode2>}

若协处理器不能成功地完成操作，则产生未定义指令异常。其中，协处理器操作码 1 和协处理器操作码 2 为协处理器将要执行的操作；目的寄存器为 ARM 处理器的寄存器；源寄存器 1 和源寄存器 2 均为协处理器的寄存器。

指令示例：

```
MRC P3,3,R0,C4,C5,6   ;该指令将协处理器 P3 的寄存器中的数据传送到 ARM 处理器寄存器
```

D.3　ARM 存储器保护单元 MPU

对任务或系统资源的保护，实质上就是对其所占用的存储空间的保护。一个简单的做法就是对需要保护的存储空间定义相应的访问权限，当有访问者访问该空间时，就使用这个访问权限对访问者的访问资格进行检查，以决定其是否可以对该空间进行访问。在 ARM 中，这种定义了访问权限等属性的存储空间，就叫做保护区域。

为了设置保护区域和进行访问操作的检查工作，在 ARM740T、ARM940T、ARM946E－S 和 ARM1026EJ－S 四种核中带有一个叫做存储器保护单元 MPU 的硬件系统。用户可以根据需要通过这个 MPU 与协处理器的相关寄存器，在内存中定义保护区域的位置和大小及访问权限等属性。

一个保护区域与 MPU 之间关系的示意图如图 D-7 所示。

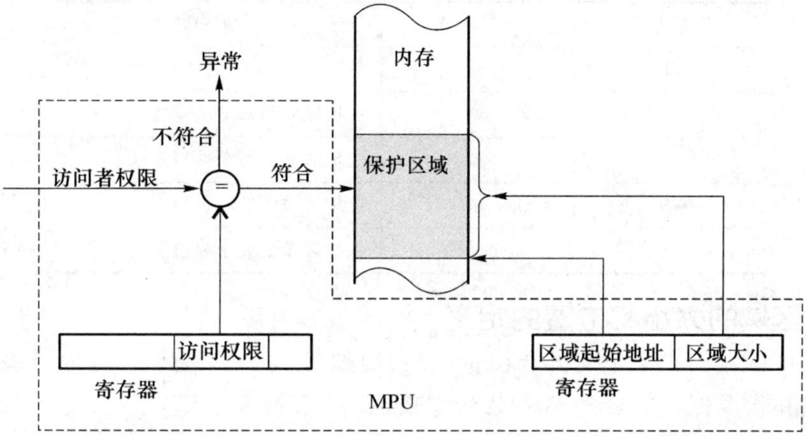

图 D-7 保护区域及 MPU 的示意图

由图 D-7 可以看到，当一个访问者在访问一个内存保护区时，MPU 会采集访问者的访问权限并将其与该区域的访问权限属性相比较。如果访问者符合区域的访问权限，则 MPU 允许其对这个区域进行读/写操作；否则将拒绝访问者的任何操作并产生异常。

D. 3. 1 ARM 的 MPU

前面谈到，ARM 核 ARM740T、ARM940T、ARM946E-S 和 ARM1026EJ-S 等配有 MPU。其中有些处理器的 MPU 还区分保护区的类型，例如 ARM940T 的保护区域就分为两种：指令保护区域和数据保护区域。

带 MPU 的 ARM 核保护区域的配置概要见表 D-2。

表 D-2 带 MPU 的 ARM 核保护区域的配置概要

ARM 核	保护区的最大数目	是否区分指令区和数据区	区域配置是否可分别设置
ARM740T	8	否	否
ARM940T	16	是	是
ARM946E-S	8	否	是
ARM1026EJ-S	8	是	是

D. 3. 2 协处理器 CP15 及保护区域的定义

用户通过对协处理器 CP15 的各个寄存器来设置各保护区域的大小、访问权限等属性。

协处理器 CP15 用来定义保护区域的寄存器功能见表 D-3。

表 D-3 协处理器 CP15 用来定义保护区域属性的寄存器功能

主寄存器	次寄存器	功 能
c1	c0	系统控制
c2	c0	保护区域的 Cache 属性
c3	c0	保护区域的写缓冲器属性
c5	c0	保护区域的访问权限
c6	c0～c7	保护区域的大小和位置

1. 保护区域的大小和位置的定义

用户最多可以在内存中定义 8 个保护区域,用编号 0～7 作为保护区的标识。但对于区分数据保护区域和指令保护区域的 ARM940T 来说,0～7 这 8 个编号可以定义 16 个保护区,即每个编号对应两个保护区:一个数据保护区和一个数据保护区。

CP15 寄存器 c6 中有 8 个次寄存器 CP15：c6：c0～ CP15：c6：c7,它们各自用于一个保护区的定义,次寄存器的序号就是对应保护区的标识,例如寄存器 CP15：c6：c0：0 对应的是保护区 0,CP15：c6：c1：0 对应的是保护区 1,等等。

寄存器 CP15：c6 各次寄存器的格式如图 D-8 所示。

31　　　　　　　　12	11　　6	5　　1	0
区域起始地址	SBZ	*N*	E

图 D-8 CP15：c6 的各次寄存器的格式

其中,寄存器的第 12～31 位用来定义保护区的起始地址,并且规定,起始地址必须为该保护区域大小的整数倍。例如,如果要定义一个大小为 128 KB 的区域,则其起始地址必须为 0x20000 的整数倍。在寄存器中,保护区域的大小用 N 来设置,每个区域的大小为 2^{N+1} ($11 \leqslant N \leqslant 31$),但其值必须在 4 KB～4 GB 之间。寄存器的第 0 位为所定义保护区域的使能位 E:E=1,则该区域能够工作;否则将禁止该区域工作。SBZ 必须设置为 0。

用来定义保护区域大小编码 N 的取值及其对应的空间的大小见表 D-4。

表 D-4 用来定义保护区域大小编码 *N* 及其对应的空间的大小

区域大小	*N*(十进制)	*N*(二进制)	区域大小	*N*(十进制)	*N*(二进制)
4 KB	11	01011	8 MB	22	10110
8 KB	12	01100	16 MB	23	10111
16 KB	13	01101	32 MB	24	11000

续表 D-4

区域大小	N(十进制)	N(二进制)	区域大小	N(十进制)	N(二进制)
32 KB	14	01110	64 MB	25	11001
64 KB	15	01111	128 MB	26	11010
128 KB	16	10000	256 MB	27	11011
256 KB	17	10001	512 MB	28	11100
512 KB	18	10010	1 GB	29	11101
1 MB	19	10011	2 GB	30	11110
2 MB	20	10100	4 GB	31	11111
4 MB	21	10101			

例 D-1 试把起始地址为 0x300000，大小为 256 KB 的存储空间定义为标识为 3 的保护区域。

解 完成题目功能的典型代码段为：

```
MOV R1, #0x300000           ;将首地址赋予寄存器 R1
ORR R1, R1, #0x11 << 1      ;在 R1 的第 1 位到第 5 位添加 10001
MCR P15, 0, R1, C6, C3, 0   ;将 R1 的值赋予 CP15：c6：c3
```

上述代码执行后寄存器 CP15：c6：c3 中的数据如图 D-9 所示。

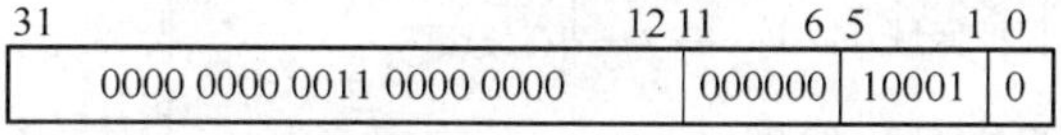

图 D-9 设置了保护区域 3 之后寄存器 CP15：c6：c3 中的数据

如果内核为 ARM940T，则因为该内核用一个标识号可以定义数据和指令两个保护区域，因此在指令中必须使用 opcode 2 对这两个保护区域进行区分，其值为 0 是定义数据保护区域，为 1 则是定义指令保护区域。

例 D-2 已知数据保护区域和指令保护区域的设置数据已分别存在于寄存器 R2 和 R3 中，试设置保护区 5。

解 设置这两个保护区域的指令代码为：

```
MCR P15, 0, R2, C6, C5, 0   ;设置数据保护区域
MCR P15, 0, R3, C6, C5, 1   ;设置指令保护区域
```

2. 保护区访问权限的定义

一个内存区域之所以能成为一个保护区，就因为对该区域可以设置一个访问权限，以阻止不符合访问权限的非法访问。

在 ARM 中,保护区的访问权限有标准访问权限和扩展访问权限两种。标准访问权限用两位二进制码表示,扩展访问权限用 4 位二进制码表示,详见表 D-5。

表 D-5 访问权限的代码

系统管理者权限	用户权限	标准 AP 的代码	扩展 eAP 的代码
不可访问	不可访问	00	0000
读/写	不可访问	01	0001
读/写	只读	10	0010
读/写	读/写	11	0011
未定义	未定义	—	0100
只读	不可访问	—	0101
只读	只读	—	0110
未定义	未定义	—	0111
未定义	未定义	—	1000～1111

用户使用协处理器 CP15 的 c5 寄存器中的次寄存器 c0 来设置保护区的标准访问权限 AP。格式如图 D-10 所示。

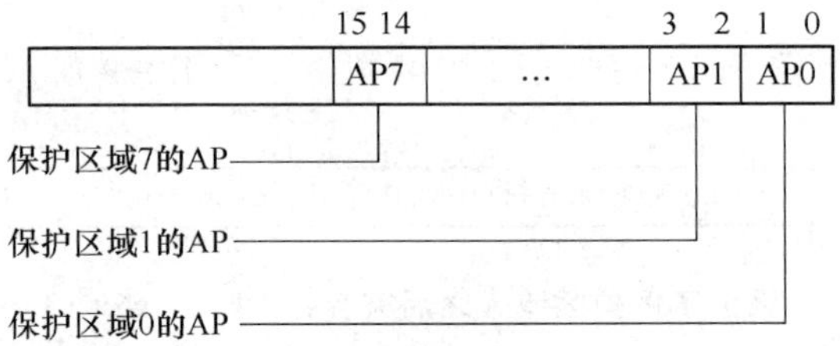

图 D-10 CP15 : c5 : c0 的格式

与设置保护区域位置和访问属性相关的寄存器的示意图如图 D-11 所示。

扩展访问权限仅用于 ARM946E-S 和 ARM1026EJ-S 两种内核。虽然扩展访问权限一共为 16 个,但目前还未全部被定义,如果用户使用了未定义的访问权限,系统将会出现不可预知的错误。

如果内核为 ARM940T,则因为该内核用一个标识号可以定义数据和指令两个保护区域,因此在指令中必须使用 opcode 2 对这两个保护区域进行区分,其值为 0 是定义数据保护区域,为 1 则是定义指令保护区域。

例 D-3 设计两个分别用来对数据和指令保护区域设置访问权限的函数。

解 两个函数的代码如下:

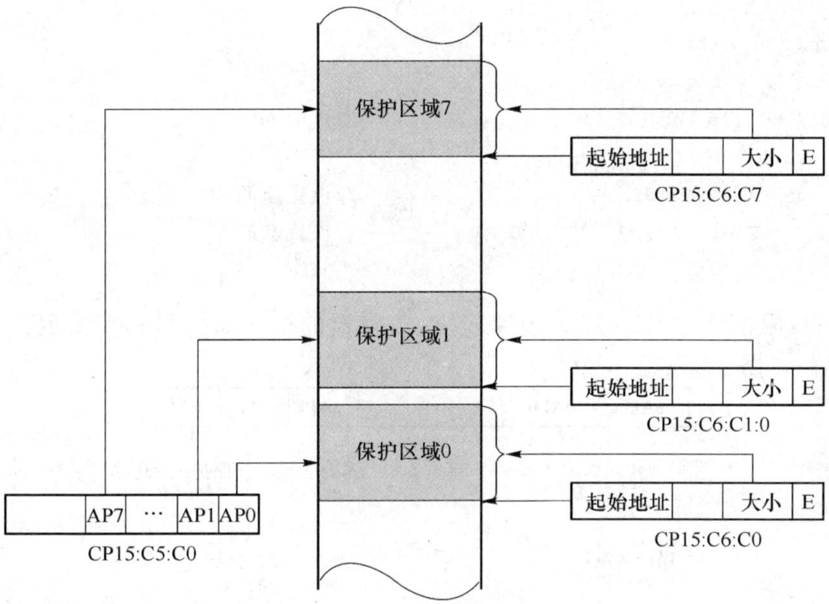

图 D-11　设置保护区域位置及访问属性相关的寄存器的示意图

```
/ * 为指令保护区域设置访问权限的函数 * /
void setIAP(
                unsigned regionID ,          //保护区域标识编号
                unsigned ap                  //访问权限编码
                )
{
    unsigned v5 , shift;
    shift = 2 * regionID;
    __asm { MRC p15 , 0 , v5 ,c5 , c0 , 1 }  //读取 AP
    v5 = v5 & ~ (0x3 << shift );             //清除原来的 AP
    v5 = v5 | (ap << shift );                //设置新的 AP
    __asm { MCR p15 , 0 , v5 , c5 , c0 , 1 } //设置新的 AP
}

/ * 为数据保护区域设置访问权限的函数 * /
void setDAP(
                unsigned regionID ,          //保护区域标识编号
                unsigned ap                  //访问权限编码
                )
```

```
{
    unsigned v5 , shift;
    shift = 2 * regionID;
    __asm { MRC p15 , 0 , v5 ,c5 , c0 , 0 }          //读取 AP
    v5 = v5 & ~ (0x3 << shift );                     //清除原来的 AP
    v5 = v5 | (ap << shift );                        //设置新的 AP
    __asm { MCR p15 , 0 , v5 , c5 , c0 , 0 }         //设置新的 AP
}
```

扩展访问权限也用 CP15：c5：c0 来定义，寄存器的格式如图 D-12 所示。

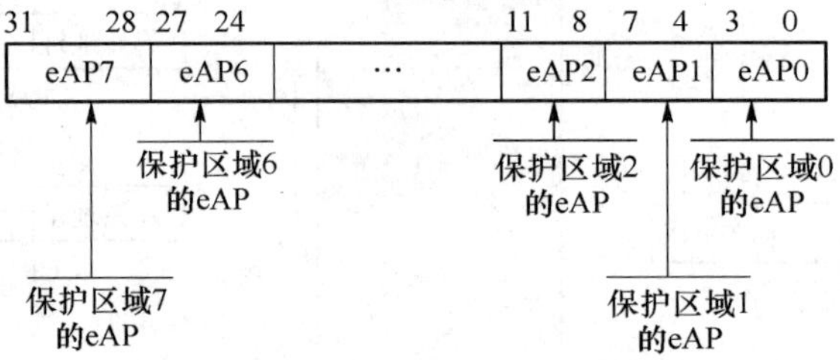

图 D-12　扩展保护权限寄存器 CP15：c5：c0 的格式

另外，ARM946E-S 和 ARM1026EJ-S 除了支持扩展访问权限之外，同时也支持标准访问权限。

如果内核为 ARM940T，则因为该内核用一个标识号可以定义数据和指令两个保护区域，因此在指令中必须使用 opcode 2 对这两个保护区域进行区分，其值为 2 是定义数据保护区域，为 3 则是定义指令保护区域。

3. 保护区域的 Cache 和写缓冲器属性的定义

ARM 中配置了两种 Cache：指令 Cache 和数据 Cache。

用户通过寄存器 CP15：c2：c0 来选用指令 Cache，但设置程序中的设置指令的 opcode 2 必须为 0。

寄存器 CP15：c2：c0 的格式如图 D-13 所示。

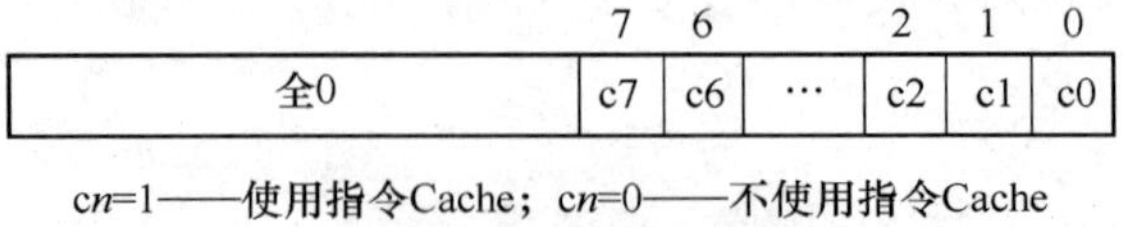

图 D-13　设置区域指令 Cache 的寄存器 CP15：c2：c0 的格式

寄存器第 0～7 位，每一位都对应一个保护区，当该位的值为 1 时，表明该保护区域使用 Cache，否则不使用 Cache。

同样,用户通过寄存器 CP15 ∶ c2 ∶ c0 来选用数据 Cache,但设置程序中的设置指令的 opcode 2 必须为 1。

另外,由于在使用数据缓冲器的同时可能需要使用写缓冲器,所以在对数据缓冲器进行设置时,该寄存器需要与设置写缓冲器属性的寄存器 CP15 ∶ c3 ∶ c0 配合使用,以决定是否使用写缓冲器及采用的写策略。在设置时,设置指令的 opcode 2 必须为 0。

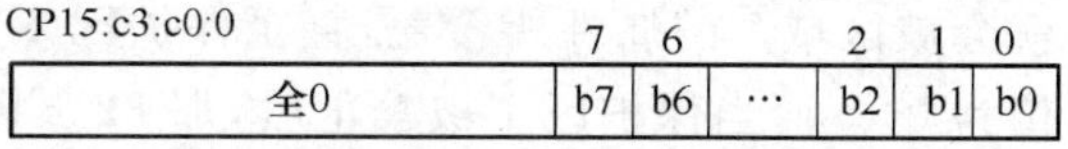

图 D-14　寄存器 CP15:c3:c0 的格式

寄存器 CP15 ∶ c3 ∶ c0 ∶ 0 的格式如图 D-14 所示。

数据 Cache 和写缓存器的设置方式见表 D-6。

表 D-6　数据 Cache 和写缓存器的设置

c*n*	b*n*	说　明
0	0	不使用 Cache 和写缓存器
0	1	不使用 Cache,但使用写缓存器
1	0	使用 Cache,采用直写策略
1	1	使用 Cache,采用回写策略

4. 保护区域、Cache 和写缓冲器的启用

上述各项设置完成之后,就可以通过对寄存器 CP15 ∶ c1 ∶ c0 的设置来启用各保护区域了,这个寄存器相当于控制保护区域的总开关。CP15 ∶ c1 ∶ c0 的格式及相应控制位的含义如图 D-16 所示。

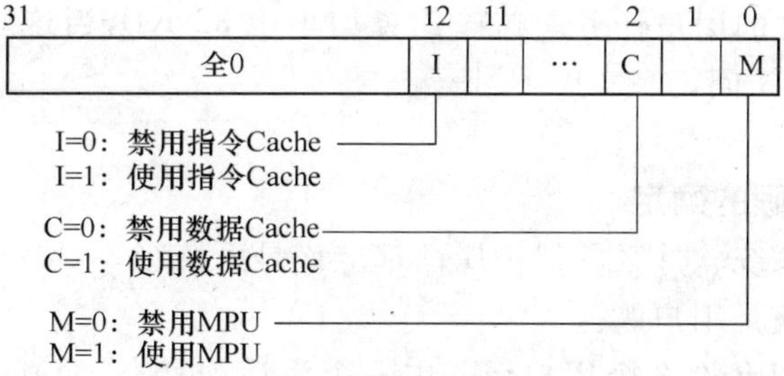

D-15　启用保护区域、Cache 和写缓存器的寄存器 CP15 ∶ c1 ∶ c0 的格式

D. 3. 3　保护区域的重叠应用

在一个已经设置的保护区中还可以再定义和设置另外的保护区,即重叠设置。例如,图 D-16 中就在先定义的一个大小为 256 KB、编号为 0 的保护区中又定义了一个大小为 32 KB、编号为 1 的保护区。

对于这种重叠应用,ARM 规定,保护区标识码大的保护属性具有优先权,即它可以覆盖标识码小的保护区的保护属性。对于本例来说,在中间的那 32 KB 区间中,保护区 0 的属性就会被区域 1 的属性所覆盖,直至保护区 1 被禁止(使该区域的使能位为 0)。而当保护区 1 被禁止后,那 32 KB 区间的保护属性又会显露为保护区 0 的属性,所以保护区 0 也叫做保护区 1 的背景区。

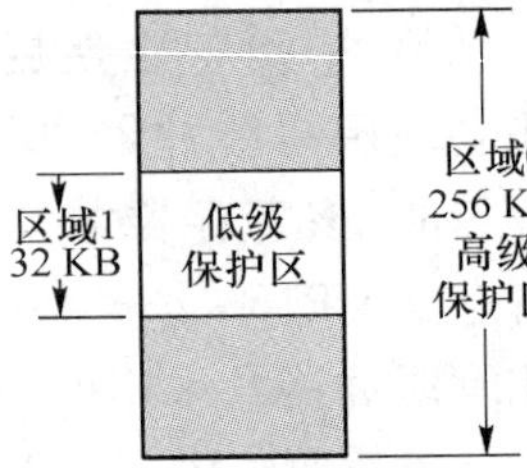

图 D-16　重叠定义的保护区域

保护区的重叠定义是一个很有用途的方法,其重要的应用之一是如图 D-16 所示在保护级别高的区域中开放一个保护级别低的"窗口",使访问级别低的应用程序只能对这个窗口中的代码进行访问,从而保护了"窗口"以外的代码。另外,如果在适当时刻取消重叠的保护区,则该保护区保护属性会因背景的显露而变高了,从而也实现了保护区 1 中数据的目的。有人形象地把在高级别保护区中定义低级别保护区的做法称为"掏墙洞",并且这个"洞"还可以随时堵上。

D.3.4　MPU 应用示例

为使读者了解和掌握 MPU 的具体应用,本小节介绍一个 MPU 的综合应用示例。

例 D-4　本系统中的硬件有 256 KB 的物理存储器和一些外部设备。物理存储器的地址空间为 0x0～0x4000;外部设备的映射空间为 0x10000000～0x12000000。系统的软件部分为:

① 一个不大于 64 KB 的系统软件,要求该区域是用户不可直接访问的。

② 一个不大于 64 KB 的共享程序库,包括通用函数库和用户任务之间通信使用的数据空间,该区域为用户可访问的。

③ 有 3 个功能独立的用户任务。这些任务均小于 32 KB,当这些任务运行时,均不允许其他 2 个任务对其进行访问。

解

(1) 保护区保护权限的确定

- 外设映射区和系统软件区的保护属性都应该是系统级。
- 共享程序库应该是用户级。
- 由于任何时刻只允许 3 个用户任务中一个为活动状态,而其余 2 个应该受到保护,所以它们的保护属性应该根据需要由系统软件动态设定。即当某个任务活动时将其设置为用户级,设置为系统级以防止其他任务的干扰。

(2) 保护区标识的确定

- 由于在题目的要求中有需要保护的代码区,所以应该把整个存储区域都定义为一个具有较高级别的保护区来作为背景区。分析一下题目就会知道,应当使用具有最高访问级别(系统级)的系统软件区或外设区来作为背景区。即把系统区的标识码定义为 1。

- 需要在背景上开“窗口”的区为 3 个用户程序区和 1 个共享程序区。可以把共享程序区定义为 2 区，并在程序运行过程中保持不变而形成一个固定窗口。
- 由于系统运行时只允许 3 个用户任务中的 1 个处于活动状态，即任何时候只有 1 个任务区需要开“窗口”，而另外 2 个任务区则应使用背景区的保护属性而处于受保护状态，所以这 3 个任务区的标识码都可以定义为 3，至于哪个区应该处于有效状态则由系统软件动态设置，即令任务区这个“窗口”是活动的。

综上分析，各区的分配情况见表 D－7。

表 D－7　区域的分配

对　象	区标识码	起始地址	大　小	访问级别
外部设备	4	0x10000000	2 MB	系统
系统软件	1	0x00000000	4 GB	系统
共享程序	2	0x00010000	64 KB	用户
用户任务 1	3	0x00020000	32 KB	用户
用户任务 2	3	0x00028000	32 KB	用户
用户任务 3	3	0x00030000	32 KB	用户

保护区设置图示如图 D－17 所示(注意：图中并未表示任务 1 活动时的情况，请读者自行补画)。

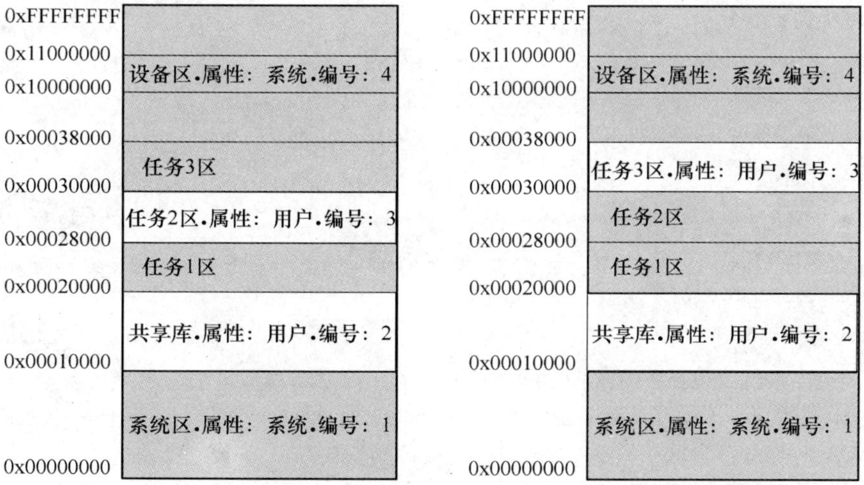

(a) 任务2活动时保护区的设置　　(b) 任务3活动时保护区的设置

图 D－17　保护区设置的图示

(3) 程序设计

为便于初始化操作，首先声明一个描述区域属性的结构 region：

```
struct region
{
    unsigned int number;        //保护区标识码
    unsigned int type;          //访问权限的类型(标准类型还是扩展类型)
    unsigned int baseaddress;  //起始地址
    unsigned int size;          //区域大小
    unsigned int IAP;           //访问权限
    unsigned int DAP;           //访问权限
    unsigned int CB;            //写缓冲区配置
};
```

在程序中，上述结构的实例可以称做区域控制块 RCB。

定义保护区标识码：

```
#define  BACKGROUND  0
#define  KERNEL      1
#define  SHARED      2
#define  TASK        3
#define  PERIPH      4
定义区域类型：
#define  STANDARD    0
#define  EXTENDED    1
#define  DISABLE     0
/* 区域大小 */
#define  SIZE_4G     31
#define  SIZE_2M     20
#define  SIZE_64K    15
#define  SIZE_32K    14
/* CB = ICache[2],DCache[1],WriteBuffer[0] */
/* ICache[2],WB[1:0] = writeback,WT[1:0] = writethrough */
#define  CCB  7
#define  CWB  7
#define  CCb  6
#define  CWT  6
#define  CcB  5
```

```
#define  Ccb  4
#define  cCB  3
#define  cWB  3
#define  cCb  2
#define  cWT  2
#define  ccB  1
#define  ccb  0
/* 区域使能 */
#define  R_ENABLE   1
#define  R_DISABLE  0
```

本例中的 6 个保护区域所对应的 6 个 RCB 如下：

```
region peripheralRegion   =   {PERIPH , STANDARD ,
                                  0x10000000 , SIZE_1M , RWNA , RONA , ccb};
region kerelRegion   =   {KERNEL , STANDARD ,
                                  0x00000000 , SIZE_4G , RONA , RWNA , CWT};
region sharedRegion   =   {SHARED , STANDARD ,
                                  0x00010000 , SIZE_64K , RORO , RWRW , CWT};
region task1Region   =   {TASK , STANDARD ,
                                  0x00020000 , SIZE_32K , RORO , RWRW , CWT};
region task2Region   =   {TASK , STANDARD ,
                                  0x00028000 , SIZE_32K , RORO , RWRW , CWT};
region task3Region   =   {TASK , STANDARD ,
                                  0x00030000 , SIZE_32K , RORO , RWRW , CWT};
```

这里用了 4 个字母的组合来表示访问权限，前 2 个字母表示系统访问权限，后 2 个字母表示用户访问权限。字母的组合为 RW(读/写)、RO(只读)和 NA(不可访问)。

还用了 3 个字母的组合来表示 Cache 和写缓冲器设置信息。第 1 个字母为大写 C 或小写 c，大写 C 表示启用 Cache，小写 c 表示禁用 Cache。后 2 个字母表示数据 Cache 策略和写缓冲器的设置。WT 表示采用直写策略；WB 表示采用回写策略；cb 表示禁用 Cache 和写缓冲器。

```
/* 保护区域和 MPU 的初始化 */
void configRegion(region * reg )
{
    /* 定义保护区域大小和位置 */
    regionSet(reg -> number , reg -> baseaddress ,
        region -> size , R_DISABLE );
    /* 设置各个区域的访问权限 */
```

```
    if(region -> type == STANDARD )
    {
        regionSetISAP ( reg -> number , reg -> IAP);
        regionSetDSAP ( reg -> number , reg -> DAP);
    }
    else if (region -> type == EXTENDED )
    {
        regionSetIEAP ( reg -> number , reg -> IAP);
        regionSetDEAP ( reg -> number , reg -> DAP);
    }
    /* 设置各个区域的 Cache 和写缓冲器 */
    regionSetCB ( reg -> number , reg -> CB );
    /* 起用保护区域和 MPU */
    regionSet ( reg -> number , reg -> baseaddress ,
            reg -> size , R_ENABLE );
}
/* 设置保护区域 */
#if defined( __TARGET_CPU_ARM940T)
#define SET_REGION( reg_NUMBER ) \
    __asm{MCR p15 , 0 , c6f , c6 c ## reg_NUMBER , 0 } \
    __asm{MCR p15 , 0 , c6f , c6 c ## regionID_NUMBER , 1 }
#endif

#if defined( __TARGET_CPU_ARM946E_S) | \
    defined( __TARGET_CPU_ARM1026EJ_S)
#define SET_REGION( regionID_NUMBER ) \
    __asm{MCR p15 , 0 , c6f , c6 c ## regionID_NUMBER , 0 }
#endif
void regionIDSet(unsigned regionID ,
                 unsigned address ,
                 unsigned sizeN ,
                 unsigned enable
                 )
{
    unsigned c6f;
    c6f = enable | (sizeN << 1 ) | address;
    switch(region)
```

```
    {
        case 0; {SETGEGION( 0 ); break; }
        case 1; {SETGEGION( 1 ); break; }
        case 2; {SETGEGION( 2 ); break; }
        case 3; {SETGEGION( 3 ); break; }
        case 4; {SETGEGION( 4 ); break; }
        case 5; {SETGEGION( 5 ); break; }
        case 6; {SETGEGION( 6 ); break; }
        case 7; {SETGEGION( 7 ); break; }
        default:{break; }
    }
}
/ * 设置区域的访问权限 * /
/ * 指令读/写访问权限的设置 * /
void regionIDSetISAP(unsigned regionID ,                //区域编号
                     unsigned ap                        //AP
                     )
{
    unsigned v5 , shift ;
    shift = 2 * regionID;
    __asm{ MRC p15 , 0 , v5 , c5 , c0 , 1 }             //装载 AP
    v5 = v5 & ~(0x3 << shift );                         //清除旧 AP 位
    v5 = v5 | ( ap << shift );                          //设置新 AP 位
    __asm{ MCR p15 , 0 , v5 , c5 c0 , 1 }               //保存 AP
}
/ * 数据读/写访问权限的设置 * /
void regionIDSetDSAP(unsigned regionID ,                //区域编号
                     unsigned ap   //AP
                     )
{
    unsigned v5 , shift ;
    shift = 2 * regionID;
    __asm{ MRC p15 , 0, v5 , c5 , c0 , 0 }              //装载 AP
    v5 = v5 & ~(0x3 << shift );                         //清除旧 AP 位
    v5 = v5 | ( ap << shift );                          //设置新 AP 位
    __asm{ MCR p15 , 0 , v5 ,c5 c0 , 0 }                //保存 AP
}
```

```
/*扩展区域访问权限设置函数*/
/*指令访问权限设置函数*/
void regionIDSetIEAP(unsigned regionID ,                  //区域编号
                     unsigned ap                          //AP
                     )
{
    unsigned v5 , shift ;
    shift = 4 * regionID;
    __asm{ MRC p15 , 0 , v5, c5 , c0 , 3 }                //装载 AP
    v5 = v5 & ~(0x3 << shift );                           //清除旧 AP 位
    v5 = v5 | ( ap << shift );                            //设置新 AP 位
    __asm{ MCR p15 , 0 , v5 , c5 c0 , 3 }                 //保存 AP
}
/*数据读/写访问权限的设置*/
void regionIDSetDEAP(unsigned regionID ,                  //区域编号
                     unsigned ap                          //AP
                     )
{
    unsigned v5 , shift ;
    shift = 4 * regionID;
    __asm{ MRC p15 , 0 , v5 , c5 , c0 , 2 }               //装载 AP
    v5 = v5 & ~(0x3 << shift );                           //清除旧 AP 位
    v5 = v5 | ( ap << shift );                            //设置新 AP 位
    __asm{ MCR p15 , 0 , v5 ,c5 c0 , 2 }                  //保存 AP
}
/*设置 Cache 和写缓存器函数 */
void regionIDSetCB(unsigned regionID ,
                   unsigned CB
                   )
{
    unsigned c3f, tempCB;
    tempCB = CB;
    __asm{MRC p15 , 0 , c3f , c3 c0 , 0 }                 //装载写缓冲器控制寄存器
    c3f = c3f &~(0x1 << regionID );                       //清除旧设置值
    c3f = | ((tempCB & 0x1 ) << regionID );               //设置新设置值
    __asm{ MCR p15 , 0 , c3f , c3 , c0 , 0 }              //保存写缓冲器控制信息
```

```
    tempCB = CB << 0x1 ;                        //移位至数据 Cache 位
    __asm{MRC p15 , 0 , c3f , c2 c0 , 0 }       //装载数据 Cache 控制寄存器
    c3f = c3f &~(0x1 << regionID ) ;            //清除旧设置值
    c3f = | ((tempCB & 0x1 ) << regionID ) ;    //设置新设置值
    __asm{ MCR p15 , 0 , c3f , c2 , c0 , 0 }    //保存数据 Cache 控制信息

    tempCB = CB << 0x2 ;                        //移位至指令 Cache
    __asm{MRC p15 , 0 , c3f , c2 c0 , 1 }       //装载指令 Cache 控制寄存器
    c3f = c3f &~(0x1 << regionID ) ;            //清除旧设置值
    c3f = | ((tempCB & 0x1 ) << regionID ) ;    //设置新设置值
    __asm{ MCR p15 , 0 , c3f , c2 , c0 , 1 }    //保存指令 Cache 控制信息
}

/ * 启用保护区域和 MPU 函数 * /
void controlSet(     unsigned value ,
                     unsigned mask
                     )
{
    unsigned int c1f ;
    __asm{ MRC p15 , 0 , c1f , c1 , c0 , 0 }
    c1f = c1f &~ mask;
    c1f = c1f | value;
    __asm{ MCR p15 , 0 , c1f , c1 , c0 , 0 }
  }
```

D.4 虚拟存储与 MMU

现代处理器多数都配置了叫做存储管理单元 MMU 的硬件装置，它与相应软件相配合所实现的虚拟存储技术，为系统中的每个应用程序都提供了一个各自独立的、与系统实际物理内存无关的虚拟存储空间，从而为应用程序空间提供了有效的保护。由于应用程序虚拟存储空间与物理存储器的大小无关，所以使设计人员可以在这个虚拟存储空间中自由地进行应用程序的设计，而不必顾及实际物理内存的配置与大小。

D.4.1 虚拟存储空间与物理内存空间

众所周知，应用程序及其数据必须存在于内存才能被处理器运行，但是现代计算机系统多数都配置有辅助存储器，应用程序及其数据是以文件的形式存放在辅存中的，这样，当要执行一个应用程序时，就必须把要执行的程序及其数据由辅存复制到内存中去。但由于现代应用

程序的规模很大，常常大于计算机所配置的物理内存。于是，如何在有限的内存中执行大程序就成了一个问题。

在长期的实践中，人们发现，尽管有些应用程序很大，但在一个时间段内处理器所执行的只是该应用程序的某个局部。这就是说，处理器在这个期间内不会用到整个应用程序的全部。这就是程序运行的局部性特点。

这就像人们在阅读一部多卷的书籍一样，在某一个时间段内人们只是在阅读其中的一卷或少数的几卷，而不会同时阅读所有卷，因此书桌上中只要放着正在阅读的那些书就行了，至于其余的就让它们还放在书橱里好了。即需要看哪些就拿哪些，不看不拿。

如果把一个应用程序看做一部多卷的书籍，把一个程序段看做书籍的一卷，把辅存看做书橱，把内存看做书桌，那么计算机系统在执行这个大程序时，就可以仿照人的做法，只把执行的程序段复制到内存来运行，而剩下的程序段就还让它保存在辅存里，这样小内存也就可以运行大程序了。

如果把辅存中需要复制的程序段地址叫做源地址，而复制后程序段在内存中的地址叫做目标地址，那么由于目标地址是实际物理内存的地址，所以就应该叫做物理地址(实地址)，而源地址就应该叫做虚拟地址，并把一个应用程序在辅存中的存储空间叫做该程序的虚拟存储空间，而把计算机实际配置的物理内存空间叫做物理存储空间。

显然，程序的虚拟空间相当于书籍占用书橱的空间，而物理空间相当于书籍占用书桌的空间，在空间的大小上它们无任何关联，因此这种做法可以使每个应用程序都具有一个独立的虚拟地址空间，并且这个虚拟空间的大小仅取决于计算机程序计数器PC的位数。例如，在32位系统中，这个虚拟空间的大小为4 GB。

之所以叫做虚拟空间，就是因为在这种方法使得辅存空间也可以像内存空间那样使用了，只不过它不是真的内存空间就是了。在计算机技术中，这种存储器管理方法叫做虚拟存储管理，对应地，以前管理内存的方法就叫做实存方式。

D. 4. 2 地址映射机构

在虚拟存储方式中，处理器执行程序的过程与实存方式大不相同，它使用虚拟地址来指定待要复制的程序段，而使用物理地址执行这个复制到物理内存的程序段。为实现这个工作方式，处理器需要增加一个硬件装置——地址映射机构，如图D-18所示。

毋庸质疑，待要执行程序段的虚拟地址应该是由处理器中的程序计数器PC提供的，那么系统根据PC在辅存中找到该程序段之后，这个程序段应该复制到物理内存的什么位置呢？这就需要地址映射机构一个用来指示目标地址的寄存器——重定位器，其作用如图D-19所示。

例如，地址映射机构要把虚存地址为0x00002000～0x00002FFF，大小为4 KB的程序段

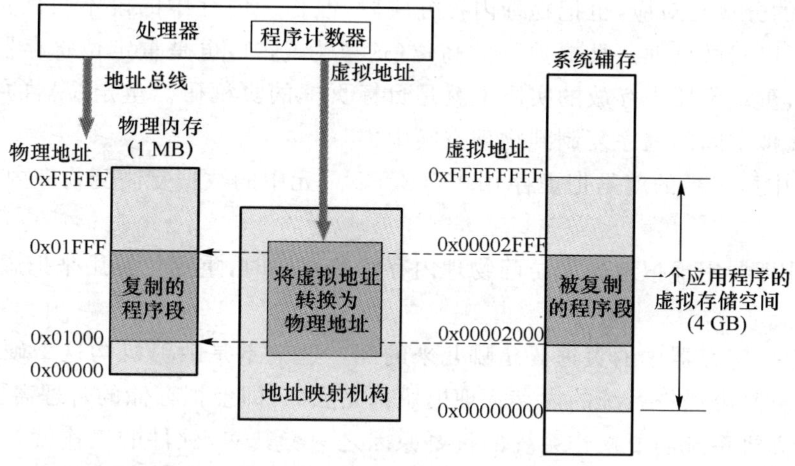

图 D-18　地址映射机构的示意图

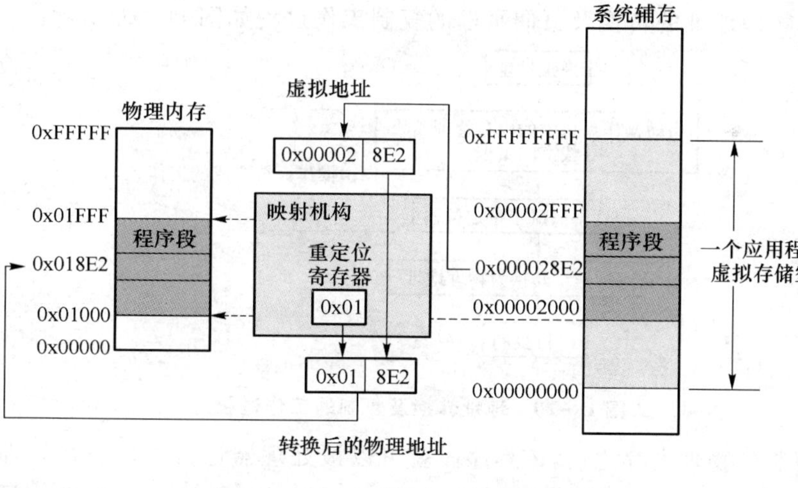

图 D-19　映射机构的重定位器的作用

复制到物理内存,如果这时重定位器的值为 0x01,那么映射机构就会把该程序段从辅存复制到物理内存 0x01000～0x01FFF 的这个空间。

从图 D-19 中也可以知道,按图中地址映射机构的地址转换规则,这个映射机构只能复制不大于 4 KB 的程序段。也就是说,在这个例子中,必须把虚存空间分为大小相等的若干段,每一段都为 4 KB(当然,也可以分为其他大小的段)。为了讨论问题方便,一般把分成的这些段叫做页,并把其地址的高位部分(这里为 0x00002)叫做页的页码,而把这个页中各个单元地址的低位叫做偏移量。例如,本例中页的大小就是 4 KB,页码为 0x00002。

与虚存中的分页相对应，也把物理内存分成段，但物理内存中的段不叫做页，因为它是用来容纳页的，所以叫做页框。页框地址的高位（这里为 0x01，也是重定位寄存器中的值）叫做页框码。所以，重定位器中存放的实质上就是目标页框的页框码。重定位器的作用就是指示目标页，并把虚拟空间的程序复制到物理空间中去。

图 D－18 中所表示的就是把虚存 0x000028E2 单元中的数据复制到物理内存 0x018E2 单元的示意图。

同理，当处理器用虚拟地址来访问物理内存中的程序时，重定位器用来把虚地址转换为实地址。

那么，重定位寄存器中的页框码是哪儿来的呢？这就不是映射机构这个硬件装置所能完成的任务了。它是由操作系统的内存管理模块来完成的，即虚拟存储的管理需要软件的配合，这也是现代计算机系统需要操作系统的重要原因之一。其实，软件的工作就是在映射机构接收到虚拟地址之后，把一个页复制到一个框之前，在物理内存中寻找一个空闲页框或者一个已被占用但其内容已陈旧的页框，找到后把它的页框码填写到重定位器，然后才进行的复制。

虚拟地址向物理地址的转换及页向页框的复制工作过程如图 D－20 所示。

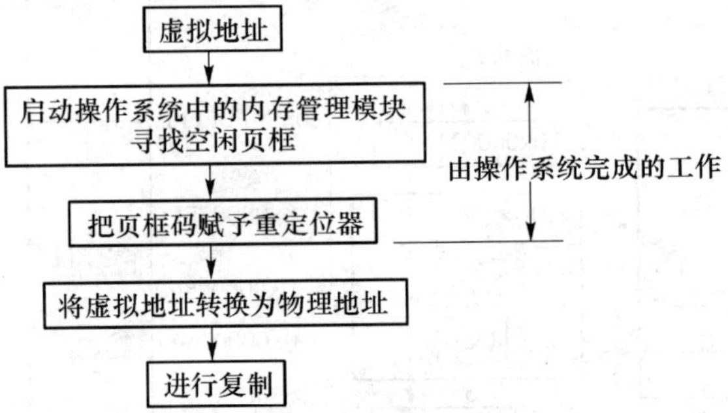

图 D－20　地址转换及复制的工作过程

程序段被复制到物理内存之后，该程序段就可以被处理器运行了。那么处理器在执行已经存在于物理内存中的这个程序段时，是使用虚拟地址还是使用物理地址来访问这个程序段呢？答案是，处理器是用指令计数器 PC 产生虚拟地址来访问这个程序段的。但必须把虚拟地址转换成物理地址。显然，为了能实现转换，当初映射机构在把页复制到页框时就要把页码和页框码的对应关系记录下来。具体做法就是，在重定位器的页框码前面记录被复制页的页码。这样，当地址转换机构接收到虚拟地址后，就可以利用页码获得对应的页框码，并把虚拟地址转换为物理地址来访问物理内存了。具体工作过程示意图如图 D－21 所示。处理器中配置的能完成虚拟存储管理工作的部件就叫做存储管理单元 MMU。

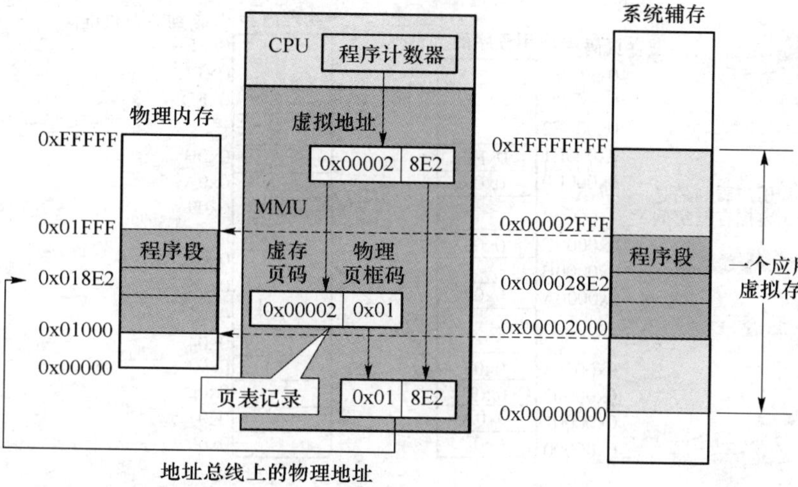

图 D-21　MMU 的基本功能

为了能把多个页复制到物理内存中，现代处理器都在映射机构中设置了多个重定位器。例如，在 ARM 的映射机构中就具有 64 个重定位器。

由于现代应用程序都比较大，加之系统往往要运行多个程序，所以，仅仅数十个重定位器是远远不够用的，但要在地址转换机构中设置更多的重定位器又是不现实的。因此，常常是用操作系统软件在内存中为每个应用程序建立一个表，用这个表来记录页和物理页框的对应关系，这个表叫做页表。

在一个应用程序的页表中，虚存的每一页都对应有一个表项，当虚存的某一页被复制到一个物理页框中后，该页框码就会被填写到这个虚存页对应的页表项。一个具有 4 GB虚拟存储空间，以 4 KB 大小为页的应用程序的页表如图 D-22 中阴影部分所示。图中的 0x34500000 为该页表在内存中的起始地址。

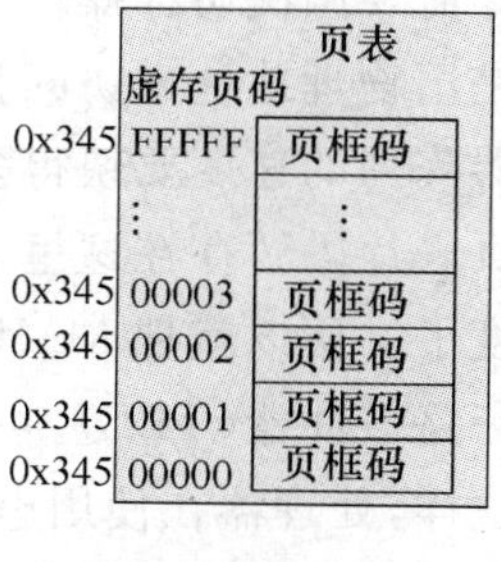

图 D-22　一个具有 4 GB 虚拟存储空间应用程序的页表

图 D-23 描述了一个为应用程序已经分配了 8 个页框的页表。

简单地说，页表是在存储空间中建立的、用来记录虚拟页与物理页框映射关系的一个表格。如果把虚拟存储空间看做物理内存的需求方，而把物理内存看做内存空间的提供方，页表则记录了物理内存的实际供应情况。

从另一个角度来看，页表是物理内存空间的一个抽象，即用户是使用虚拟地址通过页表来使用实际物理内存的。或者说，用户看到的是虚拟空间，而实际上是通过地址总线在使用物理空间，如图 D-23 所示。

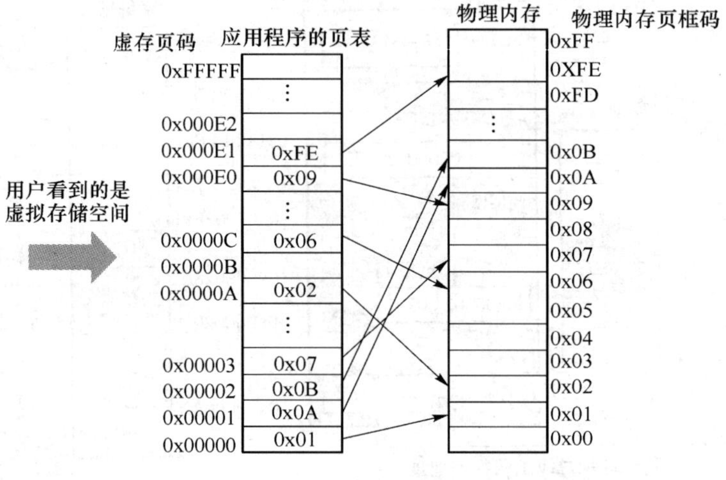

图 D-23　页表是对物理内存的一个抽象

由于上述的映射机构所承担的是虚存与物理内存的转换管理工作，所以这个映射机构叫做存储管理单元 MMU。

D.4.3　页表的缓存——快表

既然已经建立了页表，并且可以通过页表把虚拟地址转换为物理地址，那么原来的重定位器阵列是否就不再需要了呢？从道理上说，是可以不需要了，但由于使用内存中的页表访问程序指令需要两次访存操作：一次是访问内存中的页表，以获得与虚拟地址对应的物理地址；另一次是用物理地址来访问程序指令，因此访问速度较慢，而访问 MMU 的地址转换装置的重定位器阵列的速度要快得多了。因此，在 MMU 中仍然保留了重定位器阵列，把当前频繁使用的页表片段暂存在这里，这样就可以通过这个硬件的重定位器阵列来进行地址的转换而提高速度了。所以就把 MMU 中重定位器阵列叫做页表缓存器，也叫做快表，在 ARM 中又叫做转换旁路缓冲器(TLB)。

这样，处理器在使用虚拟地址访问某个虚存空间时，先到 MMU 的快表中去查找所要访问的虚存页是否有对应的表项。如果有(命中)，则转换成物理地址去读/写数据；如果没有(未命中)，则到内存的页表中去查找。若找到，则看表项中是否有有效的页框码，如果有，则将其复制到快表中，并转换成物理地址去读/写数据；如果页表项中没有有效的页框码，这也意味着对应的虚存页尚未复制到物理内存的页框中，于是会产生一个缺页异常信号，启动操作系统的内存分配模块为虚拟页分配页框并把页复制到该页框中，同时在页表中建立相应的页表项并将其复制到快表中，然后再转换成物理地址到物理内存去访问该数据。MMU 的工作过程如图 D-24 所示。

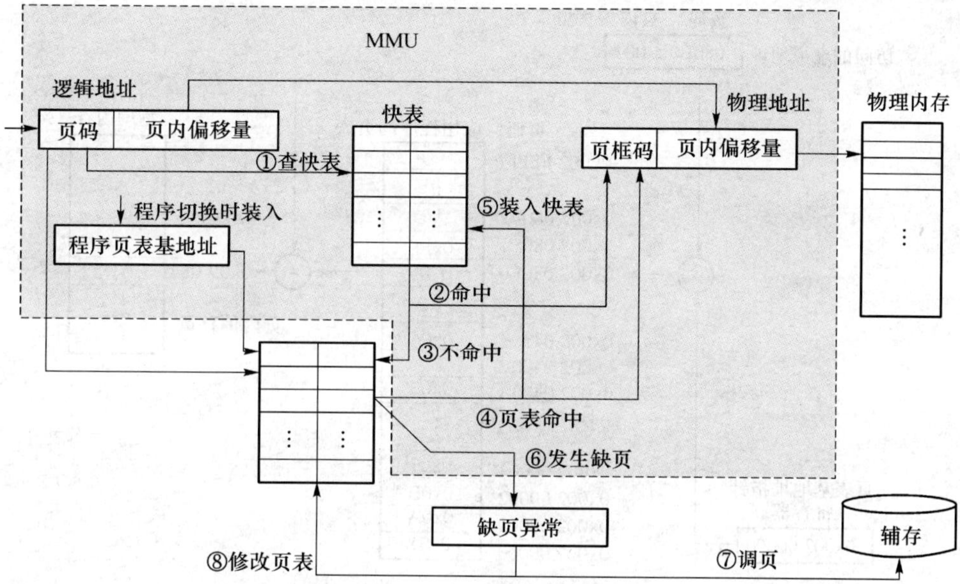

图 D-24 MIMU 的工作过程

D.4.4 页表的存储及二级页表

由于页表也需要占用存储空间，为了在需要时使系统可以找到它，所以系统单独设置了一个专门用来存放页表首地址的寄存器。当系统在用虚拟地址访问一个单元时，虚拟地址向物理地址的转换过程如图 D-25 所示。由图中可以看到，系统接收到虚存地址后，将虚拟地址中的页码部分与页表基地址寄存器中页表首地址相加，再到页表中的对应位置查找与虚存页对应的页框码，然后将页框码与虚存地址中的页内偏移量进行拼接，就形成了所需要的物理地址。

由于 32 位计算机系统的应用程序的虚拟存储空间为 4 GB，如果页的大小为 4 KB，那么这个应用程序的页表就应该具有 1M 个表项，以每个表项占用 4 字节来计算，则页表所占用的空间为 4 MB，这样的一张页表太大了。解决的办法就是把大页表分成几个小页表，这样就形成了二级页表。

所谓二级页表，就是再使用一个表专门来存放这些小页表的指针(小页表的基地址)。这个存放小页表指针的表叫做主表。

使用二级页表进行地址转换的过程如图 D-26 所示。

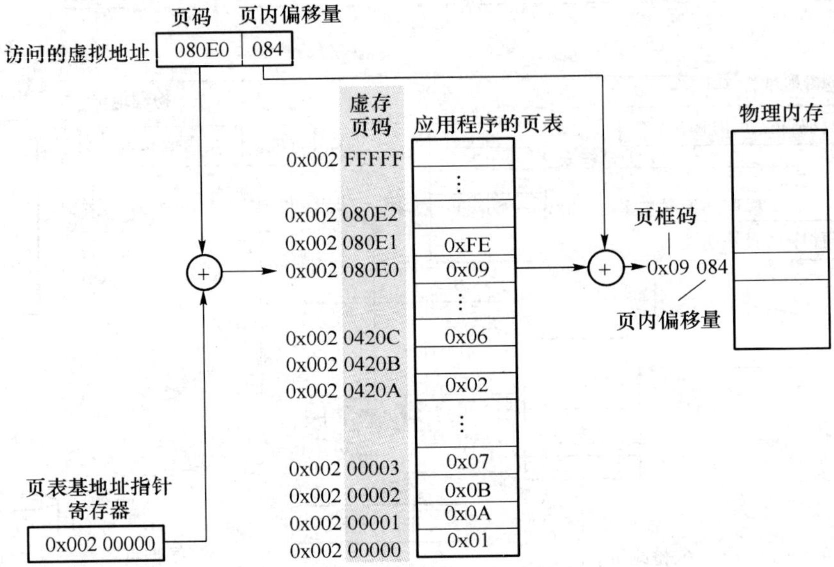

图 D-25　页表的存储及被访问数据的虚拟地址向物理地址的转换

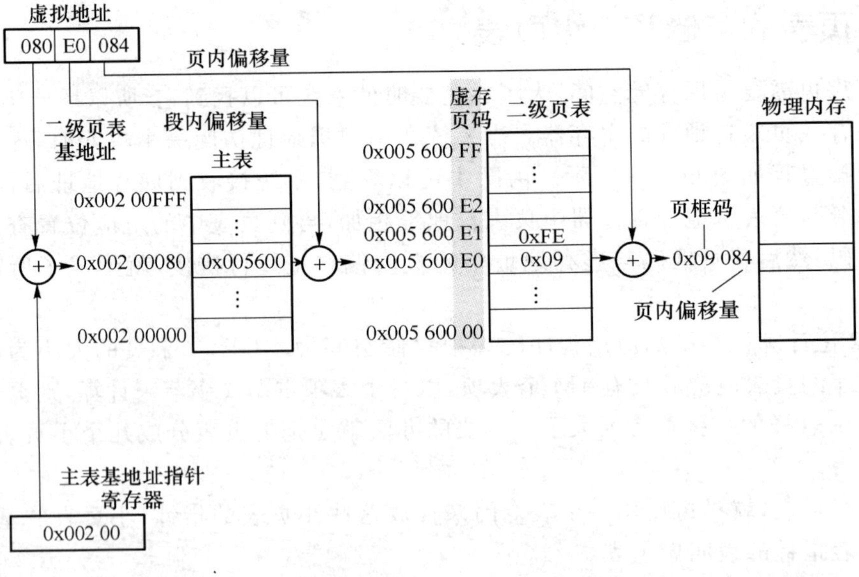

图 D-26　二级页表虚拟地址向物理地址的转换方式

从图中可以知道，虚拟地址被分成了三段，系统用主表基地址拼接了虚拟地址的最高段在主表中查找二级页表的基地址，再把二级页表的基地址拼接了虚拟地址的中段之后，在二级页表查找页框码，最后把页框码拼接虚拟地址的低段形成物理地址。

对于虚存空间更大的系统，也可以使用三级页表。但不管页表一共有多少级，它只是一个数据块的虚存地址与该数据块副本的物理地址映射关系的一个记录。当然，系统还要配置一个主表基地址寄存器，以指示主表所在的位置。

D.4.5 采用虚拟存储技术的优点

采用了上述虚拟内存管理技术的系统有如下一些优点：

① 用户应用程序只使用虚拟地址，而不必去考虑物理内存的问题。可以运行比物理内存大的应用程序。

② 由于每个应用程序都有自己的页表，这就使得应用程序的虚拟存储空间各自是独立的，而不会发生彼此的干扰，这样不仅实现了用户存储空间的隔离，而且还可以通过设置访问权限实现保护。

由于仅是需要处理器访问的虚存页才被复制到内存，所以使用一个有限大小的内存来运行一个较大的应用程序是理所当然的。

由于一个应用程序在运行时虚拟存储空间中的哪些代码被复制到物理内存及所占用的空间大小和位置都是由 MMU 来管理的，而 MMU 接收的是虚拟地址，所以，从应用程序设计者来看，面对的是一个虚拟存储空间，这个虚拟存储空间的大小只取决于处理器 PC 的位数，如果 PC 的位数为 32，则虚拟存储空间的大小就是 4 GB。也就是说，程序设计者只使用虚拟地址编程，而不必顾及应用程序对实际物理内存的使用情况，从而减轻了程序设计者的负担。

在具有 MMU 的计算机系统中，每个应用程序都具有一个只属于自己的页表，并且在表中只记录了本应用程序页与页框之间的关系。处理器运行某个应用程序时只使用该程序自己的页表时，无论处理器发出的虚拟地址为何值，该程序无论如何是不会访问到另一个应用程序所占用的物理页框的。所以，采用虚拟内存管理的一个最大优点就是可以有效地实现用户空间的保护。两个应用程序的页表与物理内存之间的关系如图 D-27 所示。

当然，必要时也可以使多个程序的页映射到同一个物理页框上来实现代码的共享。

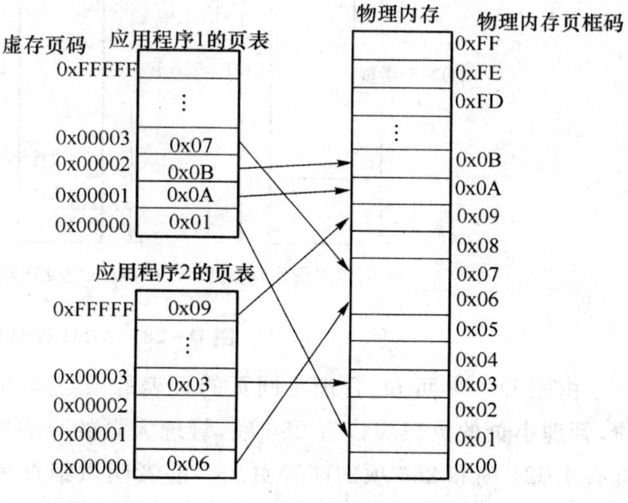

图 D-27 两个应用程序的页表与物理内存的关系

如果从另外的一个角度来看页表,页表可以看做虚拟空间到物理空间的入口,因此可以在这个入口处对物理页框设置访问权限,以实现同一个应用程序中各个段的保护。即在表项的空余位中来标注该表项所对应物理页框的访问权限,这样,当程序在访问这个表项时对访问权限进行检查:如果符合,就允许程序访问物理页框中的数据;如果不符合,就拒绝访问。

总之,虚拟存储技术使得内存的管理和使用变得更方便了,当然这是以访问速度的损失为代价的,因此在某些实时性要求较高的嵌入式系统中是不宜采用虚拟存储管理的。

D.5 ARM的虚拟存储管理

D.5.1 ARM的页表结构

ARM把虚拟存储空间内存分为两级来管理,它把整个4 GB的虚拟存储空间分为大小为1 MB的4 096个段,每个段既可以整段使用,也可分为若干大小相等的页来使用。因此ARM采用了两级页表:第一级页表叫做主页表,记为L1;第二级叫做次页表,记为L2。

1. 次页表

前面谈到,ARM内存的段大小为1 MB,每个段可以根据需要还可再分为若干大小相等的页,记录每个段中页与页框关系的表叫做次页表。

根据使用的需要,页的大小可以为1 KB、4 KB或64 KB,即可以如图D-28所示那样把段分为微页、小页或大页。

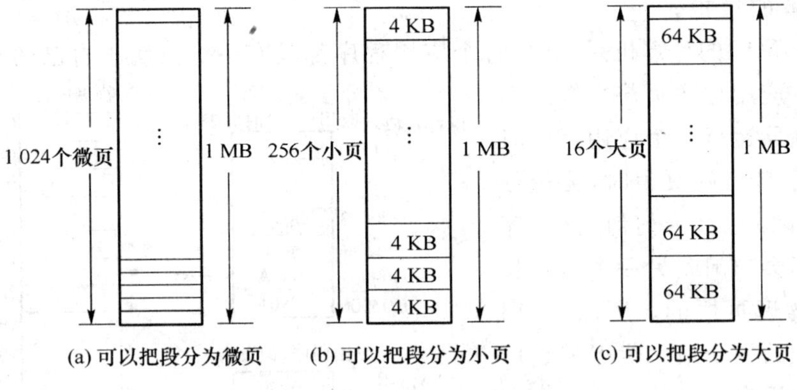

图D-28 ARM存储段的分页

由图D-28可知,管理不同页的页表的项数应该是不同的:管理微页的页表应该有1 024项,管理小页的页表应该有256项,管理大页的页表应该为16项。但是,在ARM中只提供了具有1 024项和256项的两种页表。前者叫做细页表,后者叫做粗页表。

使用细页表管理1 KB的微页时,正好一页对应一个表项,不会出什么问题,而要用细页表管理

4 KB 的小页时，则需要把细页表的连续 4 个表项看做一个表项来存放同一个页框码，如图 D－29 所示。同理，在使用细页表管理 64 KB 的大页时，则应该把细页表连续的 64 个表项看做同一个表项。

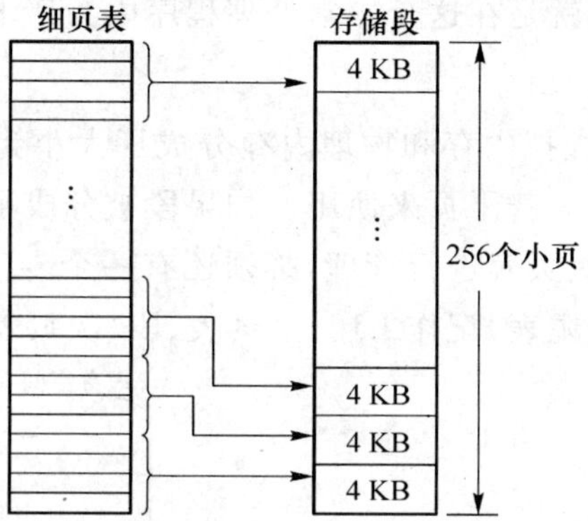

图 D－29　细页表用连续 4 个表项各自存放同一个小页的页框码

粗页表只能用来管理小页和大页，使用粗页表管理 4 KB 的小页时，正好一页对应一个表项，而用粗页表管理 64 KB 的大页时，则应该把连续的 16 个表项看做一个表项。

细页表和粗页表的具体情况见表 D－8。

表 D－8　两种二级页表的特征

表的种类	页大小/KB	页表项的数目	页表大小/KB
细页表	1、4 或 64	1 024	4
粗页表	4 或 64	256	1

综上所述，次页表有 4 种类型的表项：大页项、小页项、微页项和空表项。至于究竟是哪种类型的表项，则是用表项中的最低两位来标识的。页表 L2 的 4 种类型表项的格式如图 D－30 所示。

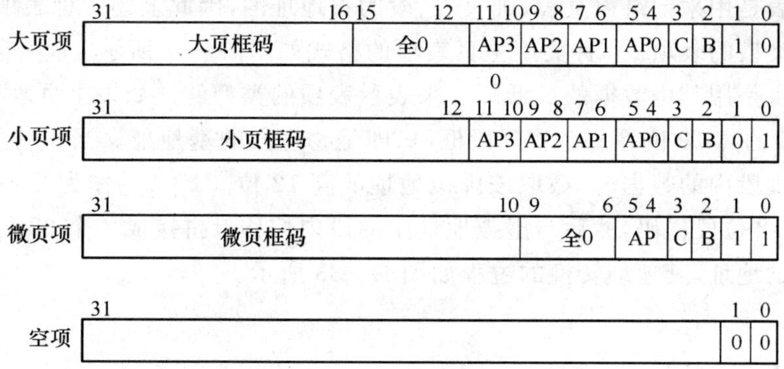

图 D－30　L2 表 4 种表项的格式

这里所说的空表项，指的是没有被复制到物理内存的虚拟页所对应的表项，也就是在这个表项中没有有效的页框码。当系统访问这样的表项时会产生一个异常，这个异常叫做缺页异常，操作系统的内存分配模块就是在这个异常处理程序中为请求的页分配物理页框码的。

2. 主页表

前面已经谈过，ARM将虚拟内存和物理内存分成了大小为1 MB的段，用户根据需要可以按段使用，页可以将段再分为若干页来使用。如果段被分成了页来使用，那么每个段都应该有一个次页表。为了对段和次页表进行管理，必须还有一个专门记录次页表首地址和段首地址的表，这个表叫做主页表或主表，记作L1。主页表、段、次页表、页的关系如图D-31所示。

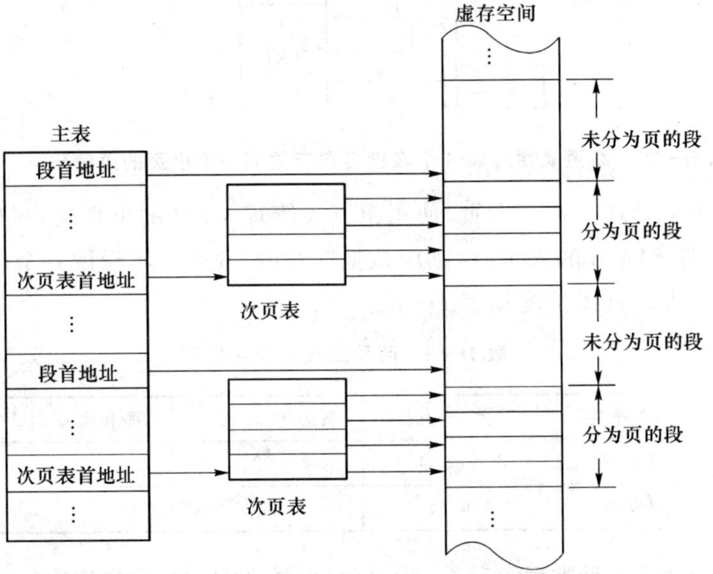

图 D-31　主表、次页表、段、页之间的关系

由于主页表是用来记录粗页表、细页表、段的首地址的，因此上述3种表项再加上空项，主页表共有4种类型的表项。4种类型主页表项的格式如图D-32所示。

主页表项也是用其中数据的最低两位来表示表项的类型的。如果主页表项中数据的低两位为10，则该项的高12位是一个物理段框码，即是物理段的基地址。当系统用一个虚拟地址访问某一个物理段内的数据时，截取该虚拟地址的高12位[31：20]作为段码在L1表中得到对应表项中的12位段框码，然后与虚拟地址中的段内偏移量拼接成一个32位地址，该地址即为待访问数据的地址，其地址转换的过程如图D-33所示。

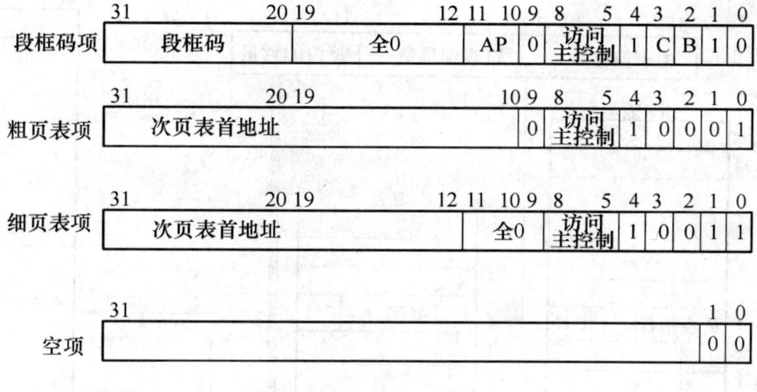

图 D-32　L1 表 4 种表项的格式

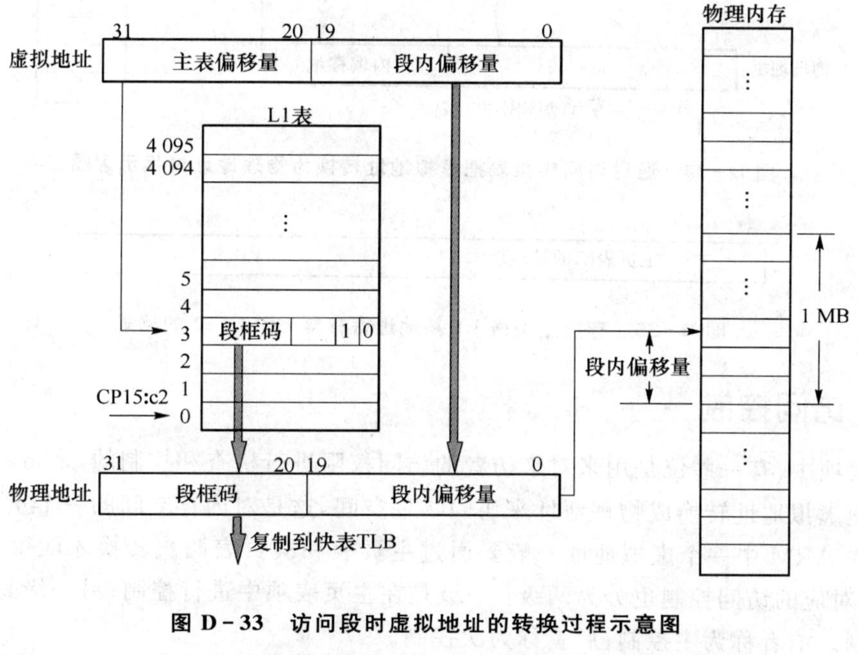

图 D-33　访问段时虚拟地址的转换过程示意图

主页表项中如果存放数据的低两位为 01 或 11，则意味着该表项是次页表的基地址。通过一个粗页表来把虚拟地址转换为物理地址的过程如图 D-34 所示。

在 ARM 系统中，被运行的应用程序主页表的物理首地址必须存放在 CP15：c2 寄存器中，该寄存器的格式如图 D-35 所示。

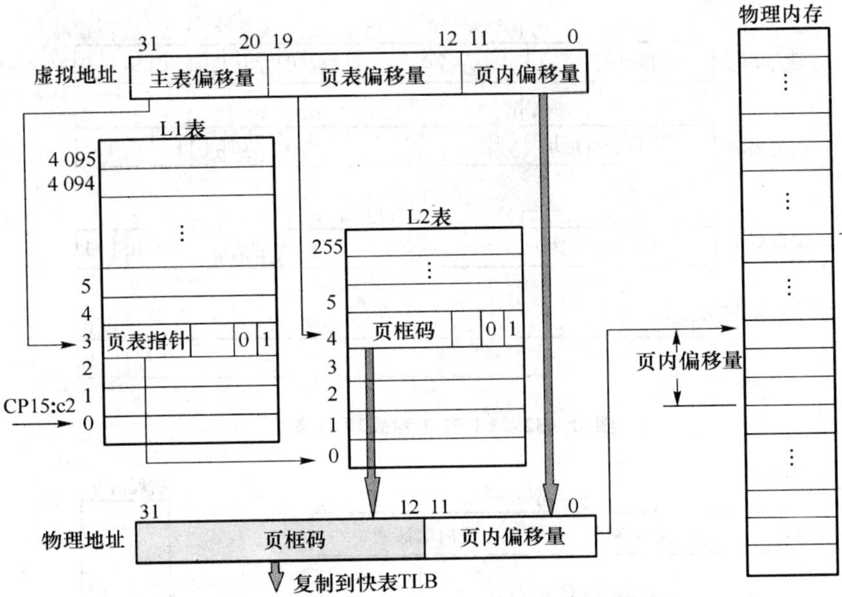

图 D－34　通过访问粗页表把虚拟地址转换为物理地址过程示意图

31 ～ 14	13 ～ 0
主页表L1的基地址	全0

图 D－35　存放主页表 L1 基地址寄存器 CP15：c2 的格式

D. 5. 2　访问控制

在页表项中，有一些位是用来对来访者的访问权限进行检查和控制的，来访者只有通过该检查才能把虚拟地址转换成物理地址来访问物理空间，这是对内存空间的一个重要保护手段。

由于在 ARM 中一个虚拟地址一般要通过主页表和次页表两次转换才能得到物理地址，所以，与此对应的访问控制也分为两级：一级是在主页表项中进行控制；另一级是在次页表项中进行控制。前者称为主控制；后者称为次控制。

1. 主控制——域

主控制的使用比较特殊，它的访问权限不直接写在主表的表项中，而是把需要的访问权限的代码存放在寄存器 CP15：c3 中。寄存器 CP15：c3 的格式如图 D－36 所示。

31 30	29 28		9 8	7 6	5 4	3 2	1 0
D15	D14	…	D4	D3	D2	D1	D0

图 D－36　寄存器 CP15：c3 的格式

32 位的寄存器 CP15：c3 被相等地分成了 16 个区域 D0～D15，它们的编号为 0x0～0xFF。每个区域叫做一个域，每个区域在寄存器中占用两位，这两位二进制数码就表示了访问权限，域可以使用的访问权限编码见表 D-9。

表 D-9 域的取值及对应的访问控制

域的值	访问控制
11	该域所定义的段及其所属的页的访问不受控制
01	该域所定义的段中的页的访问受次页表项中的 AP 控制(次控制)
00	该域所定义的段及所属的页均不可访问
10	不能使用，如果使用，将会出现不可预见的错误

在寄存器 CP15：c3 中已经定义了各个域的值之后，在主表表项的访问主控制(第 5～8 位)中可以使用域的编号(0x0～0xFF)来定义该表项所对应的段及其页的访问控制了。

2. 次控制——AP

当主页表表项访问主控制使用的域的值为 01 时，该段中的页次访问控制有效，即访问者的访问权限要受到页表项中次控制的检查。

为了提高访问控制的细微程度，大页和小页各自又被分成 4 个子页，当采用 64 KB 大页时，每一个大页又被分为 4 个 16 KB 的子页，而当采用 4 KB 小页时，每个小页还被分为 4 个 1 KB 的子页。大页和小页的每个子页的访问控制在页表项中是用 AP0～AP3 来表示的，每个次控制 AP 控制一个子页。页的访问控制是按表 D-10 所列的取值直接设置在页表项中的。

影响页访问权限的除了页表项中的 AP 外，还有 CP15：c1 中的系统位 S 和 ROM 位 R。CP15：c1 中的这两位起着全局修改访问权限的作用。页访问权限的取值及说明见表 D-10。

表 D-10 页访问权限的取值及说明

管理者	用　户	AP 值	S(系统位)	R(ROM 位)
读/写	读/写	11	—	—
读/写	只读	10	—	—
读/写	不可访问	01	—	—
不可访问	不可访问	00	0	0
只读	只读	00	0	1
只读	不可访问	00	1	0
不可使用	不可使用	00	1	1

访问控制的过程如图 D-37 所示。

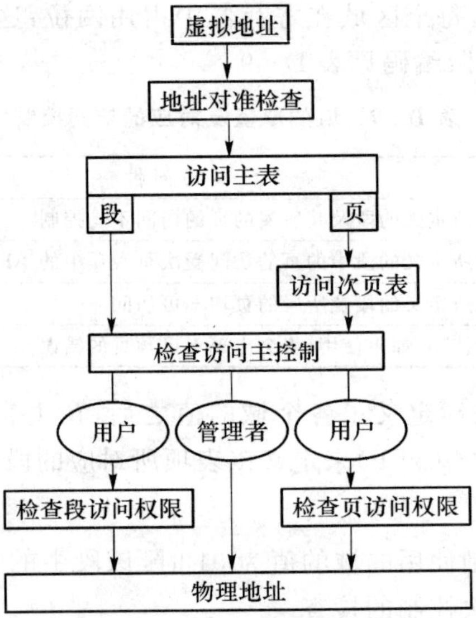

图 D-37 访问控制的过程

在访问者通过页表访问内存的过程中会遇到多项检查。数据访问时，各种故障信息会保存在寄存器 CP15：c5 和 CP15：c6 中；指令访问故障将只产生一个异常，用户可以在异常处理程序中对故障进行判断和处理。

D.5.3 MMU 的配置

用户可以通过配置 CP15：c1 来选择是否使用 MMU 及 Cache。在配置 MMU 及 Cache 时，寄存器 CP15：c1 的各位的含义如图 D-38 所示。

D.5.4 页 Cache 和写缓冲器的设置

可以通过页表项中的第 2 位和第 3 位来配置各页的 Cache 和写缓冲器。

当配置的页为指令页时，页表项中的 B 位无效，而用 C 位来表示该指令页是否使用 Cache。如果使用，则令 C 为 1；否则令其为 0。

当配置的页为数据页时，C 和 B 位的意义如表 D-11 所列。

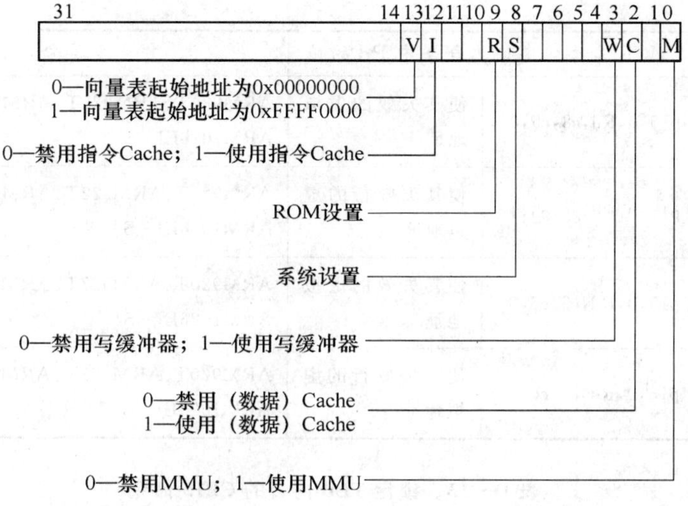

图 D－38　配置 MMU 的寄存器 CP15：c1 的格式

表 D－11　数据页的 Cache 和写缓冲器的配置

C 位	B 位	说　明
0	0	不使用 Cache,不使用写缓冲器
0	1	不使用 Cache,使用写缓冲器
1	0	使用 Cache,采用直写策略
1	1	使用 Cache,采用回写策略

D.5.5　快　表

ARM 有两个对于 TLB 的操作：TLB 内容的清除和 TLB 数据的锁定。

在必要时(例如进行了一次任务切换)要清除 TLB 的所有内容。清除 TLB 内容的操作要使用 CP15 命令,这些命令的格式和用途如表 D－12 和表 D－13 所列。

表 D－12　清除 TLB 内容的 CP15 命令

命　令	MCR 命令	命令中 Rd 的值	支持命令的内核
使 TLB 所有内容失效	MCR p15,0,Rd,c8,c7,0	0	ARM720T、ARM920T、ARM922T、ARM926EJ－S、ARM1022E、ARM1026EJ－S
使 TLB 行内容失效	MCR p15,0,Rd,c8,c7,1	使其失效行的虚拟地址	ARM720T

续表 D－12

命　令	MCR 命令	命令中 Rd 的值	支持命令的内核
使指令 TLB 内容失效	MCR p15,0,Rd,c8,c5,0	使其失效的虚拟地址	ARM920T、ARM922T、ARM926EJ－S、ARM1022E、ARM1026EJ－S
使指令 TLB 行内容失效	MCR p15,0,Rd,c8,c5,1	使其失效行的虚拟地址	ARM920T、ARM922T、ARM926EJ－S、ARM1022E、ARM1026EJ－S
使数据 TLB 内容失效	MCR p15,0,Rd,c8,c6,0	使其失效的虚拟地址	ARM920T、ARM922T、ARM926EJ－S、ARM1022E、ARM1026EJ－S
使数据 TLB 行内容失效	MCR p15,0,Rd,c8,c6,1	使其失效行的虚拟地址	ARM920T、ARM922T、ARM926EJ－S、ARM1022E、ARM1026EJ－S

表 D－13　锁定 TLB 内容的 CP15 命令

命　令	MCR 命令	命令中 Rd 的值	支持命令的内核
读数据 TLB 锁定	MCR p15,0,Rd,c10,c0,0	TLB 锁定	ARM920T、ARM922T、ARM926EJ－S、ARM1022E、ARM1026EJ－S
写数据 TLB 锁定	MCR p15,0,Rd,c10,c0,0	TLB 锁定	ARM920T、ARM922T、ARM926EJ－S、ARM1022E、ARM1026EJ－S
读指令 TLB 锁定	MCR p15,0,Rd,c10,c0,1	TLB 锁定	ARM920T、ARM922T、ARM926EJ－S、ARM1022E、ARM1026EJ－S
写指令 TLB 锁定	MCR p15,0,Rd,c10,c0,1	TLB 锁定	ARM920T、ARM922T、ARM926EJ－S、ARM1022E、ARM1026EJ－S

D.5.6　MMU 异常

前面已经看到，单独依靠 MMU 不能完成虚拟存储的全部工作，为了完成这项工作还需要软件的支持，这样就要 MMU 在需要时能够向处理器提出请求，请求处理器执行某个程序来完成相应的任务。也就是说，MMU 能产生一些异常，以便处理器在异常处理程序中完成一些异常事件的处理工作。

如果导致异常的存储器操作是取指令，那么当处理器去执行这个非法访问得到的指令时产生一个预取指令异常；如果导致异常的存储器操作是存取数据，那么产生一个数据异常。

在 MMU 的工作过程中如果产生了以下 4 种类型的错误，都会引发 MMU 异常：地址对准错误、段页转换错误、域错误和权限错误。MMU 错误如图 D－39 所示。

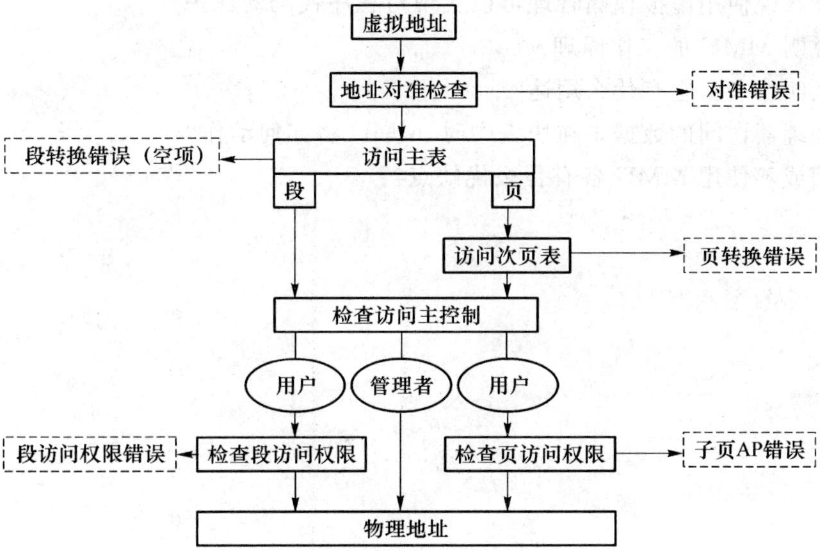

图 D-39　MMU 错误

习　题

1. 什么是存储器的高速缓存？高速缓存与存储器之间是什么关系？
2. 什么是高速缓存的颠簸现象？它是如何产生的？怎样解决？
3. 什么叫做协处理器？ARM 允许配接多少个协处理器？它们是如何命名的？
4. ARM 有哪些协处理器指令？
5. 什么叫做 MPU 的保护区？它们是如何定义的？保护区是如何保护程序和数据的？
6. 如何在背景保护区中开“窗口”？开“窗口”有什么用途？
7. 背景保护区是如何来保护程序和数据的？
8. MPU 是应用在实模式存储器上还是虚模式存储器上？
9. 什么叫做虚拟存储器？什么叫做逻辑地址和虚拟地址？
10. 为什么使用虚拟存储器可以运行比实际物理内存空间还大的应用程序？
11. 想一下，生活中有哪些地方人们还用到了虚拟存储的概念和方法？
12. 想一下，在学到的计算机技术中哪里还用到了虚拟存储的概念和方法？
13. 什么叫页面和页框？什么叫页表？一个应用程序有几个页表？
14. 为什么使用虚拟存储管理可以把多个应用程序的存储空间隔离开来？
15. 什么时候需要页面的共享？如何实现页面的共享？

16. 为什么说使用虚拟存储管理可以实现对程序代码的保护?
17. 试说明 MMU 的工作原理。
18. 什么叫快表?它有什么用途?
19. 当处理器访问的数据未在快表中时,MMU 将如何动作?
20. 使用或不使用 MMU 各有什么优缺点?

参 考 文 献

[1] 陈章龙,涂时亮.嵌入式系统——Intel StrongARM 结构与开发[M].北京,北京航空航天大学出版社,2002.

[2] 马忠梅,马广云,等.ARM 嵌入式处理器结构与应用[M].北京:北京航空航天大学出版社,2002.

[3] 杜春雷.ARM 体系结构与编程[M].北京:清华大学出版社,2003.

[4] 王田苗.嵌入式系统设计与开发[M].北京:清华大学出版社,2003.

[5] 田泽.嵌入式系统开发与应用实验教程[M].北京:北京航空航天大学出版社,2003.

[6] [美]Slos A N. ARM 嵌入式系统开发——软件设计与优化[M].沈建华,译.北京:北京航空航天大学出版社,2005.

[7] 周立功,等.ARM 嵌入式系统教程[M].北京:北京航空航天大学出版社,2005.

[8] 周立功,等.ARM 嵌入式系统软件开发实例[M].北京:北京航空航天大学出版社,2004.

[9] 李岩,荣盘祥.基于 S3C44B0X 嵌入式 μCLinux 系统原理及应用[M].北京:清华大学出版社,2005.

[10] 赵星寒,刘涛.从 51 到 ARM——32 位嵌入式系统入门[M].北京:北京航空航天大学出版社,2005.

参考文献